Werner Knaus (†) · Wolfgang Schröder

Das Gamswild

Das Gamswild

Naturgeschichte · Verhalten · Ökologie
Hege und Jagd · Krankheiten

Von Dr. Werner Knaus (†)
und Prof. Dr. Wolfgang Schröder

Dritte, neubearbeitete Auflage

Mit 136 Einzeldarstellungen in 90 Abbildungen
und mit 23 Tabellen

Verlag Paul Parey · Hamburg und Berlin

Ferdinand von Raesfeld

Das Deutsche Waidwerk
1980. 14. Auflage, neubearbeitet von R. Schwarz

Das Rotwild
1978. 8. Auflage, neubearbeitet von F. Vorreyer

Das Rehwild
1978. 8. Auflage, neubearbeitet von A. H. Neuhaus und K. Schaich

Die Hege
in der freien Wildbahn
1978. 4. Auflage, neubearbeitet von H. Behnke

Diezels Niederjagd
1983. 23. Auflage, neubearbeitet von F. K. v. Eggeling

Erhard Ueckermann · Paul Hansen (†)
Das Damwild
1983. 2., völlig neubearbeitete Auflage

Friedrich Türcke · Herbert Tomiczek
Das Muffelwild
1982. 2., völlig neubearbeitete Auflage

Lutz Heck · Günter Raschke
Die Wildsauen
1980. 1. Auflage

Alwin Lindner (Hrsg.)
Die Waldhühner
Unter Mitarbeit von Heinz Brüll, Ludwig von Lutterotti und Wolfgang Scherzinger
1977. 1. Auflage

CIP-Kurztitelaufnahme der Deutschen Bibliothek
Knaus, Werner
Das Gamswild: Naturgeschichte, Verhalten, Ökologie, Hege u. Jagd, Krankheiten / von Werner Knaus u. Wolfgang Schröder. – 3., neubearb. Aufl. – Hamburg ; Berlin : Parey, 1983.
ISBN 3-490-33012-9
NE: Schröder, Wolfgang

 Anschriften: Spitalerstraße 12, 2000 Hamburg 1; Lindenstraße 44–47, 1000 Berlin 61. Printed in Germany by Westholsteinische Verlagsdruckerei Boyens & Co., Heide/Holstein. Umschlag- und Einbandgestaltung: Jan Buchholz und Reni Hinsch, Hamburg. Umschlagphoto: Stefan Meyers

ISBN 3-490-33012-9

Vorwort zur dritten Auflage

Im Jahre 1960, dem Erscheinungsjahr der ersten Auflage dieses Buches, war es noch nicht möglich, die reichen praktischen Erfahrungen und die schon älteren zoologischen Erkenntnisse durch die Erkenntnisse wildbiologischer Freilandstudien zu ergänzen. Viel ist inzwischen geschehen, und so manche Doktorarbeit wurde der einen oder anderen Frage bei freilebenden Gams gewidmet.

Wenn eine Monographie über ein so begrenzt verbreitetes Tier wie das Gamswild schon die dritte Auflage erfährt, so ist dies sehr erfreulich. Viele Leser nehmen das Buch nicht nur aus fachlichem Interesse zur Hand, sondern wegen der Faszination des Lebensraumes, der Bergwelt, für die Gams seit eh und je symbolhaft stehen. Dieses Buch versucht beidem gerecht zu werden, den wissenschaftlichen Ansprüchen und der Praxis des Jagdbetriebes. Dabei bleibt es jener Linie treu, die der im Jahre 1976 verstorbene Autor der ersten Auflage, Herr Dr. WERNER KNAUS vorgezeichnet hat.

Neuere Erkentnisse fanden in dieser Auflage Eingang, besonders in den Abschnitten für Systematik, Standortwahl und Nahrung der Gams. Das Kapitel über die Krankheiten wurde von Herrn Prof. Dr. KUTZER wieder auf den neuesten Stand gebracht.

Am Zustandekommen dieses Buches haben viele mitgeholfen. Mein Dank gilt besonders Herrn Dr. FRANZ GRAF VON MERAN für die Förderung meiner Studien und der wertvollen Einsichten in die Aufzeichnungen des Jagdrevieres am Hochschwab. Herrn Dr. DIETRICH STAHL danke ich für die hilfreiche Durchsicht des Manuskriptes.

Die Begeisterung für die Studien an diesem Bergtier und seiner Umwelt teile ich mit den Kollegen bis hin nach Neuseeland. Für den Gedankenaustausch in so manchen Bergen oder Briefen danke ich vor allem Frau Dr. IRMGARD ELSNER V. D. MALSBURG und den Herren Dr. SANDRO LOVARI und Dr. AUGUSTIN KRÄMER.

Das Buch soll dem Gamswild zum Wohl und dem Leser zur Freude dienen.

Oberammergau, im Januar 1983 WOLFGANG SCHRÖDER

Vorwort zur zweiten Auflage

Im letzten Jahrzehnt, zum Teil angeregt durch die Erstauflage dieses Buches, ist ein reiches Schrifttum über das Gamswild entstanden, dem eine heute gültige Monographie gerecht werden muß. Dadurch hat der Abschnitt über die Naturgeschichte und die Lebensweise des Wildes eine Ausweitung erfahren; die Ausdrucksform ist durch den unvermeidbaren, in der Wissenschaft üblichen Sprachgebrauch für den Jäger allerdings schwieriger geworden. Übersetzung und Erläuterung der Fachausdrücke sollen darüber hinweghelfen. Je größer und je vielfältiger der Kreis ist, der zur Erhaltung der letzten, neben dem wieder hochgezogenen Steinwild noch einigermaßen ursprünglich lebenden Schalenwildart unseres Erdteils angesprochen werden kann, um so eher wird das Buch seinen Zweck erfüllen. Es soll dem Gamswild dienen.

Die Hauptlast der Neubearbeitung hat Dr. Schröder getragen. Er wurde mir nicht nur zum liebenswürdigen Mitarbeiter, sondern auch ob seiner reichen Kenntnisse und seiner Tatkraft zum wertvollen Mitautor, ohne den das Vorhaben für eine universelle Erfassung aller einschlägigen Fragen nicht hätte gelingen können.

Dr. Kutzer sei für die Behandlung des Abschnittes über die Krankheiten und dessen Anpassung an die jüngsten Erkenntnisse herzlich bedankt.

Das Wissen um die Gesetze der Natur und die Pflege des aus der Jagd fließenden alten Kulturgutes müssen zu einer Einheit zusammenwachsen, wenn Jäger noch weiter darauf Anspruch erheben wollen, Behüter und Bewahrer unseres freilebenden Wildes zu bleiben. Dieses Buch sei ein Beitrag zur Erfüllung dieser weltweiten Aufgabe.

Klagenfurt, im Frühjahr 1975 — W. Knaus

Vorwort zur ersten Auflage

Dieses Buch ist von einem Jäger für Jäger geschrieben. Es will vor allem nachweisen, daß der Jäger von heute eine bestimmte Funktion im Haushalt der freilebenden Tierwelt zu erfüllen hat, eine etwas merkwürdige Funktion, in der er tötet, um zu erhalten. Die Aufgabe ist groß im Aspekt auf die Vermehrung der Menschheit und die Dynamik der Technik. So liegt das Schwergewicht auf den Abschnitten über Hege und Jagd. Dabei ist versucht worden, störendes Beiwerk beiseite zu lassen und das Wissenswerte in strenger Konzentration darzubieten.

Dieses Buch soll weiter neue Erkenntnisse vermitteln und alte weitergeben. Dem Gamswild, dieser liebenswerten, vielbesungenen, heißbegehrten Wildart unserer Berge will es dienen. Nicht mehr!

Wenn auch gerade in jenen Teilen, die den einfachen Jäger ansprechen, auf eine allgemein verständliche Ausdrucksweise Bedacht genommen wurde, so waren termini technici dort nicht zu vermeiden, wo der Wissenschaftler aufgerufen und angeregt werden soll. Denn manches ist noch aufzuhellen.

Mein Dank gilt allen jenen, die mitgeholfen haben: R. AMON, der die Stammesgeschichte bearbeitete, O. GEBAUER, der die Krankheiten des Gamswildes beschrieb, meinem Bruder H. KNAUS, der mir seine reichen Erfahrungen auf dem Gebiete der Fortpflanzungsphysiologie zur Verfügung stellte, sowie A. SCHERBANTIN und H. WAGNER, die das geschichtliche Material zusammentrugen. U. GRUSCHWITZ und F. PRAGER verdanke ich die Einsicht in wertvolle bayerische Aufzeichnungen und manche Anregung, H. BAYR, J. HEY, H. LEONHARD, Graf F. MERAN, W. NIEDEREDER und J. ZAPF manchen richtunggebenden Hinweis. Mein besonderer Dank gebührt F. NÜSSLEIN für seine ordnende Hand und dem Verlag Paul Parey für Vertrauen und Geduld.

So möge das Buch ein Beitrag sein in dem ernsten Streben vieler, einer freien Welt durch die Erhaltung ihrer Tierwelt Glück zu bringen.

Klagenfurt, im April 1960 — W. KNAUS

Inhalt

Naturgeschichte 11

Artname und Bezeichnungen 11
Stammesgeschichte und Systematik 12
Körpermerkmale 16
Die Erscheinung 16 – Größe und Gewicht 17 – Farbe und Behaarung 22 – Das Auge 24 – Die Zähne 25 – Die Läufe 28 – Das Verdauungssystem und andere Organe 29
Die Krucke 30
Entwicklung der Hörner 31 – Hornwachstum 32 – Wachstumsrhythmus 34 – Alters- und Geschlechtsbestimmung 35 – Pechbelag und Abnormitäten 36 – Funktion der Gamskrucke 38

Verhalten 40

Verhaltensweisen und soziale Organisation des Gamswildes 40
Markieren und Hornen 42 – Imponieren und Drohen 42 – Kampfverhalten 44 – Paarungsverhalten 48 – Der Platzbock 50 – Mutter-Kind-Beziehung 52 – Spielen 53 – Struktur und Stabilität der Gamsrudel 54

Ökologie 56

Gams in ihrem Lebensraum 56
Dichte und Bestandsermittlung 56 – Geschlechtsreife und Zuwachs 59 – Alter und Lebenserwartung 63 – Geschlechterverhältnis 64 – Winterverluste und andere Abgänge 65 – Standortwahl 69 – Nahrung und Verdauung 74
Gams und Raubwild 76
Bestandesdynamik und lokale Anpassung 81
Bockgruppen oder Territorien? 85 – Wald- und Gratgams 86 – Kohlgams 87 – Gams in Mittelgebirgen 88
Einbürgerungen 92
Schwarzwald 92 – Nordböhmen und Sächsische Schweiz 95 – Neuseeland 96

Hege 102

Hege und Abschuß 102
Die Stellung der Jagd 105 – Jagdstrecken 108 – Reviergröße und Schußzeit 114 – Abschußrichtlinien und Abschußplanung 115 – Trophäen als Abschußkriterien 121
Zur Frage der Winterfütterung 123
Wintersport und Touristik 126

Die Jagd 128

Berg und Jagd 129
Anfang und Entwicklung 131

Die Treibjagd 138
Die Pürsch 149
Ansprechen 161
Schuß- und Pürschzeichen 163
Anschuß und Nachsuche 164
Gamsbock im November 165
Reviereinrichtungen 167
Der Wilderer 171
Der Berufsjäger 173
Die Behandlung von Wild und Trophäe 175
Betrachtung über Gamskrucken und deren Bewertung 180
Die Ausrüstung des Gamsjägers 183
Optik 184
Die Waffen 187
Vom Brauchtum und Aberglauben 191

Die Krankheiten. Von Prof. Dr. ERICH KUTZER 198

A. Infektionskrankheiten 198
1. Gamsblindheit 196 – 2. Papillomatose 197 – 3. Maul- und Klauenseuche 199 – 4. Andere Infektionskrankheiten 200
B. Invasionskrankheiten 200
1. Magen-Darmwurmkrankheit 201 – 2. Weitere Darmnematoden 204 – 3. Lungenwurmkrankheit 204 – 4. Bandwurmbefall 207 – 5. Leberegelkrankheit 209 – 6. Kokzidienbefall 209 – 7. Gemsenräude 209 – 8. Befall mit Herbstgrasmilben 215 – 9. Befall mit Zecken 215 – 10. Befall mit Haarlingen 217 – 11. Befall mit Lausfliegen 218 – 12. Befall mit Hautdasseln 218
C. Einsendung von Untersuchungsmaterial 219
Die besten Gamskrucken aus den vier letzten internationalen Jagdausstellungen 220

Fachwörterverzeichnis 225

Literatur 227

Sachregister 230

Naturgeschichte

Artname und Bezeichnungen

In der Zoologie bezeichnet man das Gamswild mit *Rupicapra rupicapra.* Diese Benennung geht auf den schwedischen Naturforscher KARL VON LINNÉ im Jahre 1758 zurück und beinhaltet den Gattungs- sowie Artnamen. Das Gamswild ist, wie aus der gleichlautenden Gattungs- und Artbezeichnung ersichtlich, der einzige Vertreter der Gattung *Rupicapra.*

Vielfältig hingegen sind die Bezeichnungen dieser Wildart im deutschen Sprachraum. Wenn der Österreicher „der Gams" sagt, so ist nicht nur der Gamsbock damit gemeint, sondern oft auch die Art, „das Gamswild", wie er wahlweise zu sagen pflegt. Im gleichen Fall nimmt der bayerische Jäger den sächlichen Artikel und sagt „das Gams", es sei denn, er kommt aus dem Allgäu und sagt „der", oder seltener, „die Gems". Dies leitet schon über zur Bezeichnung „das Gemswild", wie sie in der Schweiz allgemein üblich ist. Im angrenzenden Französischen spricht man von „le chamois".

Vom Jäger wird der Artikel nur solange unbestimmt gebraucht werden, bis er das Geschlecht erkannt hat. Dies trifft genauso für andere Wildarten zu. Im Augenblick, in dem er in einem Stück Gamswild den Bock erkannt hat, wird er nur mehr von „ihm" sprechen und ebenso nach Erkennen der Gais von „ihr".

Im Hochdeutschen heißt es „die Gemse", doch hat sich dies im bayerisch-österreichischen Sprachgebiet weder im Sprachgebrauch noch in der jagdlichen Literatur durchgesetzt. Im Althochdeutschen findet sich die Bezeichnung „Gamz", später, etwa zur Zeit Kaiser MAXIMILIANS, hieß es „Gambs" und „Gembsen" in der Mehrzahl. Das Wort „Gams" dürfte romanischen Ursprungs sein. Die hochdeutsche Bezeichnung „Gemse" ist demnach eine junge Sprachschöpfung.

Als Sammelnamen werden heute außer den Ausdrücken Gams auch noch Gamswild, Krickelwild und Gratwild verwendet. Das männliche Stück heißt überall Bock, das weibliche Stück Gais, wobei man es auch als Geis oder Gaiß geschrieben findet. Bis zur Vollendung des ersten Lebensjahres heißen die Tiere allgemein Kitze, danach, im zweiten Lebensjahr Jahrlinge. Bayerische Abschußrichtlinien wollen zwischen dem männlichen „Jahrling" und dem weiblichen „Jährling" unterschieden wissen.

Erwachsene Böcke, die den Sommer über getrennt von den übrigen Tieren leben, werden *Laubböcke, Latschenböcke,* da und dort auch *Stoßböcke* genannt. Die Bezeichnung kommt daher, weil sich diese Böcke einzeln, zu zweit oder zu dritt den Sommer über in ruhigen Zonen des Bergwaldes oder in tiefgelegenen Latschen- oder Grünerlenfeldern aufhalten.

Eine größere Ansammlung von Gams wird als Rudel bezeichnet, wobei Gaisen und Jungtiere wie auch Böcke darin anwesend sein können. Jüngere Böcke werden gelegentlich *Schurf* oder *Schürfel* genannt. *Scharwild, Graffl* oder in manchen Gegenden *Faselzeug* heißt eine aus überwiegend weiblichen Stücken und Jungtieren bestehende Gemeinschaft.

Stammesgeschichte und Systematik

Wenn man die Stammesgeschichte des Gamswildes verstehen will, dann muß man sich vor Augen halten, daß unsere gesamte heutige, auf hoher Stufe lebende Tierwelt in einem, viele Jahrtausende, ja Jahrmillionen, umfassenden Prozeß der Entwicklungsgeschichte entstanden ist.

Das Gamswild gehört zur Familie der Rinderartigen *(Bovidae)*. Die Boviden gehören zu den spezialisiertesten Wiederkäuern und bilden eine entwicklungsgeschichtlich junge Familie, welche die artenreichste Gruppe innerhalb der Huftiere darstellt. Die Rinderartigen sind vermutlich asiatischen Ursprungs und gehen auf Ausgangsformen im Miozän, einer Erdperiode vor ca. 20 Millionen Jahren zurück. Mit der klimatisch verursachten Ausbreitung der Grassteppen in dieser Epoche und besonders in der darauffolgenden Zeit des Pliozän nahmen die Boviden an Zahl und Arten in unvorstellbarem Ausmaß zu und wurden so zur dominierenden Gruppe der Wiederkäuer. Zahlreiche Gazellen- und Antilopenarten bevölkerten die damals ausgedehnten europäischen und asiatischen Steppen des Pliozäns. Die Klima- und Vegetationsveränderungen gegen Ende des Pliozäns, und speziell das Aufkommen dichter Wälder, verdrängten allerdings die meisten Arten wieder. Nur ein Bruchteil kehrte in die darauf wiederkehrenden, jedoch härteren Steppen Europas zurück, und die Vorherrschaft wechselte von Antilopen und Gazellen zu Ziegenartigen, Moschusochsen und Rindern.

Die Boviden besiedelten und besiedeln noch fast alle Lebensräume von der arktischen Tundra bis zum tropischen Regenwald, vom Flachland bis ins Hochgebirge. In geographischer Sicht findet man Bovidenarten in Asien und Europa, in Afrika und auch in Nordamerika, wohin sie über eine vorgeschichtliche Landverbindung gelangten. Nur der südamerikanische Kontinent wurde niemals erreicht, bevor die Boviden vom Menschen auch dorthin gebracht wurden.

Das Hauptmerkmal der Boviden sind echte Hörner, die zwar gebogen sein können und oft absonderliche Formen annehmen, sich aber niemals verzweigen. Sie werden nicht abgeworfen und bestehen aus einem Knochenzapfen, der von einer Hornschicht umgeben ist. Die Fußknochen sind weiter entwickelt als bei den Hirschen, die Zehen stärker reduziert. Die Backenzähne sind hochkronig (hypsodont), somit auf fortschrittlichem Entwicklungsstand und daher von großer Dauerhaftigkeit im Gebrauch.

Innerhalb der Horntiere zählt man heute echte Gemsen zur Formengruppe der *Rupicaprini* oder Gemsenartigen, diese Gruppe wiederum bildet einen Teil der Unterfamilie der „Ziegen" *(Caprinae)*, zu welchen noch die eigentlichen Ziegen und Schafe, *(Caprini)*, Schafochsen *(Ovibovini)* und eventuell Saiga- und Tschirnantilope (*Saigini* und *Pantholopini*) gehören.

Die heutigen Arten der *Rupicaprini* stellen eine näher verwandte Formengruppe dar, denen vor allem das paarige postcornuale Hautdrüsenorgan (die hinter den Krucken liegenden Brunftfeigen) eigen ist. Neben echten Gemsen (Gattung *Rupicapra*) ordnet der Systematiker auch die weiße nordamerikanische Schneeziege *(Oreamnos)* und die asiatischen Urwaldgemsen (Goral: *Nemorhaedus* und Serau: *Capricornis*) den *Rupicaprini* zu. Ein asiatischer Ursprung scheint durch die recht primitive Stammform *Pachygazella* aus dem Pliozän Chinas nachgewiesen zu sein. Die Systematik dieser Arten ist jedoch noch keineswegs abgeschlossen, da phylogenetisch bedeutsame Fossilfunde als eindeutige Belege fehlen.

Die echte Gemse *(Rupicapra rupicapra)* ist erstmals im späten Pleistozän vor etwa 30 000–40 000 Jahren nachgewiesen. Gemsenfunde des Mittel- und Altpleistozäns stehen bislang noch aus. Später wurde das Vorkommen des eiszeitlichen Gamswildes in zahlreichen Funden aus der letzten Zwischeneiszeit (Riß – Würm) belegt, wie etwa in der Schweizer Höhle Wildkirchli (1477 m) und in der Drachenhöhle (1150 m) bei Mixnitz in der Steiermark (Österreich).

Im Pleistozän, der Eiszeit, veränderten mehrere ungeheuere Eisvorstöße aus Nordeuropa und dem Bereich der Alpen die gesamte Pflanzendecke und die begleitende Tierwelt Europas. Auch das Gamswild war als zwischeneiszeitlicher Bewohner alpiner Gebirge während der letzten Vergletscherungsperiode gezwungen, in die eisfreien Gebiete nördlich und südlich der großen Gebirgszüge auszuweichen. In fast allen

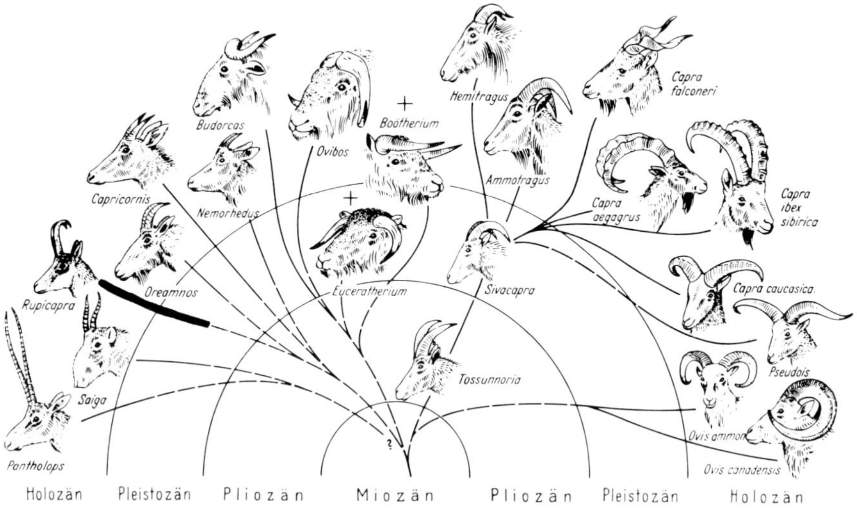

Abb. 1. Stammesgeschichte der *Caprinae* (Ziegenähnliche). Eine, wenn auch alte, bis ins Pliozän reichende Verwandtschaft von *Rupicapra* (Gams), *Oreamnos* (Schneeziege), *Nemorhedus* (Goral), *Capricornis* (Serau) ist zu erkennen. (Abb. aus E. Thenius und H. Hofer „Stammesgeschichte der Säugetiere", mit freundlicher Genehmigung des Springer-Verlages.)

Ländern Mitteleuropas sind pleistozäne Gamsfunde, wenn auch nicht sehr häufig, nachgewiesen. So besiedelte das Gamswild während der letzten Eiszeit (Würm) das französische Zentralmassiv, die Vogesen, den Schwarzwald, da sogar die Ardennen, und im Süden erstreckte sich das Verbreitungsgebiet bis Elba. Heute betrachten wir das Gamswild, wie auch das Steinwild, als Charaktertier des Hochgebirges. Daß dies nicht immer so war, zeigt die beschriebene eiszeitliche Verbreitung in den niedrigeren Gebirgen Mitteleuropas. Man findet Hinweise auf das frühere Vorkommen der Art zwar nicht in ausgesprochen flachen Steppengebieten, doch in niedrigen, vom Hochgebirge meist entfernten Bergzügen, sofern es nur nicht an mäßig hohen, felsigen Ausformungen fehlt. So liegen z. B. Funde aus den Höhlen bei Dinant sur Meuse in Belgien vor, und es ließen sich zahlreiche ähnliche Fundorte aufzählen.

Ganz offensichtlich wurden Gams, zusammen mit der ihnen zusagenden Vegetation der alpinen Tundra und der montanen Waldzone, durch die zu Vereisungen führenden Abkühlungen in unvergletscherte Gebiete abgedrängt. Erst später, nach dem Zurückweichen der Gletscher, als die Wälder allmählich die Gebirge zurückeroberten, kehrten die Gams mit den ihnen zusagenden Vegetationsformen in das Hochgebirge zurück.

Die Verbreitung der Gams erstreckt sich heute auf die Hochgebirge Europas und

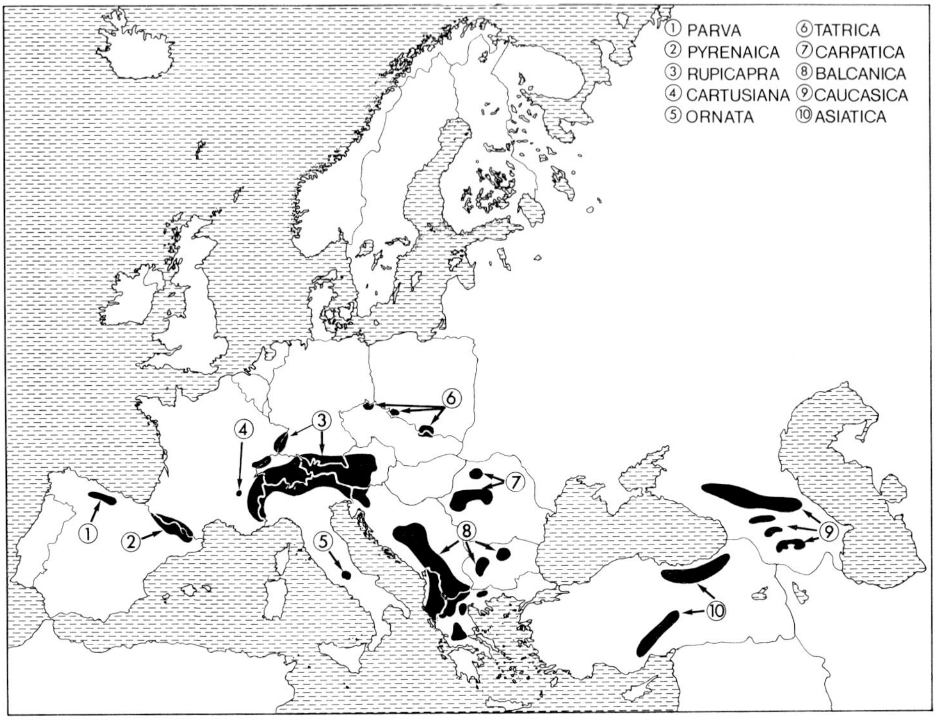

Abb. 2. Verbreitung des Gamswildes auf der Nordhalbkugel. Die einzelnen Teilareale sind nach ihrer Unterart benannt. Das größte zusammenhängende und zahlenmäßige Verbreitungsgebiet ist im Alpenraum. Die besondere Stellung der Abruzzen- und Pyrenäengemse (2 und 5) ist im Text beschrieben. Neben der hier gezeigten Verbreitung leben noch zahlreiche Gams in den Hochgebirgen Neuseelands. (Abbildung nach Lovari 1980, ergänzt.)

zusätzlich einige Mittelgebirge (Abb. 2). Erst in jüngster Zeit wurden Gams per Schiff auf die Südhalbkugel der Erde verbracht, wo sie mit großem Erfolg die Hochgebirge Neuseelands eroberten. Darauf ist in diesem Buch gesondert eingegangen. Der Zoologe unterscheidet heute 10 Unterarten oder geographische Rassen, die durch Isolation und lokale Anpassung voneinander unterschieden werden können. In der Vergangenheit war es der Ehrgeiz vieler Zoologen, möglichst viele Unterarten auszuscheiden. Das wird heute als übertrieben und nicht gerechtfertigt empfunden, und man neigt wieder dazu, größere Einheiten zu bilden. Zum Verständnis der Verbreitung ist die Darstellung der Unterarten brauchbar und deshalb beibehalten. Eine Unterart wird gekennzeichnet, indem man dem lateinischen Gattungs- und Artnamen noch einen dritten, den Namen der Unterart hinzufügt, sowie den Namen des Systematikers, der die Unterart das erstemal beschrieben hat. Hinzu kommt noch die Jahreszahl der ersten Beschreibung.

1. Cantabrische Gemse *Rupicapra rupicapra parva* CABRERA 1911. Verbreitung: Cantabrische Berge, Spanien. Bestand: In weiten Gebieten ausgerottet. Hauptsächlich noch in und um den Nationalpark von Covadonga (Massiv des Picos de Europa) und im Massiv der Pena Ubina vorkommend. Bestand: Gesichert.
2. Pyrenäen-Gemse *Rupicapra rupicapra pyrenäica* BONAPARTE 1845. Verbreitung: Pyrenäen. Bestand: Ziemlich gesichert.
3. Alpengemse *Rupicapra rupicapra rupicapra* LINNÉ 1758. Verbreitung: Die Alpen

Frankreichs, der Schweiz, Italiens, Österreichs, Liechtensteins, Deutschlands – und teilweise Jugoslawiens. Ferner neuerdings im Schwarzwald (Feldberggebiet) und Elbsandsteingebirge (Gebiet des Winterbergs und des Großen Zschand) sowie in Neuseeland eingebürgert. Bestand: Gesichert.

4. Französische Gemse *Rupicapra rupicapra cartusiana* COUTURIER 1938. Verbreitung: Chartreusemassiv, Französische Alpen. Bestand: Gesichert.
5. Abruzzen-Gemse *Rupicapra rupicapra ornata* NEUMANN 1899. Verbreitung: Apennin, Abruzzen. Bestand: Ziemlich gesichert.
6. Tatra-Gemse *Rupicapra rupicapra tatrica* BLAHOUT 1971. Verbreitung: Tatra, Tschechoslowakei und Polen. Bestand: Gesichert.
7. Karpaten-Gemse *Rupicapra rupicapra carpatica* COUTURIER 1938. Verbreitung: Transsylvanische Alpen, Rumänien. Bestand: Gesichert.
8. Balkan-Gemse *Rupicapra rupicapra balcanica* BOLKAY 1925. Verbreitung: Teile von Jugoslawien, Griechenland, Albanien. Bestand: In Jugoslawien gesichert, in Griechenland ziemlich gesichert.
9. Kaukasische Gemse *Rupicapra rupicapra caucasica* LYDEKKER 1910. Verbreitung: Kaukasus. Bestand: Gesichert.
10. Kleinasiatische Gemse *Rupicapra rupicapra asiatica* LYDEKKER 1908. Verbreitung: Berggebiet des Pontus, des Taurus und Antitaurus, Kleinasien. Bestand: Gefährdet.

In der jüngsten Zeit haben die italienischen Wissenschaftler SANDRO LOVARI und CLAUDIO SCALA einen sehr interessanten Versuch unternommen, die Unterarten der Gams in einen größeren Zusammenhang zu stellen. Dazu haben sie die Schädelmaße einiger Unterarten mit modernen Rechenverfahren auf Ähnlichkeiten bzw. Unterschiede geprüft. Das Ergebnis war überraschend: Die Pyrenäengams im spanisch-französischen Grenzgebirge und die Abruzzengemse nicht weit von Rom zeigen gewisse Gemeinsamkeiten. Sie haben den kleinsten Schädel, die Basis der Stirnzapfen steht eng beieinander, und beide kennzeichnet eine deutliche Zeichnung im Winterhaar, in der sich der

Abb. 3. Abruzzengemse.

gelbe Kehlfleck weiter am Hals nach unten zieht und die Schultern eine große Aufhellung tragen. Dieses ganz typische Kleid hat der Abruzzengemse den Unterartsnamen „ornata" gebracht (Abb. 3). Die anderen Unterarten, von den Alpengams bis hin zur Kaukasusgemse scheinen einer weiteren Gruppe mit großen Gemeinsamkeiten anzugehören. Die beiden Forscher bieten dafür folgende Erklärung, die zwar nicht bewiesen, aber auch nicht unwahrscheinlich ist: Schon in einem frühen Eiszeitabschnitt, der Riss-Periode, erreichten Gams die Pyrenäen und die Abruzzen. In der darauf folgenden Zwischenzeit blieben sie durch Wälder isoliert von den übrigen Gebirgen. Mit dem nächsten Eisvorstoß, der Würm-Periode, kam eine neue Welle von Gams aus dem Osten und besiedelte alle geeigneten Gebirge bis auf die weit entfernten Pyrenäen und Abruzzen. Diese erreichten sie nicht. Aus dieser späteren Epoche finden wir auch bereits Gamsknochen in den Alpen. Somit hätten wir einen alten Stamm (die Riss-Gemsen) und einen neueren (die Würm-Gemsen) im heutigen Verbreitungsgebiet.

Noch ein Wort zur Abruzzengemse, über deren Status und Verhalten durch die Studien von Sandro Lovari heute einiges bekannt ist. Heute ist ihr Verbreitungsgebiet auf den Nationalpark der Abruzzen beschränkt. Der Bestand ist klein und zählt nur 400–500 Köpfe. Es wäre höchst wünschenswert, diese Unterart wieder in die angrenzenden und gut geeigneten Gebirge in der Nachbarschaft auszubreiten. Das allerdings bedürfte der Hilfestellung durch den Menschen.

Für den Kenner der Alpengams (der Würm-Gemsen) erscheint die Abruzzengemse hochbeinig, grazil, schlanker, mit langen Hörnern. Die für viele Alpengams zutreffende Bezeichnung „kompakt" trifft hier nicht zu. Die Tiere unterscheiden sich nicht nur im Aussehen, sondern offenbar auch im Verhalten. Eine Wertung ist menschlich und in der Natur nicht gefragt. Manchem Beobachter erscheint die Abruzzengemse jedoch als die schönste aller Gams.

Körpermerkmale

Die Erscheinung

Die Gestalt des Gamswildes ist seinem Lebensraum und seiner Lebensweise angepaßt und dementsprechend kraftvoll. Sie wirkt im Vergleich zur Figur des Rehwildes grob und derb. Im Sommer lassen die Körperproportionen nicht jene Gefälligkeit erkennen, die man dem grazilen Körperbau des Rehes zuspricht.

Und doch gibt es Zeiten, in denen der Gams sehr wohl allen Anspruch auf Formschönheit erheben kann. Genauso wie der Hirsch zur Brunftzeit durch die Verdickung des Trägers den Höhepunkt seiner Erscheinung im jahreszeitlichen Ablauf erreicht, genauso erweckt auch der Gams, und hier vor allem der Bock, im Winterhaar einen ganz anderen Eindruck als in seinem Sommerkleid. Durch das lange Haar werden alle ihm im Sommer anhaftenden Mängel körperlicher Schönheit ausgeglichen, Läufe und Hals werden kürzer, der Rumpf wirkt massiger, und dazu ändert er auch noch sein Gesicht. In dieser Verfassung ist er dann das, was nicht nur dem Bergjäger, sondern auch dem Laien immer wieder Bewunderung für die kraftstrotzende Schönheit dieses Bergtieres abringt.

Größe und Gewicht

Die Körperlänge wird in der Literatur mit 110–140 cm (wovon auf den Wedel ca. 8 cm entfallen), die Körperhöhe mit 90–110 cm angegeben. Der Bock ist nach Vollendung der körperlichen Entwicklung etwa 10 Prozent größer als die Gais. Maße von körperlichen Details in größerer Zahl sind bisher kaum verfügbar. In den Ammergauer Bergen Bayerns wurden nachfolgende Maße von Gamsböcken abgenommen. Für weibliche Tiere sind die Daten vorerst nicht ausreichend, um repräsentative Mittelwerte anführen zu können.

Umfangreiche Angaben liegen heute über Körpergewichte des Gamswildes vor. Allerdings sind Gewichtsangaben von Wildtieren aus Abschußlisten und anderen Aufzeichnungen im allgemeinen mit erheblichen Fehlern belastet. Einmal ist die Art des Abwägens nicht einheitlich (mit Haupt, ohne Trophäe u. a.), zum anderen stimmen

Körpermaße von Gamsböcken aus den Ammergauer Bergen/Bayern

Alter	Gewicht kg	Erlegungs-datum	Gesamt-länge cm	Schulter-höhe cm	Brust-umfang cm	Hinterlauf-länge cm
12	21	25. 11. 71	124	83	82	36
11	22	28. 11. 71	119	77	81	35
12	17	30. 11. 71	124	76	80	36
10	20	3. 12. 71	127	82	84	37
10	17	10. 12. 71	120	77	80	34
6	23	6. 12. 71	112	78	98	36
6	19	8. 12. 71	129	86	81	36
6	20	13. 12. 71	142	76	84	37
15				82	83,5	38,5
Mittelwert	19,8 ± 2,2*		124,6 ± 8,8	79,6 ± 3,6	83,7 ± 5,6	36,2 ± 1,3

* Mittelwerte sind ± einer Standardabweichung angegeben. Die Standardabweichung ist ein Maß für die Streuung der Einzelwerte um den jeweiligen Mittelwert.

die angegebenen Gewichte erfahrungsgemäß oft nicht mit den tatsächlichen überein. Durch das Aufbrechen und Ausweiden der Tiere entsteht je nach Ernährungszustand und Füllungsgrad des Pansens ein unterschiedlicher Gewichtsverlust in der Größenordnung von 25–40 Prozent des Gesamtgewichtes. In vielen Fällen werden Verkaufsgewichte ohne Haupt angeführt. Einen Anhaltspunkt für das Gewicht des Hauptes vermag folgende Aufstellung von einigen steirischen Gams zu geben.

Man ersieht daraus eine geringfügige Zunahme des Hauptgewichtes mit steigendem Lebensalter auch noch bei älteren Böcken. Angaben zu Körpergewichten in größerer Zahl fallen zeitlich betrachtet durchwegs in die zweite Jahreshälfte, die Monate August bis Dezember. In diesem, die Jagdzeit auf Gams umfassenden Zeitraum sind die Erlegungen nicht gleichmäßig verteilt, sondern gehäuft. Insbesondere bei Gamsböcken massieren sie sich – wie könnte dies auch anders sein – in der Brunft, im November und Dezember.

Das Gewichtswachstum von Huftieren zeigt von Geburt an komplexe zyklische Schwankungen, die einerseits durch die jahreszeitlichen Umweltveränderungen, andererseits durch den ebenso veränderlichen physiologischen Zustand (Brunft, Gravidität) der Tiere selbst zu erklären sind (Wood et al., 1962). Dies erschwert vor allem die

Gewicht vor und nach dem Aufbrechen bei Gamswild

Erlegungs-datum: 1968			Gesamt-gewicht in kg	Gewicht aufge-brochen	Verlust in Prozent des Gesamt-gewichtes	Uhrzeit
3. 8.	Gamsbock	8jährig	43	31	27	5.00
6. 8.	Gamsbock	10jährig	37	26	29	18.00
13. 9.	Gamsbock	8jährig	42	32	23	6.00
1. 10.	Gamsbock	5jährig	43	31	27	15.00
7. 8.	Gamsgais	3jährig	21	16	23	16.00
23. 8.	Gamsgais	12jährig	34	24	29	5.30
24. 8.	Gamsgais	7jährig	32	22	31	10.30
24. 8.	Gamsgais	9jährig	27	19	29	14.30
25. 8.	Gamsgais	8jährig	33	25	24	7.00
31. 8.	Gamsgais	7jährig	30	21	30	15.00
15. 9.	Gamsgais	11jährig	29	22	24	6.00
15. 9.	Gamsgais	3jährig	26	19	26	8.30
15. 9.	Gamsgais	16jährig	30	20	33	8.30
15. 9.	Gamsgais	4jährig	27	19	29	11.00
15. 9.	Gamsgais	5jährig	27	19	29	13.00
15. 9.	Gamsgais	6jährig	28	20	20	16.00
9. 10.	Gamsgais	12jährig	35	24	31	8.00
31. 8.	Gamskitz		10	7	30	15.00

mathematische Behandlung der Gewichte im Vergleich verschiedener Jahreszeiten, Altersstufen und Herkunftsgebiete.

Einer umfangreichen Auswertung von 1583 Gamsgewichten, erhoben in einem Gebirgszug der nördlichen Kalkalpen, dem steierischen Hochschwab, sind die folgenden Darstellungen der Gewichtsveränderungen des Gamswildes im Laufe der Jagdzeit entnommen (Schröder, 1971).

Über Gewichte von Gamskitzen liegen leider nur wenige Angaben vor. Für gewöhnlich werden Kitze nicht oder nur höchst selten erlegt, zudem werden meist nur körperlich sehr schwache Tiere im ersten Lebensjahr geschossen, die kein repräsentatives Bild der tatsächlichen Körpergewichte der Kitze geben. In der Jagdzeit fallen Kitzgewichte in der Regel in den Bereich von 5–10 kg. Anläßlich einer Treibjagd wurde im erwähnten Hochschwab am 3. September 1968 irrtümlich ein als Jährling angesprochenes Kitz erlegt. Zum Staunen aller Anwesenden wog das Kitz, aufgebrochen, 13,0 kg. Jährlinge männlichen Geschlechts nehmen während der ganzen Jagdzeit an Gewicht zu. Für einjährige Gaisen zeigt sich bereits ein Kulminieren der Gewichte während der Jagdzeit mit anschließendem Gewichtsverlust. Möglicherweise ist dies auf das bevorzugte Erlegen sehr schwacher Tiere zu Ende der Jagdzeit zurückzuführen. Bei der geringen Zahl der einschlägigen Daten ist das jedoch nicht schlüssig zu beweisen.

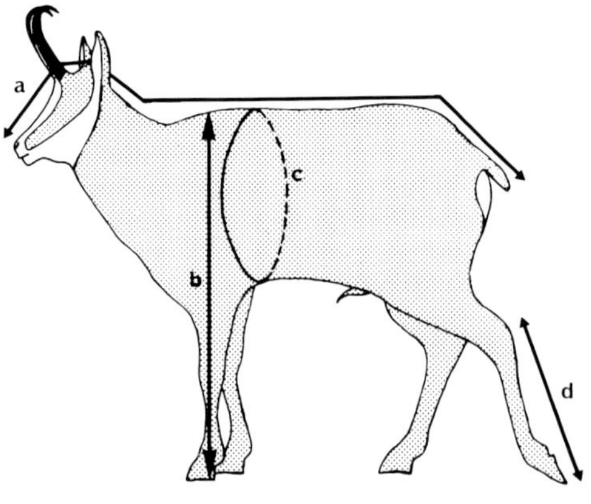

Abb. 4. Körpermaße des Gamswildes: a = Gesamtlänge, b = Schulterhöhe, c = Brustumfang, d = Hinterlauflänge.

Gewicht von Haupt mit Trophäe bei verschieden altem Gamswild

	Geschlecht	Alter in Jahren	Gewicht in kg
1	Bock	5	1,20
2	Bock	4	1,28
3	Bock	7	1,34
4	Bock	10	1,38
5	Gais	7	1,24

Ab dem zweiten Lebensjahr und in den weiteren Altersstufen nimmt das Gewicht im Monat August noch zu, um im September oder Oktober seinen höchsten Wert zu erreichen. Danach tritt bei den Gaisen ein geringer, bei den Böcken, besonders bei den in der Brunft sehr aktiven Tieren, ein erheblicher Gewichtsverlust ein. Im Kapitel über die Gamsbrunft werden wir auf die Folgen des sehr hohen Gewichtsverlustes für die Gamsböcke noch näher eingehen.

Verglichen mit den Bockgewichten unterliegen die Gewichte der Gaisen der Jagdzeit nicht nur geringeren Schwankungen, sondern sie zeigen auch eine größere Streuung. Durch ein oder mehrere kitzlose Jahre, oder durch den Verlust des Kitzes bald nach der Geburt, können solche Gaisen im Vergleich zu führenden Stücken eine beachtliche Gewichtszunahme erzielen. Bei den Gewichtsangaben erwachsener Gaisen ist ferner zu bedenken, daß diese fast ausschließlich von Tieren stammen, die zum Zeitpunkt der Erlegung kein Kitz geführt haben. Die Mehrzahl der Gaisen führt aber, zumindest noch in der Jagdzeit, Kitze.

Die Kenntnis der Gewichtsschwankungen, wie sie innerhalb eines Jahresablaufes

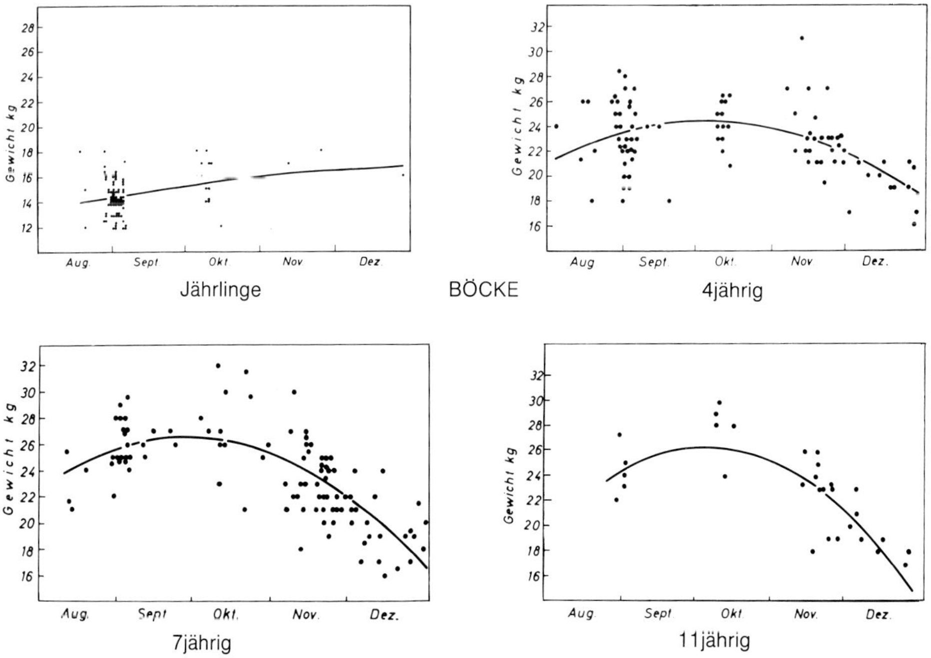

Abb. 5. Darstellung der Gewichtsschwankung von Gamsböcken während der Jagdzeit aus einem steierischen Gamsrevier.

auftreten, ist Voraussetzung für die Betrachtung der Gewichtszunahme im Laufe des ganzen Lebenszeitraumes. Sehen wir uns die beiden Abbildungen der Gewichtsentwicklung für Gamsböcke und Gamsgaisen etwas näher an. Dargestellt ist das jährliche Maximalgewicht der einzelnen Altersstufen. Böcke erreichen ein höheres Gesamtgewicht als Gaisen. Sie haben nicht nur eine größere Wachstumsrate in den ersten Lebensjahren, sondern auch eine längere Wachstumsphase und erreichen somit das Endgewicht später. Dies entspricht weitgehend dem üblichen Wachstumsschema von Huftieren.

Mit dem fünften Lebensjahr endet das skelettale Wachstum beim Gamswild beider Geschlechter; die Epiphysenfugen der langen Röhrenknochen sind danach verknöchert, und ein weiteres Längenwachstum ist nicht mehr möglich. Allerdings ist durch eine weitere Zunahme der Körperfülle, insbesondere bei den männlichen Tieren, noch

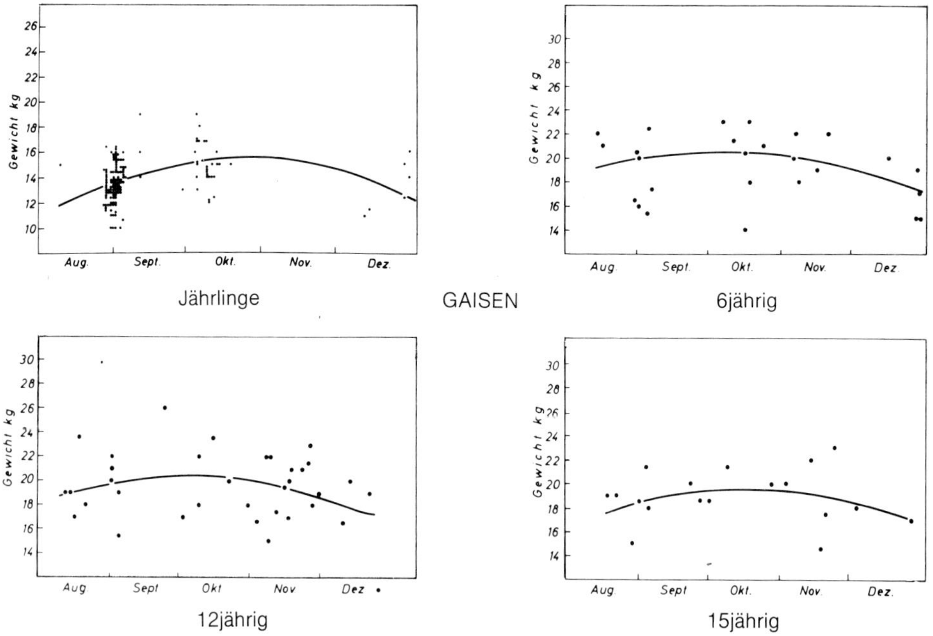

Abb. 6. Gewichtsschwankungen von Gamsgaisen in verschiedenen Altersstufen. Die gehäufte Erlegung von Jährlingen um die Monatswende August/September ist auf deren Erlegung an Treibjagden zurückzuführen (aus Schröder 1971).

eine geringfügige Gewichtszunahme in den darauffolgenden Jahren möglich. Nach Abschluß des Gewichtswachstums, der nach Geschlecht verschieden mit 4–5 Jahren bzw. 3–4 Jahren erfolgt, verbleibt das jährliche Maximalgewicht bis in höchste Altersstufen annähernd gleich. Eine Gewichtsabnahme nach dem Erreichen eines bestimmten Alters ist bei den Böcken zumindest vor dem 11.–12. und bei den Gaisen vergleichbar vor dem 14.–15. Lebensjahr nicht gegeben. Aufgrund einer sehr umfangreichen Auswertung von Körpergewichten für Bayern kam Gruschwitz (1959, 1962) zu der Ansicht, daß die Gewichte der Gamsböcke im neunten Jahr den höchsten Wert erreichen, um danach in den anschließenden Lebensjahren abzusinken. Einer statistischen Prüfung des Materials kann diese Aussage aber nicht standhalten.

Großräumig gesehen finden wir im Verbreitungsgebiet des Gamswildes in den

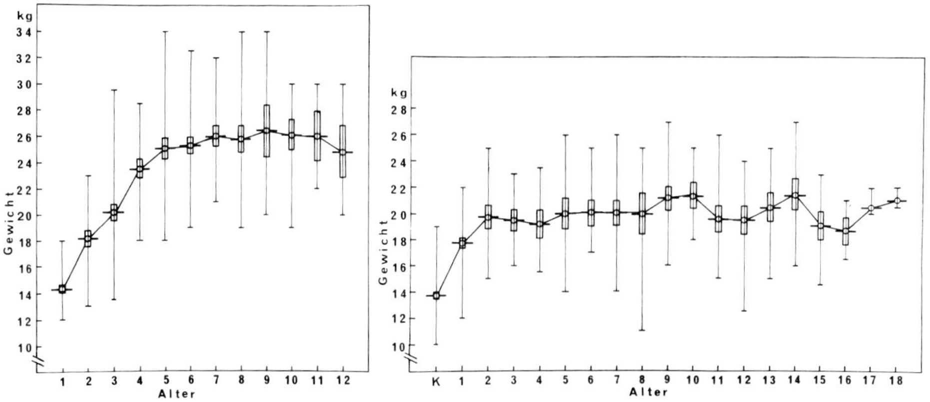

Abb. 7. Gewichtsentwicklung von Gamsböcken und Gamsgaisen mit zunehmendem Lebensalter. Die Querlinie bezeichnet den jeweiligen Mittelwert, die dünne Längslinie die Streubreite. Das Kästchen, der Standardfehler des Mittelwertes, ist ein Maß für die Verläßlichkeit desselben.

Alpen geografische Gewichtsunterschiede. So fanden schon Greiss und nach ihm Gruschwitz in der vorhin zitierten Arbeit Gewichtsdifferenzen bei bayerischem Gamswild westlich und östlich des Lechs. Aus den bisher vorliegenden Gewichtsauswertungen ist der Schluß zulässig, daß im bayerischen Alpenanteil Gamswild von Osten nach Westen an Gewicht zunimmt. Auf österreichischer Seite fehlen bisher Untersuchungen, um gleiches zu bestätigen. Doch erscheint eine gleichsinnige Gewichtszunahme ebenfalls wahrscheinlich, da die bayerisch-österreichische Staatsgrenze keine ökologische Barriere darstellt. Welche Faktoren im einzelnen das Gewicht beeinflussen, kann heute noch nicht nachgewiesen werden. In diesem Zusammenhang sei auf eine der Gewichtszunahme entsprechende Zunahme der Niederschläge und der mittleren Schneehöhen hingewiesen.

Gewicht von Gams aus dem Kanton Bern 1972

Alter	Anzahl	Böcke $\bar{x} \pm s$	Anzahl	Gaisen $\bar{x} \pm s$
1	71	17,04 ± 2,44	44	16,45 ± 1,99
2	112	20,43 ± 4,61	91	18,29 ± 1,90
3	133	22,38 ± 4,94	98	19,57 ± 2,19
4	148	25,12 ± 3,44	85	19,95 ± 2,28
5	131	26,77 ± 3,42	70	20,63 ± 2,37
6	107	26,89 ± 3,24	68	20,77 ± 2,32
7	87	28,04 ± 2,95	55	21,27 ± 2,39
8	52	28,05 ± 3,78	53	21,43 ± 2,58
9	31	29,80 ± 3,24	28	20,96 ± 2,52
10	17	29,00 ± 3,33	28	20,67 ± 2,98
11	6	28,33 ± 1,63	8	18,37 ± 1,59
12	8	21,50 ± 3,62	16	20,31 ± 3,91
13	2	28,50 ± 2,12	10	20,50 ± 2,59
14	2	28,50 ± 0,70	7	19,71 ± 2,86
15			4	21,75 ± 1,70
16			2	21,00 ± 1,41
17			–	–
18			2	18,50 ± 4,94

$\bar{x}$ = Mittelwert
s = Standardabweichung, ein Maß für die Streuung um das Mittel

Gamsgewichte einiger Schweizer Kantone, wie sie von Wildhütern erhoben wurden, fallen in den Gewichtsbereich von gutem österreichischem und bayerischem Gamswild. Umfangreiche Gewichtsangaben aus dem Berner Oberland wurden freundlicherweise von Herrn BLAUPOT TEN CATE zur Verfügung gestellt. Die Tiere wurden von Wildhütern mittels Federwaagen gewogen. Alle Erlegungen fallen, der kurzen Jagdzeit des Kantons entsprechend, in die zweite Septemberhälfte, also in eine hinsichtlich der Schwankungen der Gamsgewichte im Jahresablauf ziemlich stabile Periode, in welcher auch weitgehend das Maximalgewicht der einzelnen Altersklassen erreicht wird.

Am Alpenostrand, im Bereich der letzten Ausläufer der Niederen Tauern und in den Bergen des mittleren Murtales (Renfeld, Hochlantsch, Röthelstein) leben im Körpergewicht verhältnismäßig leichte Gams. In vielen dieser letzten Zipfel des alpinen Verbreitungsgebietes leben sogenannte Waldgams, deren Spitzengewichte bei Böcken in den besten Jahren oft 25–27 kg Körpergewicht nicht überschreiten. Hingegen waren unter 908 Böcken aus dem Hochschwab zwei im Alter von acht und neun Jahren mit jeweils 34 kg (aufgebrochen, ohne Haupt). In den Altersklassen vier bis zehn waren mehrere Böcke, die 32 kg auf die Waage brachten.

Über Gams in außeralpinen Vorkommen liegen keine brauchbaren Gewichtsangaben vor. In der Jagdliteratur findet man gelegentlich Hinweise auf Spitzengewichte bis zu 56 kg bei rumänischem Gamswild. Ohne anzuzweifeln, daß Karpatengams möglicherweise schwerer sind als solche der Alpen, ist bezüglich dieser Angaben Vorsicht geboten. Nach Aussage rumänischer Wildbiologen, die während der letzten Jahre eine Reihe von Gams erlegt und gewogen haben, konnten keine Tiere gefunden werden, die den erwähnten Spitzenwerten nahekamen (ALMASAN, mündliche Mitteilung).

Farbe und Behaarung

Die Farbe der Gams ist im Sommer fahlgelb bis gelbgrau, im Winter dunkelbraun bis dunkelgrau, und zuweilen in der Tönung so dunkel, daß sie im Schnee schwarz wirken kann. Im Sommer sind lediglich der Aalstreif, der sich vom Scheitel über den Rücken bis zum Wedel erstreckt, und die Läufe, soweit sie vom Körper frei sind, bis zu den Schalen hinab dunkel. Ein Sommerrudel wirkt in der Farbe in der Regel uneinheitlich, weil die Farben individuell variieren. Dabei sind die Kitze stets dunkler als die älteren Tiere.

Stirne und Wangen bis hinab zum Halsansatz sind im Winterkleid hellgelb, und von gleicher Farbe ist auch die Innenseite der Lauscher. Zwischen Stirne und Wangen liegt beiderseits eine dunkle Haarpartie, die sogenannten Zügel, die jeweils der Kruckenbasis entspringen, die Lichter umschließen und bis zu den Äserwinkeln reichen. Die im Winter cremefarbenen Haare des Hauptes werden im Sommer durch hellockerfarbene ersetzt. Dadurch verschwinden die starken Farbkontraste der Zeichnung, die typische Maske des Wintergams geht verloren, und das Haupt wirkt in seiner Gesamtheit länger und schmäler.

Bei alten Tieren sind sowohl die Zügel als auch die helle Haarpartie des Hauptes von grauen Haaren durchsetzt. Es werden dann die Konturen der Zeichnungen auch im Winterkleid unscharf, und sie können bei sehr alten Stücken schließlich ganz aufgelöst werden.

Die Winterfarbe sehr alter Gams verliert in ihrer Gesamtheit an Glanz und erscheint dann vielfach graubraun. Überhaupt wird das zur Brunftzeit oft seidig glänzende Haar im Laufe des Winters abgestoßen und stumpf. Nicht selten findet man an winterlichen Liegeplätzen im Schnee festgefrorene Haarspitzen.

Gebietsweise kommen auch sogenannte „Kohlgams" vor. Das sind Tiere, die die helle Zeichnung des Kopfes nicht oder nur teilweise aufweisen. Auch albinotische Gams sind, wenn auch seltener, gelegentlich zu finden. Diesen Tieren fehlt ganz oder teilweise die erbliche Anlage der Pigmentbildung. Echte Albinos erscheinen völlig weiß und haben eine rötlich wirkende Iris. Auch Teilalbinos mit weißen Flecken unterschiedlicher Größe sind bekannt.

Abb. 8. Zweieinhalbjähriger weiblicher Teilalbino mit dachsfarbigem Haar. Die sonst gelblichen Teile des Hauptes sind reinweiß, Zügel und Lauscher gefleckt, erlegt am 22. November 1959 in den Ostkarawanken (Phot. Fischer).

Wenn auch bei allen unseren Schalenwildarten der Unterschied zwischen Sommer- und Winterbehaarung augenfällig ist, so erscheint er wohl nirgends so groß wie beim Gamswild. Grundsätzlich sind zwei Arten von Haaren zu unterscheiden:

1. Deckhaar, das wieder in Grannenhaare (Unterhaar) und Leithaare (Oberhaar) unterteilt wird.
2. Das Wollhaar.

Vom Deckhaar sind die Grannenhaare leicht gewellt oder gebogen, während die Leithaare gerade sind. Beide Typen finden sich sowohl im Sommer- als auch im Winterkleid. Sie unterscheiden sich, abgesehen von ihrer Farbe, auch durch die Länge. Die Leithaare sind die längsten. Sie überragen im Sommer die Grannenhaare um 1 mm bis 2 mm, im Winter erreichen sie jedoch eine Länge von 8 bis 15 cm und können damit auf mehr als die doppelte Länge der Grannenhaare kommen.

Die Hauptmasse des Winterhaares bilden die Grannenhaare. Sowohl Leit- als auch Grannenhaare sind oben dunkel und werden nach der Wurzel zu heller, gehen also von einer schwarzbraunen Tönung in eine hellgraue oder graugelbe über. Die Leithaare haben eine lang ausgezogene Spitze, während jene der Grannenhaare kurz ist.

Die Leithaare bestimmen gemeinsam mit den Grannenhaaren die Farbe des Gams.

Durch die individuell sehr verschiedene Veranlagung kann der an sich dunkle Gams einen gelblichen Schimmer erhalten, wenn die Leithaare gelbe Spitzen aufweisen.

Die Barthaare, von denen im jagdlichen Teil dieses Buches noch die Rede sein wird, sind den Leithaaren zuzuordnen, sie sitzen in der ganzen Länge des Aalstreifs vom Träger bis zum Wedel auf dem Rücken. Am dichtesten und längsten stehen sie in der Regel hinter dem Trägeransatz und vor dem Wedel. Sind die Spitzen pigmentleer, also gelb bis weißgelb, so spricht man von einem Barthaar mit schönem Reif oder Reim. Die Haare des Aalstreifs nehmen insofern eine Sonderstellung ein, als ihr Wachstum mit dem Frühjahrshaarwechsel beginnt und durch den herbstlichen Haarwechsel nicht unterbrochen wird. Nach völliger Ausbildung des Winterkleides im Dezember erreichen die Barthaare ihre größte Länge.

Das Sommerkleid wird von Ende Juni bis Mitte August getragen. In der Übergangszeit, das ist also ab Ende August, wirkt der Gams durch das Hervorbrechen des Winterhaares im Gegensatz zum Hochsommer fahl. Wenn im Mai das Winterhaar auszufallen beginnt, stehen häufig Büschel des langen und dunklen Winterhaares in der sich bildenden glatten Sommerdecke.

Die Bildung des Gamsbartes, den kräftig entwickelt nur der Bock trägt, kann nach Gegenden und Individuen große Unterschiede aufweisen. Es gibt Gebiete, in denen verhältnismäßig schwache Böcke lange Bärte mit schönem Reif bilden und solche, in denen auch starkes Wild nur geringe Bärte produziert. Das Alter ist für die Bildung des Bartes nicht entscheidend, wenngleich im Durchschnitt Böcke jüngeren Alters (4- bis 5jährig) bessere Bärte aufweisen als alte Böcke. Bei den jüngeren Böcken ist das Haar dünner und seidiger als bei den alten. Die Barthaare können eine länge von 20 cm und mehr erreichen, und ihre Farbe ist weitgehend von der allgemeinen Haarfarbe des Stückes abhängig. Sehr dunkle Gams tragen auch dunkles Barthaar, und solche, die eine sehr helle Gesichtszeichnung besitzen, haben in der Regel den schönsten Reif.

Auch die Anzahl der Barthaare ist sehr verschieden, so daß ein Gamsbock oft nur einen sehr bescheidenen, ein anderer wieder 2 bis 3 gebundene Bärte verschiedenen Ausmaßes liefern kann. Sehr alte Böcke tragen kaum mehr einen gut ausgebildeten vollen Bart.

Das Wollhaar stellt ein dicht gekräuseltes, feines weißes Geflecht dar, das den Grund des Haarkleides ausfüllt. Das Wollhaar ist im Sommer- wie im Winterkleid vorhanden. Es ist über den ganzen Körper verteilt und fehlt nur in der glatten Stirnpartie. In seinem Aufbau unterscheidet es sich vom Deckhaar wesentlich. Das Deckhaar besteht anatomisch in seinem innersten Teil aus dem sogenannten Haarmark, das von der Haarrinde umschlossen wird, und diese wiederum ist von dem Oberhäutchen überzogen. Die Haarrinde mit ihren Pigmenten wirkt als Farbträger. Das Wollhaar besitzt im Gegensatz zum Deckhaar kein Mark.

Im Wurzelbereich der Wollhaarbüschel stehen die Talgdrüsen, denen eine besondere Funktion in der Erhaltung des Haarkleides zukommt.

Das Auge

Das Auge des Gamswildes ist verhältnismäßig groß und hat eine braune Iris. Die Pupille ist nicht rund, sondern ein waagrecht liegender Schlitz, der eine große Erweiterungsfähigkeit besitzt.

Blahout (1969) hat die Reaktionen des Gemsenauges auf den Einfall unterschiedlicher Lichtintensität geprüft und eine erstaunliche Anpassung an extreme Werte, an geringe und hohe Lichtmengen, festgestellt. Das ist nicht verwunderlich, wenn man bedenkt, daß Gams sowohl in schon fortgeschrittener Dämmerung als auch unter den extremen Strahlungen der sonnenbeschienenen Schneehänge des Hochgebirges auf die zuverlässige Leistung dieses Organes angewiesen sind. Man war früher der Meinung, Gams hätten spezielle Einrichtungen, um der Schädigung des Auges bei hoher Einstrahlung, allgemein als Schneeblindheit bezeichnet, vorzubeugen. Dem ist nicht so. Grundsätzlich unterscheidet sich der Aufbau nicht von jenem der Augen der anderen Huftiere.

Durch die besondere seitliche Lage der Augen und ein deutliches Hervorstehen derselben ist der tote Blickwinkel des Tieres klein. Man erkennt dies bei vorsichtiger Annäherung im Gelände an ein abgewandt stehendes Tier, da man meist bald bemerkt wird. Überhaupt nehmen Gams Bewegungen gut wahr. Die astigmatische, gebogene Netzhaut, die auch anderen Huftieren eigen ist, ermöglicht ein rasches Erfassen in Bewegung befindlicher Objekte und erscheint so als durchaus vorteilhafte Anpassung an ein von Feinden bedrohtes Dasein.

Das Sehvermögen des Gamswildes ist durchaus gut. Dies wäre nicht anders denkbar bei einem Tier, das in rascher Flucht in steilem, gefährlichem Gelände auf das blitzschnelle Erfassen der Geländebeschaffenheit angewiesen ist.

Die Zähne

Erwachsenes Gamswild besitzt, wie übrigens auch Reh- und Rotwild, 32 Zähne. Die Zahnformel lautet $\frac{330 \mid 033}{334 \mid 433}$, wobei die Zahlen von innen nach außen Schneidezähne, Praemolaren und Molaren bezeichnen. Im Oberkiefer haben Wiederkäuer keine Schneidezähne, sondern eine Gaumenplatte, die den Schneidezähnen des Unterkiefers ein Widerlager bietet.

Die Schneidezähne des Unterkiefers, vier in jeder Kieferhälfte, setzen sich aus drei dem Ursprung nach echten Schneidezähnen *(Incisivi)* und einem im Laufe der Entwicklungsgeschichte zum vierten Schneidezahn umfunktionierten Eckzahn *(Caninus)* zusammen. Die bei Rotwild üblichen *Canini* des Oberkiefers (Grandln), die auch vom Rehwild in Ausnahmefällen gebildet werden, kommen beim Gamswild nicht vor. Neben den Schneidezähnen werden ebenfalls die Praemolaren schon im Milchgebiß gebildet. Sie werden demnach gleichermaßen bei der Bildung des Dauergebisses gewechselt. Die hinteren Backenzähne *(Molaren)* erscheinen dagegen nur im Dauergebiß.

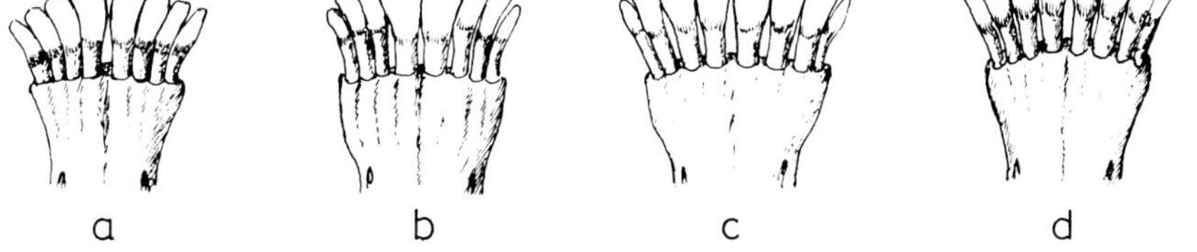

Abb. 9. Zahnwechsel der Schneidezähne im Unterkiefer: a. Milchgebiß, b. Wechsel des innersten Schneidezahnpaares mit 16 Monaten, c. Drei Schneidezahnpaare, im Alter von 32 Monaten gewechselt, d. Dauergebiß nach etwa 40 Monaten (Zeichnung: Blaupot ten Cate).

Im Gegensatz zu den Cerviden ist die Altersbestimmung nach Entwicklung und Abnutzung der Zähne beim Gamswild von untergeordneter Bedeutung. Die Altersschätzung nach dem Abnutzungsgrad der Backenzähne adulter Tiere, analog der beim Rehwild bisher einzig praxisreifen Methode, ist beim Gams so gut wie unbrauchbar, da sich das Bild der Kauflächen trotz fortschreitenden Alters verhältnismäßig wenig ändert. Der Zahnwechsel hingegen, insbesondere jener der Schneidezähne, erlaubt eine verläßliche Altersbestimmung bis zur Vollendung des Dauergebisses im vierten Lebensjahr. Er verläuft folgendermaßen:

Gamskitze werden mit 8 Schneidezähnen im Unterkiefer geboren, während die Praemolaren meist gerade im Durchbruch begriffen sind. Die Schneidezähne des Milchgebisses werden normalerweise in den darauffolgenden 40 Monaten durch größere und breitere, leicht unterscheidbare Dauerzähne ersetzt. Der erste Schneidezahn jeder Kieferhälfte (der jeweils innere) wird zuerst gewechselt, der vierte (der umgebildete Eckzahn) zuletzt (siehe Abbildung).

Das durchschnittliche Lebensalter beim Wechsel der Schneidezähne ist, beginnend mit dem innersten (ersten) Zahn, 16 Monate, dann folgen mit 28 und 32–38 Monaten die beiden nächsten und schließlich, mit 35–40 Monaten, der letzte der Schneidezähne.

Ein Jahrling wechselt daher im Laufe der Jagdzeit den ersten Schneidezahn, und die dreijährigen Tiere wechseln den letzten Schneidezahn im Sommer.

Die Molaren der Unter- und Oberkiefer, der vierte, fünfte und sechste Backenzahn, erscheinen in der Reihenfolge im Alter von 4–5 Monaten beim Kitz, 16–17 Monaten beim Jahrling und 28–30 Monaten beim zweijährigen Gams.

Da manchmal bei einzelnen Gams eine Altersbestimmung an Hand der Krucke nicht möglich ist (z. B. Kruckenbeschädigung), wurde versucht, durch Schneiden der Zähne an deren Struktur einen Anhalt zur Altersbestimmung zu finden. In Neuseeland, wo sich eigenartigerweise die Ausformung der Jahreswachstumsabschnitte an der Krucke nicht so deutlich zeigt wie bei europäischen Gams, wurde eine derartige Altersbestimmungsmethode entwickelt und mit Erfolg angewandt (Peckelharing, 1969).

Die Backenzähne, besonders die Molaren, weisen eine beachtliche Höhe auf (bis zu 30 mm und mehr). Mit fortschreitender Abnutzung an der Kaufläche werden die Zähne im Kiefer angehoben und sind bei alten Stücken oft bis nahe an die Zahnwurzeln abgeschliffen, wobei sich die äußerlich sichtbare Kronenhöhe nicht wesentlich verändert. Durch den Vorgang der Vertikalverschiebung bei gleichzeitiger Abnutzung der Zähne erscheint die Kronenhöhe über der Gaumenlinie fast immer gleich. Die Zähne insgesamt sind im höheren Alter stark verkürzt, wie diese Röntgenaufnahmen gut erkennen lassen.

V. Schumacher (1932) untersuchte die Vertikalverschiebung der Backenzähne näher und fand, daß in den ersten drei Lebensjahren die Gesamthöhe des ersten Molars, trotz der Abnützung an der Kaufläche, nicht abnimmt. Das erklärt sich aus einem anhaltenden Wachstum des Zahnes an der Wurzel, während an der Zahnkrone bereits die Abnützung beginnt.

Die Dauerhaftigkeit der Zähne des Gamswildes ist erstaunlich. Auch im hohen Alter bleibt das Gebiß in der Regel funktionsfähig. Dies ist ungewöhnlich und hat zu Spekulationen Anlaß gegeben (Kurtén, 1968). Es ist das Schicksal vieler Huftiere, insbesondere der Cerviden, daß mit Fortschreiten des Alters die Kauwerkzeuge ihre Tauglichkeit durch die Zahnabnutzung einbüßen. Das trifft für das Gamswild nicht im sonst üblichen Maße zu, wodurch eine wichtige Voraussetzung für das Erreichen eines sehr hohen Alters erfüllt ist. Im Laufe der Entwicklungsgeschichte haben die Gams Zähne erworben, die an Dauerhaftigkeit eine Spitzenleistung erbringen. Schwierig ist es, die Ursachen hierfür zu erklären. In besonderen Fällen, nämlich dann, wenn ökologisch bedingt nahezu alle Individuen vor der Einbuße der Tauglichkeit ihrer Kauwerkzeuge sterben oder altersbedingt steril werden, ist der selektive Vorteil der langdauernden Leistungsfähigkeit der Zähne nicht mehr gegeben. Somit fehlt der treibende Motor für eine Entwicklung in jene Richtung. Das scheint bei Gamswild der

Abb. 10. Röntgenaufnahmen von Gamskiefern unterschiedlicher Altersstufen: a. Gais 22½ Monate; 3. Praemolar noch dreiteilig, letzter Molar im Durchbruch begriffen, b. Bock 5 Jahre mit hoher Krone der Backenzähne, c. Gais 15 Jahre, d. Gais 19 Jahre. Die Zähne der beiden alten Gaisen wurden im Kiefer angehoben, bei gleichzeitiger Verkürzung der Zahnkrone. Das Bild der Kaufläche ändert sich nicht wesentlich (Phot. M. Kleymann).

Fall zu sein. Eine Erklärung für diese Besonderheit liegt in der Annahme, daß das Gamswild von seinen im Zahnmaterial stärker beanspruchten Vorfahren ein Gebiß vererbt bekam, welches an Leistung mehr bietet als unter den gegenwärtigen Lebensbedingungen gefordert wird.

An den Backenzähnen ist mitunter ein metallisch glänzender, in der Farbe von gold bis dunkelviolett reichender Belag zu finden. Es handelt sich hierbei um Zahnstein, wie er auch bei anderen Wiederkäuern auftreten kann. Die Zahnsteinbildung kommt unter Mitwirkung von Bakterien zustande, wobei die Färbung standörtlich verschieden, vermutlich äsungsabhängig, ist.

Zahnanomalien, fehlende oder in ihrer Stellung anomale Zähne, sind bei Gams höchst selten. Andere Boviden, wie etwa das Steinwild Jugoslawiens und die dem Gams näher verwandte nordamerikanische Schneeziege leiden wesentlich häufiger unter Anomalien der Zähne.

Die Läufe

Durch einen starken knöchernen Bau sind die Läufe der Gams an die Anforderungen des extremen Lebensraumes angepaßt. Durch den besonderen Winkel von Oberarm- und Unterarmknochen einerseits und Oberschenkel- und Unterschenkelknochen andererseits unterscheiden sich Gams von anderen Huftieren; dadurch sind, zusammen mit einem im Verhältnis langen Sprungbein die Voraussetzungen zu gutem Klettern und Springen gegeben.

Besonders die Schalen stellen eine vollendete Anpassung an das Klettern im Fels dar. Sie bestehen im inneren und hinteren Ende aus einem weichen Ballen, der in seiner Wirkung mit einer Gummisohle vergleichbar ist. Der äußere, harte Hornrand (Schalenwand) steht vor und ermöglicht ein Haften an nur geringen Unebenheiten des Bodens. Die Schalen sind gegeneinander sehr beweglich, sie werden beim normalen Gang im

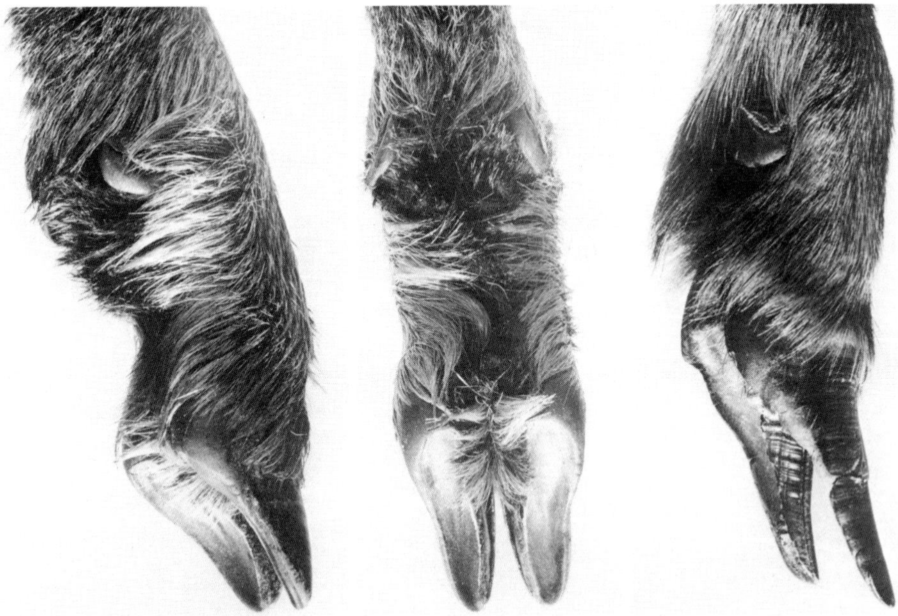

Abb. 11. Links und Mitte: Schalen und Afterklauen. Der vorspringende harte Sohlenrand und die dazwischenliegende weiche Sohle sind gut zu erkennen. – *Rechts:* Krankhaft verlängertes Schalenhorn einer Gams mit Bruchstelle (Phot. Archiv Wildforschung).

unschwierigen Gelände parallel aufgesetzt. In der Flucht, im Schnee und in steilem Gelände können die durch ein starkes Band verbundenen Zehen dagegen weit gespreizt werden. Umstritten ist die Funktion der Afterklauen. Wenn es auch stimmt, daß letztere ohne Sehnenverbindung als Zehenglieder nicht voll funktionstüchtig sind, so werden sie doch beim Abwärtsgehen als zusätzliche Bremse auf den Boden gesetzt. Dafür spricht schon die regelmäßige Abnutzung des Geäfters.

Die Schalen sind bei Böcken meist länger als bei Gaisen. Die maximale Spreizung, am Abstand der Schalenspitzen gemessen, ist größer als die Schalenlänge. Allerdings variiert die Schalenlänge in Abhängigkeit von der Bodenbeschaffenheit des Einstandes und der jahreszeitlich sehr unterschiedlichen Aktivität der Tiere sehr. Es gibt Gamsböcke, die in tiefliegenden Sommereinständen (Laubböcke) ein geruhsames Dasein führen und oft überlange Schalen aufweisen. Nach dem sprunghaften Ansteigen der Aktivität in der Brunft mit dem Aufsuchen felsigen Geländes nutzen sich die Schalen rasch ab und sind gegen Ende der Brunft in ihren Maßen geringer als vorher.

Häufiger als bei Reh- und Rotwild kommen bei Gams überlange, krankhaft veränderte Schalen vor. So wurde im Oktober 1966 ein vierjähriger Bock im Lande Salzburg erlegt, dessen Schalen an allen vier Läufen schnabelschuhartig ausgewachsen waren und Längen bis zu 18 cm aufwiesen. Eine gleichalte Gais aus dem Bregenzerwald, erlegt 1972, zeigte dieselben krankhaften Veränderungen, wobei die Schalen der Hinterläufe bis 28 cm maßen. Das Stück bewegte sich sehr vorsichtig in einem steilen Nordhang und wurde vor seiner Erlegung nicht beobachtet.

Es scheint, als trete dieses krankhafte Auswachsen der Schalen örtlich und zeitlich gehäuft auf. Im Raum Fischbachau der bayerischen Alpen wurden innerhalb weniger Jahre mehrere Gams mit überlangen Schalen geschossen. Oft werden die Veränderungen, wenn es sich um krasse Fälle handelt, erst am erlegten Stück entdeckt. Die Ursachen der hier besprochenen Mißbildung sind noch weitgehend unbekannt. Zu einem entsprechend veränderten Gamslauf erstellte ein erfahrener Pathologe folgenden Befund (v. Braunschweig, brieflich): „Unterhalb des Hornbildungssaumes, in 3,2 cm Abstand, ist an beiden Schalen eine deutliche Rinnenbildung zu erkennen, die parallel zum Hornbildungssaum verläuft. Dies weist auf eine zurückliegende, schwere Belastung des Tieres hin. Sie kann in Form eines extremen Parasitenbefalles oder einer anderen Krankheit vorgelegen haben. Entscheidend ist, daß zu jener Zeit der Stoffwechsel einer erheblichen Störung unterlag. Das Bild der Schalen ist hierfür charakteristisch und gäbe, wüßte man das Wachstumstempo der Schalen, den Zeitpunkt an, zu dem die Rinnenbildung aus dem Hornschuh herauswuchs. Die Rinne lag jetzt so weit unten, daß sie der Belastung nicht mehr standhielt und einbrach. Es hätte nur noch kurze Zeit gedauert, bis die angebrochene Hornspitze abgefallen wäre. Damit wäre der Schaden behoben gewesen.

Ganz anders sehen Fälle von Schalenauswachsen aus, die auf reine Überproduktion von Horn zurückzuführen sind. Sie kommen bei allen Huftieren vor. Die Ursache dieser Mißbildung ist bislang unklar.

Es gibt noch eine weitere Erklärung des Schalenauswachsens, nämlich daß dieses auf einer Schalenlederhaut-Entzündung beruht, als deren Folge es zur Verlagerung des Schalenbeines im Hornschuh kommt. Damit verliert das Schalenbein seine richtunggebende Funktion für das Wachstum des Wandhorns. Diese Fälle zeigen dann säbelförmig nach oben gebogene Schalen. Bei Muffelwild ist dies öfters zu beobachten, wobei der Hornschuh zumeist durch Fäulnis von der Wandlederhaut gelöst ist."

Das Verdauungssystem und andere Organe

Als Wiederkäuer haben Gams ein sehr differenziertes Verdauungssystem. Besonders die insgesamt vier Mägen (Pansen, Netz-, Blätter- und Labmagen) zeigen einen hohen Grad von Spezialisierung, wobei die Vormägen bei Neugeborenen noch in Entwicklung begriffen und in ihrer Gesamtheit wesentlich kleiner als der Labmagen sind. Solange Jungtiere saugen, kommt dem Labmagen mit seiner spezifischen Fermentierung der Milch besondere Bedeutung zu. Beim ausgewachsenen Tier sind die Verhältnisse umgekehrt. Der Labmagen wirkt dann als Anhängsel des Pansens, des ersten Vormagens. Erst wenn die Bedürfnisse der Milchverdauung zurücktreten und die Aufnahme des voluminösen rohfaserreichen Futters beginnt, bildet sich der Pansen zur vollen Größe aus.

Der Pansen ist ein gewaltiger Sack, der, vorwiegend in der linken Seite der Bauchhöhle liegend, diese fast ausfüllt. Da Gamswild mit zur höchstentwickelten Gruppe der Wiederkäuer gehört, ist das Pansenvolumen besonders groß. Diese Tiere, man bezeichnet sie gelegentlich auch als Superwiederkäuer, sind in der Lage, in langen Äsungsperioden reichlich Futter aufzunehmen, bevor sie zur nötigen Wiederkautätigkeit gezwungen sind. Dieser Umstand bestimmt zum Teil auch den Äsungsrhythmus der Tiere, die mit weniger Äsungszyklen pro Tag auszukommen vermögen als vergleichsweise die Cerviden. Besonders zur Nachtzeit ist das Gamswild somit nur zu einem Minimum an Futteraufnahme gehalten.

Gelegentlich finden sich im Pansen von Gamswild die sogenannten Bezoarsteine oder Gamskugeln, die durch Zusammenballungen von Pflanzenfasern und Harz, Haaren und anderen unverdaulichen Bestandteilen gebildet werden. Sie haben Ei- bis Kugelform und können bis etwa 15 cm Durchmesser erreichen.

Wie auch andere Vertreter der Boviden hat das Gamswild eine an der Leber sitzende Gallenblase. Reh- und Rotwild z. B. produzieren hingegen zwar in der Leber die zur Verdauung erforderliche Galle, doch wird diese nicht in einer Gallenblase gesammelt.

Besondere Anforderungen stellt das Leben in großer Höhe an das Kreislaufsystem der Gams.

Das Herzgewicht wurde bei Gaisen mit 250–290 g ermittelt, bei Böcken mit 320–440 g. Zur Beurteilung des Leistungsvermögens des Herzmuskels berechnete Blahout (1969) den Herzindex (Herzgewicht in Promille des Gesamtgewichtes) und fand Werte von 7,7–11,7 ‰ bei weiblichen und 11,3–15,2 ‰ bei männlichen Tieren. Verglichen mit anderen Huftieren ähnlicher Größe ist der Herzindex demnach hoch, was bei der oft anstrengenden Überwindung von schwierigem Gelände in großer Höhe zu erwarten ist.

Auch das Blut zeigt eine besondere Beschaffenheit. Die für den Sauerstofftransport verantwortlichen roten Blutkörperchen (Erythrozyten) sind mit $13{,}6 \times 10^6/\text{mm}^3$ verhältnismäßig zahlreich (Drescher-Kaden, 1972). Die kleinen, aber zahlreichen Erythrozyten mit einer großen Gesamtoberfläche stellen eine Anpassung an den verminderten Sauerstoffgehalt der Luft im Hochgebirge dar.

Die Krucke

Die Hörner der Boviden unterscheiden sich sowohl in der Struktur als auch in der Entwicklung von den Geweihen der Cerviden. Hörner, wie auch die Gamskrucke, sind keratinisiert (verhornt), Geweihe hingegen ossifiziert (verknöchert). Mit Ausnahme der keratinisierten Hornschicht stellen Hörner lebende Strukturen dar, wogegen Geweihe tot sind, sobald der Bast entfernt ist. Der Kopfschmuck der einzelnen Tierarten unter den Hornträgern zeigt eine erstaunliche Vielfalt. Hörner sind jedoch, wenn man von der systematisch eigenständigen Gabelhornantilope Nordamerikas absieht, niemals verzweigt. Das Wachstum der Hörner erfolgt von der Basis aus, und da die älteren Schichten von den jünger geformten vorangeschoben werden, ist eine Verzweigung nicht möglich. Der bemerkenswerteste Unterschied des Kopfschmuckes zwischen Hornträgern und Geweihträgern bildet die jährliche Regeneration (Wiederbildung) der Geweihe, die es bei Hörnern nicht gibt.

Entwicklung der Hörner

Anders als andere Körperelemente entwickeln sich Hornstrukturen erst nach der Geburt. Dann allerdings ist die Wachstumsleistung bei einigen Arten beachtlich. Die Hornentwicklung verläuft in den Anfängen wesentlich schneller als das übrige Kopfwachstum. Am Hornwachstum sind zunächst die Hornzellen produzierende Epidermis wie auch der knöcherne Stirnzapfenauswuchs des Stirnbeines beteiligt.

Beim frischgesetzten Kitz ist die Stelle, an der sich später die Krucke entwikkelt, nur mit Haaren bedeckt. Darunter bildet sich am Stirnbein *(Os frontale)* der Stirnzapfen in Form einer Verdikkung des Schädelknochens. Beim embryonalen Gamskitz ist, auch in den letzten Fötalstadien, der Stirnzapfenansatz noch nicht zu erkennen. Erst beim einige Tage alten Kitz wird dieser fühlbar und entwickelt sich dann rasch weiter.

Einige Hornträger weisen bei der Geburt einen frei im Hautgewebe eingebetteten Hornknochen *(Os cornu)* auf, der dann später mit dem Schädel verwächst. Beim Gamswild, wie auch bei vielen anderen Arten der Boviden, fehlt der Hornknochen, und die Bildung des Stirnzapfens erfolgt unmittelbar aus dem Stirnbein. Diese Frage wurde anläßlich der Erstellung der ersten Auflage dieses Buches einwandfrei geklärt, da zuvor in der jagdlichen Literatur die Existenz des *Os cornu*, die zum Beispiel beim Rind gegeben ist, fälschlicherweise auch für Gams angenommen wurde.

Abb. 12. Hauthorn (Phot. Gerlach).

Mit fortschreitender Stirnzapfenentwicklung bildet die darüberliegende Oberhaut, die Epidermis, an der zuvor noch von Haaren bewachsenen Stelle die ersten Hornzellen, das *Stratum corneum.* In Anbetracht des engen Zusammenwirkens von Stirnzapfen und Haut stellt sich die Frage, wie wichtig die einzelnen Komponenten für die Hornbildung sind.

Vor einigen Jahren suchte W. F. Dove von der Universität von Maine diese Frage zu beantworten. Er fand, daß nach der operativen Entfernung des *Os cornu* bei Kälbern (des Rindes) dennoch eine Hornentwicklung stattfindet, an der neue Knochenbildung beteiligt ist. Entfernt man jedoch die Haut an der Hornbildungsstelle, so unterbleibt die Hornbildung. Verpflanzt man den Hornknochen *(Os cornu)* an anderer Stelle des Kopfes unter die Haut, so tut sich nichts. Hingegen entwickelt sich aus dem verpflanzten Hautteil der künftigen Hornstelle an atypischen Körperstellen ein Horn, gleichgültig, ob diese Stelle einem Knochen aufliegt oder nicht. Es ist demnach die Haut (die Epidermis) primär für die Hornbildung verantwortlich, die Beteiligung der skelettalen Bestandteile (Stirnbein, Stirnzapfen) ist sekundär.

Gelegentlich kommen bei Gams sogenannte Hauthörner vor, die an den verschiedensten Stellen des Körpers erscheinen. Man sieht, daß die Haut, vor allem im noch wenig differenzierten Stadium grundsätzlich zur Abscheidung von Hornzellen fähig ist. Worin derartige Wuchsstörungen ihre Ursache haben, ist nicht geklärt. Hauthörner entstehen meist ohne die Beteiligung einer knöchernen Komponente und sind hohl, sie unterliegen aber dem üblichen jahreszeitlichen Wachstumsrhythmus.

Im deutschen Jagdmuseum in München befindet sich ein präpariertes Gamshaupt mit einem Haupthorn, das am Haupt hinter der Krucke steht. Dieses soll – wie angeblich Röntgenaufnahmen ergeben haben (?) – zum Unterschied von den anderen bekannten Hauthörnern einen knöchernen Zapfen, der mit der Schädeldecke verwachsen ist, haben. Im Jahre 1956 wurde in Tirol ein Gams mit einem abnorm großen Hauthorn, das in der Blattgegend wuchs und an der Basis 23 cm im Durchmesser und 11 cm an Höhe aufwies, erlegt.

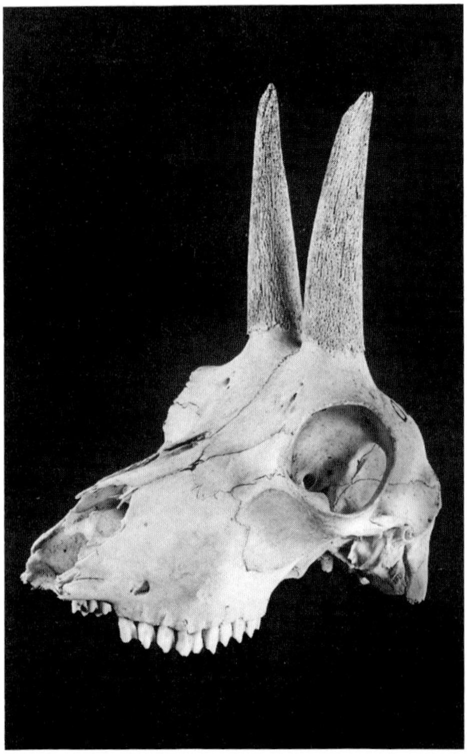

Abb. 13. Schädel mit Stirnzapfen eines erwachsenen Gamsbockes (Phot. Archiv Wildforschung).

Hornwachstum

Nachdem sich beim Kitz, wie beschrieben, unabhängig voneinander Stirnzapfen und Horn bilden, wachsen diese gleichsinnig und stellen nach wenigen Monaten schon ein mehrere Zentimeter langes Hornkegelchen dar. Dieses im Vergleich zur späteren Kruckenspitze recht stumpfe Hornkegelchen splittert im Laufe des ersten und Anfang des zweiten Lebensjahres in seinen äußeren Schichten ab; erst dann kommt die eigentliche Spitze zum Vorschein. Eine derartige Bildung von sogenanntem Jugendhorn ist auch bei anderen Hornträgern bekannt.

Schon im ersten Lebensjahr wird ein wesentlicher Teil der arttypischen Krümmung des Gamshornes geformt. Bereits beim Gamskitz verstärkt sich in den ersten Monaten, in welchen der Stirnzapfen noch keine richtungsweisende Funktion hat, das Hornwachstum am vorderen Kruckenteil und bedingt somit durch das raschere Wachstum eine Krümmung. Auch der Stirnzapfen ist,

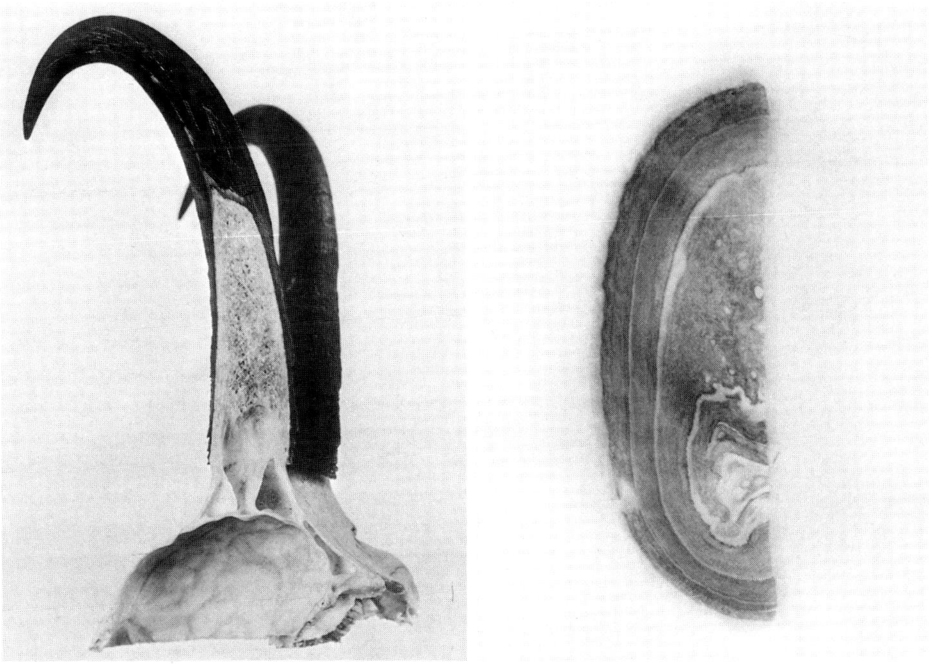

Abb. 14. Links: Längsschnitt durch die Krucke eines sechsjährigen Gamsbockes. – *Rechts:* Querschnitt durch die Krucke eines zehnjährigen Gamsbockes. Die Wachstumszonen der einzelnen Jahre sind durch helle Trennlinien voneinander abgesetzt (Phot. Archiv Wildforschung).

wie dies Längsschnitte durch die Krucke gut erkennen lassen, im ersten Lebensjahr stark nach hinten gekrümmt.

Wie alle Skelettknochen ist auch der Stirnzapfen unmittelbar von einer Beinhaut *(Periost)* umgeben. Erst dieser liegen die Leder-*(Korium)* und die Oberhaut *(Epidermis)* auf, wobei die Abscheidung der Hornzellen nur durch die Oberhaut erfolgt. Entsprechend der unterschiedlich raschen Hornproduktion weist auch die Epidermis des Stirnzapfens eine unterschiedliche Mächtigkeit auf. So ist sie gegen Ende der ersten Hornwachstumsperiode und zu Anfang der nächsten, im beginnenden Jährlingsalter also, an der Vorder- und Oberseite des gekrümmten Stirnzapfens besonders stark und scheidet dementsprechend mehr Hornmasse ab, was zur erwähnten Hornkrümmung führt. Im zweiten Lebensjahr kommt es in der Regel zur Ausbildung des längsten Wachstumsabschnittes. In diesem Jahr wird die starke Krümmung des Stirnzapfens nach hinten abgebaut und weitgehend begradigt. Gleichzeitig wird die bis dahin krumme Hornspitze durch das neue Kruckenwachstum über den Bereich der Stirnzapfenspitze angehoben und behält ihre Krümmung während des weiteren Lebens bei.

Beim über zweijährigen Gams stehen die Stirnzapfen ziemlich aufrechtstehend und laufen konisch zu. An der Spitze ist die Vorderseite etwas flacher abgeschrägt als die Hinterseite. Schneidet man Gamskrucken entlang ihrer Längsachse, so findet sich bei solchen Tieren, die noch ein intensives Hornwachstum aufweisen, zwischen Stirnzapfenspitze und Hornteil ein Hohlraum, der beim lebenden und frisch erlegten Tier von üppiger Epidermis ausgefüllt ist. Hier werden besonders viele Hornzellen produziert. Bei alten Stücken mit dementsprechend geringer Hornproduktion schwindet dieser Hohlraum weitgehend.

Wachstumsrhythmus

Die meisten Hornstrukturen der Boviden wachsen während des ganzen Lebens, nur die Wachstumsrate wird mit zunehmendem Alter geringer. Wie schon erwähnt, übertrifft das Hornwachstum im zweiten Lebensjahr (Jährlingsalter) das des Kitzjahres. Danach nimmt das jährlich produzierte Horn in der Länge, in Millimeter gemessen, bis zum fünften Lebensjahr ständig ab, dann werden alljährlich in etwa gleichbreite, sogenannte Millimeterringe gebildet.

Das Hornwachstum unterliegt einem strengen saisonalen Wachstumsrhythmus, wobei es in den Wintermonaten zum völligen oder scheinbar völligen Stillstand kommt. Das erneute Wachstum beginnt im Frühjahr gleichzeitig mit dem Haarwechsel der Tiere und findet im Herbst, wiederum mit dem Durchbruch des Winterhaares, ein Ende.

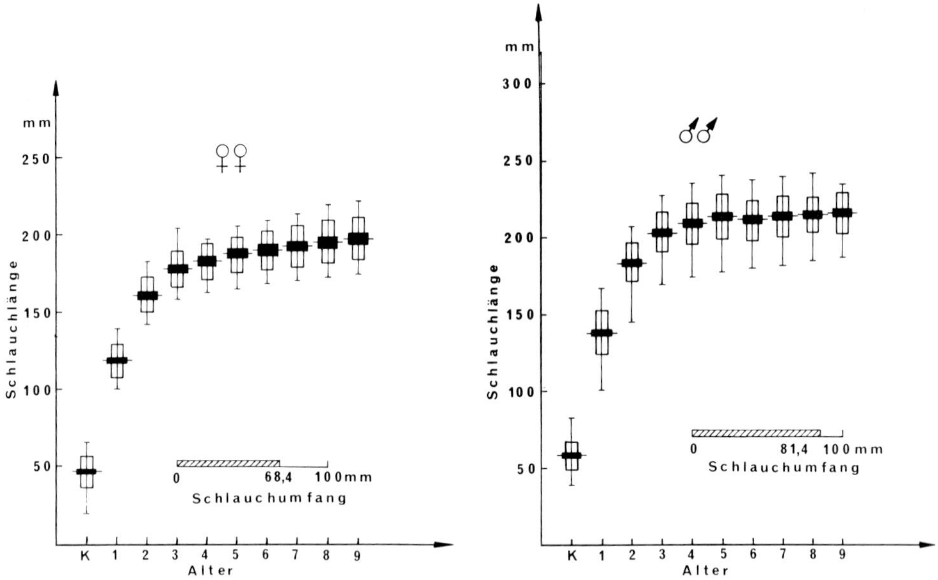

Abb. 15. Schematische Darstellung des Längenwachstums von Gamskrucken. Die Querlinie bezeichnet den Mittelwert und die dünne Längslinie die Streubreite der Werte. (Das schwarze und das weiße Kästchen bezeichnen jeweils die Standardabweichung und den Standardfehler des Mittelwertes nach beiden Seiten vom Mittel, sie sind ein Maß der Güte des Mittelwertes und der Streuung der Einzelwerte.) Der Schlauchumfang bezieht sich auf das Mittel aller über fünfjährigen Böcke bzw. Gaisen.

Diese zyklischen Wachstumsvorgänge finden wir hauptsächlich bei Tieren höherer geographischer Breiten. Das Zusammenfallen des Wachstumsstillstandes mit den Wintermonaten bringt nun den Schluß nahe, daß ursächliche Zusammenhänge mit der kalten Jahreszeit oder mangelnder Ernährung bestehen. Dies ist nun gerade nicht der Fall, denn auch gut ernährte Zootiere zeigen den üblichen Wachstumsstillstand. Ein wahrscheinlicherer Zusammenhang besteht mit der Brunft (Reproduktion), da viele Horntiere das Hornwachstum zu einer Zeit einstellen, in welcher die Männchen fruchtbar sind und die Weibchen ovulieren. In diesem Falle würden die Geschlechtshormone einen hemmenden Einfluß ausüben. Diese Zusammenhänge gilt es aber noch experimentell zu klären.

Manche Gamsgaisen weisen im hohen Alter wieder breitere Jahreswachstumsabschnitte auf. Man hat diese Erscheinung der nachlassenden reproduktiven Tätigkeit zugeschrieben. Dies ist nicht auszuschließen und weist ebenfalls auf eine maßgebliche Steuerung des Kruckenwachstums durch die Geschlechtshormone hin.

Durch den allwinterlichen Wachstumsstillstand entstehen zwischen den in den einzelnen Jahren produzierten Hornteilen durchgehende Trennlinien. An der Kruckenoberfläche sind diese meist als Einschnürungen rundum zu erkennen.

An histologischen Präparaten läßt sich der Verlauf der Trennlinien, beginnend an den außen sichtbaren Einschnürungen bis in den als spitze Tüte endenden Bereich im inneren des Hornteiles, verfolgen.

Der ganz charakteristische Aufbau des Hornes wird bezeichnenderweise auch als Tütenstruktur charakterisiert, da die einzelnen Wachstumsabschnitte tütenartig ineinander stecken.

Neben den Einschnürungen, wie sie bedingt durch den periodischen Wachstumsstillstand entstehen, sind an der Krucke meistens eine größere Zahl von sogenannten Schmuckringen sichtbar. Schmuckringe finden sich an den Hörnern verschiedener Bovidenarten. Ihre Anzahl schwankt je nach Art. So entstehen am Steinbockgehörn 8–10, an den Schnecken des Bighornschafs etwa 13 Ringe während eines Jahres. Es ist bislang nicht geklärt, inwieweit die Ausformung von Schmuckringen mit externen Ursachen, zyklischen Umweltschwankungen oder biologischen Rhythmen der Art zusammenhängt. In einigen Fällen zeigt sich eine gute Übereinstimmung der Ringbildung mit den Brunfterscheinungen der Weibchen (östrische Zyklen).

Alters- und Geschlechtsbestimmung

Die Stirnaufsätze der Gamsböcke und -gaisen weisen einen ausgeprägten Geschlechtsdimorphismus auf, d. h. sie zeigen deutliche geschlechtsgebundene Verschiedenheiten. In der jagdlichen Praxis hat es sich seit langem eingebürgert, das Geschlecht der Gams in der Wildbahn an Hand der verschiedenen Kruckenausformung anzusprechen. Dies ist auch auf große Distanz, wenngleich auch nur unter der Verwendung guter optischer Ausrüstung (Spektiv), möglich.

Die Krucken der Böcke zeichnen sich durch einen größeren Umfang der Hornschläuche aus; sie erscheinen dicker und sind bereits dadurch mit einiger Übung gut zur Geschlechtserkennung am lebenden Gams brauchbar. Bei Gams aller Altersstufen liegen sämtliche Maße der Krucken von Böcken im Schnitt über denen der weiblichen Tiere. Sehr ausgeprägt ist der Geschlechtsunterschied zu dem in der Krümmung der Hornspitzen. Diese ist bei männlichen Tieren wesentlich ausgeprägter als bei Gaisen. Mit den Worten der Jäger sind Böcke besser oder stärker gehakelt. Oftmals wird den Böcken eine größere Auslage der Krucken nachgesagt, doch eignet sich dieses Merkmal zur Erkennung des Geschlechtes recht wenig, wie überhaupt Überschneidungen aller angeführten Merkmale vorkommen, weshalb das Ansprechen einzelner Tiere recht schwierig sein kann. In solchen Fällen ist die Berücksichtigung weiterer Körpermerkmale erforderlich.

Beim Kitz ist ein Erkennen des Geschlechtes in der Natur noch schwierig, aber schon beim Jährling und in den darauffolgenden Altersstufen ist diese in der Natur gut möglich.

Zur Altersbestimmung am erlegten Tier eignen sich neben den zuvor abgehandelten

Zähnen vor allem die Hornschläuche der Krucken. Der im Kitzalter gebildete Abschnitt ist oft von dem im darauffolgenden Jahrlingsalter gebildeten kaum abgesetzt. Dies liegt einerseits an der Absplitterung des Jugendhornes und andererseits an den bei älteren Stücken meist glatt polierten Kruckenrundungen, die ein Erkennen der entsprechenden Trennlinie oft nicht ermöglichen. Die weiteren Wachstumsabschnitte sind aber in der Regel, besonders wenn man aufgrund des gesetzmäßigen Verlaufes des Kruckenwachstums ihre ungefähre Länge kennt, unschwer zu bestimmen.

Pechbelag und Abnormitäten

Manche Gams, vor allem Böcke, weisen an den Krucken (den Hornschläuchen) einen Belag auf, der allgemein als Pech bezeichnet wird. Diese Anlagerung entsteht durch das Schlagen und Reiben an verschiedenen Bäumen und Sträuchern, was unschwer am harzigen Geruch des Pechbelages zu erkennen ist. Gelegentlich haben Gams durch das Reiben der Krucken am Boden einen erdig-lehmigen, manchmal auffallend gelben Belag.

Eigenartig ist, daß Gams vor dem sechsten Lebensjahr kaum einen Pechbelag an den Krucken aufweisen. Danach kann dieser, insbesondere bei Böcken, gegendweise häufig vorkommen. Es ist eine weitverbreitete Ansicht, daß der Pechbelag überwiegend durch Schlagen an Latschen (Legföhren) entsteht. Nun war es bei der Auswertung vieler Gamskrucken auf einer Reihe von Trophäenschauen in den Alpen geradezu auffallend, daß einmal die Pechanlagerungen an den Schläuchen regional sehr unterschiedlich sind und daß vor allem die Krucken in jenen Gebirgszügen besonders viel Pech aufwiesen, in denen Latschen eher selten vorkommen. In Gebirgen der mittleren Steiermark, in denen die Latsche keineswegs häufig ist (Gleinalpe, Hochalpe), zeigen Gams extrem hohe Pechanlagerungen, wogegen in manchen Teilen der nördlichen Kalkalpen bei ausgedehnten Latschenfeldern Kruckenpech selten ist. So ist es naheliegend, daß das Schlagen an Fichten und möglicherweise auch an Lärchen weit mehr zur Pechbildung an den Krucken führt als das Schlagen an Latschen.

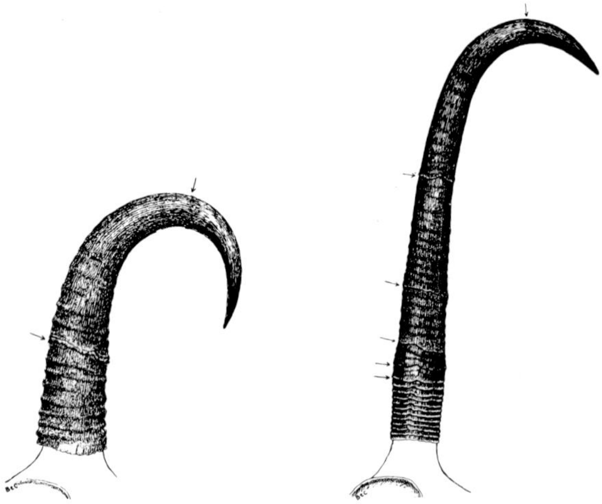

Abb. 16. Links: Krucke eines zweijährigen Bockes. Die Trennlinien der einzelnen Wachstumsabschnitte sind bezeichnet. – *Rechts:* Krucke einer sechzehnjährigen Gamsgais, die Wachstumsabschnitte in den ersten Lebensjahren sind bezeichnet (Zeichnung: Blaupot ten Cate).

Manche Gamskrucken weisen Unregelmäßigkeiten oder Deformationen auf. Solche können in einer anomalen Stellung der Stirnzapfen begründet sein, wie sie gelegentlich auch ohne äußere Einwirkung zustande kommt, meistens aber sind Kruckendeformationen auf äußere Einflüsse zurückzuführen. Krucken können an verschiedenen Stellen gebrochen sein, wobei in manchen Fällen der Stirnzapfen mit betroffen ist. Soweit Krucken im Hornbereich brechen, verbleibt nicht selten die Kruckenspitze in abgeknickter und somit anormaler Stellung. Nahe der Kruckenbasis weisen bei ausgewachsenen Gams die Stirnzapfen eine geringfügige Verengung auf. Bricht nun auf Grund äußerer Gewalteinwirkung ein Hornschlauch samt Stirnzapfen an dieser Stelle, so ist dies durchaus möglich, ohne daß das Stirnbein aus dem Schädel herausgebrochen und somit der Gams ernstlich gefährdet wird.

Die Ursache der meisten Kruckenverletzungen ist nun, entgegen einer weitverbreiteten Meinung, in der Regel nicht in Steinschlag, sondern im gelegentlichen Abstürzen und Ausrutschen von Gams zu suchen. Ähnlich wie beim Kruckenpech wurde es auch

Abb. 17. Links: Krucke eines zehnjährigen Bockes mit Pechanlagerung aus den Ammergauer Bergen, Bayern (Phot. Archiv Wildforschung). – *Rechts:* Bestimmte Bäume (hier die Latsche) werden von Gams regelmäßig zum Hornen aufgesucht (Phot. Georgii).

durch die systematische Aufnahme von vielen Trophäenschauen offenkundig, daß Kruckenbeschädigungen örtlich sehr gehäuft sein können. So weisen Gamskrucken aus den Hohen und Niederen Tauern einen erheblich höheren Anteil an Beschädigungen auf als solche aus extremen Kalkgebirgen. An den langen, steilen und oft vereisten Hängen des Urgesteins ist die Gefahr des Ausgleitens sehr hoch, eine Erfahrung, die schon so manchen Jäger in Anbetracht der Absturz- und Abrutschfolgen eines beschossenen Gams auf den Schuß verzichten ließ. Bei einem auf Schneeunterlage oder auf vereistem Boden rasch gleitenden Gams führt die Berührung von Steinen und anderen Bodenunebenheiten durch die Kruckenspitzen leicht zum Absplittern eines mehr oder weniger großen Kruckenteiles oder auch zu Brüchen der Schläuche.

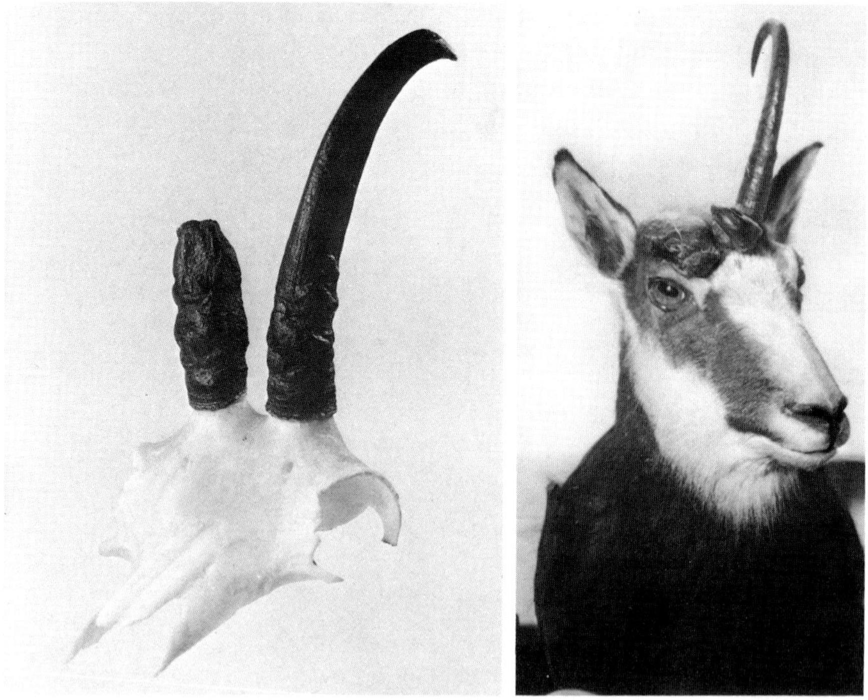

Abb. 18. Links: Beschädigte Gamskrucke. Vermutlich die Folge eines Absturzes (Phot. Archiv Wildforschung). – *Rechts:* Weiche Hornmassebildung nach tiefsitzendem Stirnzapfenbruch und teilweiser Erhaltung des Schlauches.

Funktion der Gamskrucke

Über die Bedeutung und Funktion der Gamskrucke besteht keinesfalls Klarheit. Im Vergleich zu andern Stirnaufsätzen der Horntiere scheint sie eine gewisse Sonderstellung einzunehmen.

Gamskrucken werden einerseits im Rivalenkampf innerhalb der Art, andererseits aber auch gegen artfremde Feinde gebraucht. Hiervon zeugen manche Schrammen an Jagdhunden. Auch über die Verteidigung des Kitzes gegen Greifvögel mit den Krucken der Gais wurde berichtet. Im Gegensatz zu den wesentlich größeren Hörnern mancher Wildschafe und des Steinbockes ist eine optische Signalwirkung der Gamskrucke auf Artgenossen vermutlich gewährleistet. Soziale Strukturen der Gamsverbände, deren Sozialklassen sich an den Größenverhältnissen des Stirnaufsatzes orientieren, wie dies für das Bighornschaf nachgewiesen werden konnte, sind wegen der zu geringen Differenzierung der Krucken nicht gegeben.

Bei der Anbringung von Geruchsmarken kann die Krucke als Hilfmittel benützt werden. Nicht selten konnten Gams beim Markieren mit den Brunftfeigen beobachtet werden; dem Markieren folgte unmittelbar an derselben Stelle ein ausgiebiges Reiben der Krucken (Hornen).

Hediger (1951) beobachtete erstmalig einen höchst eigenartigen Gebrauch der Gamskrucken im Zoo von Basel. Dort versuchte ein Gamsgais ihr frischgesetztes, sehr schwaches Kitz auf die Beine zu stellen, indem sie die Krucken behutsam unter das

Neugeborene schob und so versuchte, es aufzustellen. Ebenso konnte in freier Wildbahn eine Gais beobachtet werden, die durch derbe Stöße mit den Krucken ein Neugeborenes traktierte, offensichtlich, um es zum Aufstehen zu bewegen. Dieses Stoßen mit den Rundungen der Hornschläuche unterschied sich klar vom Reißen und Hakeln in anderen Situationen. Dasselbe Kitz wurde wenige Minuten später beim Abwärtsklettern in schwierigem Fels von der Gais mit ihren Krucken „abgesichert" (SCHRÖDER, 1970).

Verhalten

Verhaltensweisen und soziale Organisation des Gamswildes

Ähnlich anderen höher entwickelten Tierarten sind auch den Gams spezifische Verhaltensweisen eigen, die im speziellen Fall ein gutes Zurechtfinden in der montanen Umwelt ermöglichen und auch der Regelung von innerartlichen (sozialen) Beziehungen dienen.

Einige Sinnesorgane haben, als Voraussetzung besonderer Verhaltenseigentümlichkeiten, ein hochentwickeltes Leistungsvermögen. Geradezu sprichwörtlich ist der Geruchssinn. Gams vermögen mit Hilfe desselben verborgene oder sich nicht bewegende „Feinde" unter günstigen Windverhältnissen schon auf große Distanz auszumachen und erkannte Objekte geruchlich zu kontrollieren. Auch das Sehvermögen ist, wie bereits besprochen, beachtlich und erheblich besser als in der Literatur zumeist angeführt.

Die unterschiedlichen Reaktionen der Gams auf optisch und geruchlich empfangene Reize mögen die tiefere Ursache für eine allgemeine Unterschätzung ihres Sehvermögens sein. Hier sei auf ein typisches Erlebnis verwiesen: Bei gutgedeckter Annäherung an etwa 20 äsende Gams bekamen diese vom Beobachter schon auf 30–40 m Wind. In rascher Flucht sprangen sämtliche Tiere in eine oberhalb gelegene Felswand und verharrten dort unter Anzeichen höchster Erregung. Nachdem sich der Beobachter nicht zeigte, zogen die Gams unter größter Vorsicht gegen den Wind, ohne aber die schützenden Felsen zu verlassen. Nach geraumer Zeit konnte der Störenfried, verraten durch eine Bewegung, in etwa 250 m Entfernung ausgemacht werden. Mit der Entdekkung des Feindes ließ die Spannung nach und die Gams begannen nach und nach wieder zu äsen, ohne aber den Eindringling aus den Augen zu lassen. Ein erkannter Feind ist weitgehend ungefährlich. Diese Erfahrung haben sich auch die Gams zu eigen gemacht.

Sicherndes Gamswild nimmt eine gespannte Haltung ein, hebt manchmal den Wedel, stellt den Bart auf und kann gelegentlich auch Nässen. Ist der Gegenstand der Erregung sichtbar, so wird dieser bei aufgestellten Lauschern frontal fixiert, wobei sich der Kopf manchmal ruckartig auf und ab bewegt.

In solchen Situationen kann man den bekannten Alarmlaut, einen langgezogenen Pfiff, vernehmen. In der Regel pfeift der Gams im Stehen, in der Flucht beim Verhoffen, wobei der Pfiff mehrmals in längeren Intervallen ausgestoßen werden kann. Einzeln stehende Tiere pfeifen besonders häufig, gerade wenn sie überrascht werden. Ebenso scheint nur bei Sichtkontakt mit der Gefahr gepfiffen zu werden, besonders dann, wenn die Geruchskontrolle fehlt. Geräusche allein wie auch alarmierender Geruch lösen gewöhnlich kein Pfeifen aus.

Gelegentlich ist in Alarmsituationen ein Knuffen, ähnlich einem unterdrückten Niesen, zu hören.

Sicherndes Gamswild, vor allem Böcke, stampfen gerne mit einem oder beiden Vorderläufen. Manchmal flüchten sie auch mit einigen lauten Stampfsprüngen.

Erkennen im Rudel einzelne Tiere eine Gefahr, so werden schon durch ihre gespannte Haltung benachbarte Tiere aufmerksam und beginnen in die gleiche Richtung zu sichern. Beim ersten Alarmpfiff werfen dann alle Rudelmitglieder auf. Das Pfeifen allein löst noch keine Flucht aus. Flüchtet hingegen nur ein Tier, so genügt dies schon, um die anderen mitzureißen, auch wenn diese die Gefahr noch nicht erkannt haben. Eine besondere Eigenheit des Gamswildes ist es, auf der Flucht immer wieder zu verhoffen. Der Jäger nennt dies „Haberl- oder Standerlmachen". Entfernen sich Gams vor einem erkannten Feind, so dient das Verhoffen einerseits der Orientierung im Gelände, viel mehr aber noch um die weiteren Aktionen des Feindes im Auge zu behalten. Gerne werden dabei Felsköpfe oder andere, gute Übersicht gewährende Warten für einige Sekunden aufgesucht.

Das Fluchtverhalten des Gamswildes ist sehr durch den Lebensraum geprägt. Fliehende Gams versuchen nach Möglichkeit in Felsen einzusteigen, worauf sie sich meist bald beruhigen. Die beunruhigende Wirkung eines Feindes ist bei Annäherung von oben her größer als von unten. Überhaupt scheint das heute auf den Menschen gezeigte Fluchtverhalten in seinen Ursprüngen dem Bodenfeind, dem Raubtier, gegenüber entstanden zu sein. Die Affinität des Gamswildes zu Felsen und felsigen Abbrüchen findet hier weitgehend eine Erklärung. Die unmittelbare Nähe von Felsen bietet dem Gamswild Schutz und Sicherheit und wird auf diese Weise zum psychologischen Bedürfnis. Mancher Gams in sicherem Fels reagiert auf den Anblick des Feindes am Boden nicht durch Flucht, sondern durch Nachfolgen, um die Gefahr im Auge zu behalten. Das differenzierte Fluchtverhalten des Gamswildes ermöglicht auch eine erstaunliche Anpassung an die jeweiligen Gegebenheiten. Vom extrem scheuen Gams im wenig begangenen aber scharf bejagten Hochgebirge bis zum äsenden Gamsrudel unweit regelmäßig frequentierter Touristensteige reicht die Spanne der Reaktionen auf das Eindringen des Menschen in ihren Lebensraum. Hier erweist sich das Verhalten der Gams, verglichen etwa mit dem der überwiegend auf rasche Flucht eingestellten Cervidenarten, als plastischer.

Abb. 19. Brunftfeige, Abb. n. Gr. (Phot. Abuja).

Zahlreich sind die Beobachtungen und Erfahrungen der Jäger über das Verhalten des Gamswildes. Vieles läßt sich heute bereits im Lichte moderner Verhaltensforschung verstehen, wobei besonders die Untersuchungen von Krämer (1966, 1969a und b) an Gamswild in der Schweiz beigetragen haben. Die Ausführungen an dieser Stelle gehen weitgehend auf seine Arbeiten zurück, ebenso wurden die Zeichnungen des folgenden Abschnittes der Arbeit Krämer (1969) entnommen.

Markieren und Hornen

Unter Markieren wird in diesem Zusammenhang eine ritualisierte Verhaltensweise verstanden, mit der eine für Artgenossen wahrnehmbare Marke gesetzt wird. Gams beider Geschlechter markieren durch Reiben der am Hinterhaupt befindlichen Brunftfeigen (Postcornualdrüsen) an verschiedenen Pflanzen. Grashalme werden dabei krautigen und holzigen Gewächsen vorgezogen.

Markierverhalten zeigen ranghohe Gams in Gesellschaft anderer Tiere am häufigsten. Betrachtet man das Markieren in Beziehung zu anderen Verhaltensweisen, so ist dieses dem Komplex des Imponierverhaltens zuzuordnen. Beim sogenannten Hornen reiben Gams die Krucken an Bäumen, Ästen und Büschen, gelegentlich auch an Gras und am Boden. Das Hornen kann in Verbindung mit dem Markieren erfolgen, unterscheidet sich aber vom letzteren durch die viel heftigeren Bewegungen. Manch einzelstehendes Bäumchen oder bestimmte Äste werden immer wieder zum Hornen aufgesucht. Sie zeigen dann abgescheuerte Rindenstellen. Durch das intensive Reiben der Krucken an harzenden Pflanzen kommt es zu den bereits erwähnten Pechanlagerungen.

Abb. 20. Markieren an Grashalmen.

An einem Septembertag konnte das Hornen eines Gamsbockes im Hochschwab über mehr als 15 Minuten verfolgt werden. Der in Gesellschaft anderer Gams stehende Bock scheuerte in merklicher Erregung seine Krucken mit großer Ausdauer und unter offensichtlicher Kraftanstrengung an einer ca. 8 cm starken Lärche. Ein Markieren bei deutlichem Reiben der Brunftfeigen war zwischendurch zu beobachten. Meistens hielt der Bock danach kurz inne, um die markierte Stelle intensiv zu beriechen. Dem wiederum folgte ein stürmisches Krukkenscheuern, also Hornen. Obwohl Böcke in der Brunft am häufigsten Markieren und Hornen, tun sie es, wie auch Gaisen und Kitze, während des ganzen Jahres.

Imponieren und Drohen

In der Regel ist es möglich, das Droh- und das Imponiergehabe der Huftiere auseinanderzuhalten. Die Drohung beinhaltet die Absicht zum Angriff, wohingegen beim Imponieren ein Präsentieren bestimmter Teile des Körpers im Vordergrund steht, in der Wirkung verstärkt durch auffällige Bewegungen.

Beim Drohen der Gams werden die Lauscher zurückgeklappt und die gesenkten Krucken auf das Bezugsobjekt gerichtet. Bei stärkerer Erregung kann dies mit einigen heftigen Kopfbewegungen einhergehen. Ein solches Drohverhalten richtet sich zumeist gegen stark unterlegene Tiere und führt dann nicht zu weiteren Auseinandersetzungen. So sieht man es des öfteren bei Gaisen gegenüber aufdringlichen eigenen oder fremden Kitzen. In einem für soziale Kontakte der weiblichen Gams typischen Fall näherte sich einmal eine sehr alte Gais, gefolgt von einem Kitz und dem weiblichen Kitz des Vorjahres (Jahrling), einem Verband äsender und ruhender Gams. Demonstrativ wurde gegen einige „im Wege" stehende jüngere Gaisen gedroht, worauf diese rasch zur Seite wichen. Hierbei wurden auch etliche Schritte direkt in Richtung von seitlich stehenden Tieren geführt. Die alte Gais näherte sich zielstrebig einer ruhenden jüngeren und drohte ebenso gegen diese. Die liegende Gais verließ sofort das Lager, in welchem daraufhin die alte Platz nahm. Dieses „aus dem Lager drohen" konnte des öfteren gesehen werden und gehört zum Vorrecht ranghoher Gaisen.

Als weitere Drohgebärden können das Stampfen mit den Vorderläufen, vorwiegend gegen artfremde Feinde, wie auch der Drohsprung angesehen werden.

Abb. 21. Drohen einer Gais gegen ein im Lager sitzendes Tier.

Dem Drohsprung folgt oft unmittelbar das Drohen mit gesenkter Krucke. Diese Ausdrucksformen sind besonders beim Vertreiben des vorjährigen Kitzes häufig.

Das Imponierverhalten ist bei Gams beider Geschlechter ausgeprägt. Für die häufigste Form, das Breitseits-Imponieren, fand KRÄMER folgende Beschreibung: Das imponierende Tier stellt sich in gespannter, steifbeiniger Haltung meist breitseits vor den Partner. Dabei hebt es den Kopf, vor allem den Äser, stellt den Bart auf, preßt den Wedel an und hält die Lauscher seitwärts oder schräg nach vorn. Zur Verstärkung erfolgt ein Vorschub mit gegrätschten Hinterläufen und steifen, durchgestreckten Vorderläufen; gleichzeitig wird der Kopf noch höher emporgereckt. Bei größter Intensität ist das Weiß im oberen Teil der Augen zu erkennen und der Äser geöffnet.

Wenn sich das Partnertier nähert, so folgt ein Seitwärtsweichen mit der Hinterhand, wobei sich der Buckel durch Einziehen der Kruppe verstärkt. Imponiert der Partner in gleicher Weise, so stehen die Tiere parallel zueinander, aber in umgekehrter Richtung, woraus ein sogenanntes Imponier-Karussell entsteht, das sich um so schöner ausbildet, je ebenbürtiger die beiden Tiere sind. Bei diesem Umeinandertreten wird der Kopf gelegentlich vorgestreckt oder gesenkt. Jedes Tier weicht mit der Hinterhand dem Kopf des anderen aus, wodurch das Karussell in Bewegung bleibt.

Das beschriebene Breitseits-Imponieren ist bei Huftieren weit verbreitet, bei Gams ist es eine häufige Form sozialer Auseinandersetzungen und richtet sich in den meisten Fällen gegen einen Partner der gleichen Klasse. Wohl am häufigsten sieht man das Imponier-Karussell bei Böcken im Mai und im Juni vor dem Aufsuchen der Sommereinstände.

Abb. 22. Breitseits-imponierende Gais.

Treten zwei Gams verschiedener Ranghöhe miteinander in Kontakt, so nimmt das schwächere Tier oft eine Haltung ein, die Unterlegenheit ausdrückt. Es streckt bei geducktem Körper den Kopf tief und waagerecht vor. Die Lauscher sind dabei nach vorne gerichtet und der Bart angelegt. Im Liegen wird der Kopf vorgestreckt oder flach auf den Boden gelegt. Das unterlegene Tier schleicht oder trabt in der beschriebenen Haltung mit stark gewinkelten Läufen auf den Überlegenen zu, um ihn mit dem Äser zu berühren oder an ihm vorbei- und davonzuziehen.

Kampfverhalten

Kämpferische Auseinandersetzungen zwischen Gamsböcken finden während des ganzen Jahres statt. Sie erreichen einen ersten Höhepunkt zum Winterausgang und scheinen neben der Klärung der Rangordnungsverhältnisse auch für die Aufteilung der Sommereinstände maßgeblich zu sein. Diese offenbar entscheidende Phase im Jahresablauf der Gamsböcke ist vielen Jägern, da sie außerhalb der Jagdzeit liegt, weitgehend unbekannt. Dabei finden gerade in dieser Zeit neben ausgedehnten Phasen des Imponierens außergewöhnlich harte Auseinandersetzungen statt, wie sie uns vom Schweizer Nationalpark, den österreichischen Alpen und der Hohen Tatra berichtet wurden.

Als Beispiel sei eine Beobachtung aus dem steirischen Hochschwab angeführt, die fotografisch gut belegt werden konnte. An einem Maitag, als der Beobachter über einen kaum benutzten Jägersteig durch ein Hochtal aufstieg, wurde vor ihm auf etwa 30 m ein etwa vierjähriger Gamsbock flüchtig und verschwand zögernd vom Steig in Felsen und Latschen. Es dauerte nur wenige Sekunden und der Gams erschien in voller Flucht, getrieben von einem stärkeren, in dessen Einstand er sich gewagt hatte. Der Verfolgte flüchtete in eine Felswand, wo er in einer Nische vom Verfolger eingeholt und sofort auf das heftigste attackiert wurde. Die Rangunterschiede der beiden genügten offenbar,

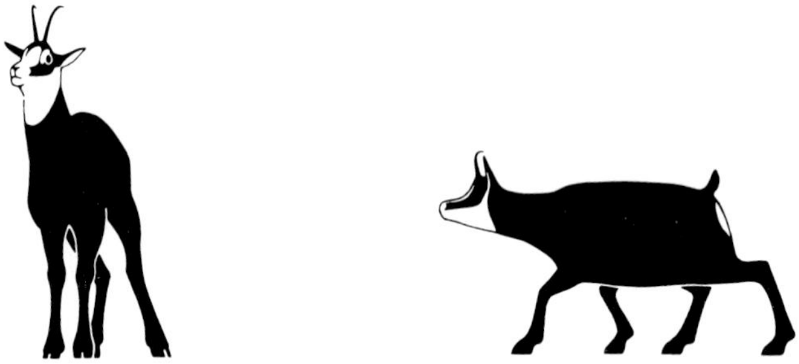

Abb. 23. Demutsverhalten eines jungen Tieres gegen breitseitsimponierende Gais.

um den Schwächeren gar nicht an Gegenwehr denken zu lassen. Der reglos, streckte Hals und Kopf tief nach vorne und war bemüht, im Zuge der Angriffe nicht aus den Felsen zu fallen. Breitseite, Flanken, Unterseite und Hinterläufe des Unterlegenen wurden auf das gröbste mit den Krucken bearbeitet, wobei das typische Reißen oder „Hakeln" gut zu erkennen war. In einem Angriff fuhr der stärkere Bock dem anderen zwischen die Hinterläufe und hob ihn vom Boden hoch. Ein Kopf-an-Kopf-Kämpfen fand nicht statt. In Minutenabständen ließ der Angreifer für kurze Zeit ab, um mit offenem Äser nach Luft zu ringen. Der regungslos dastehende Gegner wurde danach von neuem attackiert. Erst nach etwa 20 Minuten ließ die Angriffswut des älteren nach, und er entfernte sich zögernd. Der stark ramponierte junge Bock stieg aus der Wand und tat sich erschöpft nieder.

Von ähnlichen Auseinandersetzungen, gerade um diese Jahreszeit, die mit erheblichen Verletzungen des einen Gegners endeten, wurde mehrmals berichtet. Sie sind nur möglich, wenn das Kräfteverhältnis der aufeinandertreffenden Böcke sehr unterschiedlich ist und es dem Schwächeren nicht rasch genug gelingt zu fliehen. Sind die Rivalen ebenbürtig, so geht dem eigentlichen Kampf, wenn es überhaupt dazu kommt, ein ausgedehntes Imponierzeremoniell voraus. Imponierende Böcke können auf diese Weise oft tagelang miteinander beschäftigt sein.

Böcke halten auch, wenn sie im sommerlichen Bockverband stehen, eine gewisse Individualdistanz ein, die im Mittel größer ist als der Abstand von Tier zu Tier im Gaisen- und Jungwildrudel. Ziehen in einem Bockverband die Tiere, veranlaßt durch irgendeine Beunruhigung aufeinander zu, was sie häufig tun, so hat dies, wenn sie sich zu nahe kommen, oft Kruckendrohen und kurze Angriffe zur Folge.

Zu Beginn der Brunft, im Oktober schon, sieht man vermehrt einzelne Böcke auf exponierten Felsköpfen stehen. Früher meinte man, sie hielten nach den Gaisen Ausschau. Dem ist aber keineswegs so, denn in dieser Phase haben Böcke nur füreinander Interesse. Es ist dieses Sichzeigen eine Form des Präsentierens, die Böcke geben allenfalls auf Geschlechtsgenossen acht.

In der Brunft zeigen Gamsböcke alle erwähnten Verhaltensweisen in höchster Intensität. Hinzu kommen einige weitere Elemente des Verhaltensinventars, die völlig auf die Fortpflanzungszeit beschränkt sein können. Dies trifft einmal auf das Blädern zu. Diese praktisch nur in der Brunft von Böcken zu hörenden Lautäußerungen erinnern entfernt an das Schnarren des balzenden Schneehahnes. In regelmäßigen Abständen wiederholt, dauert der Laut ein bis zwei Sekunden. Gamsböcke blädern mit geöffnetem Äser. Als weitere Besonderheit wäre das ritualisierte Sichschütteln der Brunftböcke anzusehen. Bei Regen etwa schütteln Gams wie auch andere Huftiere gerne das Haarkleid. Das Schütteln der Brunftböcke ist jedoch langsamer und überbetont und hat soziale Bedeutung. KRÄMER beschreibt es ungefähr so: Der Bock stellt sich mit gewinkelten Läufen, vorgestrecktem Kopf, gesträubtem Fell und hochgestelltem Bart und Wedel hin und beginnt den Rücken hin und her zu schwenken. Die Bewegung greift dabei auf den ganzen Körper über und wird dabei immer schneller, wobei besonders die Vorderläufe locker mitschütteln. Während dieses Vorganges wird Harn versprüht, dabei markiert das Tier einerseits in die Flanken und versieht andererseits den jeweiligen Standort mit einer Duftmarke. Bei einigen Böcken sind sogar die Barthaare am Rücken davon klebrig. Die scharf riechende Flüssigkeit besteht angeblich aus Harn und Drüsensekret, enthält aber kein Sperma.

Abb. 24. Geruchszone des brunftigen Gamsbockes.

An Schüttel- und Liegeplätzen, die übrigens auch für die menschliche Nase wahrnehmbar sind, können andere Gams Wittrung nehmen, um dann zu flehmen. Das beschriebene Schütteln in der Brunft ist ebenso ein Element des Imponierverhaltens. Am häufigsten zeigen es erwachsene Böcke in Kontakt mit gleichaltrigen. Aber auch einzelnstehende Brunftböcke schütteln sich häufig, so daß neben dem Imponieren sicher noch eine Markierungsfunktion gegeben sein dürfte.

Meistens werden in der Brunft soziale Auseinandersetzungen zwischen ungefähr gleichalten Böcken ausgetragen. Die Art der Auseinandersetzung ist dabei stark vom Erregungsgrad der beiden Tiere abhängig. So kann es sein, daß sich wenig erregte Böcke auf ein paar Meter mit aufgestelltem Bart gegenüberstehen, blädern, gelegentlich flehmen und markieren. Bei stärkerem Engagement kommt sofort Bewegung in die Böcke, sie schnüffeln am Boden, werfen den Kopf hoch, schütteln sich und schleichen dabei, meist mit tief getragenem Kopf, umeinander herum, ohne dabei einen gewissen Abstand (ca. 3 m) zu unterschreiten. Das schleichende gegenseitige Umkreisen der Brunftböcke mit überbetonten, gestochenen Bewegungen wurde auch als Scheinäsen oder Suchen am Boden bezeichnet, mit dem es durchaus Ähnlichkeit hat. Während dieses Umkreisens, dem man den Ernst der Lage oft nicht anmerkt, vermeiden es die

Tiere, einander frontal anzublicken. Ähnliches ist auch im Verhalten anderer Horntiere bekannt (WALTHER, 1960, 1961). Sieht der eine Bock den anderen kurz an, so wird die Gespanntheit der Situation offensichtlich, denn der Angesehene klappt sofort die Lauscher nach hinten und macht einen Fluchtsprung.

Imponieren zwei Böcke auf diese Weise am Hang, so verschieben sie sich stets aufwärts, wobei jedes Tier bemüht ist, dem anderen die Höhe abzugewinnen. Aus dieser Phase heraus kann es leicht durch nicht dem Ritual entsprechende Bewegungen, wie direkte Annäherung oder Flucht, zur Hetzjagd kommen. In den meisten Fällen löst

Abb. 25. Hetzjagd.

der höherstehende Bock die Verfolgungsjagd aus, indem er den anderen aus einigen Metern Entfernung attackiert. Gewöhnlich kommt es hierbei zu keiner Parade, sondern der Angegriffene wirft sich herum und rast in höchstem Tempo davon. Ist der Verfolger sehr nahe, so geht die Flucht zuerst bergab. Treibende Böcke scheinen die Schwierigkeiten des Geländes nicht zu bemerken. Manche Hetzjagd geht in steilem Fels bergab, so daß man meinen könnte, die Tiere fallen schon.

Der Fliehende hat, solange er nach unten flüchtet, keinerlei Möglichkeit, den Verfolger zu stellen. Mäßigt er sein Tempo, so holt der andere auf und versucht, ihn hemmungslos mit den Krucken zu hakeln. Ein attackierender Gamsbock gleicht einer Furie, es kommt ihm nicht darauf an, wo er seinen Gegner erwischt. Erst wenn der Verfolger stehenbleibt, endet die Flucht mit einem gebührenden Abstand der beiden Rivalen voneinander. Ein getriebener Bock versucht es jedoch so einzurichten, daß es ihm bei genügendem Abstand gelingt, die Richtung bergauf zu nehmen. Dann nämlich hat er die Möglichkeit, sich zu stellen. Der Verfolger wirft sich nun augenblicklich herum und wird so seinerseits zum Gejagten. Es kann hierbei auch zu einem kurzen Kruckenkampf, der oft nicht länger als 1–2 Sekunden dauert, kommen. Gelegentlich, wenn sie ihre Geschwindigkeit nicht mehr zu bremsen vermögen, prallen die Böcke Kopf an Kopf oder Brust an Brust aufeinander. Vom Attackierten ist manchmal lautes Klagen zu hören, wohingegen der Verfolger laut keucht.

Derartige Hetzjagden dauern manchmal minutenlang, wobei die Rollen mehrmals vertauscht werden können. Auf große Entfernung sieht man dann zwei Böcke in Halbkreisen am Hang rasen, wobei an den Wendepunkten jeweils der Verfolger zum Verfolgten wird.

Die hier beschriebenen, für die Gams so typischen Hetzjagden sind nicht in allen Revieren mit gleicher Häufigkeit zu beobachten. Sicherlich sind sie durch Geländeausformungen, Wilddichte, Geschlechterverhältnis und Altersverteilung (Sozialstruktur) beeinflußt. In offenem Gelände, bei vielen auch älteren Böcken, ist die Brunft recht lebhaft.

Die Hetzjagden spielen sich hauptsächlich unter annähernd gleichstarken Böcken ab. Jahrlingsböcke zeigen wohl einige Elemente des Imponier- und Drohverhaltens, sie bleiben aber am Brunftgeschehen weitgehend unbeteiligt. Zwei- und dreijährige Böcke sind durchaus an Gaisen interessiert, doch sind sie dauernd den Angriffen stärkerer ausgesetzt. Sie halten sich deshalb auch vom hauptsächlichen Brunftbetrieb fern und werden erst gegen Ende der Brunft, wenn sich die stärkeren Böcke zurückziehen, von den dauernden Verfolgungen befreit. Jungböcke sind trotz einer gewissen Anziehung seitens der Gaisen in ihrer Annäherung durch die Anwesenheit eines starken Bockes deutlich gehemmt. Der alte Bock wiederum beobachtet scharf jedes neu auftauchende Tier. Auch auf große Distanz scheinen beide Geschlechts- und Sozialklasse zu erkennen, wobei sie vermutlich besonders auf das Verhalten achten.

In Tirol fand MEILE bei eingehenden Beobachtungen eine bislang nicht beachtete Eigenheit im Haarkleid von Gamsböcken im Winterkleid, die ein Erkennen des sozialen Status auf größere Distanz ermöglichen könnte (MEILE und BUBENIK, 1973). Es handelt sich hierbei um einen hellen Fleck an der Keule, der mehr als handgroß sein kann. Dieser Keulenfleck ist bei verschiedenen Tieren unterschiedlich groß und kontrastreich. Diese Flecken sind besonders von hinten, aber auch von der Seite gut zu erkennen und kennzeichnen Kitze und Gaisen, aber auch Jungböcke. Älteren Böcken hingegen fehlt ein Keulenfleck, sie wirken einheitlich schwarz. Systematische Beobachtungen in einem Tiroler Gamsgebiet ergaben gerade bei ein- bis dreijährigen Tieren eine ganz ausgeprägte Aufhellung der Flanken, die möglicherweise den Bock bereits auf größere Distanz als Jungbock kennzeichnen.

Einem zu aufdringlichen Jungbock zieht der Starke mit aufgestelltem Bart markierend entgegen, was meist schon genügt, um den Jüngling zum Rückzug zu bewegen. Oder aber der Platzbock startet zu einem rasenden Angriff, dann flüchtet der jüngere im höchsten Tempo. Diese Verfolgung dauert normalerweise nicht lange, der überlegene Bock bleibt bald stehen, schaut dem davonlaufenden nach, schüttelt sich eventuell und kehrt mehr oder weniger eilig an seinen vorigen Standort zurück.

Hetzjagden sind nicht ausschließlich auf Böcke beschränkt. Gelegentlich, wenn auch viel seltener, kommen sie zwischen Bock und Gais, wie auch zwischen Gaisen vor.

Das Kampfverhalten der Gams mutet im Vergleich mit dem anderer Horntiere seltsam an, so daß es eine eingehende Betrachtung erfordert. Der Kampf selbst zeigt nur geringe Ritualisierung. Kämpfende Böcke fassen den Gegner schonungslos an den Flanken, am Bauch, am Kopf, und, wenn sich der Partner dreht, auch an der Hinterhand. Dies ist bei den meisten anderen Horntierarten nicht so, sondern es wird der Kampf mit den Stirnaufsätzen nach einem strengen Ritual, das oft an ein ritterliches Turnier erinnert, ausgetragen. Der Steinbock richtet sich auf und schlägt, immer zum Gehörn des Gegners orientiert, mit seinem Gehörn nach unten. Bighornwidder laufen aufeinander zu, gehen die letzten Schritte auf den Hinterbeinen und lassen die überdimensionalen Hornschnecken aufeinanderkrachen. Das Gnu der afrikanischen Savanne kniet im Rivalenkampf vor dem gleichfalls knienden Gegner. Sie alle kämpfen Kopf an Kopf, von seltenen Ausrutschern in der Hitze der Auseinandersetzung abgesehen. WALTHER (1966) findet nach einer vergleichenden Betrachtung der Kämpfe vieler Horntiere diese zum überwiegenden Teil von vornherein so angelegt, daß sie dem Messen der Kräfte und nicht der Vernichtung des Rivalen dienen.

Man bezeichnet die Kampfesweise der Gams im Gegensatz zum ritualisierten Turnierkampf als „Beschädigungskampf". Dieser stellt entwicklungsgeschichtlich eine primitive Form dar und wurde bei den meisten Huftieren, wie bereits erwähnt, durch in vielen Fällen hochentwickelte, ebenso effektive, aber weniger gefährliche Kommentkämpfe ersetzt. Eine weitere Wildart mit einer brutalen Kampfweise finden wir in der dem Gamswild nahestehenden nordamerikanischen Schneeziege. Die Untersuchungen von Geist (1965) an kanadischen Schneeziegen sowie seine grundlegenden Ausführungen über Evolution und Kampfverhalten der Horntiere (Geist, 1971) ermöglichen uns heute einen guten Einblick in die entwicklungsgeschichtlichen Hintergründe der Entstehung von Kampfweisen und Hornformen.

Der Kampf der Schneeziegen, ein wahres Relikt unter einschlägigen Verhaltensweisen, findet folgendermaßen statt: Die Tiere beziehen umgekehrt parallel Stand und schlagen sich, mit seitlich verdrehtem Kopf, gegenseitig die gefährlich spitzen Hörner in den Leib. Schwere Verletzungen sind dabei die Regel. Hier erscheinen die Ansätze zu einer Entschärfung des Kampfes durch eine gewisse Ritualisierung, wenn auch in manchem bereits zu erkennen, noch wenig ausgeprägt.

Man muß den Beschädigungskampf der Schneeziege verstehen, um den der Gams richtig zu interpretieren. Zugegeben, Gamskrucken sind eine gefährliche Waffe. Sie müssen aber erst den Gegner entsprechend fassen, um durch Zurückwerfen des Kopfes, durch Reißen, verletzend wirken zu können.

Gerade das ist aber im Rivalenkampf der Gams höchst selten. Der so gefährlich anmutende visuelle Eindruck der Auseinandersetzung von Gamsböcken trügt, denn ernste Verletzungen sind selten. Die große Zahl von praktisch unverletzten in der Brunft gestreckten Böcke liefert den untrüglichen Beweis. Es sind mehrere Gründe, die trotz der brutalen Kampftechnik ernstliche Verletzungen kaum zulassen.

Einmal imponieren und drohen Gamsböcke vor einem ernstlichen Angriff recht lange. Ein kampfunwilliger, schwächerer Gegner hat durchaus die Möglichkeit, sich noch vor dem eigentlichen Kampf zurückzuziehen. Zum anderen gibt es unter Gams eine Demuthaltung, die einen Überlegenen, zumindest solange er noch nicht in großer Erregung ist, zu hemmen vermag.

Auf den erfolgten Angriff (dieser findet normalerweise nur unter ungefähr gleichstarken Böcken statt) reagiert der Attackierte sofort mit Flucht, die in der Regel auch gelingt, wobei er allerdings flüchten muß, was Beine und Lunge hergeben. Er stellt sich also nicht und meidet die Konfrontation.

Die Auseinandersetzungen der Gamsböcke zeigen demnach durchaus hochritualisierte Elemente, die jedoch im ausgedehnten Imponier- und Drohgehabe, der ebenso ritualisierten Hetzjagd und nicht im unritualisierten, aber nur selten stattfindenden Kruckenkampf zu suchen sind. Man sieht also, daß das Kampfverhalten des Gamswildes, zwar auf unter Horntieren ungewöhnliche Weise, jedoch zum gleichen Ergebnis führt, nämlich zu einem Messen der Kräfte bei möglichst geringen Verletzungen des Gegners.

Paarungsverhalten

Die sozialen Verhältnisse der Gaisen, Jahrlinge und Kitze ändern sich auch in der Brunft nur wenig. Im allgemeinen machen auch brunftige Gaisen einen recht unbeteiligten Eindruck.

Böcke werden in der Brunft untereinander unverträglich. Sie schließen sich vielfach den Rudeln, in denen die Gaisen stehen, an. Alleinstehende Brunftböcke wandern häufig mit tiefem Kopf suchend umher. Allgemein äsen diese Böcke nur wenig.

Nähert sich ein Brunftbock einer Gais, so wird diese in den meisten Fällen nässen. Sie nimmt dazu eine ganz bestimmte Haltung ein und springt anschließend weg. Der Bock geht an die Harnstelle, windet einige Zeit und flehmt anschließend. Das Flehmen basiert auf der Funktion des Jacobsonschen Organs, einer Verbindung von Mund- und Nasenhöhle, und erlaubt so eine spezifische Geruchskontrolle.

Abb. 26. Suchender Bock.

Durch die Harnkontrolle ist der Bock offenbar in der Lage, den Brunftzustand der Gais zu erkennen. Nichtbrunftige Gaisen können aufdringliche Böcke durch ihre Harnstelle ablenken, was zum Teil die große Bereitschaft zu harnen erklärt. Kommt ein Bock neu zu einer Gruppe mit mehreren weiblichen Tieren, so prüft er eine nach der anderen. Auch Jährlinge, gelegentlich sogar Bockjährlinge, die er offenbar nicht als solche erkennt, werden mitunter kontrolliert.

Die Hitze (Oestrus) der Gaisen dauert nur kurz, nämlich ein bis zwei Tage. Allein in dieser Zeit duldet sie den Körperkontakt des Bockes. Kommt es nicht zur Befruchtung, so wird die Gais in ungefähr 3 Wochen, und dies wahrscheinlich mehrmals, wieder brünstig. Systematische Beobachtungen an Gamswild im Karwendel zeigen auch Gipfel in der Fortpflanzungstätigkeit, die in ihrem Abstand ungefähr der Dauer eines östrischen Zyklus entsprechen.

Abb. 27. Werbender Gamsbock und daraufhin nässende Gais.

Hochbrunftige Gaisen werden vom Bock besonders aufmerksam beobachtet, nötigenfalls verfolgt und am Fortziehen gehindert. Bleibt die Gais stehen, so nähert der Bock sich zum Beschlag in einer bestimmten Werbehaltung. Er nimmt dabei den Kopf hoch, hebt den Äser und präsentiert die weiße Kehle. Die Lauscher stehen seitwärts nach vorn, und der Wedel ist gelegentlich angehoben oder hochgestellt, der Bart aber immer angelegt.

Eine liegende Gais wird gelegentlich hochgemacht, indem sich der Bock mit vorgestrecktem Haupt nähert und den Kopf nickend auf und ab bewegt.

Erwachsene Gaisen besitzen dem Bock gegenüber eine ausgeprägte Kontaktscheu, die durch ein langwieriges Paarungszeremoniell überwunden werden muß; erst dann wird die Annäherung des Bockes möglich. Ist die Gais noch nicht voll brunftig, so hält sie dem werbenden Bock nicht stand. Die Bemühungen, sich der Gais zu nähern, nehmen oft lange Zeit in Anspruch und führen zu unterschiedlichen Annäherungs- und Ausweichmanövern. Man nimmt heute an, daß dabei der spezifischen Haltung des werbenden Bocks eine besondere Funktion zukommt. Sie drückt nämlich, bezüglich der Orientierung zur Gais, in Rumpfhaltung und Bartstellung genau das Gegenteil des imponierenden, angriffsbereiten Bocks aus. Bei hoher Kopfhaltung und angehobenem Äser weisen die Krucken stets weg von der Gais, und die im Winterhaar besonders deutlich abgesetzte gelbe Kehle ist ihr zugewandt. Möglicherweise hat diese eine besonders beschwichtigende Wirkung, die dazu beiträgt, die Fluchttendenz bei der Gais zu überwinden.

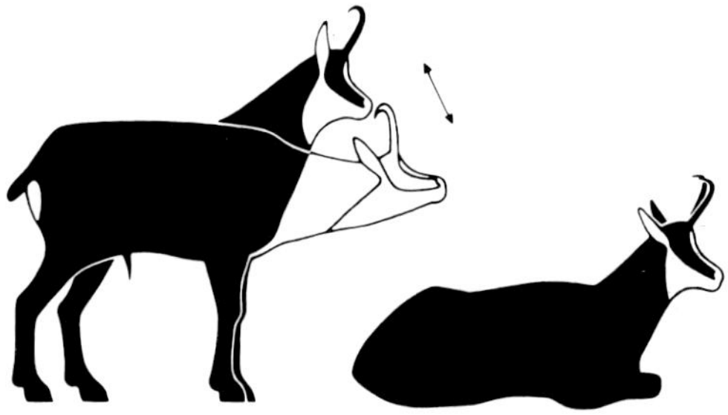

Abb. 28. Aufforderung zum Aufstehen.

Nur die hochbrunftige Gais weicht dem werbenden Bock nur wenig oder hält von Anfang an still. In starker Erregung steckt der Bock die Zunge weit aus dem Äser und bewegt sie hin und her. Das Aufreiten dauert in der Regel nur kurz und wiederholt sich mehrmals. Wenn es zur Ejakulation kommt, was offenbar häufig nicht der Fall ist, so nur beim letzten Aufreiten. Die Gais entfernt sich danach einige Schritte, der Bock hebt die Lippen und tut sich häufig nieder.

Der Platzbock

Die weniger aggressiven Jungböcke und ein Teil der älteren, intoleranten Böcke nehmen keinen speziellen Geländeabschnitt für sich in Anspruch. Eine beschränkte Zahl von Brunftböcken zeigt jedoch eine deutlich raumbezogene Intoleranz; sie werden im jagdlichen Sprachgebrauch als Platzböcke bezeichnet. Die Brunftplätze der Platzböcke sind von verhältnismäßig geringer Größe und in leicht überschaubarem, offenem Gelände. Die Lage dieser Brunftplätze deckt sich weitgehend mit dem bevorzugten Aufenthalt der weiblichen Tiere. Die auf seinem Brunftplatz anwesenden Gaisen überwacht der Platzbock ständig und ist bemüht, einzelne, die sich zu entfernen trachten, zurückzutreiben, indem er sie in ganz bestimmter Weise „herdet". Dazu überholt er jeweils die betreffende Gais, wendet sich ihr frontal zu und stampft mit einem oder beiden gestreckten Vorderläufen. Der Platzbock nimmt sich der Gaisen stets einzeln an, nie herdet er sie als Gruppe.

Abb. 29. Beschlag.

Trotz eifriger Bemühungen kann der Platzbock ein zielstrebiges Abwandern von Tieren aus dem von ihm beherrschten Areal nicht immer verhindern. Es passiert besonders leicht bei unerwarteten Störungen, etwa durch die Annäherung eines Menschen, oder aber bei Wetterumschlägen wie Aufkommen von Sturm und Schneefall, was in der Brunft zur Regel gehört und die Gaisen zum Standortwechsel veranlaßt. Bietet sich die Möglichkeit, so zieht der Bock mit den übrigen Tieren und verlegt somit seinen Brunftplatz. In Anwesenheit ebenso intoleranter Nachbarn (weitere Platzböcke) ist seine Bewegungsfreiheit eingeschränkt, sein Brunftplatz räumlich fixiert. Brunftplätze einzelner männlicher Tiere, die mehr oder weniger räumlich begrenzt und gebunden sind, finden sich bei vielen Tierarten. Sie beruhen zumeist auf einem erkennbaren, für die Art vorteilhaften Prinzip und werden im Falle des Gamswildes von KRÄMER und GEIST folgendermaßen beurteilt:

Gesunde Gamsböcke sind bei Beteiligung an der Brunft durch Rivalenkämpfe gefährdet. Die Chance verletzt zu werden ist auch für den Sieger groß. Hinzu kommt

Abb. 30. Gamsbock herdet eine sich entfernende Gais.

der beträchtliche Energieverlust (Gewichtsverlust) unmittelbar vor dem Winter, auf den noch gesondert eingegangen werden wird.

Diese nachteiligen Folgen des Geschehens in der Brunftzeit, denen jedoch gewichtige Vorteile gegenüberstehen, können durch verschiedene Anpassungen auf ein erträgliches Maß reduziert werden. Bei manchen Horntieren erfolgt dies durch die Ausbildung einer Rangordnung, deren entscheidender Vorteil darin liegt, daß soziale Beziehungen voraussagbar werden. Leben Tiere einer Art in offener Sozialstruktur (d. h. sie

Abb. 31. Gamsgaisen mit jungen Kitzen in den Ammergauer Alpen. Den Gaisen sind noch die Strapazen des vorangegangenen Winters anzumerken (Phot. B. Georgii).

bilden keine geschlossenen, stabilen Verbände und kennen sich daher individuell nicht), so sind sie zur Aufrechterhaltung einer Rangordnung auf anonyme Ranganzeiger angewiesen. Das Gehörn der Gams eignet sich hierzu, wie bereits erwähnt, im Gegensatz zu den wesentlich größeren Gebilden des Steinbockes oder einiger Wildschafe, nicht. Der Mangel körperlicher Ranganzeiger kann aber durch andere Eigenschaften, nämlich solche des Verhaltens, ausgeglichen werden.

Bei Gams scheint dieser Fall vorzuliegen. Herumziehende Böcke vermögen mit großer Sicherheit ein territoriales Tier, den Platzbock, an seinem Verhalten zu erkennen. Somit wird der Ausgang einer Begegnung weitgehend voraussagbar und unnötige Auseinandersetzungen können vermieden werden. Dasselbe trifft für einander benachbarte Platzböcke zu. Wie Beobachtungen ergeben haben, bekämpfen sie einander höchst selten, auch sie wissen das gefährliche Potential des anderen richtig einzuschätzen.

Mutter-Kind-Beziehung

Zu den ersten Anzeichen der herannahenden Setzzeit im Gamsrevier gehört das vermehrte Erscheinen der Gaisen in tieferen Lagen mit ausreichender Deckung, in Latschen und Grünerlen. Sie stehen dann meist allein. Zur selben Zeit findet man größere Verbände mit alleinstehenden Jungtieren, vor allem den fast einjährigen Kitzen und einigen wenigen nicht beschlagenen Altgaisen.

Das Abschlagen der vorjährigen Kitze erfolgt aktiv durch das Muttertier. Einige Tage vor dem Setzen des neuen Kitzes verhält sich die Gais gegenüber dem Altkitz recht eigenartig. Sie führt mehrere Drohsprünge gegen dieses aus – das sind Hopser und gelegentliche Schläge mit den Vorderläufen –,was dem verstörten Kitz sichtlich mißfällt. Es sucht nun neuen Anschluß und findet ihn am besten unter seinesgleichen.

Die Setzzeit fällt in den Alpen in die zweite Hälfte des Monats Mai und in die ersten Juniwochen. In der Hohen Tatra liegt sie schon ungefähr zwei Wochen früher (Blahout, 1969). Auch im Schwarzwald wurde ein etwas früheres Setzen der Gamskitze beobachtet.

Der eigentliche Setzplatz wird vorsichtig gewählt. Es werden Berghänge oder bewachsene Bänder bevorzugt, die von den leicht gangbaren Talböden durch felsige Abbrüche getrennt sind und guten Ausblick gewähren. Beim eigentlichen Setzakt steht oder liegt die Gais (Blahout, 1969, Schröder, 1970, Krott, 1971).

Das frischgesetzte Kitz folgt der Mutter schon nach kurzer Zeit, spätestens nach ein bis zwei Stunden. Gesunde Gamskitze drücken sich nicht und sind, schon wenige Stunden alt, kaum zu fangen. Die Gais kann sich schon kurz nach dem Setzen wieder mit anderen neuen Müttern zusammenschließen.

Muttertiere kennen ihre Kitze individuell, sie dulden in der Regel nur mit diesen Körperkontakt und erlauben ihnen zu saugen. Ausnahmefälle, in denen ein Kitz bei verschiedenen Gaisen saugte, konnten bestätigt werden. Das Erkennen des eigenen Kitzes erfolgt anfänglich geruchlich (olfaktorisch), später dürfte es auch optisch möglich sein. Auch das Kitz kennt das ihm zugehörige Muttertier.

Der Zusammenhalt von Mutter und Kind ist vom ersten Tage an sehr eng. Beide liegen gern Fell an Fell, und im Ziehen oder in der Flucht folgt das Kitz dicht hinter der Alten oder hält sich unmittelbar neben ihr. Am Hang laufen Kitze meistens oberhalb des Muttertieres. Bei vermeintlicher oder tatsächlicher Gefahr stellt sich das Kitz direkt zwischen die Läufe der Gais.

Das Saugen der Kitze dauert im Mittel etwas weniger als eine Minute. Gelegentlich saugen Gamskitze wie Rinder- und Rentierkälber von hinten. Schon im August nimmt die Saughäufigkeit ab, obwohl ein gelegentliches Saugen bis in die Monate November/Dezember möglich ist. In den ersten Tagen nach der Geburt konnte ein Aufnehmen von Erde beobachtet werden, hingegen dauert die Entwicklung des regelmäßigen Äsens von Pflanzen mehrere Wochen. Die enge Bindung zwischen Muttergais und Kitz ist einerseits zum Schutz des Jungen in einem oft deckungsarmen und gefahrvollen Lebensraum erforderlich, sie überliefert aber dem Jungen vor allem die ausgeprägte Ortskenntnis der Mutter, was in Anbetracht der Geländeschwierigkeiten des Hochgebirges von größtem Wert ist.

Der zur nächsten Setzzeit abbrechende Kontakt von Mutter und Altkitz kann nach einiger Zeit wiederaufgenommen werden. Das gilt besonders für weibliche Jährlinge, die sich wiederum der Mutter und ihrem neuen Kitz anschließen. Mutterfamilien aus Gais, Kitz und Jährling sind dann häufig zu beobachten, wobei im Ziehen und in der Flucht die erwähnte Reihenfolge eingehalten wird. Bei männlichen Tieren ist der Mutterkontakt bis in das Jährlingsalter höchst selten. An zwei markierten Tieren konnte KRÄMER den Zusammenhalt bis in den September, ja sogar Liegen im Körperkontakt bei kitzlosen Gaisen und deren Jährlingsböcken nachweisen.

Spielen

Schon im Alter von wenigen Tagen finden sich die Kitze innerhalb des Rudels zu einer Gruppe zusammen, um miteinander ausdauernd zu spielen. Sie können danach auch geschlossen, aber immer im Bereich des Rudels ruhen.

Abb. 32. In Knien äsender Gamsbock zur Zeit des Haarwechsels im Juni (Phot. W. Schröder).

Die Kitze verfolgen einander, kämpfen, reiten auf und imponieren. Sehr häufig sind Verfolgungsjagden und Rennspiele, die gelegentlich auch auf andere Jungtiere anstekkend wirken. Die Muttertiere hingegen spielen nicht mit den Kitzen.

Die Kitze zeigen echte Bewegungsspiele, die KRÄMER als „Kapriolen" bezeichnet. Dazu gehören Luftsprünge, Hochwerfen des Kopfes bis zum Hintüberkippen, schaukelnder Galopp sowie Schlenkern der Gliedmaßen und anderes mehr. Besonders reizvoll scheint derartiges Spielen auf einem Schneefeld zu sein. Es kann dort zum oft angezweifelten, aber sicher belegten Rodeln kommen, an welchem sich auch ältere Tiere beteiligen. Hierbei gleiten die Gams geneigte Schneehalden, auf den Läufen der Hinterhand sitzend oder seitlich auf den Keulen liegend, hinab, was ihnen sichtlich Vergnügen bereitet. Den Kapriolen der Kitze entspricht der „Gemsentanz" der erwachsenen Tiere, den WALTHER (1961) von gefangenen Gams beschrieb. Die Tiere rasen dabei in engstem Kreis und um die eigene Achse und werfen dabei das Haupt hin und her. Manchmal bleiben die Hinterbeine auf der Stelle stehen, das Tier wirft den gesenkten Kopf hoch und richtet sich dabei fast bis zum Überkippen auf. Diese scheinbar unmotiviert auftretenden und verrückt anmutenden Temperamentsausbrüche sind in der Wildbahn besonders im Frühjahr zu sehen. Sie können von mehreren Tieren gleichzeitig, manchmal in vollem Lauf bergab gezeigt werden.

Zwar nicht als Spiel, aber als Kuriosität sei das gelegentliche „Knien" der Gams beim Äsen erwähnt. Schon Kitze lassen sich beim Säugen mitunter auf die Carpalgelenke der Vorderbeine nieder. In Gebirgen mit ausgedehnten ebenen Hoch- und Almflächen können erstaunlich oft erwachsene Gams gesehen werden, die auf beide abgewinkelten Vorderbeine herabgelassen minutenlang äsen, ja, sogar vorwärts kriechen. In manchen sommerlichen Bockverbänden waren oft gleichzeitig mehrere Böcke auf diese Weise äsend anzutreffen. Es liegt die Vermutung nahe, daß diese gegendweise so gehäuft auftretende Verhaltensweise nicht nur geländeabhängig ist, sondern auch überliefert wird.

Struktur und Stabilität der Gamsrudel

Gams sind während der meisten Zeit des Jahres sehr gesellige Tiere, die sich größtenteils in Gruppen (Rudeln) zusammenschließen. Kitze und deren Muttertiere haben den engsten Zusammenhalt. Jährlinge befinden sich einige Wochen nach der Setzzeit vorwiegend wieder in Gesellschaft von Gaisen und Kitzen, seltener ausschließlich unter ihresgleichen. Manche Bockjährlinge finden bereits in Bockverbänden Anschluß.

Ein Teil der Böcke ist, mit Ausnahme der Brunft, während des ganzen Jahres in reinen Bockverbänden anzutreffen. Diese Junggesellengruppen schwanken in ihrem Umfang örtlich sehr, sie sind weitgehend von der Geländeausformung und der Gamswilddichte abhängig. Das Durchschnittsalter der in Gruppen stehenden Böcke ist geringer als das einzelstehender. Doch sind die Verbände in der Altersgliederung unter Umständen sehr verschieden zusammengesetzt und können vom Jährling bis zum über zehnjährigen Bock weite Altersspannen umfassen.

In einem steirischen Gebirge wurden einzeln stehende Gamsböcke und Bockgruppen in den Monaten August und September genau aufgenommen und hinsichtlich der Höhenlage ihrer Einstände verglichen (SCHRÖDER, 1971).

Dabei ergab sich, daß einzeln stehende Gamsböcke in allen Höhenstufen angetroffen werden können, am häufigsten aber in deckungsreichen Lagen. Böcke in Gruppen waren in größerer Zahl erst über der Waldgrenze zu finden.

Wie ist nun diese unterschiedliche Standortwahl der einzelnen Böcke und der Bockverbände zu erklären? Es wäre denkbar, daß sie ihre Ursache in den nur begrenzt vorhandenen Einzeleinständen hat. Dem Bedürfnis eines exklusiven Raumanspruches, eines von Geschlechtsgenossen freien Sommereinstandes, kann in den dünner besiedelten Randzonen des Gamsareals (im Sommer eben in den tieferen Lagen) eher entsprochen werden als im Zentrum mit hoher Gamswilddichte. Von einem Teil der Böcke wird daher bei hoher Dichte der Anspruch auf exklusive Sommereinstände durch eine Vergesellschaftung mit gleichgeschlechtlichen Artgenossen aufgegeben.

Zusammensetzung wie auch Größe der Gamsrudel ändern sich im Jahresablauf. Die größten Verbände bestehen aus Gaisen, Kitzen und anderen Jungtieren, bei ihnen steht gelegentlich zu allen Jahreszeiten der eine oder andere Bock. Nach der Setzzeit nehmen

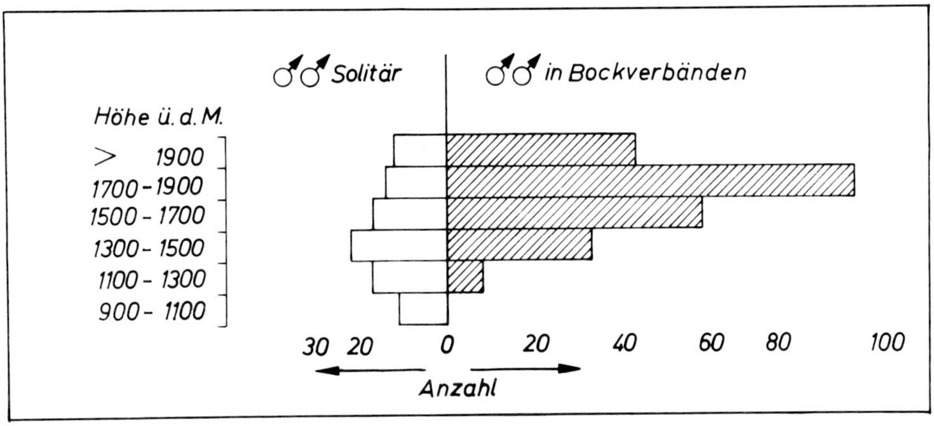

Abb. 33. Anzahl einzeln stehender Böcke und Anzahl der Böcke in Gesellschaft mit anderen Böcken in verschiedenen Höhenstufen. Aufnahme Hochschwab/Steiermark, August/September 1969.

diese Verbände zahlenmäßig zu und erreichen im Spätsommer oder Herbst den größten Umfang. Verbände, bestehend aus nur einer oder zwei sozialen Klassen, z. B. Jährlings- und Bockgruppen, sind in ihrer Zahl in der Regel vergleichsweise bescheiden, obwohl in einigen Gebirgen Österreichs Bockverbände mit 20 und mehr Tieren anzutreffen sind.

Die Stabilität der Gamsrudel ist gering. Es kommt häufig vor, daß einzelne oder mehrere Tiere einen Verband verlassen und sich einem anderen anschließen. Die Rudel schwanken in ihrem Umfang sogar mit der Tageszeit. Nur die Gais und das Kitz, eventuell noch ein zugehöriger weiblicher Jährling, zeigen einen größeren Zusammenhalt über längere Zeit. Alle anderen Gruppenbildungen scheinen auf einem mehr oder weniger großen Anschlußbedürfnis an Tiere gewisser sozialer Klassen (Geschlecht, Alter) zu beruhen. Die Bevorzugung bestimmter Individuen spielt dabei eine untergeordnete Rolle.

Im Ziehen und in der Flucht sind Gaisen, besonders führende Gaisen, an der Spitze des Rudels. Bockjährlinge und vor allem Böcke bleiben zuhinterst. Die Position der Spitzengais wechselt gelegentlich. Eine Führung durch eine ausgesprochene Leitgais, wie man sie in älterer Jagdliteratur manchmal beschrieben findet, ist nicht gegeben.

Ökologie

Gams in ihrem Lebensraum

Das Studium von Gamswild in freier Wildbahn fand in den Jahren nach 1960, dem Erscheinungsjahr der ersten Auflage dieses Buches, vermehrtes Interesse. So ist es heute möglich, einige spezifische Aussagen zur Ökologie des Gamswildes, nämlich zu den Beziehungen der Artgenossen zueinander wie auch zu dem speziellen Verhältnis des Gamswildes zu seiner Umwelt zu machen. Beginnen wir mit der Analyse einer Population von Gamswild, einer räumlich begrenzten Gemeinschaft dieser Tiere, indem wir einige kennzeichnende Parameter einer solchen Population herausgreifen und näher beschreiben.

Dichte und Bestandsermittlung

Bei kaum einer Schalenwildart ist die Ermittlung der Dichte, sie wird üblicherweise in Stück/100 Hektar angegeben, so problematisch wie bei Gamswild. Rehwild ist in Landschaften mit guter Deckung nur in Bruchteilen seines eigentlichen Bestandes zu Gesicht zu bekommen, doch ist es auf Grund seines sozialen Systems gleichmäßiger verteilt. Bei Gamswild finden wir einerseits verhaltensbedingte Konzentrationen und zum anderen eine in der Struktur der Umwelt begründete ungleiche Nutzung des Lebensraumes. Es gibt Revierteile, die im Sommer, und andere, die im Winter viel Gams haben. Es gibt aber auch Ecken, die sommers wie winters nur wenige Gams anziehen. Setzt man nun gezählte Gams zur gesamten Fläche in Beziehung, so werden diese Unterschiede verwischt. Doch neben der Zählung des Gamswildes selbst ist schon die Ausscheidung der Bezugsfläche problematisch. Eine korrekte Angabe zur Wilddichte gibt es nicht, und zwar selbst dann nicht, wenn der ehrliche Wille für die Lieferung genauer Zahlen vorhanden ist. Wer sich mit der Erhebung von objektiven Gamswilddichten auseinandersetzt, wird die Schwierigkeiten erfahren und bezeugen. Man kann die hindernden Faktoren in folgende Punkte zusammenfassen:

1. Unterschiedliche Einsichtigkeit und Gangbarkeit des Geländes. Manche Teile eines Gamsrevieres, vor allem die alpinen Regionen mit geringer Pflanzendecke, sind oft gut einzusehen. Andere hingegen sind mit Latschen oder Grünerlen bewachsen oder gar bewaldet, sie sind mitunter schroff und zerklüftet. Sie werden aber ebenso von Gams aufgesucht.
2. Wechselnde Standortwahl. Zählungen erbringen die höchsten Ergebnisse, wenn sich jahreszeitlich bedingt ein großer Teil des Gamswildes in der Region über der Waldgrenze aufhält. Es stehen aber auch dann stets Gams in tieferen Lagen und entziehen sich so leicht der Zählung.
3. Tagesperiodische Schwankungen der Aktivität. Je nach Tageszeit ist ein unterschiedlich großer Prozentsatz von Gams äsend bzw. ruhend anzutreffen. Da aber äsendes und sich fortbewegendes Gamswild am leichtesten auszumachen ist, bleibt das Ergebnis der Zählung in starkem Maße von der Tageszeit abhängig.

Im Kaukasus fand NASSIMOWITSCH 1949, daß im Monat August und während der Morgenstunden von 6 bis 10 Uhr die höchste Anzahl von Gamswild zu sehen war. Als Beispiel der unterschiedlichen Sichtbarkeit des Gamswildes während des Tagesablaufes seien die Ergebnisse einer zweitägigen Beobachtung eines Gamsrudels im Hochschwab angeführt:

Am 25. und 26. September 1968 wurde zur kontinuierlichen Beobachtung während der Tageslichtstunden ein Gamsrudel gewählt, dessen ungefähre tageszeitliche Wanderungen bereits bekannt waren. Die Aufnahmen erfolgten zur hier nicht näher erläuterten Tagesperiodik, wobei in fünfminutigen Intervallen die Anzahl des jeweils sichtbaren Gamswildes sowie dessen Tätigkeit (Äsen, Ruhen, Fortbewegen) notiert wurden. Ein Bergzelt war so placiert, daß es einerseits guten Überblick und andererseits eine ständige Beobachtung ermöglichte, ohne die Gams zu beunruhigen. Der Einstand des Rudels befand sich auf steilen (ca. 45°) Graslehnen und Schutthalden, welche nach oben in Felsabbrüchen endeten. Im unteren Teil nahm die Blockgröße der Schutthalden zu; an wenigen Stellen gediehen Latschenfelder. Obwohl vermutlich keines der Tiere den Beobachtungsraum während der beiden Tage verließ, war je nach Tageszeit trotz Suche mit Fernglas und variablem Fernrohr stets nur eine unterschiedliche Anzahl aller Gams sichtbar. Die Mittelwerte für zweistündige Intervalle ergaben sich aus der jeweiligen Anzahl von Gams im Blickfeld:

Uhrzeit	Anzahl der durchschnittlich zu sehenden Gams
6.00– 8.00	42
8.00–10.00	37
10.00–12.00	18
12.00–14.00	20
14.00–16.00	22
16.00–18.00	44

Die Höchstzahl 46 wurde sowohl am Morgen als auch am Abend des ersten Tages sowie am Morgen des zweiten Beobachtungstages aufgezeichnet. Sie entsprach wahrscheinlich der tatsächlichen Anzahl des Wildes im Rudel.

Die erheblichen Schwierigkeiten bei der Zählung von Gamswild, die je nach Geländebeschaffenheit mehr oder weniger ins Gewicht fallen, sind nie ganz auszuschalten. Eine Normalzahl der Dichte anzugeben, wie dies in der Literatur gelegentlich geschieht, erscheint daher ebenso wenig sinnvoll wie die Erhebung des Gamsbestandes durch direkte Zählung als alleinige Grundlage der Abschlußplanung.

Regelmäßige Zählungen des Gamswildes sind deshalb nicht wertlos. Man muß sich nur der Fehlermöglichkeiten bewußt sein und die Ergebnisse dementsprechend werten. Eine alljährlich wiederholte Zählung unter vergleichbaren Bedingungen vermittelt einen wertvollen Index, eine relative Dichte, die die Bestandesveränderungen sehr gut widerspiegelt, auch wenn die Ergebnisse nicht absoluten Dichten entsprechen.

Die Wilddichte als absolute Größe hat, abgesehen von den Schwierigkeiten der Zählung, auch aus weiteren Gründen nur geringen Aussagewert. Wichtiger ist nämlich die ökologische Dichte, die Dichte im Verhältnis zum Fassungsvermögen des Lebensraumes. In manchen Gamsvorkommen sind der Siedlungsdichte der Art bereits Grenzen gesetzt, während andernorts vielleicht doppelt soviele Gams auf gleicher Fläche ein Auskommen finden können.

Neben den klimatischen Bedingungen, die an der alljährlichen Einschränkung des winterlichen Lebensraumes maßgeblich beteiligt sind, ist es die Geländeausformung, die Struktur des Gebirges, die das Fassungsvermögen eines bestimmten Gamsvorkommens ausmacht. Manche Gebirgsstöcke mit ausgedehnten Matten und alpinen Rasen bieten im Sommer und Herbst beste Möglichkeiten für das Gamswild und zeigen doch verhältnismäßig geringe Gamsbestände. Dies trifft dann zu, wenn der dichtebestimmende Faktor, nämlich die guten Wintereinstände am gesamten Areal des Gamswildes, nur einen geringen Prozentsatz ausmacht. Erhebliche Teile der Zentralalpen, die Hohen Tauern z. B., gehören in diese Kategorie, aber auch mancher Gebirgszug der

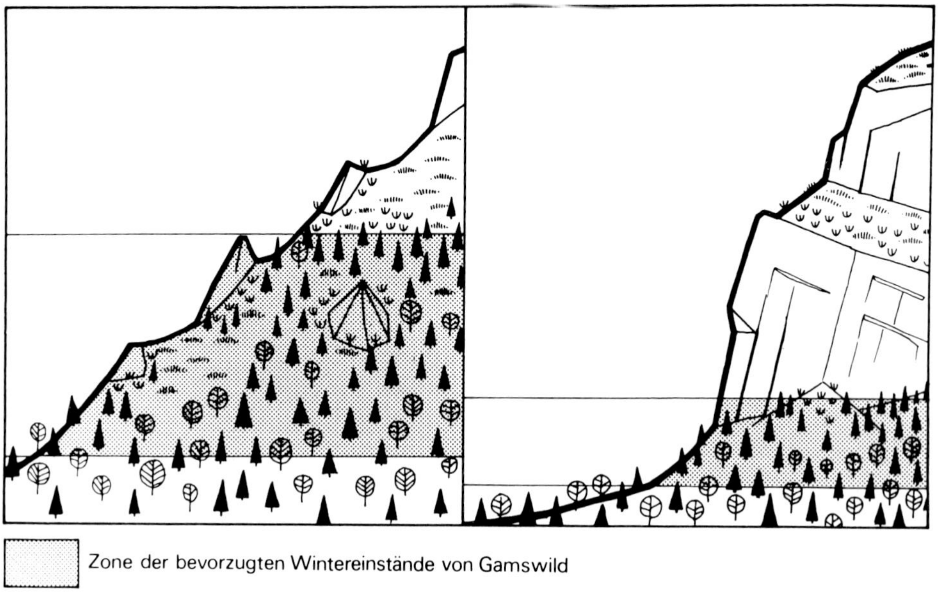

Abb. 34. Schematische Darstellung eines Gebirges mit ausgedehnten Wintereinständen (links) und vergleichsweise beschränkten Wintereinständen (rechts). Entscheidend für Qualität und Ausdehnung der Wintereinstände sind: Ausformung (Steilheit, Felsanteil) des Gebirges, Exposition, klimatische Lage, menschliche Beeinflussung des Bergwaldes.

kalkalpinen Berge. Gebirge mit steilen, im Winter für Gams oft schlecht gangbaren Bergfüßen gehören ebenfalls dazu. Bei hoher Schneelage und insbesondere bei schlechtem Wetter konzentrieren sich hier die Gams auf einen Bruchteil der Gesamtfläche, eben auf die günstigen Wintereinstände, die natürlich nicht unbegrenzt aufnahmefähig sind. Infolgedessen treten dann die größten Verluste des Gamswildes, die Winterverluste, ein. Man kann dies, etwas vereinfacht, als die Anpassung der Wilddichte an die zur Verfügung stehenden Wintereinstände betrachten. Es gibt aber auch Gebirge, vorwiegend mit flachen, auslaufenden, südlich exponierten Hangfüßen, die bei einer gewissen Gliederung in den montanen Wäldern sehr günstige Einstände für die kritische Zeit der Wintermonate bieten. Nehmen nun diese Einstände einen erheblich höheren Teil des gesamten Areals ein, so ist dadurch die Voraussetzung für eine ebenso höhere Gamswilddichte gegeben.

In der Literatur finden sich zahlreiche Hinweise auf Dichten des Gamswildes in verschiedenen Gebieten der Alpen. Sie sind durchweg mit begründetem Vorbehalt aufzunehmen. Eine aufschlußreiche Zusammenstellung über den Gamsbestand in den einzelnen eidgenössischen Jagdbanngebieten, in denen die Gams keiner Bejagung ausgesetzt sind, führt Zahlen an, die von nur wenigen Stück pro 100 Hektar bis knapp über 30, einschließlich der sommerlichen Kitze reichen (KUSTER 1962). Auffallend ist, daß einige Banngebiete neben hohen Gamsbeständen auch gute Steinwildkolonien beherbergen. Offensichtlich bieten sie beiden Arten gute Lebensmöglichkeiten.

Geschlechtsreife und Zuwachs

Lange Zeit war das fortpflanzungsfähige Alter der Gamsgais unter Gamsjägern eine vieldiskutierte Frage. Während sich die älteren jagdlichen Lehrbücher einig waren, daß weibliches Gamswild erst im vierten Lebensjahr fortpflanzungsfähig wird, erwähnte 1938 der französische Chirurg M. COUTURIER in seinem Werk „le chamois" erstmalig eine Gamsgais im zweiten Lebensjahr mit einem voll ausgebildeten Fötus. Auch aus den österreichischen Alpen wurden danach einige gleichartige Fälle bekannt, was aber nur zur Verwirrung führte, da eine Vermehrung im zweiten Lebensjahr von vielen Jägern als in der Praxis nicht vorkommend betrachtet wurde.

In dem vielbeachteten kleinen Gamsbestand am Kapuzinerberg in Salzburg wurde jedoch wiederum unzweideutig die Fortpflanzung von Gaisen mit vollendetem zweiten Lebensjahr nachgewiesen.

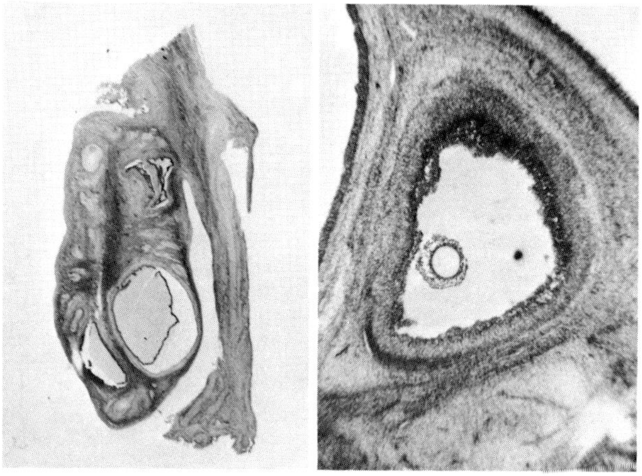

Abb. 35. Links. Schnitt durch das Ovar einer 22½ Monate alten Gamsgais mit großen Tertiärfollikeln. – *Rechts:* Ausschnittsvergrößerung eines Follikels mit Eizelle (Phot. Archiv Wildforschung).

Mittlerweile weiß man, daß die Fortpflanzungsreife der Säugetiere generell keine starre Größe darstellt, sondern variabel ist und unter dem Einfluß von Ernährung, Klima und sozialen Bedingungen stark schwanken kann. Dies ist bei Gams ganz ausgeprägt der Fall. Weibliche Gams können offensichtlich unter bestimmten Voraussetzungen im zweiten Lebensjahr als Jährling geschlechtsreif werden, sich an der Brunft beteiligen und im Frühjahr danach ein Kitz setzen.

Nun ist in freier Wildbahn aber, zumindest in den Alpenländern, der Anteil der beschlagenen Gaisen im Jährlingsalter sicher sehr gering, ja sogar die zweijährigen Gaisen werden örtlich in sehr unterschiedlichem Maße erfolgreich beschlagen.

Die heute in der Wildforschung üblicherweise angewandte Methode, nämlich die histologische Untersuchung der Ovarien (Eierstöcke) erlegter Tiere, erbrachte bei Gamswild aus Gründen der jahreszeitlich späten Brunft und der bald danach endenden Schußzeit bisher kein allzu umfangreiches Untersuchungsmaterial. Wird nämlich ein weibliches Tier geschlechtsreif, so reift in den Ovarien zumindest eine Eizelle innerhalb einer großen Blase, die mit ihrem Platzen in der Brunft die Eizelle an den Eileiter weitergibt, wo sie dann in der Regel befruchtet wird. Ereignet sich ein derartiger

Follikelsprung, so füllt sich die nun aufgerissene Blase im Ovar rasch mit einem gelblichen Gewebe, dem sogenannten Gelbkörper *(Corpus luteum)*. Bei nach der Brunft erlegten Tieren ist ein vorhandener Gelbkörper leicht und sicher nachzuweisen, so daß auf die Teilnahme am Fortpflanzungsgeschehen mit Sicherheit geschlossen werden kann, und zwar zu einer Zeit, in der die Embryonalentwicklung mit freiem Auge noch nicht erkennbar ist. Da bei Gamswild der Beginn der Embroyonalentwicklung erst in die letzten Tage der Jagdzeit fällt, wurden auch einige Gaisen verschiedener Altersstufen in der Schonzeit erlegt, um zu den Fragen der Fortpflanzung genauere Aussagen machen zu können.

Nach den bisher im Alpenraum vorliegenden Feststellungen kann also die erfolgreiche Fortpflanzung des Jährlings als mehr oder weniger große Ausnahme angesehen werden. Die nächste Altersstufe hingegen, die zweijährigen Gaisen, kann sich schon vermehrt an der Brunft beteiligen und mit vollendeten drei Jahren das erste Kitz zur Welt bringen. Deutlich ist der Zusammenhang zwischen Kondition (Ernährungszustand) und Fortpflanzung gerade bei dieser Altersklasse. An einigen zur Klärung des Problems in den Monaten März – April erlegten Gaisen zeigte sich, daß beschlagene Tiere trotz der erhöhten Anforderungen in der Tragzeit bei einem Gesamtgewicht von 30–32 kg noch Feist an Nieren und Gekröse hatten, während gleichalte, nichtbeschlagene Tiere eines anderen Gebietes im gleichen Winter stark abgekommen und ohne Feist waren. Dementsprechend gering war bei letzteren auch das Gesamtgewicht: 21 bis 23 kg.

Der erfolgreiche Beschlag von zweijährigen Gaisen und das Setzen der Kitze mit vollendeten drei Lebensjahren ist überwiegend vom Ernährungszustand des einzelnen Tieres abhängig. Der Anteil von bereits beschlagenen Zweijährigen im Bestand schwankt demnach mit den örtlich spezifischen Ernährungs- und Lebensbedingungen einer Population, wobei der Wilddichte eine besondere Rolle zukommt. Die vorliegenden Untersuchungsergebnisse weisen auf große regionale Unterschiede hin. Es gibt Gamsbestände, in denen zweijährige Gaisen vermehrt beschlagen werden. Ihnen stehen solche gegenüber, in denen der Anteil sich bereits fortpflanzender Tiere der gleichen Altersklasse verschwindend gering ist. Dazwischen gibt es vielstufige Übergänge.

Erst mit vollendetem dritten Lebensjahr nimmt der Großteil aller Gaisen, auch unter schlechteren Bedingungen, an der Fortpflanzung teil und setzt nach 24–26 Wochen ein Kitz.

Die Erfahrungen in mehreren zoologischen Gärten und privaten Wildgehegen zeigen, daß bei den vielfältigen Schwierigkeiten einer optimalen Haltung von Gams Beschlag, Trächtigkeit und Setzen der Gaisen im zweiten Lebensjahr nicht erfolgen. Aus dem Georg v. Opelschen Freigehege in Kronberg/Taunus wurde von einem Kitz einer 36 Monate alten Gamsgais berichtet. In der Regel setzen Gaisen im Gehege jedoch erst mit 48 Monaten, also mit vollendetem vierten Lebensjahr, das erste Kitz.

Bei Gamsböcken ist zwischen der Geschlechtsreife und der eigentlichen, vollen Beteiligung am Brunftgeschehen zu unterscheiden. Bereits im Jährlingsalter finden sich Samenfäden in den Gonaden (Brunftkugeln) der Böcke, ein Beweis ihrer physiologischen Geschlechtsreife. Eine vermehrte Aktivität in der Brunft und ein Beschlagen von Gaisen sind aber erst ein bis zwei Jahre später zu beobachten. Dies beweist auch der Gewichtsabfall der Böcke während der Brunft, der im vierten Lebensjahr erstmalig stärker verzeichnet wird. Die Rolle junger Gamsböcke bei der Brunft wird vorwiegend durch die soziale Struktur des Bestandes bestimmt, wobei die vermehrte Anwesenheit älterer Böcke zur Inaktivität der Jungböcke führt. Erst wenn mittelalte und ältere Böcke weitgehend fehlen, treten junge Böcke in der Brunft stärker in Erscheinung.

Das Gamswild zeigt, wie auch die anderen wildlebenden Tiere unserer Breiten mit längerer Tragzeit, eine streng begrenzte, saisonabhängige Paarungszeit. Im Laufe der Entwicklungsgeschichte wurde jene Jahreszeit fixiert, die sich im Gegenspiel aller Vor- und Nachteile als am günstigsten erwies. Die jahreszeitliche Rhythmik der Fortpflanzung wird über die Tageslichtlänge gesteuert, wobei die Tiere mit abnehmendem Tageslicht bei einem gewissen Zeitpunkt in den Zustand der Brunft geraten. Heute weiß man, daß das Fortpflanzungsgeschehen über die Achse Tageslichtlänge – Retina (Netzhaut) – Hypothalamus (Zwischenhirn) – Hypophyse (Hirnanhangdrüse) – aktivierende Hormone gesteuert wird. Nicht alle Tiere reagieren auf abnehmendes Tageslicht in dieser Weise. Das Wiesel, der Feldhase und der Auerhahn orientieren sich, wie noch viele andere, in ihrer Fortpflanzungszeit am zunehmenden Tageslicht des Frühjahres. Das aus den österreichischen Alpen stammende Gamswild Neuseelands brunftet heute im April und setzt Kitze im November und zwar, weil sich das in seiner Fortpflanzung auf eine bestimmte Tageslichtlänge eingestellte Gamswild dort jahreszeitlich umgestellt und den Verhältnissen der südlichen Hemisphäre angepaßt hat, wobei die abnehmenden Tageslichtlängen Mitteleuropas im November ungefähr den Bedingungen Neuseelands im Monat April entsprechen.

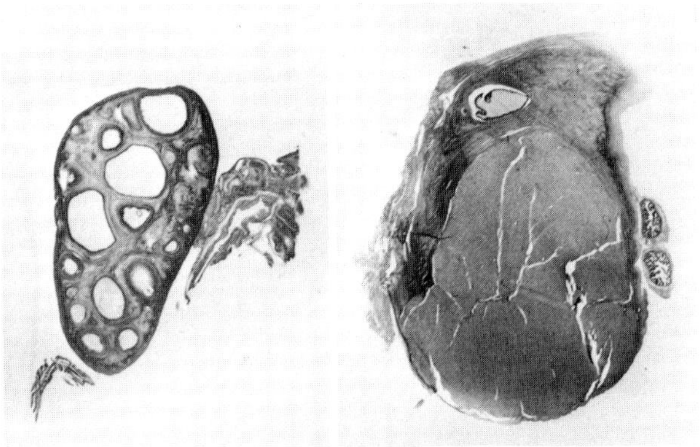

Abb. 36. Links: Schnitt durch das Ovar einer 34½ Monate alten Gamsgais aus dem Hochschwab/Steiermark mit Tertiärfollikeln. Die Gais war nicht beschlagen. – *Rechts:* Schnitt durch das Ovar einer 35 Monate alten Gamsgais aus dem Reißeckgebiet (Kärnten). Die Gais trug einen Fötus und zeigt im Ovar ein entsprechend großes *Corpus luteum graviditatis* (Gelbkörper) (Phot. Archiv Wildforschung).

Erfolgt bei der ersten Ovulation (Eisprung) einer Gamsgais in einer Brunftperiode keine Befruchtung, so kommt es höchstwahrscheinlich zu einigen weiteren Ovulationen, die bei Gamswild in etwa dreiwöchigem Zyklus auftreten dürften. Es liegen Beobachtungen vor, die Aktivitätsspitzen und Häufigkeiten des Beschlages bei brunftendem Gamswild in diesem ungefähr dreiwöchigen Abstand aufzeigen. Ebensolche Hinweise gibt es für das Setzen der Kitze in Intervallen, was zu erwarten ist, da die Tragzeit selbst in ihrer Dauer kaum flexibel ist.

Über den jährlichen Zuwachs des Gamswildes liegen heute leider erst wenige brauchbare Angaben vor, obwohl über den Zuwachs, ebenso wie über die Fortpflanzungsreife der Gais seit langem heftig diskutiert wird. Bei seinen Freilandbeobachtungen des Gamswildes ermittelte Krämer (1969) das Verhältnis von Gaisen zu Kitzen und Jährlingen im eidgenössischen Bannbezirk Augstmatthorn. Auf 100 mindestens zweijährige Gaisen kamen in drei aufeinanderfolgenden Jahren folgende Anzahlen von Kitzen und Jährlingen: (1964) 67 Kitze und 47 Jährlinge, (1965) 64 Kitze und 48 Jährlinge, (1966) 72 Kitze und 17 Jährlinge. Im steirischen Hochschwab zählte Schrö-

DER (1971) während der Monate Juni und Juli 1969 66 Kitze und 37 Jährlinge auf 100 Gaisen, wobei ebenfalls sämtliche Gaisen, sofern sie dem Jährlingsalter entwachsen waren, als Bezugsbasis genommen wurden.

Diese Daten aus der Schweiz und Österreich lassen auf einen Zuwachs in Höhe von 64 bis 72 Prozent der Gaisen schließen, wobei allerdings die noch mit großer Sicherheit anzusprechenden weiblichen Jährlinge ausgeklammert sind. Derartige Zahlen haben einen hohen Aussagewert, wenn die angeführten Relationen auf einer Erhebung von mehreren hundert Gams basieren. Dies setzt allerdings ein gut einsichtiges Beobachtungsgelände voraus. Obwohl die angeführten Zuwachsdaten sehr brauchbare Richtwerte ergeben, ist nicht anzunehmen, daß sie auch die Extreme in beiden Richtungen einschließen. Bei neugegründeten Gamsbeständen in günstigen Lebensräumen ist mit Sicherheit ein höherer Zuwachs gegeben. Hingegen ist die Zahl der Kitze nach einem überdurchschnittlich strengen Winter, insbesondere bei späten Schneefällen, erfahrungsgemäß gering. Noch nicht geklärt sind die zu einem unterdurchschnittlichen Zuwachs führenden Mechanismen bei schweren Winterbelastungen. Bei Rotwild ist bekannt, daß es unter extremen Belastungen zum Abortus kommen kann, wobei Föten unterschiedlichen Entwicklungsgrades ausgestoßen werden. Außerdem ist bei einigen Tierarten die Resorption von Embryonen im Uterus (Gebärmutter) bekannt, die durch widrige Umstände ausgelöst werden kann. Welche Faktoren im einzelnen oder welche Faktorenkombination zu einer Beeinträchtigung des Zuwachses bei Gamswild nach Extremwintern führen können, bleibt noch zu klären. Jedenfalls ist eine Beteiligung der Gaisen am Brunftgeschehen sicher unabhängig von den dann noch nicht absehbaren Winterbedingungen.

Ein weiterer, die Zuwachsrate bestimmender Faktor ist mit großer Wahrscheinlichkeit in der Vitalität der neugesetzten Kitze zu vermuten. Bei Gams in Gefangenschaft sind hohe Kitzverluste in den ersten Lebenstagen nur zu bekannt. Dies gilt vor allem für die bereits zur Geburt schwächlichen Kitze. Nun wäre es trotz einer vorrangigen Versorgung des Embryos im Mutterleib bei einer extremen Belastung der Muttergais denkbar, daß diese zwar noch die foetale Ausbildung bis zum Setzakt durchhält, dann jedoch nur ein wenig lebenstüchtiges Kitz bringt, das kurz danach eingeht. Unterschiede in Körpergröße und Spielfreude der Kitze während der ersten Lebenswochen sind aus der Beobachtung gut bekannt.

Vermehrungsschema neuseeländischer Gamsgaisen

Alter in Jahren	Anzahl erlegt	Anzahl beschlagen oder laktierend	beschlagen oder laktierend in % je Altersklasse
Kitze	–	0	0
1	60	2	3
2	36	14	39
3	70	52	74
4	48	45	93
5	26	19	73
6	19	16	84
7	6	5	83
8	2	2	} 70 (8–11)
9	3	2	
10	4	2	
11	1	1	
älter als 2	179	144	80

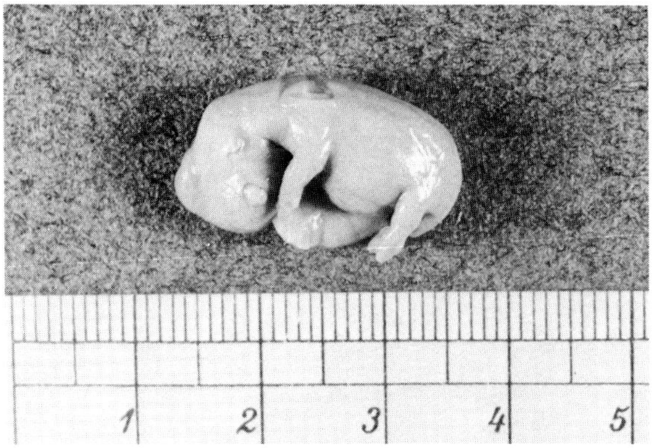

Abb. 37. Embryo einer 17½jährigen Gais. Das Tier wurde in den letzten Dezembertagen in der Nähe von Heiligenblut/Großglockner erlegt (Phot. W. Schröder).

Brauchbare Daten über die Vermehrung des Gamswildes liegen aus Neuseeland vor (Caughley 1970). Dort wurden in einem begrenzten Gebiet zwischen dem 15. November 1965 und dem 24. Februar 1966, also in einer die dortige Setzzeit umschließenden Zeitspanne, 275 Gamsgaisen und 51 neugeborene Kitze erlegt. Die Tiere entstammten einer ohne Rücksicht auf Alter und Geschlecht gewonnenen Stichprobe, die außerdem auch noch Böcke enthielt. Jedes weibliche Tier wurde auf Laktation (Milch in der Spinne) und Embryo im Tragsack untersucht, so daß sich genaue Daten bezüglich der Fruchtbarkeit ergaben.

Erstaunlich ist für europäische Verhältnisse zunächst die Tatsache zweier beschlagener Jährlinge von 60 Gleichaltrigen. Diese Tiere hatten demnach bereits im Kitzalter an der Brunft teilgenommen. Dieser ungewöhnliche Umstand war Anlaß zu einer brieflichen Rückfrage, worauf versichert wurde, daß ein Irrtum in der Altersschätzung oder sonst höchst unwahrscheinlich sei.

Von 36 Jährlingen wurden 14 erfolgreich beschlagen; sie liegen mit diesem Wert unter der Vermehrung der höheren Altersklassen. Bei über zweijährigen Tieren konnte in diesem Material kein Unterschied in der Fortpflanzungsleistung der einzelnen Altersklassen statistisch nachgewiesen werden. Im Schnitt brachten 80 % der über zweijährigen Gaisen Nachwuchs. Obwohl für den alpinen Raum noch keine vergleichbaren Daten ähnlicher Qualität vorliegen, deuten unsere bisherigen Kenntnisse auf einen möglicherweise etwas höheren Zuwachs beim Gamswild Neuseelands.

Die Frage nach einer rückläufigen Vermehrung der Gaisen in höherem Alter kann vorerst noch nicht beantwortet werden. Die neuseeländischen Daten zeigen (allerdings bei geringen Anzahlen in den höchsten Jahrgängen) keine statistisch nachweisbare Veränderung der Fruchtbarkeit bei Tieren von 9–12 Jahren. Vermutlich sinkt jedoch die Fortpflanzungstätigkeit in der Alterspanne von 12–15 Jahren, was jedoch nicht bedeutet, daß nicht auch noch sehr betagte Gaisen, wenngleich weniger häufig, Kitze setzen. Aus dem Großglocknergebiet stammte eine in den letzten Dezembertagen erlegte 17½jährige beschlagene Gais. Sie hätte aller Voraussicht nach mit vollendeten 18 Jahren ein Kitz gesetzt und geführt.

Alter und Lebenserwartung

Bei einer Tierart in extremer Umwelt, wie sie das Hochgebirge mit all seinen Geländeschwierigkeiten und seinen weiten jahreszeitlichen Wetterschwankungen darstellt, scheint das Erreichen hoher Altersstufen von vornherein erschwert. Dennoch erreicht Gamswild mit jeweils einigen Exemplaren auch hohe Lebensalter, die, verglichen mit anderen Huftieren, von kaum einer anderen Art erreicht werden.

Gamsgaisen werden generell älter als Böcke, was auf die unterschiedliche Sterblichkeit der Geschlechter zurückzuführen ist. Die mit 24 Lebensjahren älteste bisher bekannte Gais stammt aus einem Revier der mittleren Steiermark. Das bereits greisenhafte Alter von 21 und 22 Jahren wurde mehrmals nachgewiesen.

Böcke hingegen erreichen höchst selten ein Alter von zwei Jahrzehnten, noch ältere männliche Tiere wurden bisher nicht nachgewiesen. Unter 1600 erlegten Gams und mehreren hundert Stück Fallwild eines großen steirischen Reviers in den nördlichen Kalkalpen befand sich nur ein Bock im sechzehnten Lebensjahr, wohingegen mehrere Gaisen die Grenze von zwanzig Jahren überlebten. Die älteste Gais wurde 22 Jahre alt. Für Bayern fand Gruschwitz 1959 unter rund 3600 Bockkrucken nur zehn, die für die betreffenden Böcke ein Alter von 18, 19 und 20 Jahren erkennen ließen.

Mehr noch als wenige herausragende Höchstwerte des Lebensalters interessiert die biologisch wichtigere Lebenserwartung der Tiere in den einzelnen Altersstufen, die im Zusammenhang mit der Sterblichkeit und den verschiedenartigen Verlusten im übernächsten Abschnitt besprochen werden wird.

Je mehr man sich in systematischer Arbeit mit dem Gamswild beschäftigt, um so augenfälliger werden die bereits mehrmals erwähnten regionalen Unterschiede. Auch das Lebensalter der Gams ist davon nicht ausnommen. Neben Gamsvorkommen, denen eine frühe natürliche Sterblichkeit eigen ist, gibt es solche mit erstaunlich langlebigen Gams. Letzteres trifft z. B. auf das Gamswild des Allgäus in Bayern zu. Den Versuch einer Erklärung dieser natürlichen Anpassung an spezifische Umweltverhältnisse, um solche handelt es sich hierbei nämlich, werden wir in einem späteren Kapitel unternehmen.

Geschlechterverhältnis

Bei der Erörterung des Geschlechterverhältnisses in einem Gamsbestand erscheint es in Anbetracht der zahllosen Unklarheiten im Schrifttum, die von der Begriffsbestimmung bis zur biologischen Interpretation der Konsequenzen eines bestimmten Geschlechteranteils reichen, angebracht, einige grundsätzliche Bemerkungen voranzustellen. Unter dem im jagdlichen Sprachgebrauch geläufigen Begriff des Geschlechterverhältnisses versteht man die anteilsmäßige Verteilung männlicher und weiblicher Tiere innerhalb eines Bestandes. Hierbei werden im allgemeinen alle Altersklassen miteinbezogen. Nicht gleichzusetzen ist dem das Verhältnis der Geschlechter bei der Geburt, also die anteilsmäßige Verteilung der Kitze auf beide Geschlechter.

Die meisten Huftiere haben ihre Nachkommenschaft nahezu gleich auf beide Geschlechter verteilt. Unter gewissen Umständen scheint es jedoch schon zur Setzzeit Verschiebungen zugunsten des einen oder des anderen Geschlechtes zu geben, doch ist dies eher die Ausnahme. Für das Gamswild liegen derartige Daten noch nicht vor. Ein Setzen von männlichen und weiblichen Kitzen zu etwa gleichen Anteilen ist aber sehr wahrscheinlich. Unwahrscheinlich ist hingegen die gleiche Verteilung der Geschlechter im Gesamtbestand. Dies wäre nur dann der Fall, wenn männliche und weibliche Tiere die gleiche Sterblichkeit aufwiesen, denn das Geschlechterverhältnis der Population (des Bestandes) ist eine Funktion der jeweiligen Abgänge beider Geschlechter. Es ist in keiner Weise zwangsläufig – hier liegt ein weitverbreiteter Irrtum vor – mit dem entsprechenden Verhältnis der Kitze gekoppelt. Bei großen, langlebigen Huftieren mit geschlechtsspezifischen Verhaltensweisen und ebensolchen physiologischen Merkmalen sind männliche und weibliche Tiere unterschiedlichen Belastungen und Gefahren ausgesetzt. Dies führt zu einem geschlechtsspezifischen, nicht identischen Muster der Abgänge bei Männchen und Weibchen. Untersuchungen an einzelnen Arten zeigen hier ganz bestimmte Gesetzmäßigkeiten auf.

So sind bei vielen Arten die Verluste an männlichen Tieren in den mittleren Altersklassen höher als an weiblichen, was eine Verschiebung des Geschlechterverhältnisses zugunsten der Weibchen bedeutet. Zumeist ist dies auf das ungleich größere und gefahrvollere Engagement männlicher Tiere während der Fortpflanzungszeit zurückzuführen, wie es beim Gamswild ja ganz besonders ausgeprägt ist. Die Anstrengungen der Tragzeit, sowie die darauffolgende Säuge- und Aufzuchtperiode stehen hinsichtlich der Belastungen für das Individium offenbar hinter den Folgen der Brunfttätigkeit der Böcke zurück. Da ist weniger die direkte Gefährdung durch Treiben und Kampf in der Paarungszeit selbst, als vielmehr der erhebliche Gewichtsverlust und somit die Einbuße lebenswichtiger Energiereserven unmittelbar vor den Wintermonaten entscheidend. Ähnliche Verhältnisse sind beispielsweise auch beim nordamerikanischen Verwandten des Rothirsches, dem Wapiti, nachgewiesen. Das Geschlechterverhältnis des Gamswildes ist daher unter natürlichen Bedingungen, ohne den Einfluß des Menschen, zugunsten der Gaisen verschoben, wobei es aber keinen starren Wert gibt, sondern vielmehr einen Rahmen, in welchem es sich je nach speziellen ökologischen Gegebenheiten bewegt.

Bei der Ermittlung des Geschlechterverhältnisses in freier Wildbahn ist es angebracht, Kitze und Jährlinge unberücksichtigt zu lassen. Erstere sind nach dem Geschlecht kaum und Jährlinge allzuoft ebensowenig ihrer Geschlechtszugehörigkeit nach anzusprechen. Ebenso erfordert die weitgehend unterschiedliche Standortwahl der Böcke und Gaisen eine großräumige Betrachtung, um im Gesamtergebnis den tatsächlichen Verhältnissen einigermaßen nahe zu kommen. Für das Banngebiet Augstmatthorn ergaben KRÄMERS Zählungen ein Verhältnis der Geschlechter von 1 : 1,8 bis 2, wobei Kitze und Jährlinge unberücksichtigt blieben. Nachdem im Banngebiet selbst die Jagd – von gelegentlichen unumgänglichen Abschüssen durch die Wildhüter abgesehen – ruht, ist der menschliche Einfluß auf den Gamsbestand sicher gering. Der Rahmen, in welchem sich Böcke und Gaisen eines Bestandes anteilmaßig zueinander bewegen, kann mit etwa 1 : 1,2–2 angenommen werden.

Ganz anders liegen die Verhältnisse in stärker bejagten Populationen. Zumeist überwiegen die Böcke an der Strecke, sie werden dazu noch jünger geschossen als Gaisen. Diese Einflußnahme kann zuweilen die natürliche Tendenz eines höheren Gaisenanteiles im Bestand noch erheblich verstärken. Für das schon mehrmals erwähnte Hochschwabgebiet, über dessen Gamswild heute wohl das umfangreichste Datenmaterial vorliegt, wurde unter guten jagdlichen Verhältnissen etwa ein Bock auf 1,3 Gaisen ermittelt.

Winterverluste und andere Abgänge

Wenn man von den Jagdstrecken und den Seuchenzügen der Gamsräude absieht, so sind die größten Verluste des Gamswildes alljährlich während der Wintermonate zu verzeichnen. Höchst selten kann man die einzelnen Abgänge noch einer spezifischen Todesursache zuordnen. Sie sind in der Regel Opfer der winterlichen Einschränkung des Lebensraumes und des dadurch bedingten Nahrungsmangels, wie dies am Grad der Abmagerung zu erkennen ist. Bei entspechender Schwächung des Organismus durch die qualitativ schlechte Nahrung dieser Jahreszeit, deren Erreichbarkeit noch dazu durch die Schneedecke erschwert ist, kann der erforderliche Energiebedarf nicht gedeckt werden, und dies kann, je nach Ausgangslage des Tieres, zur nicht mehr tragbaren Schwächung führen. Erst im Stadium dieser herabgesetzten Widerstandskraft bekommt die Wirkung von Parasiten und anderen Krankheitserregern, die auch bei gesunden Tieren vorhanden sind, ein vermehrtes Gewicht. Die oft zahlreichen Verluste des Gamswildes in den Wintermonaten beruhen somit auf komplexen Ursachen, die in erster Linie auf ein Mißverhältnis zwischen der Zahl der Gams und den begrenzten Lebensmöglichkeiten zurückgehen. Die in den Augen des Jägers zumeist schmerzlichen Winterverluste erweisen sich bei näherer Betrachtung als sinnvoller Weg der Natur, einen Tierbestand in seinem Umfang dem gegebenen Lebensraum anzupassen. Eine wert- und emotionsfreie Betrachtungsweise läßt letztendlich das Auftreten von Fallwild auch in anderem Licht erscheinen.

Von nahezu 600 Stück Fallwild, das zwischen 1960 und 1970 von zwei Berufsjägern im Hochschwab gefunden und vermerkt wurde, konnten nur wenige Stücke folgenden Ursachen zugeordnet werden: Lawinen (18), Absturz (6), Blitzschlag (3), vom Fuchs gerissen (1) und vom Adler geschlagen (1). Gewiß wäre noch das eine oder andere Stück

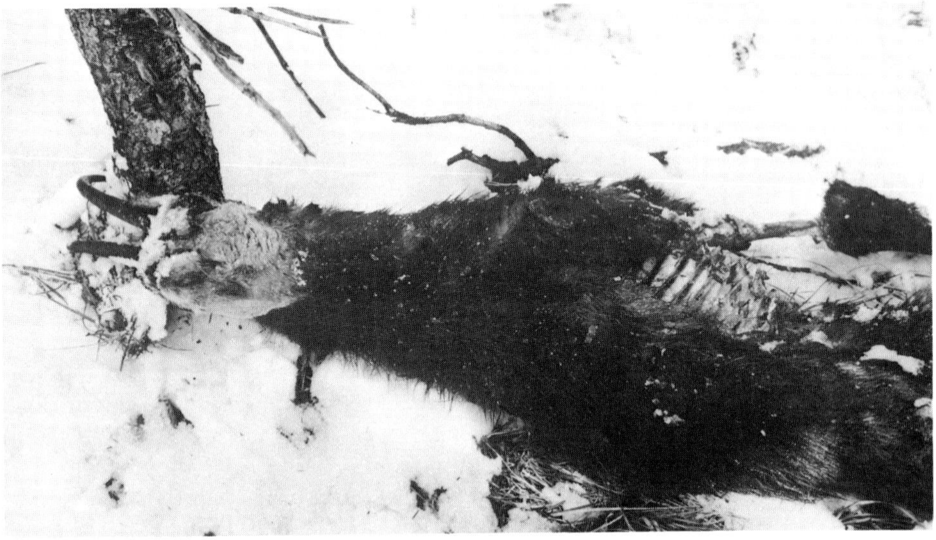

Abb. 38. Fallwild. Ein im Dezember aus nicht näher bekannten Ursachen verendeter Gamsbock (Phot. Archiv Wildforschung).

den angeführten oder ähnlichen Todesursachen zuzuordnen, was jedoch nachträglich nicht mehr entschieden werden konnte. Der größte Teil aller Winterverluste ist aber auf eine allgemeine Schwächung des Organismus unter den vorhin beschriebenen Umständen zurückzuführen.

Die von Jahr zu Jahr in ihrer zahlenmäßigen Höhe sehr unterschiedlichen winterlichen Fallwildverluste erklären sich einerseits aus den ebenso unterschiedlichen meteorologischen Verhältnissen der einzelnen Winter wie aber auch – dies wird meistens unterschätzt – aus der jeweiligen Dichte des in seiner zahlenmäßigen Höhe ebenfalls schwankenden Gamsbestandes. Bei einer statistischen Prüfung des Zusammenhanges zwischen den Fallwildzahlen und der Dauer der Schneelage in Tagen, der Summe der Neuschneehöhen und der maximalen Schneehöhe ergab sich eine starke

Abhängigkeit der Verluste von den beiden letztgenannten Werten, insbesondere von der Summe der Neuschneehöhen. Dies zeigt, daß zumindest für den speziellen Fall der gesamte Schneefall und die Mächtigkeit der Schneedecke schwerwiegender sind als die jeweilige Dauer des Winters (SCHRÖDER 1971).

In zeitlicher Reihenfolge fallen zunächst vermehrt Gamskitze, danach Böcke und erst dann Gamsgaisen den Folgeerscheinungen des Winters zum Opfer.

Die folgende Tabelle zeigt die Gliederung einer großen Stichprobe tot aufgefundener Gams, soweit Geschlecht und Alter noch feststellbar waren. Die Todesursachen sind mit nur wenigen Ausnahmen den Auswirkungen des Winters im weitesten Sinne zuzuordnen.

Fallwild in einem Hochschwabrevier, aufgeteilt auf einzelne Altersstufen aus den Jahren 1961–1970

Alter:	K	1	2	3	4	5	6	7	8	9	10	11	12	13	14	15	16	–	21
Böcke	434	23	11	7	9	22	12	14	6	8	8	3	2	1					
Gaisen		12	2	6	6	3	5	4	5	9	5	4	5	10	4	3	1	–	1

Eingegangene Kitze verwesen infolge ihrer geringen Körpergröße rasch und sind verschiedenen Fleischfressern eine willkommene Nahrungsquelle, so daß die Geschlechtsbestimmung oft nicht mehr möglich ist. Revierjäger H. GEWOLF, der ein hervorragendes Gamsrevier im Hochschwab betreut, konnte im Extremwinter 1969/1970 von 42 gefallenen Kitzen das Geschlecht notieren. Er fand 29 Bock- und 23 Gaiskitze.

In einer Gegenüberstellung der Geschlechter des Fallwildes ist der verhältnismäßig hohe Anteil an Böcken in den mittleren Lebensjahren auffallend. In einer genauen Analyse solcher Daten zeigt sich die Diskrepanz zwischen den Geschlechtern bezüglich Lebenserwartung und Sterblichkeit deutlich (SCHRÖDER 1971). Während die Sterberate (die prozentuellen Todesfälle) der Gaisen nach der Jugendsterblichkeit bis ungefähr zum 10.–12. Lebensjahr keine wesentlichen Änderungen erfährt, steigt die Sterberate der Böcke bereits nach dem vierten Lebensjahr an. Bei der heute üblichen Bejagung der Gamsböcke fallen leider auch dadurch schon in diesen Altersklassen zahlreiche Tiere aus, so daß der Effekt der natürlichen Sterblichkeit noch durch den Menschen verstärkt wird.

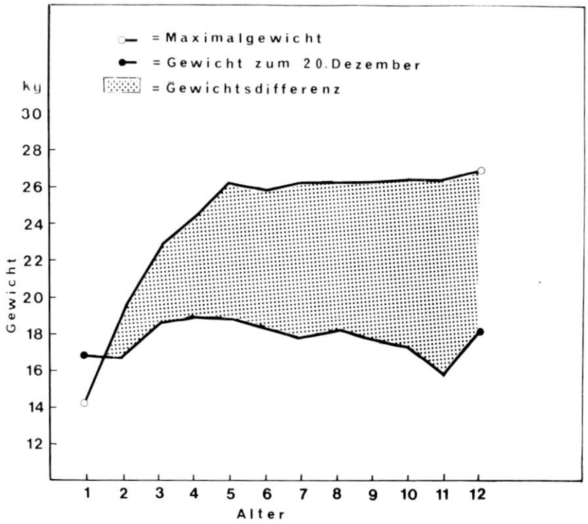

Abb. 39. Gewichtsunterschied bei den Gamsböcken in einzelnen Altersstufen. Die schraffierte Fläche zeigt den Gewichtsverlust zwischen dem jährlichen Maximalgewicht im September/Oktober und dem Gewicht zum 20. Dezember. Der Gewichtsverlust ist primär durch die Brunfttätigkeit bedingt.

Was sind nun die Ursachen,

die zu einer so unterschiedlichen Sterblichkeit und zu verhältnismäßig hohen Verlusten an Böcken in den besten Jahren führen? Allein die jährlichen Gewichtsschwankungen, die bei Böcken Amplituden ganz anderer Größenordnung erreichen, machen einiges deutlich.

In der Abb. 39 ist das Höchstgewicht von Gamsböcken der einzelnen Altersstufen, welches in den Monaten September–Oktober erreicht wird, dem Gewicht zum 20. Dezember, also nach der Brunft gegenübergestellt. Die zwischen den Kurven liegende schraffierte Fläche macht den mit dem Alter zunehmenden Gewichtsverlust in der Brunftperiode deutlich. Während Jährlinge vom Sommer bis in den Dezember noch an Gewicht zunehmen, verlieren zweijährige Böcke erstmals durch die Brunft geringfügig an Gewicht. Vom vierten oder fünften Lebensjahr an sind die Gewichtseinbußen schon erheblich, sie können bis zu 40 Prozent des Ausgangsgewichtes betragen. Die wiedergegebenen Gewichte stammen stets von aufgebrochenen Tieren. Beim lebenden Tier sind die Ergebnisse noch krasser.

Der Gewichtsverlust der Böcke in der Fortpflanzungszeit resultiert aus der verminderten Nahrungsaufnahme einerseits, noch mehr aber aus der erhöhten Aktivität, den ungeheuer energiezehrenden Hetzjagden in schwierigem Gelände andererseits. Demgegenüber stehen nun minimale Anforderungen an den Bock durch den Beschlag selbst, dem von vielen Jägern in dieser Hinsicht sicher zu große Bedeutung beigemessen wird. Ein Gewichtsverlust in der angeführten Größenordnung und somit die Einbuße wertvoller Energiereserven unmittelbar vor der kritischen Jahreszeit, dem Winter, bleibt nicht ohne Einfluß auf die Überlebenschance des Tieres. Die Vorteile des großen Engagements in der Paarungszeit, nämlich die größere Zahl von Nachkommen, werden mit der verminderten Überlebensaussicht im folgenden Winter bezahlt. Mit Sicherheit entsprechen den Nachteilen der Gewichtsabnahme große selektive Vorteile, denn anders wäre das Phänomen nicht zu erklären.

Aufsehen erregen beim Gamswild die periodischen, immer wiederkehrenden überdurchschnittlichen Winterverluste in sehr strengen Wintern. Trifft nämlich ein außergewöhnlich strenger Winter zeitlich mit einer hohen Gamswilddichte, die ebenso von Jahr zu Jahr schwankt, zusammen, so sind die Fallwildzahlen hoch und lösen unter den Jägern meist große Bestürzung

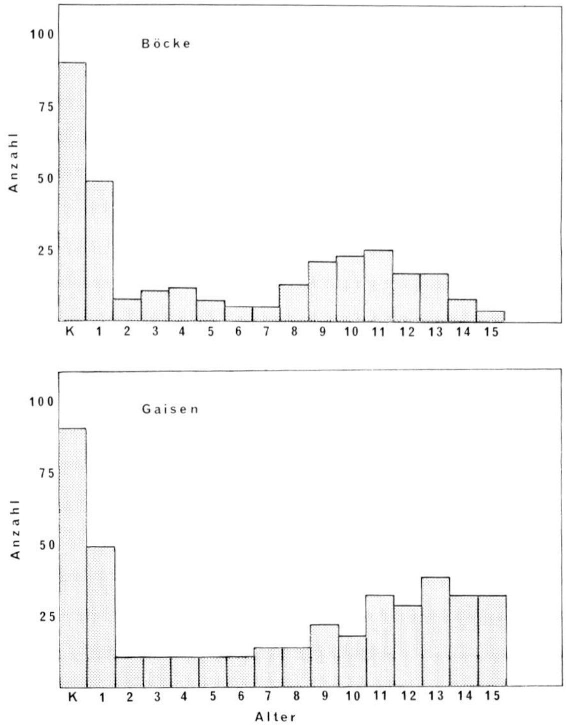

Abb. 40. Altersverteilung von 360 in einem einzigen strengen Winter verendeten Gams eines oberbayerischen Forstamtes.

aus. Des öfteren ist dann von katastrophalen Verlusten und von wahlloser Vernichtung des Gamswildes die Rede. Erst eine eingehendere Betrachtung der gesamten populationsdynamischen Erscheinungen bei Gamswild läßt auch sogenannte Katastrophen als zwingende Notwendigkeit erscheinen. Mag das verlorene Gamswild dem emotionell reagierenden Jäger auch einen schmerzlichen Verlust bedeuten, so ist doch in hohen Winterverlusten eine sinnvolle Wirkungsweise der Natur zu erkennen.

Der außergewöhnlich harte Winter 1969/70 mit erheblichen Schneefällen zu Winterausgang, die das Gamswild stets besonders treffen, führte in vielen Teilen der Alpen zu ungewöhnlicher Wintersterblichkeit. In Bayern wurde, sicherlich übertrieben, von teilweiser Vernichtung der Gamsbestände gesprochen. In einem einzigen oberbayerischen Forstamt wurden bei einer Gamswildfläche von 7700 Hektar über 360 Gams in Gräben und Schluchten aufgefunden. Die Zusammenstellung der Altersklassen nach Geschlechtern zeigt die charakteristische Selektion des Winters. Sicherlich hat man die Kitze in ihrem Anteil unterschätzt, da sie schwieriger zu finden sind. Die übrige Verteilung kann aber als weitgehend repräsentativ angesehen werden. Beide Geschlechter zeigen einen hohen Anteil an alten Tieren unter den gefallenen Gams. Hierbei ist zu bedenken, daß die Altersklassen im Bestand mit zunehmendem Alter zahlenmäßig abnehmen. Die prozentuellen Verluste der alten Tiere sind demnach noch höher, als es in der Darstellung zum Ausdruck kommt. Ganz deutlich ist der spezifische Einfluß auf die jüngsten und ältesten Tiere, wobei die erwachsenen Böcke schon in früheren Lebensjahren stärker betroffen wurden als die Gaisen. Diese Zusammenstellung widerlegt vor allem eindeutig die in Jägerkreisen verbreitete Ansicht, katastrophale Winterverluste wären nicht selektiv, sondern ein wahlloses Wüten unter den in Hochtälern eingeschlossenen Gams. Der oft an diesen Irrtum geknüpfte Schluß, der selektive Abschuß durch den Jäger wäre besser, ist eine nur durch offensichtliche Unkenntnis entschuldbare Mutmaßung. Verluste in der hier aufgezeigten Alters- und Geschlechterverteilung führen zu einem „Gesundschrumpfen" des Bestandes und zeigen oft, was jagdlich versäumt wurde.

Schwer zu schätzen ist der Umfang des gefundenen Fallwildes an den gesamten Verlusten. Wie auch die Zählung, ist das Auffinden von totem Gamswild sehr von der Geländeausformung beeinflußt. So sind die Bemühungen in bewaldetem Gebiet von geringerem Erfolg als im Hochgebirge mit markanten Tälern, Lawinenbahnen und Einschnitten. Bei allgemein hohen Verlusten ist der Anteil des gefundenen Gamswildes höher als bei nur geringer Wintersterblichkeit.

Standortwahl

Wer im Hochgebirge ganzjährig leben will, braucht eine ausgeklügelte Standortwahl. Anders ausgedrückt, er muß sich zur richtigen Zeit am richtigen Ort aufhalten, die nahrungsreichsten Weidegründe in der Vegetationszeit wissen, die schutzbietenden Lagen für die Jungenaufzucht und die windgeschützten Einstände, in denen bei Winterstürmen ausgeharrt werden kann. Gams beherrschen diese richtige Wahl durch eine Reihe von Verhaltensweisen, die es ihnen ermöglichen, den richtigen Ort zur richtigen Zeit aufzusuchen.

Wo Gams stehen, ist eine Frage, die jeder erfahrene Jäger ungefähr beantworten kann. Zumindest fällt es ihm nicht schwer, jene Revierteile aufzusuchen, in denen Gams zu erwarten sind. Wie aber die genaue Verteilung der Gams aussieht, welche

Abb. 41a. In den Bergen um die Außenstelle des Wildforschungsinstitutes der Universität München (Ammergauer Berge, Nördliche Kalkalpen) werden seit Jahren Studien über Gams und Rotwild durchgeführt (Phot. B. Georgii).

Vegetationsformen sie bevorzugen und warum sie einmal in einem Gebiet stehen, ein andermal nicht, ist eine Frage, die zu klären schon eines wissenschaftlichen Ansatzes bedarf. Diesen Fragen, der sogenannten „Raumnutzung" von Gams, ist Dr. IRMGARD ELSNER VON DER MALSBURG im Rahmen einer Doktorarbeit nachgegangen.

Ein Ausschnitt der Ammergauer Berge in den nördlichen Kalkalpen um die Außenstelle des Wildforschungsinstitutes der Universität München wurde als Untersuchungsgebiet gewählt (Abb. 41a). In diesen Bergen haben Wildbiologen über die letzten Jahre unser Verständnis über das Gamswild durch eine Reihe von Studien vertieft.

Nach einem ausgeklügelten Aufnahmeschema kartierte IRMGARD ELSNER VON DER MALSBURG die Standorte der Gams im Jahresablauf mit dem Ziel, die genaue Verteilung und ihren Wechsel über das Jahr aufzuzeigen. Die Quintessenz der Ergebnisse ist in Abb. 41b dargestellt. Man sieht ganz deutlich einen Jahreslauf der Standortwahl: In den Frühjahrsmonaten, bevor es noch grün ist, stehen Gams am steilen Mittel- und Unterhang in Lagen zwischen 1000 und 1400 m. Die einförmigen und noch schneebedeckten Almböden haben wenig Gams und ebenso die Gipfellagen. Der stark bewaldete und felsarme Hangfuß ist auch um diese Jahreszeit nicht attraktiv. Mit fortschreitender Jahreszeit verlagern die Gams ihre Standorte weiter nach oben, wobei die Gipfelregion mit den rasigen und felsdurchsetzten Flanken deutlich bevorzugt wird. In dieser schneefreien Zeit ziehen sich Gams aus den unteren Lagen weitgehend zurück. Erst nach der Brunft, mit dem Aufbau der neuen Schneedecke, verlassen sie wieder die Gipfelregion.

Nun drängt sich sofort die Frage auf, wie denn das Vegetationskleid aussieht, an dem sich die Gams zu bestimmten Jahreszeiten aufhalten. Man kann folgendes erkennen: In den Sommermonaten werden alpine Rasen, besonders das üppige Grün der Almböden und Kare, am stärksten bevorzugt. Auch Geröllhalden sind sehr beliebt, auch wenn der

Beobachter erst bei näherem Hinsehen das dort schütter sprießende Gras entdeckt. Es ist nicht so ergiebig, aber dafür von besserer Qualität. Im Winter sieht es anders aus. Viele der im Sommer ergiebigen Matten sind tief verschneit. Gams müssen ausweichen. Sie stehen dann gerne in Latschenfeldern und im Wald. Auffällig ist, daß Gams im Winter jene Lagen suchen, in denen sich die typische Vegetation höherer Lagen in die Waldzone nach unten zieht. Dies sind Rasen und felsdurchsetzte Lawinenbahnen, steile Schluchten und felsige Gräben. Zweierlei scheint Gams dort anzuziehen. Einmal

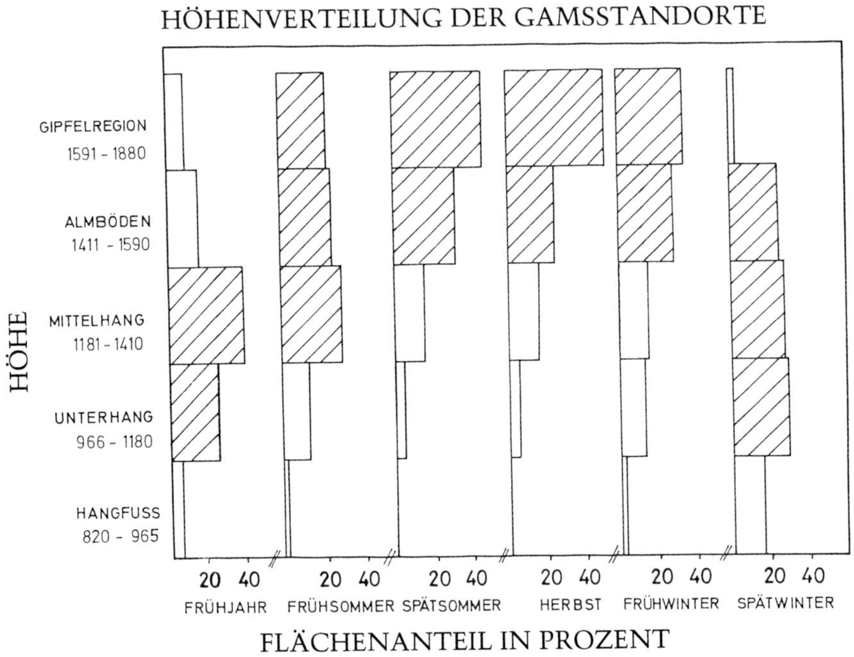

Abb. 41b. Höhenverteilung der Gamsstandorte in den Ammergauer Bergen. Die einzelnen Jahresabschnitte sind gesondert dargestellt. In den schraffierten Höhenzonen stehen Gams häufiger, als es dem theoretischen Erwartungswert entspricht; diese Höhenzonen werden bevorzugt genutzt.
Ein jahreszeitlicher Trend ist gut erkennbar. Die höheren Lagen sind in der schneefreien Zeit besonders attraktiv. Bei Schnee werden die Gipfellagen gemieden, der Schwerpunkt wird in tiefere Zonen verlagert. Am Hangfuß, unter 1000 Metern, werden nur selten Gams beobachtet. (Aus v. Elsner 1982)

rutscht durch die Steilheit an Felsen oder in deren Nähe der Schnee leicht ab oder ist leicht wegzuscharren, zum anderen sind mit Felsen meist Gras oder Zwergsträucher verbunden, Nahrung, die von Gams bevorzugt wird.

Wenn man der Standortwahl von Gams nachgeht, wird eines gleich offensichtlich: die Rolle von Hangneigung und Hangrichtung im Winter. Die Sonneneinstrahlung ist nämlich nur dort hoch, wo der Berg seine Flanken der Sonne entgegenhält. Das ist nur an süd-südwestlichen Hangrichtungen der Fall, wenn sie auch gleichzeitig steil sind. Dort ist die auftreffende Sonnenenergie ein Vielfaches der gegenüberliegenden Bergeseiten, und sie ist weit größer als im Flachland. Das ist ein Vorteil des Hochgebirges gegenüber dem schneereichen Mittelgebirge. An den 40 bis 50 Prozent geneigten Hängen südlicher Hangrichtung, die sich als beliebteste Winterstandorte herausstellten, bleibt die Schneedecke selten länger als einige Tage geschlossen. Auch dann nicht, wenn ein Meter Neuschnee auf einmal fällt.

Bisher haben wir einige Gesichtspunkte der Standortwahl bei Gams beleuchtet. Nun gehen wir noch der weiterführenden Frage nach, warum denn Gams diesen jahreszeitlichen Wechsel treiben. Da zeigt sich, daß vieles bei Gams – nicht anders als bei uns – eine Frage der Energie ist: In der guten Zeit des Jahres maximieren die Tiere den Energiegewinn pro Zeiteinheit, und in der schlechten Zeit des Jahres minimieren sie ihre Energieverluste. Das ist folgendermaßen zu verstehen: Wenn die Qualität der Nahrung gut ist, das Gras grün und reichlich ist, wählen Gams jene Standorte, an denen sie den höchsten Gewinn erzielen, gemessen an aufgenommener Nahrungsenergie pro Zeiteinheit. Es ist dies die Zeit, an der die Gams an den fettesten Weidegründen stehen, um sich in kürzester Zeit möglichst viele Energiereserven in Form von Fett einzulagern. Im Winter, in der schlechten Zeit des Jahres, ist dies anders. Eine Nahrungsaufnahme mit Gewinn ist meist nicht möglich. Die Nahrung in der Vegetationsruhe ist schlecht, und sie ist durch die Schneelage auch nur sehr eingeschränkt erreichbar. Es ist dies eine Zeit, in der aus ganz natürlichen Gründen der Energiehaushalt der Gams negativ ist. Sie zehren von den eingelagerten Reserven. Durch richtige Standortwahl minimieren sie die Energieverluste und strecken die Reserven, um möglichst durch den Winter zu kommen. Gams sind also Energiesparer. Wenn Nahrung zugänglich ist, meist windgepeitschtes, trockenes Gras oder Nadelhölzer, alles von schlechter Qualität, so fressen sie davon. Sie verlangsamen dadurch den Energieverlust. Wenn es stürmt und der Schnee hoch liegt, so hungern sie lieber einige Tage, denn das ist aus energetischer Sicht besser, als mit großem Kraftaufwand der schlechten Nahrung nachzulaufen. Vor allem meiden Gams dann den Sturm und seine energiezehrende Wirkung. Dann ist es schon besser, sich im Schutz einer tiefbeasteten Wetterfichte für einige Zeit einschneien zu lassen und sich möglichst wenig zu bewegen.

Den Winter überlebt am ehesten, wer mit reichlichen Reserven hineingeht und mit diesen haushälterisch verfährt. Die richtige Standortwahl ist dazu eine Voraussetzung.

Warum leben Gams ganzjährig im Hochgebirge? Auch Rotwild und Reh teilen den hochgebirgigen Lebensraum mit Gams, doch sie verlassen ihn meist im Winter. Die Antwort kann auf folgende Weise versucht werden: Rothirsche sind größer, haben einen höheren Nahrungsbedarf und eine schlechtere Schneetechnik. Sie sind daher in tieferen Lagen etwas besser dran. Rehe sind zwar kleiner, aber sie brauchen hochwertige Nahrung. Das trockene Gras genügt den Gams, aber nicht dem Reh. Im Schnee ist es besonders schlecht dran: Seine Beine sind dünn und haben nur kleine Hufe. Damit sinken die Tiere sehr tief ein.

Gams vermögen den unfreundlichen Winter im Gebirge zu überbrücken und im Sommer wieder reichlich Reserven anzulegen. Sie können dies durch körperliche Eignung und richtiges Verhalten. Wie erfolgreich Gams in dieser Hinsicht sind, zeigt ihre weite Verbreitung in den Hochgebirgen der Alten Welt, ihre erfolgreiche Einbürgerung in den neuseeländischen Alpen und in jüngerer Zeit auch in mehreren (raubtierfreien) Mittelgebirgen.

Die breite Anpassung hat aber Grenzen. Auch ein Gams ist kein Hans Dampf in allen Gassen. Das felsfreie Flachland bleibt ihm weitgehend verschlossen.

Abb. 42a. Gamsrudel im Hochschwab (Januar 1969) (Phot. W. Schröder).

Nahrung und Verdauung

Gams sind Pflanzenfresser mit einem sehr leistungsfähigen Verdauungssystem. Als Wiederkäuer leben sie in Symbiose mit einer geradezu atemberaubenden Fülle von Kleinstlebewesen (Mikroorganismen), die in ihrem Pansen Pflanzenbestandteile abbauen helfen, die der Säuger alleine nicht verdauen könnte. Zellulose, ein wesentlicher Stoff in den Zellwänden der Pflanzen, kann nur im Zusammenwirken mit den Bakterien und Einzellern im großen Vormagen (Pansen) verdaut werden, wobei der Nutzen für Gams ein zweifacher ist: Einmal bauen die Kleinstlebewesen die sonst unverdauliche Zellulose ab und machen dadurch sonst Unverwertbares für Gams verdaulich, und zum anderen bauen die Mikroorganismen durch ihr eigenes Wachstum geringwertige pflanzliche Materie zu höherwertigen, eiweißreicheren Substanzen um. Der Wiederkäuer verdaut nämlich nicht nur Pflanzliches direkt, sondern er verdaut hochwertige Mikroorganismen, die sozusagen aus Pflanzlichem von geringerer Qualität entstanden sind.

Das Fassungsvermögen des Pansens im Verhältnis zum Körpergewicht des Tieres ist ein guter Anhalt für die Fähigkeit, schlechte Nahrung noch mit Gewinn zu verdauen. In dieser Hinsicht stehen Gams zwischen dem Reh, das mit seinem kleinen Pansen ausgesprochen hochwertige Nahrung braucht, und dem Steinbock, der mit einem vergleichsweise größeren Pansen deutlich schlechtere Nahrung verdauen kann. Gams und Rothirsch sind sich in der Verdauungsleistung ähnlich. Man bezeichnet sie deshalb auch als Zwischentypen und meint ihre Position zwischen dem konzentratselektierenden Reh und dem ausgeprägten Rauhfutterfresser Kuh.

Was ist nun gute, und was ist schlechte oder schwer verdauliche Nahrung für Gams? Das hängt von der Pflanze, dem Pflanzenteil und seinem Aufbau ab. Ein junges Ahornblatt ist für Gams leicht verdaulich, es hat viele Zellen mit leichtverwertbarem Inhalt, die Zellwände sind dünn und haben wenig Stützgewebe. Schwer verdaulich ist braunes Gras im Herbst, wenn das Stützgewebe überwiegt und viele Zellen leer und tot sind, oder Fichtentriebe mit ihrem hohen Anteil an Zellulose und Lignin (Stützgewebe). Die Ernährungswissenschaftler haben Methoden entwickelt, um die Qualität

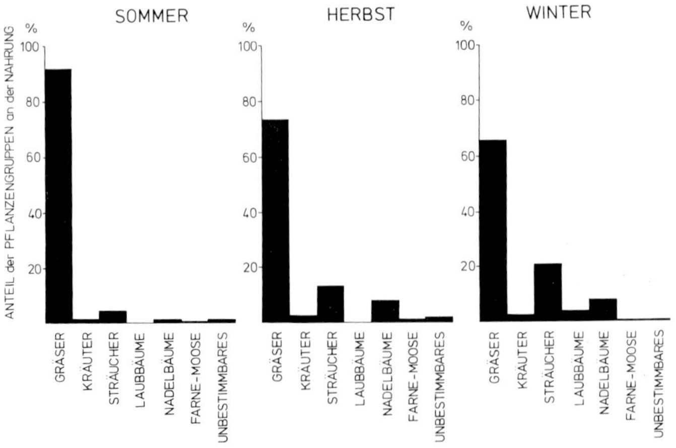

Abb. 42b. Verschiedene Pflanzengruppen im Pansen erlegter Gams aus dem Nationalpark Berchtesgaden. Die Gräser überwiegen deutlich. Im Winter, wenn Gräser schwerer erreichbar sind, werden mehr Zwergsträucher, Nadel- und Laubbäume aufgenommen.

der Nahrung zu messen (Drescher-Kaden, 1980 und 1981). Zwei dieser Kenngrößen sind auch für den Jäger wichtig zu wissen: Roheiweiß und Rohfaser. Die beiden Kenngrößen verhalten sich gegenläufig. Wenn viel Roheiweiß enthalten ist, dann ist der Rohfaserwert meist nur gering. Roheiweiß ist ein Hinweis für den Eiweißreichtum, somit die leichte Verdaulichkeit der Pflanzen. Werfen wir einen Blick auf die Verhältnisse in einem Sommereinstand der Gams in den Ammergauer Bergen, an der Waldgrenze im Übergang zu den alpinen Matten. Je nach Höhenlage kommt das frische Grün Ende Mai oder erst im Juni. Dann werden Roheiweißwerte von 15 bis 20 Prozent erreicht. Das ist der Gipfel. Bis zur Blütezeit der Gräser sinkt der Gehalt langsam ab, aber erst im September, wenn das Gras braun wird, sinkt der Roheiweißgehalt unter 10 Prozent. Im Winter ist das Gras nicht nur schlecht, sondern auch noch zugedeckt. Gams müssen sich vermehrt an die rohfaserreichen Zwergsträucher und Nadelbäume halten, die nicht den Eiweißgehalt der sommerlichen Mattenäsung haben. Dabei unterschreiten sie auch jenen Schwellenwert der Nahrung, der sie die aufgenommenen Pflanzen nicht mehr mit Gewinn verdauen läßt. Dann müssen die Körperreserven zum Überleben angegriffen werden. Unter dem Gesichtspunkt der Qualität ist auch die Wahl verschiedener Pflanzenarten und Pflanzengruppen zu sehen. Die Zusammensetzung der Nahrung nach Pflanzenarten wechselt mit der Jahreszeit. Im Nationalpark

Prozentueller Anteil von Äsungspflanzen und -gruppen bei Gamswild nach Untersuchung von 41 Panseninhalten in Tirol (Daten von H. Kuen)

	% des Gesamtgewichtes
Gräser (gesamt)	53,7
Bodenkräuter (gesamt)	7,5
Kreuzblume *(Polyglaba chamaebuxus)*	7,1
Schneeheide *(Erica carnea)*	2,5
Latsche *(Pinus mugo)*	1,6
Fichte *(Picea excelsa)*	1,5
Tanne *(Abies alba)*	1,3
Behaarte Alpenrose *(Rhododendron hirsutum)*	1,2
Heidelbeere *(Vaccinium myrtillus)*	0,7
Eberesche *(Sorbus aucuparia)*	0,6
Flechten *(gesamt)*	0,5
Salweide *(Salix caprea)*	0,4
Schwämme *(gesamt)*	0,4
Preiselbeere *(Vaccinium vitis idaea)*	0,4
Moose *(gesamt)*	0,2
Bergahorn *(Acer pseudoplatanus)*	0,2
Grünerle *(Alnus viridis)*	0,2
Rostblättrige Alpenrose *(Rhododendron ferrugineum)*	0,2
Kiefer *(Pinus silvestris)*	0,1
Buche *(Fagus silvaticus)*	0,1
Heidekraut *(Calluna vulgaris)*	0,1
Zwergmispel *(Sorbus chamaemespilus)*	0,1
Felsenbirne *(Amelanchier ovalis)*	0,1
Zwergweiden *(gesamt)*	0,1
Bärentraube *(Arctostaphylos uva-ursi)*	0,1
Alpenheckenrose *(Rosa pendulina)*	0,1
	unter
	unter
	80,8 %
dürre und abgestorbene Pflanzenteile	19,2
	100,0 %

Berchtesgaden, im Steinernen Meer und Watzmanngebiet hat KIOROGLANIDIS, ein griechischer Forstmann, im Rahmen seiner Doktorarbeit viele Pansen auf deren Inhalt an Pflanzen untersucht. Eine mühevolle Kleinarbeit (Abb. 42b). Demnach fressen dort die Gams im Sommer über 90 Prozent Gras und noch einige Sträucher. Schon im Herbst sinkt der Grasanteil an der Nahrung unter 80 und im Winter auf etwa 65 Prozent. Gleichzeitig steigt der Anteil an Sträuchern (buschblättrige Kreuzblume, Zwergalpenrose, Almrausch, Heidelbeere und Erika) und Bäumen (Latsche, Fichte, Ahorn). Dies sind Ergebnisse aus einer ausgeprägt hochgebirgigen Population. Der Vergleich mit ähnlichen Ergebnissen in tieferen Lagen oder gar Mittelgebirgen zeigt uns, daß dort der Grasanteil viel geringer sein kann und die Kräuter, Bäume und Sträucher von größerer Bedeutung an der Nahrung der Gams sind.

Gams und Raubwild

Seit der Zeit, zu der man auch das Gamswild zu hegen begann, bis in die jüngst vergangenen Jahre, hat man es als notwendig empfunden, die tierischen Feinde der Gams zu bekämpfen. Die großen Erkenntnisse auf dem Gebiet der Ökologie, gerade auch in bezug auf das Verhältnis von Raub- zu Beutetieren, haben zu einem größeren Naturverständnis geführt und lassen derartige Maßnahmen heute in anderem Licht erscheinen. Die Abneigung, ja der Haß der Jäger und Bauern allem größeren Raubwild gegenüber war alt und tief verwurzelt. So ist es auch trotz so mancher fortschrittlicher Haltung unter vielen Jägern zu erklären, daß derartige Vorurteile noch nicht völlig abgebaut werden konnten. Es sei daher in zwar knapper Form, aber ganz allgemein zu den Wirkungsweisen des Raubwildes einiges ausgesagt.

Die allerdings seltene Beobachtung eines erfolgreichen Jagdfluges des Adlers auf ein Gamskitz, das er – über einen Grat anfliegend – überrascht und schlägt, löst zuweilen beim menschlichen Beobachter völlig unterschiedliche Emotionen aus. So mancher Jäger sieht darin die böse Tat eines Beutekonkurrenten und im Adler ein blutrünstiges Tier. Das gleiche Schauspiel ruft in einem anderen Bewunderung über den pfeilschnellen und wendigen Jagdflug eines Greifvogels hervor, Bewunderung, die seit Jahrtausenden Falkner vieler Länder mit ihm teilen. Es hängt also das Urteil weitgehend vom Standpunkt, von der geistigen Bereitschaft des Betrachters ab, was er bei dem Vorgang empfindet und wie er ihn beurteilt. Für das Naturgeschehen selbst ist die moralische oder ästhetische Wertung eines einzelnen Ereignisses durch den Menschen völlig belanglos. Es folgt davon unabhängigen und eigenen Gesetzmäßigkeiten. Es führt beispielsweise die lange Koexistenz von Raubtier und Beute über große Zeiträume hinweg zu einer gegenseitigen Anpassung der Arten. Auch Gams sind in geradezu hervorragender Weise an die Jagdweisen ihrer Feinde angepaßt. Die enge Bindung des Kitzes an die Gais, das Schutzsuchen zwischen den Läufen der Mutter, wäre ebensowenig ohne den Steinadler denkbar, wie die psychologische Bindung der Gams an den Fels, das rasche Aufsuchen felsiger Abbrüche bei Gefahren ohne den vom Boden jagenden Feind denkbar ist. Diese Anpassungen erfordern die ständige Auseinandersetzung zwischen Raubtier und Beute und somit auch den gelegentlichen Tod der letzteren. So gesehen führt der Verlust des Kitzes durch die Entnahme eines unvorsichtigen Stückes aus dem Bestand zur erhöhten Anpassung der Art und auf lange Sicht gesehen durch verbesserte Feindreaktion zu einer Einschränkung der Verluste. Dies wäre ein Aspekt der entwicklungsgeschichtlichen Bedeutung des Raubwildes. Die Rolle der Sanitätspolizei, in die es so gerne verwiesen wird, wobei man ihm gerade noch Schwaches und Krankes zubilligt, ist eben beileibe nicht seine einzige Funktion. Über differenzierte Wirkungsweisen der ökologischen Funktion von Raubtieren gerade bei Huftieren haben wir in jüngster Zeit durch eine Reihe von aufschlußreichen Untersuchungen einiges gelernt. So bilden Raubtiere in dem System Nahrungspflanzen-Huftiere unter bestimmten Bedingungen ein stabilisierendes Element, das einerseits die unvermeidbaren Dichteschwankungen der Pflanzenfresser (Huftiere) von Jahr zu Jahr, wie sie beim Gamswild ja zur Genüge bekannt sind, einschränkt und andererseits die damit gekoppelte, periodische Überbeanspruchung der Nahrungspflanzen hintanhält. Doch sind das komplizierte ökologische Problembereiche, die hier – mit einiger Tiefe behandelt – zu weit führen würden (vgl. SCHRÖDER, 1974).

Über das spezielle Verhältnis von großem Raubwild zu Gamswild wurden bisher nur im Kaukasus eingehendere Untersuchungen angestellt. So konnte dort in 154 Wolflosungen der Anteil der Gams mit rund 11 Prozent aller Beutetiere festgestellt werden. Schwarzwild, Rotwild, aber auch der sibirische Steinbock waren in der Nahrung häufiger nachzuweisen als Gams. Eine Beurteilung der Angaben auf eine gewisse Bevorzugung hin ist erst bei Kenntnis des Beuteangebotes insgesamt möglich, doch liegen darüber leider keine Daten vor. Nach Meinung russischer Biologen ist der Wolf im gesamten Kaukasus das für das Schalenwild bedeutendste Raubtier. Auch über die Nahrungsgewohnheiten des Luchses sind schon ähnliche Ergebnisse aus diesem Gebiet erarbeitet. In einem Fall erreichten Gams in den Wintermonaten und im Frühjahr Häufigkeiten bis zu 26 Prozent aller Beutetiere, wobei besonders Gamskitze gerissen wurden, wenn sie sich allzu weit von den Muttertieren entfernten.

Ganz allgemein werden die zu Lasten des Raubwildes gehenden Jugendverluste des Schalenwildes mit 60–70 Prozent beziffert. Wenn es sich auch bei derartigen immer problematischen Angaben um Schätzungen unter Berücksichtigung gewisser Randbedingungen handelt, so zeigen sie uns doch die Größenordnung der Verluste, die dennoch oder vielleicht gerade ein prächtiges Gedeihen des Gamswildes ermöglichen. Gegenwärtig wird gerade die Wiedereinbürgerung des Luchses in einigen geeigneten Gebieten Mitteleuropas in Erwägung gezogen. Diese zu Unrecht in den Alpen völlig ausgerottete schöne Raubkatze fände noch so manche hervorragende Lebensmöglichkeit, und man kann heute auch im Hinblick auf unser Gamswild einen derartigen Schritt nur begrüßen.

Im Alpenbereich ist nach der Ausrottung von Luchs und Wolf praktisch nur noch der Steinadler als erwähnenswerter Raubfeind des Gamswildes übriggeblieben. Einer der letzten Wölfe, der im Jänner 1938 in einem österreichischen Gamsrevier erlegt wurde, in dem er sich als Einzelgänger eingestellt hatte, hat erhebliche Verluste unter den Gams verursacht. Außer den in Gemeinschaft jagenden Wölfen und dem solitären Luchs gibt es und gab es auch bei uns keine Raubwildarten unter den Säugetieren, deren Einfluß auf das Gamswild ein erwähnenswertes Ausmaß erreichen könnte. Die gelegentliche Erbeutung von Gams durch Bären, Füchse und eventuell durch die Wildkatze ist als Einzelfall ohne große ökologische Bedeutung zu werten.

Über die Beziehung des Steinadlers zum Gamswild sind die Meinungen sehr geteilt, im allgemeinen wird dem prächtigen Greifvogel, dessen Anblick allein für den Menschen unserer Zeit ein erhebendes Erlebnis darstellt, heute Sympathie entgegengebracht. Über die Beutetiere des Steinadlers besteht besonders durch Horstbeobachtungen einige Kenntnis. An vielen Horsten werden pro Aufzuchtperiode nicht mehr als 0–2 Gamskitze eingetragen. Nur ganz selten sind Gamskitze vermehrt in Adlerhorsten nachgewiesen. Unter 305 Beuteresten vieler Horste fand STEMMLER 1955 in den Schweizer Alpen 24 Stück Gamswild, und zwar überwiegend Kitze. In so manchem gutbesetzten Gamsrevier kann man über den geringen Anteil der Gams an der Beute des Adlers erstaunt sein. Manchmal werden die in den Hoch- und Gebirgslagen viel selteneren Rehkitze im Verhältnis häufiger unter den Beuteresten gefunden, was mit Sicherheit durch die weitaus bessere Anpassung der Gams an die Jagdweise des Adlers zu erklären ist. Die Beutewahl des Adlers ist nicht anders als bei anderem Raubwild vom Angebot abhängig.

Als Beispiel mögen die Aufzeichnungen des Oberjägers KAMSKER dienen, der an einem Adlerhorst in der Steiermark außergewöhnlich gute Beobachtungsmöglichkeiten hatte. Das von ihm beobachtete Adlerpaar in einem augedehnten Waldgebiet mit eher beschränkten Freiflächen horstete auf einer Fichte. Das Revier, ein Teil des Jagdgebietes der Adler, wies einen guten Gamsbestand von rund 200 Stück auf und hatte außerdem etwa halb so viele Rehe. Auch 30–50 Stück Rotwild sowie Auer- und Birkwild fanden dort Lebensmöglichkeiten. Hier das Protokoll des Oberjägers:

Am 13. Mai 1960 fand ich den Adlerhorst auf einer Fichte. Im Horst war ein etwa 4–5 Tage alter Jungadler.

14. Mai 1960, 4.00 Uhr früh:
Das Adlerweibchen brachte eine verwitterte Katze zum Horst, atzte den Jungen und strich nach einer ½ Stunde wieder ab.

15. Mai 1960, 4.00 Uhr früh:
Das Adlerweibchen atzte den Jungadler vom Rest der am Vortage gebrachten Katze.
Um ca. 10.00 Uhr erfolgte die Reinigung des Horstes. Im Laufe des Nachmittags wurde der Horst mit grünen Lärchenzweigen ausgelegt.

16. Mai 1960, 4.00 Uhr früh:
Um etwa ½5 Uhr brachte das Adlerweibchen eine Krähe, atzte den Jungadler, und um 6.00 Uhr brachte das Adlermännchen eine zweite Krähe zur Atzung. Es war aber das einzige Mal, daß auch das Adlermännchen Beute brachte.

19. Mai 1960:
Das Adlerweibchen brachte einen Igel zum Horst.

22. Mai 1960:
Das Adlerweibchen brachte einen Feldhasen.

26. Mai 1960:
Um 10.00 Uhr kam ich vom Hahnverlosen zum Adlerhorst. Als Atzung lag ein Fuchs im Horst.

29. Mai 1960:
Ein Dachs lag im Horst.
Der Jungadler begann sich einzufiedern.

5. und 6. Juni 1960:
Horstreinigung. Mit grünen Lärchenzweigen wurde der Horst ausgelegt. Um 7.00 Uhr brachte das Adlerweibchen ein Gamskitz.

10. Juni 1960:
6.00 Uhr früh. Das Adlerweibchen strich mit einem Marder zum Horst.

16. Juni 1960:
Das Adlerweibchen brachte ein Rehkitz zum Adlerhorst.

20. Juni 1960:
Der Jungadler war nun schon kräftig entwickelt, seinen Lockruf hörte man schon sehr weit. Um ca. 9.00 Uhr kam das Adlerweibchen mit einem sehr schwachen Rehkitz. Der Jungadler machte sich nun selbst an die Atzung.

24. Juni 1960:
Der Jungadler wurde ausgehorstet und dem Falknerbund übergeben. Seine Flügelspannweite war schon 1,80 m.

Wenn der Adler Gams schlägt, so sind es vorwiegend Kitze und selten Jahrlinge. Gesunde erwachsene Gams werden so gut wie überhaupt nicht geschlagen. Im niederen Jagdflug entlang der Hänge, dabei die Gräben ausfliegend, versucht der Adler, seine Beute zu überraschen. Nur so kann der Angriff auf das einzeln stehende Kitz erfolgreich sein. Flieht das Kitz zur Mutter, so verteidigt diese es notfalls, indem sie mit den Krucken gegen den Adler stößt. Gelegentlich werden im Spätherbst und Winter Angriffe auf erwachsene Böcke beobachtet. Bei näherer Betrachtung erweist sich der Angreifer dann meistens als Jungadler, der wahrscheinlich dem Beutefang auslösenden Reiz eines treibenden Bockes nicht widerstehen konnte und deshalb zum Jagdflug startete. Natürlich sind diese Attacken des noch unerfahrenen Jungadlers erfolglos. In

Abb. 43. Gamskitz, welches mit rund 11 Monaten dem Winter zum Opfer fiel. Es wurde nachträglich vom Adler angenommen (Phot. Archiv Wildforschung).

vielen Gebieten ist der Angriff auf Gams so selten, daß diese auf den oft täglich erscheinenden Adler kaum reagieren. Das ist aber nicht immer so und hängt mit der Häufigkeit der Alternativnahrung des Adlers zusammen. Gerne nimmt der Steinadler verendete Gams an, und so manche Beutereste im Horst stammen von bereits tot gefundenen Tieren. Findet ein Steinadler einen toten Gams, so blockt er unter großer Vorsicht auf diesen auf und beginnt zumeist mit dem Ausbrechen einiger Rippen. Aus der so gefertigten Öffnung des Brustraumes werden dann Lunge und Herz entnommen. Erst bei Nahrungsknappheit werden auch weitere Körperteile verzehrt.

In den österreichischen Bundesländern werden heute noch immer Adler zum Abschuß freigegeben oder gelegentlich ausgehorstet. Die weitverbreitete Unkenntnis biologischer Zusammenhänge und der Druck einer voreingenommenen Jägerschaft mögen dafür verantwortlich sein. Eine Notwendigkeit, womöglich aus Gründen der

Gefährdung einer Tierart, wie es oft behauptet wird, wurde in keinem einzigen Fall nachgewiesen. Steinadler sind heute, wie auch die anderen Arten in ökologischen Spitzenpositionen am Ende von Nahrungsketten, gefährdete Tiere. Sie haben ein differenziertes Sozialverhalten und regeln ihre Besiedlungsdichte notfalls selbst. Sie lassen sich kein von Menschen erdachtes Jagdrevier bestimmter Größe zuweisen, sie sind aber auch niemals häufiger, als es ihnen ein gegebenes Beuteangebot als Nahrungsbasis erlaubt. Ein „Zuviel" an Steinadlern gibt es demnach nicht.

Ökologisch gesehen fungiert der jagende Mensch als Raubtier freilebender Wild arten. Der Steinadler war für ihn daher seit altersher unliebsamer Beutekonkurrent. Eine bessere Kenntnis seiner Lebens- und Wirkensweisen läßt uns heute erkennen, daß gerade bei Gams die Jagdmöglichkeiten des Menschen durch den Steinadler kaum geschmälert werden. Davon unabhängig mehrt sich die Einsicht, daß im Sinne einer zeitgemäßen und modernen Jagdauffassung der natürlichen Vielfalt stets der Vorrang einzuräumen ist und Gams, Adler und sämtliche weiteren Tiere dieser Lebensgemeinschaft in ihrer systemhaften Verflechtung kostbarstes Naturgut sind. Profilierte Persönlichkeiten der Jägerschaft traten schon vor Jahren für den Schutz des Adlers ein. Auf ihre Initiative sind die ersten Schonbestimmungen des zwischen den Kriegen in weiten Teilen der Alpen ausgerotteten Steinadlers zurückzuführen. Die Änderung der Einstellung breitester Jägerkreise zum Adler, ja zum Raubwild allgemein, ist, dem langsamen Wandel jagdlicher Auffassungen entsprechend, heute nur mehr eine Frage der Zeit.

Letztendlich ist in einer Beurteilung des Raubwildes, das zweifelsohne den einen oder den anderen Gams zu seiner Beute macht, entscheidend, ob die Gesamtwirkung der Raubtiere groß genug ist, um einen Bestand an Beutetieren zu regulieren. Anders ausgedrückt, bedeutet die Frage: Sind in Abwesenheit der Raubtiere, langfristig gesehen, die Beutetiere zahlreicher?

Lange Zeit schien das eine unverrückbare Tatsache zu sein, und so mancher Jäger sah in seiner Tätigkeit den unbedingt erforderlichen Wolfersatz. Die klassischen Untersuchungen an Großraubwild und Huftieren der letzten Jahrzehnte lehrten uns, daß Raubwild unter bestimmten Voraussetzungen Beutetierpopulationen zu regulieren vermag, daß dies aber keineswegs immer oder zwangsläufig so ist. Über die Verhältnisse in den Alpen ganz allgemein und die Situation des Gamswildes im besonderen zu Zeiten vor den gravierenden Eingriffen des Menschen können wir heute nur mehr Vermutungen anstellen, die allerdings durch Berücksichtigung der noch naturnaheren Gegebenheiten im Kaukasus oder den Karpaten einen hohen Wahrscheinlichkeitsgrad haben. Demnach ist anzunehmen, daß die Gams der extremen Hochgebirgslagen in den Alpen zwar früher Kontakt mit den auch bei uns ehemals heimischen Raubtieren hatten, in ihrer Bestandesdynamik aber primär nicht durch diese, sondern durch die harten klimatischen Bedingungen bestimmt waren. Wo das zutraf, sind Gams heute in Abwesenheit der meisten Raubtierarten auch nicht zahlreicher als damals, und die zahlenmäßige Regulation der Populationen unterliegt nach wie vor denselben ausschlaggebenden Faktoren, nämlich den Winterbedingungen. Anders liegen die Dinge in vielen klimatisch und von ihrer Geländeausformung her nicht so extremen Gebirgslagen. Hier ist es durchaus denkbar, daß der Kontakt der Gams mit einigen Raubtieren eine Intensität erreichte, die dereinst zur Regulation der Bestandesdichten wesentlich beigetragen hat. In diesen Vorgebirgslagen und Bergzügen geringerer Meereshöhe war das Raubwild sicher von Natur aus zahlreicher als in den schwieriger gangbaren Hochgebirgen selbst, in das Säugetierräuber wahrscheinlich nur während weniger Sommermonate in größerer Zahl eindrangen. Hinzu kommt, daß so mancher von

Gams besiedelte Lebensraum gerade in tieferen Lagen in seiner Struktur, insbesondere in seinem Felsanteil und seiner Felsverteilung keine ausreichenden Flucht- und Schutzmöglichkeiten bietet, wodurch den Beutejagden der Räuber ein verhältnismäßig großer Erfolg beschieden war. So wird uns auch aus dem Kaukasus berichtet, daß Wölfe – und diese zählen sicher zu den erfolgreichsten Beutegreifern bei Huftieren – gerade an leicht gangbaren Bergrücken und Hochflächen mit größerem Erfolg auf Gams jagen als in den weniger zugänglichen schroffen Gebirgsteilen. Auf unsere alpinen Verhältnisse übertragen, würde das bedeuten, daß der Einfluß des Raubwildes an den Arealgrenzen und Randzonen des Gamsvorkommens, in den niedrigeren und leichter gangbaren Gebirgszügen, in den Waldgamsgebieten mit zu wenigen schutzbietenden Felsenpartien, am größten war. Hier trafen Wolf und Luchs in größerer Anzahl auf Gams in bereits suboptimalen Lebensräumen mit geringen Schutzmöglichkeiten. Wenn überhaupt Gamswild in seiner Dichte durch Raubwild begrenzt wurde, so war es in diesen Bereichen, wobei der Einfluß der Raubtiere neben den beiden beschriebenen Extremen sicher je nach Eigenheiten des Gebirges in allen Übergängen wirksam werden konnte.

Heute leben zahlreiche Gams in den Vorbergen der Hochgebirge oder felsarmen Gebirgszügen, was nach den zuvor angestellten Überlegungen in früheren Zeiten nicht möglich war. Diese Lagen sind mit jenen Gebieten identisch, in welchen das Gamswild mit den Interessen der Landeskultur kollidiert, indem es die Regeneration der Gebirgswälder gefährden kann. Dies gilt es in der Bejagung jener Gams besonders zu berücksichtigen.

Bestandesdynamik und lokale Anpassung

Bringt man einige Gams in einen ihnen zusagenden noch gamswildfreien Lebensraum, so vermehren sich die Tiere nach einer gewissen Anfangsphase rasch zu einem ansehnlichen Bestand. Das Wachstum der Population sowie ihre Ausbreitung sind in der anfänglichen Phase erstaunlich. Gams zählen in dieser Hinsicht zu ausgesprochen „kolonisierenden" Wildarten und unterscheiden sich hierin z. B. vom Steinwild, dessen Wiederausbreitung nach der fast völligen Ausrottung trotz mancher menschlicher Hilfen erhebliche Schwierigkeiten bereitet. Auch das nordamerikanische Bighornschaf zeigt eine vergleichsweise geringe Tendenz, den einmal verlorenen Lebensraum wiederzuerobern, obwohl es dem Gamswild ökologisch näher steht als dem spezialisierten Steinwild. Die Unterschiede zwischen einer kolonisierenden Art und einer solchen, bei der das Ausbreitungsvermögen nicht im gleichen Maße gegeben ist, wurden von Geist (1971) am Beispiel des Elches und des erwähnten Bighornschafes sehr anschaulich geschildert.

In vielen Gamswildvorkommen der Alpen ist das Populationswachstum heute, auch bei fehlender Bejagung, zumindest im mehrjährigen Schnitt null, d. h. die Abgänge entsprechen langfristig gesehen dem gesamten Zuwachs. Dieser weitverbreitete Umstand ist auf die weitgehende Auslastung und die volle Besiedlung der diesem Wilde zusagenden Lebensräume zurückzuführen. Oft wird daher auch das potentielle Wachstum, das Zuwachsvermögen, der Gamsbestände unterschätzt, was dann offensichtlich wird, wenn die Zahl der Gams im Verhältnis zum Fassungsvermögen des Lebensraumes noch gering ist. So konnte für den Schwarzwald, wo es heute an die eintausend Gams gibt, zu Anfang, das heißt kurz nach Begründung der dortigen Population durch

Einbürgerung, als erst einige Dutzend oder wenige Hundert vorhanden waren, eine konstante Wachstumsrate von 23 Prozent des Gesamtbestandes pro Jahr nachgewiesen werden. (Die Wachstumsrate einer Population ergibt sich aus Zuwachs minus Abgang, und ist somit nicht dem im jagdlichen Sprachgebrauch üblichen Zuwachs gleichzusetzen, der die Abgänge in der Regel noch nicht berücksichtigt.) Das Vermögen, von einer geringen Wachstumsrate rasch auf eine höhere umschalten zu können, scheint bei Gamswild von großer Wichtigkeit zu sein und soll noch näher besprochen werden.

Die Bestandesdynamik des Gamswildes ist je nach den ganz speziellen Bedingungen des Vorkommens ein voraussagbarer Vorgang, der biologischen Gesetzmäßigkeiten unterliegt. Verglichen mit anderen Huftieren liegen bei Gams einige Besonderheiten vor, deren skizzenhafte Darstellung hier angebracht erscheint.

Gamswild lebt in Extremgebieten unserer Landschaft, in den Hochgebirgen und vereinzelt auch in diesen benachbarten Mittelgebirgen. Durch seine große ökologische Plastizität und seine hervorragende Eignung wird das Gamswild den extremen Umweltverhältnissen gerecht und hat sich auch von den übermäßigen Nachstellungen durch den Menschen in historischer Zeit rascher und besser erholt als irgendein anderes Huftier des europäischen oder nordamerikanischen Hochgebirges. Die Gründe hierfür sind in einigen ganz speziellen Anpassungen zu finden, die an Hand der Populationsregulation erläutert werden sollen, wobei durchaus einige der Behauptungen dem Stadium der Spekulation noch nicht entwachsen sind.

In den klimatisch extremen und rauhesten Teilen des von Gams besiedelten Areals, die noch zu einem großen Teil zum Optimum des Lebensraumes gerechnet werden können, erfolgt die Regulation der Populationsgröße weitgehend durch die harten Winterbedingungen, welche aber von Jahr zu Jahr in ihrer Intensität wechseln. Die jeweilige Dichte des Gamswildes ist somit oft vorwiegend von den Verhältnissen des vergangenen Winters abhängig. Die Schwankungen des Bestandes sind in einem solchen Falle groß und zeigen eine hohe Abhängigkeit von den klimatischen Daten des Winters. Nun zeigt es sich, daß Winterbedingungen eine gewisse Periodizität aufweisen, besonders in der Wiederkehr überdurchschnittlich harter Winter. Dies führt daher zu bestimmten regelmäßigen Erscheinungen im Populationsgeschehen des Gamswildes, die folgendermaßen beschrieben werden können: Über eine Reihe von Jahren durchschnittlicher und milder Winter wachsen die Bestände zahlenmäßig an und erfahren dann in einem sehr strengen Winter eine starke Reduktion. Danach wiederholt sich der Vorgang wieder, indem der Bestand erneut über eine Reihe von Jahren zunimmt, wobei ein kurzfristiges Stagnieren oder auch eine geringe einmalige Abnahme während eines Winters den mehrjährigen Trend der Zunahme nicht umkehren. Erst im nächsten überdurchschnittlich strengen Winter, der dann nicht selten mit wiederum hohen Populationsdichten zusammenfällt, erfolgt die nächste drastische Reduktion. Für die Richtigkeit der Annahme einer derartigen Bestandesdynamik kann in weiten Teilen der Ostalpen Unterstützung gefunden werden. Die beiden Extremwinter der Jahre 1963/64 und 1969/70 wiesen durch ihre außergewöhnlichen Fallwildzahlen auf eine starke Reduktion des Bestandes, wohingegen die nur geringen Winterverluste in den dazwischenliegenden Jahren auf positive Wachstumsraten schließen ließen.

Nun umfaßt das Areal des Gamswildes neben den ausgesprochenen Hochgebirgen, für welche die beschriebene Bestandesdynamik weitgehend zutrifft, auch ausgedehnte Gebiete mit klimatisch weniger extremen Winterbedingungen, die auch entschieden geringere jährliche Schwankungen aufweisen. Solche Gebiete reichen bis in verhältnismäßig milde Mittelgebirgszonen und weisen im allgemeinen auch eine weniger schroffe Geländeausformung auf. In diesen Gamsvorkommen erfolgt die Regulation der Populationsgröße meistens auf eine andere Weise. Während im vorhin beschriebenen Fall infolge der sehr harten klimatischen Bedingungen die Gams jeweils soweit reduziert werden, daß sie die von der Nahrungsbasis und von der Geländeausformung bestimmte Kapazität des Lebensraumes in den seltensten Fällen auslasten und somit die Konkurrenz der Tiere untereinander minimal bleibt, ist in den klimatisch milderen Lagen der Einfluß des Winters nicht von derselben, alle anderen Faktoren weit überlagernden Bedeutung. Trotz gewisser unvermeidbarer Verluste in den Wintermonaten kommt es hier häufig zum Anwachsen des Bestandes in Dichtebereiche, die der erwähnten Kapazität des jeweiligen Lebensraumes entsprechen, wobei eine erhebliche Nahrungs- und auch Raumkonkurrenz zwischen den Tieren auftreten kann. Die Abgänge bzw. Verluste werden in dieser Situation weniger durch die unmittelbare Einwirkung von Klimafaktoren bestimmt als durch Mangelerscheinungen, wie sie als Folge erhöhter Konkurrenz bei begrenztem Angebot unvermeidbar sind. Der Populationszuwachs ist somit primär von der Relation der Dichte zur Kapazität des Lebensraumes abhängig. Er ist verhältnismäßig hoch, wenn die Dichte noch erheblich unter dem Fassungsvermögen des Lebensraumes liegt, wohingegen ein Populationszuwachs nicht mehr gegeben ist, wenn die Dichte bereits der Umweltkapazität entspricht. Zwangsläufig verhalten sich die Verluste umgekehrt. Bei noch guten Wachstumsmöglichkeiten des Bestandes sind sie gering, sie nehmen bei steigender Dichte zu und erreichen die Höhe des gesamten Zuwachses, wenn kein weiteres Wachstum mehr möglich ist. Die Fluktuationen in solchen Gamsbeständen sind eher gering.

Hinsichtlich der Lage eines Gamswildvorkommens im Gesamtareal und der ganz speziellen Bedingungen sind auch die verschiedenen Kombinationen der beiden beschriebenen Möglichkeiten der Bestandesregulierung möglich. So wäre denkbar, daß strenge Winter einen Bestand immer wieder weit unter das Fassungsvermögen des Lebensraumes zurückwerfen, ihr zeitlicher Abstand aber bisweilen so groß ist, daß dazwischen das Bestandeswachstum die Populationsdichte an das Fassungsvermögen des Lebensraumes heranführt und somit – vorübergehend – vermehrte Konkurrenzerscheinungen auftreten können.

Bei den angestellten Betrachtungen wurde zugrunde gelegt, daß die jährlichen Jagdstrecken keinen begrenzenden Faktor für das Populationswachstum darstellen. Für die weitaus meisten Reviere Bayerns und Österreichs mag diese Annahme zutreffen. Mit 6–10 Prozent des Sommergamsbestandes oder knapp darüber liegen die Abschüsse bei den obendrein zumeist erheblich unterschätzten Beständen sicher in den weitaus meisten Fällen unter dem jährlichen Zuwachs. Durch eine Verminderung der Wachstumsrate führt der Abschuß nur zu einer Verzögerung des Bestandeswachstums. Ebenso bleibt der Abschuß bei der eigenwilligen Altersgliederung und der zu ungleichen Anteilen erlegten Geschlechter nicht ohne Folgen für Geschlechterverhältnis und Altersaufbau. Lediglich in schweizerischen Patentjagdkantonen ist bei dem entschieden höheren Gesamtabschuß eine Begrenzung des Bestandeswachstums wahrscheinlicher. Da jedoch auch dort in erster Linie die Böcke erlegt werden, ist eine endgültige Aussage noch nicht möglich.

Die Verbreitung des Gamswildes über ein Areal mit großen Unterschieden hinsichtlich Klima und Geländestruktur macht eine Betrachtung der Art der Dichteregelung erforderlich. Eine sinnvolle und pflegliche Bejagung muß den örtlichen Gegebenheiten entsprechend zu differenzieren trachten.

Bei näherer Untersuchung des Phänomens der Stabilität in der biologischen Welt hat es sich hinsichtlich der einzelnen Arten erwiesen, daß das Überleben derselben vielmehr in der Fähigkeit begründet liegt, erlittene Rückschläge rasch wieder auszugleichen, und viel weniger in dem Bestreben, am einmal gewonnenen Boden oder der erreichten Zahl um jeden Preis festzuhalten. Nun besitzen gerade Gams diese Fähigkeiten des raschen Wiederaufholens einmal erlittener Verluste, der Rückgewinnung des eingebüßten Bodens und der Neubesiedlung geeigneter Areale in ganz ausgeprägtem Maße. Einige der für diese Eigenschaften verantwortlichen Anpassungen nebst einigen weiteren Besonderheiten, deren Bedeutung für das Gamswild durchaus noch nicht völlig geklärt sind, sind im folgenden dargestellt:

Bei großer Empfindlichkeit einer Population gegenüber klimatischen Einwirkungen, wie wir es für extreme Hochgebirgslagen beschrieben haben, wird die Dichte durch hohe Ausfälle weit unter der Grenze gehalten, die durch die biotischen Komponenten der Umwelt gesetzt werden. Unter diesen Umständen bevorzugt die Selektion Individuen mit hoher Vermehrungsrate.

Im gegensätzlichen Fall, bei einer geringeren Abhängigkeit von klimatischen Einflüssen bewegt sich die durchschnittliche Dichte nahe der maximalen Zahl, die durch die biotischen Faktoren ermöglicht wird und als Fassungsvermögen des Lebensraumes bezeichnet wurde. Hier bevorzugt die natürliche Selektion eine geringere Zahl von Nachkommen, die durch geringere Vermehrung und guten Energiehaushalt bei erhöhter Konkurrenz gekennzeichnet sind. Auf die variable Geschlechtsreife der Gamsgaisen, das unterschiedliche Alter bei der ersten Fortpflanzung also, wurde bereits näher eingegangen. Ernährungsbedingungen und soziologische Faktoren sind mit großer Sicherheit wesentlich für den Zeitpunkt der Geschlechtsreife, eine der entscheidenden Komponenten des Populationswachstums, bestimmend. Dennoch ist auch eine genetische, d. h. erbliche Basis der Geschlechtsreife wahrscheinlich.

Unter den ausführlich geschilderten Umständen, die in Anbetracht ständiger schwerer Winterverluste, aber sonst guten Entwicklungsbedingungen ein rasches Bestandeswachstum erfordern, sind die Voraussetzungen einer Selektion auf frühe Geschlechtsreife gegeben. Obwohl der einwandfreie Nachweis noch aussteht, ist es doch bezeichnend, daß gerade beim Gamswild aus dem Großglocknergebiet, dem höchsten Gebirgsstock Österreichs, eine vergleichsweise frühe Vermehrung (Beschlag im zweiten Lebensjahr) nachgewiesen werden konnte (Schröder 1971). Die Bedingungen einer Selektion auf eine späte Geschlechtsreife wären demnach bei ökologisch hohen Dichten und gleichzeitig weniger drastischen Winterverlusten gegeben. Hier ist der verzögerten Individualentwicklung und dem sich daraus ergebenden verlangsamten Populationswachstum unter scharfer Konkurrenz der Vorzug vor der auf hohen Energiebedarf angewiesenen raschen Vermehrung eingeräumt. Auf so manche Waldgamskolonie, die bereits Schlüsse auf ihre Vermehrung zuläßt, trifft dies zu. Gamsgaisen zeigen hier unter oft milden Winterverhältnissen eine späte Geschlechtsreife. Es mögen derartige Unterschiede nicht nur in voneinander geografisch getrennten Gamsvorkommen gegeben sein, sondern auch innerhalb einer Population kann sich der Selektionswert früh- und spätreifer Tiere im zeitlichen Ablauf ändern. Nehmen wir an, ein Gamsbestand von hoher Dichte wird durch einen außergewöhnlich strengen Winter erheblich zur Ader gelassen. Die darauffolgenden Jahre geringer Dichte und verminderter Konkurrenz fördern Verschiebungen in der Häufigkeit zugunsten sich rasch vermehrender Tiere. Nach entsprechender Bestandeszunahme und der darauffolgenden stagnierenden Phase nimmt der selektive Vorteil von Gams mit verzögertem Wachstum und geringer Vermehrung zu und es erfolgt eine Änderung der Genhäufigkeit (Erbanlagen) im umgekehrten Sinne. Es erscheint sogar von großem Anpassungswert, wenn beide Vermehrungstypen, wenn wir sie als solche bezeichnen wollen, in zwar wechselnder Häufigkeit, aber stets vorhanden bleiben, denn nur so ist die größtmögliche Anpassung an die jeweilige Entwicklungssituation, also auch ein rasches Aufholen schwerer Rückschläge, gewährleistet. Dem Genetiker sind derartige Mechanismen der Vererbung als Polymorphismen bekannt; auch bei Gams wurden Untersuchungen in dieser Richtung angelegt.

Für die Vermehrung eines Bestandes ist der Zeitpunkt im Leben der Gaisen, zu dem die ersten Kitze gebracht werden, eine ganz entscheidende Größe. Ebenso ist die durchschnittliche Kitzzahl bestimmend. Nun sind Geburten mit mehreren Jungen bei Gams recht selten, doch ist es nicht auszuschließen, daß unter gewissen Umständen etwa Zwillingskitze häufiger vorkommen. Hingegen sind ein oder mehrere kitzlose Jahre bei einzelnen Gaisen durchaus nicht ungewöhnlich. Wenn man im Lichte des hier Ausgeführten den hohen Anpassungswert der Vermehrung als Folge der natürlichen Auslese unter Berücksichtigung verschiedener Komponenten wie etwa Geschlechtsreife oder durchschnittliche Kitzzahl bedenkt und vor allem erkennt, daß rasches Bestandeswachstum oder große Vermehrungsfreudigkeit nicht zwangsläufig immer das Beste für die betreffende Population sind, so erwachsen Zweifel an der jagdlichen Beurteilung der kitzlosen Gamsgais, der Geltgais, über deren Schicksal gern vorschnell entschieden wird.

Bockgruppen oder Territorien?

Schon früher wurden in diesem Buche die verschiedenen Möglichkeiten der sozialen Beziehungen von Gamsböcken beschrieben. Hier sollen sie unter dem besonderen Gesichtspunkt ihres Anpassungswertes gesehen werden. Während bei Gams kaum je ein weibliches Stück Gamswild gefunden werden kann, in dessen Nähe sich nicht noch weitere befinden, ist dies bei Böcken unter bestimmten Voraussetzungen durchaus möglich. Im dichtbesiedelten Gamsrevier trifft man nicht selten in den Sommermonaten auf Gruppen, die nur oder fast nur aus erwachsenen Böcken bestehen. Gelegentlich finden auch Jahrlingsböcke schon Anschluß an diese Herrengesellschaft. Im gleichen Gebiet leben zur gleichen Zeit aber auch Gamsböcke in kleinen Territorien, die zumeist erst nach der Brunft aufgegeben werden, in der Regel aber alljährlich zur Zeit der Schneeschmelze wieder bezogen werden. Dies ist eine erstaunliche Tatsache. Es sind dem Gamswild, zumindest den Böcken, zwei verschiedene Systeme zu eigen, sich über den Raum zu verteilen. Einmal organisieren sich Rudel, zum anderen werden Territorien gebildet.

Offenbar haben wir es hierbei mit umweltinduzierten Verhaltensunterschieden zu tun. In Populationen von hoher Dichte und bei einförmiger Geländeausformung bilden sich Bockverbände. Territorien bedeuten die ursprüngliche Form der sozialen Organisation bei geringerer Dichte und gegliedertem, eher unübersichtlichem Lebensraum. Die Territorien der Gamsböcke sind vermehrt an den Arealgrenzen, oft in tieferen Gebirgslagen, die den erwähnten Bedingungen entsprechen, zu finden.

Die Möglichkeit zweier sehr unterschiedlicher Muster der Raumausnützung, Gruppen und Territorien, in derselben Population, stellt eine der Grundlagen der großen Plastizität des Gamswildes dar. Dieses Phänomen ermöglicht der Art, auf äußere Einflüsse wie Katastrophen rasch zu reagieren, und verleiht ihr auch ein weit gespanntes Anpassungsvermögen an verschiedene Umweltstrukturen. Durch die hohe Zahl der Territorien an der Peripherie der Population sind eine großräumige Verbreitung und die rasche Wiederbesiedlung von gelegentlich verlorenen Lebensräumen möglich. Die Beschreibung und Interpretation dieser Besonderheiten im Verhalten des Gamswildes gehen auf die Arbeiten von SCHRÖDER 1971 und MEILE 1973 zurück.

Umwelteinflüsse können das dem Verhalten zugrunde liegende Erbgut verändern. Dies führt zur stammesgeschichtlichen Wandlung auf erblicher Basis. Im vorliegenden Fall sind die modifikatorischen Umwelteinflüsse wichtiger. Sie prägen das Verhalten der Tiere in der jeweiligen Situation, ohne das Erbgut zu verändern, und können für rasch erforderliche Umschichtungen bestimmter Verhaltensweisen eingesetzt werden. Es ist die Fähigkeit der Gams, mittels solcher und ähnlicher Mechanismen vielen Eventualitäten im Wandel der Zeiten gerecht zu werden, die diese Wildart zu einer der erfolgreichsten Huftierarten überhaupt werden ließ.

Wald- und Gratgams

Seit langem schon sind bei gamskundigen Jägern die Bezeichnungen „Wald"-, „Grat"- oder „Keesgams" im Gebrauch, wobei die beiden letzten Ausdrücke nur lokale Sprachbesonderheiten sind, im Grunde aber dasselbe meinen.

In manchen Voralpengebieten und in anderen niederen Gebirgszügen ragen die höchsten Erhebungen kaum über die Waldgrenze hinaus. Bei geringem Anteil von kahlem Fels sind diese Berge gewöhnlich weitgehend bewaldet. Hier leben Gams, die allgemein als Waldgams bezeichnet werden. Ihnen fehlt die Möglichkeit des Aufsteigens in ausgedehnte Gebiete über der Waldregion. Diese Waldgams zeigen dort, wo man sie untersucht hat, deutliche Unterschiede zu ihren Artgenossen in den oft nicht weit entfernten Regionen des Hochgebirges (SCHRÖDER 1971). Das Körpergewicht ist niedriger, Körperwachstum und Entwicklung verlaufen anders. Auch die Vermehrung ist im allgemeinen gering. Auffallend und dem Jäger am ehesten bekannt sind die Unterschiede der Krucken. Vor allem haben die Schläuche der Waldgams einen verhältnismäßig großen Umfang. Sie erscheinen an der Basis ausgesprochen dick. Die Schlauchlänge hingegen ist geringer.

Sieht man von diesen „reinen" Waldgams ab, so finden sich aber auch in einem großen Gebirgsstock mit ausgedehnten Felspartien, Matten und Karen oberhalb des Kampfwaldes Gams, die ihren Einstand bevorzugt in den noch waldreicheren Zonen haben. Es gibt andererseits jedoch Tiere, die, offenbar geleitet von einem starken Drang nach „oben", die höchsten noch zusagenden Einstände beziehen. Durch diese offensichtlich unterschiedlichen Ansprüche der Gams in ein und derselben Population wird ebenso eine günstige Raumausnutzung gewährleistet.

Augenfällig wird das Prinzip der ausgewogenen Verteilung und der optimalen Nutzung des Areals besonders im Winter. In manchen Gebirgen suchen fast alle Gams ihre Wintereinstände in den lichten Bergwäldern, was weitgehend vom Gelände bestimmt wird. Aber sogar unter diesen Umständen suchen einzelne Tiere den Winter hoch oben auf Felsrücken, Graten und abgewehten Flächen zu überdauern. Sie werden dann im allgemeinen zur begrifflichen Unterscheidung als Gratgams bezeichnet. Oft mutet es seltsam an, wenn man in Anbetracht der noch größeren Geländeschwierigkeiten im Winter derartige Gratgams beobachtet, die offenbar der Standortwahl der Mehrheit nicht folgen wollen.

Was eigentlich ein einzelnes Tier veranlaßt, als Wald- oder Gratgams den Winter zu verbringen, wenn beide Möglichkeiten offenstehen, wissen wir heute noch nicht.

Einige Gebiete der Zentralalpen, wie beispielsweise manche Gebirgsstöcke Salzburgs und Tirols, sind in ihrer Gliederung und Ausformung dergestalt, daß die üblichen Wintereinstände der Bergwaldzone nur auf jeweils schmale Streifen am Fuße der Berge zusammengedrängt sind oder überhaupt weitgehend fehlen. Dort stehen die Gams den Winter über, ähnlich dem Steinwild, über dem Wald im steilen, schneearmen Fels. Dadurch ändern sich die Häufigkeiten von Wald- und Gratgams zugunsten letzterer, wobei wiederum der Zusammenhang von Umwelteinflüssen und Verhaltensmustern sowie deren Anpassungswert zu erkennen ist.

Kohlgams

Kohlgams sind schon seit langer Zeit bekannt. Es werden unter diesem Begriff jene Tiere verstanden, die sowohl im Winter- als auch im Sommerhaar bis auf eine aufgehellte Stirnblesse und die Innenseite der Ohren dunkel sind. Bis vor kurzem wußte man kaum etwas über die Verbreitung der Kohlgams im Gesamtareal, geschweige denn Genaueres über ihre Biologie. Die erste umfangreiche Arbeit über Aussehen, Verbreitung und den prozentuellen Anteil der Kohlgams am Gesamtbestand veröffentlichte NIETHAMMER 1967. Das Areal, in dem Kohlgams regelmäßig vorkommen, erstreckt sich von den Seckauer Tauern (Steiermark) im Osten über die ganzen Niederen Tauern westwärts bis in die Hohen Tauern hinein. Bei weitem am zahlreich-

Abb. 44. Links: Kohlgams im Sommerkleid. Bock 11 Jahre, erlegt am 1. 8. 1959 in den Schladminger Tauern. – *Rechts:* Kohlbock im Winterkleid, erlegt am 15. 11. 1971 im Revier Kleinalm Schladminger Tauern (Phot. G. Niethammer).

sten sind Kohlgams in den Niederen Tauern zwischen den Flüssen Mur und Enns, nördlich der Wasserscheide. Sie erreichen hier bis zu 5 % am Gesamtbestand. In Kärnten kommen Kohlgams im gesamten Gebiet zwischen der Drau und der Salzburger Landesgrenze gelegentlich vor. In Tirol gibt es heute so gut wie keine Kohlgams, doch war das früher offensichtlich anders, wie aus einem Brief des Kaisers MAXIMILIAN über das vordere und hintere Gschnitztal hervorgeht: „. . . da hast schwartz Gambsenn wie im Land der Steyer (Steiermark), sunst hastus mindert . . .".

Außerhalb des umrissenen Areals mit einem ständigen Bestand von Kohlgams in den Tauern kommen diese vereinzelt in den nördlichen und südlichen Kalkalpen vor. Auch im Schwarzwald wurde ein Kohlgamsbock erlegt, der dem Revierförster SPAT-

HELF über mehrere Jahre bekannt war. Von Jägern ist verschiedentlich behauptet worden, daß Kohlgams räuderesistent seien. Sorgfältige Nachforschungen NIETHAMMERS haben aber ergeben, daß Kohlgams sowohl von der Gamsräude als auch von der Gamsblindheit befallen werden können. Ob die Anfälligkeit der normalfärbigen Gams gegenüber diesen Krankheiten von jener der Kohlgams differiert, ist unbekannt.

Man bezeichnet Kohlgams auch als „melanistische Mutanten". Die Kohlgamsmutation wird dominant vererbt (NIETHAMMER 1969). Zu den Ursachen des Vorkommens stellt Prof. NIETHAMMER folgende Überlegungen an: „Die entscheidende Frage, wie die Kohlgams-Insel im Verbreitungsareal der Alpengemse zu erklären ist, möchte ich nicht stillschweigend übergehen, obwohl ich mir im klaren bin, daß eine Antwort hypothetisch bleiben muß.

Wir wissen nicht, wann die schwarze Mutante zum ersten Male, ob sie mehrfach und wo sie sonst noch auftrat, welche Faktoren bei der Pigmentierung normalerweise unpigmentierter Haare mitwirken, warum Stirn und Innenohren unpigmentiert bleiben, ob das Gen, das die Kohlgams-Mutante steuert, gleichzeitig auf physiologische Vorgänge einwirkt, die möglicherweise einen Selektions-Vorteil bedingen usw.

Man kann nicht viel mehr als versuchen, die ökologischen Faktoren dieses Kohlgams-Areals und das benachbarter kohlgamsfreier Räume zu vergleichen, um daraus spezielle, nur dem Kohlgamsgebiet eigentümliche ökologische Faktoren herauszufinden, die einen Hinweis darauf geben, daß sich gerade hier diese melanistische Mutante erhalten konnte. Ein solcher Hinweis würde bedeutend an Gewicht gewinnen, wenn sich Parallelbeispiele bei anderen Tieren ermitteln ließen."

Die vergleichende Betrachtung der ökologischen Verhältnisse der Tauern zeigt, daß diese sich durchaus schon klimatisch von den benachbarten Gebieten unterscheiden lassen. Bei 25 % der untersuchten Säugetiere eines Ausschnittes dieses Gebietes konnte eine Verdunkelung in der Färbung festgestellt werden. Dies deutet auf einen höheren Selektionswert der stark pigmentierten Individuen in der natürlichen Auslese hin. Höchstwahrscheinlich kommt es weniger auf die Pigmentierung selbst an, als vielmehr auf mit ihr gekoppelte physiologische Merkmale. Obwohl unser Wissen über den Kohlgams noch dürftig ist, kann man wohl annehmen, daß es sich hier um eine spezielle Anpassung des Gamswildes an bestimmte, noch nicht näher bekannte Umweltbedingungen handelt. Zur Jagd sei noch bemerkt, daß eine bevorzugte Erlegung von Kohlgams, wie sie gelegentlich für erforderlich erachtet wurde, jeder Grundlage entbehrt.

Gams in Mittelgebirgen

Als Charaktertier der alpinen Zone und der oberen Bergwaldregion findet das Gamswild zwar hier den optimalen Bereich seines Lebensraumes, es entsendet aber seine Vorposten noch weit in die Mittelgebirge an der Peripherie des Areals. Besonders in Österreich besiedelt das Gamswild eine ganze Reihe von Mittelgebirgen, deren höchste Erhebungen 1000 m Seehöhe nicht überschreiten. Manche Vorkommen haben nur geringe oder keine Kommunikation mit den nächstliegenden, benachbarten Gamsgebieten und stellen somit isolierte Inseln dar. Das erfolgreiche Auffinden von abseits des großen alpinen Verbreitungsgebietes liegenden isolierten Kleinstlebensräumen unter Überwindung weiter Täler und Waldungen, ja sogar Straßen und Siedlungsgebieten, spricht für das außergewöhnliche Kolonisationsvermögen dieser Art. Im Raum Obergünzburg in Bayern (zwischen Kempten und Kaufbeuren) hielt sich ein Gamsrudel über längere Zeit im landwirtschaftlich genutzten Flachland. Solche Vorkommnisse führen immer zu aufsehenerregenden Berichten über seltsame Gamswanderungen in den Jagdzeitungen und in der Tagespresse. Viele der aufgesuchten Gebiete liegen an den äußersten Grenzen des dem Gamswild noch zusagenden Lebensraumes. Die Bestandesdynamik in derartigen Inseln ist deshalb auch, in den peripheren Populationen an Arealgrenzen entsprechend, wechselhaft. Einige Tiere siedeln sich an, und die Bestände wachsen zu Anfang verhältnismäßig rasch an, wobei das Schicksal recht unterschied-

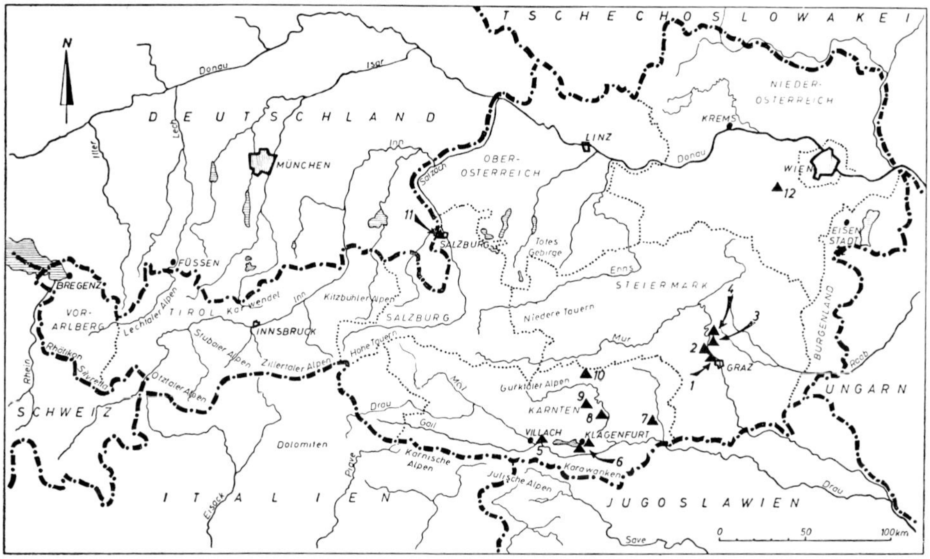

Abb. 45. Einige Gamsvorkommen im extremen Mittelgebirge. Es besteht eine nur geringfügige Kommunikation mit den oft weit entfernten Beständen des Hochgebirges.

1. Gösting bei Graz, 569–650 m Seehöhe. – 2. Pfaffenkogel 730 m, Gsollerkogel 670 m, rechtes Murufer nördlich Graz. – 3. Eggen-Berg 707 m, linkes Murufer nördlich Graz. – 4. Peggauer Wand 680 m, linkes Murufer nördlich Graz. – 5. Ossiacher-Tauern bei Villach, 600–800 m. – 6. Sattnitz, südlich Klagenfurt, 700–850 m. – 7. Martini-Kogel bei St. Pauli i. L., 800–900 m. – 8. Eppersdorf, nordöstlich Klagenfurt, 800–900 m. – 9. Wimitzberge 800–1000 m. – 10. Ostausläufer der Gurktaleralpen bei Friesach 1000–1200 m. – 11. Kapuzinerberg bei Salzburg. – 12. Gaisstein-Dürre Wand, 900–1200 m.

lich ist und der Zufall bei geringer Individuenzahl eine große Rolle spielt. So kann es, von großen Bestandesschwankungen abgesehen, zum völligen Verlust eines Geschlechts oder zum Aussterben mit nachfolgender Neubesiedlung kommen.

Gemeinsam ist diesen isolierten Gamsbeständen, daß sie fast ausschließlich in Kalkgebieten zu finden sind. Oft handelt es sich um Kalkinseln, die in die Urgesteinszone eingesprengt sind. Noch ist nicht völlig geklärt, warum die Affinität der Gams an den Grenzen des Verbreitungsgebietes zu kalkhaltigem Untergrund so groß ist. Die Antwort liegt wahrscheinlich in der speziellen, durch kalkhaltigen Untergrund bedingten Pflanzengesellschaft, oder aber in den im Kalk immer zahlreicher vorhandenen felsigen Abbrüchen, die Schutz gewähren und die Gams in besonderem Maße zu Ansiedlungen bewegen. Möglicherweise wirkt beides zusammen. Im bayerischen Alpenvorland besiedeln Gams den Ammerdurchbruch bei Baiersoyen, weit ab vom nächsten großen Vorkommen. Da es sich bei dem Flußdurchbruch um einen tiefen

Abb. 46. Gamsgais und Kitz aus dem Vorkommen bei Wettelsheim/Altmühl (Phot. T. v. Preuhsler).

Einschnitt in die Landschaft mit fels- und walddurchsetzten Ufern handelt, der von geringerer Meereshöhe ist als das umliegende Land, wird die Bindung der Gams an den Fels ebenso deutlich wie die Unabhängigkeit vom Gebirge, soweit nur die anderen Faktoren stimmen.

Über ein interessantes, völlig isoliertes Vorkommen nördlich der Donau bei Wettelsheim an der Altmühl stellte v. PREUHSLER freundlicherweise folgende Aufzeichnungen zur Verfügung: „Das Dorf Wettelsheim liegt in einer Höhe von ca. 430 m NN, das Gamsvorkommen an den angrenzenden Ausläufern des Jura Hahnenkamm (westlichster Teil der Fränkischen Alb) bis ca. 600 m NN. Die Hauptaufenthaltsstandorte des Gamsrudels sind die Buchen-Fichtenwälder mit einzelnen Lichtungen und Trockenrasengesellschaften, mehrere natürlich wiederbestockte ehemalige Steinbrüche und ein großer in Betrieb befindlicher Steinbruch an den Nordhängen der Jurahöhe.

Die Jahresmitteltemperatur beträgt 7–8 °C, die Niederschläge um 700 mm. Die natürliche Waldgesellschaft wäre ein submontaner kolliner Buchen-Hainbuchen-Eichenwald mit Trockenrasengesellschaften. Das Gebiet wird in den letzten Jahren zunehmend von der erholungsuchenden Bevölkerung besucht.

Optischen Vergleichen nach sind diese Juragams stärker als die Gams im bayerischen Alpenraum.

In der Ausformung der Krucken lassen sich deutlich zwei Gruppen unterscheiden: Der seinerzeit zugewanderte Bock und die Geiß haben bzw. hatten relativ eng gestellte Krucken mit nicht sehr ausgeprägter Hakelung. Die meisten der Nachkommen gleichen jedoch einer jüngeren Geiß, deren Trophäe nicht so hoch aber weiter ausgelegt und stärker gehakelt ist. In ihrer Lebensweise zeigen sich die Gams sehr vertraut, und eine Beobachtung ist vor allem im Winter auf den waldnahen Feldern, den Waldlichtungen und in den Steinbrüchen nicht schwierig. Die Gams nahmen seit ihrem ersten Erscheinen 1955 die Rehwildfütterungen rege an; oft lag der Bock in der Futterraufe unter dem Dach und mußte zum Nachfüllen der Fütterung erst vertrieben werden. (Diese Vertrautheit läßt eventuell den Schluß zu, daß es sich damals um ein ehemals im Gatter gehaltenes Wild handelte.) Beobachtungen zeigen, daß auch Knospen und junge Triebe von Fichte, Lärche, Kiefer, Buche u. a. m. geäst werden, nicht nur im Winter, sondern auch im Sommer.

Die Brunft dauert von Anfang/Mitte Dezember bis Mitte Januar und gelegentlich länger. Der Bock wurde auch außerhalb der Brunft im oder in der Nähe des Geißenrudels beobachtet. Im allgemeinen handelte es sich um den einen Bock – vermutlich den ‚Stammbock', der damals zugewandert war – der bis 1970 regelmäßig im Einstandsgebiet zu sehen war.

Abb. 47. Jahrling aus der kleinen Kolonie Wettelsheim. Das Tier war als Kitz sehr schwach, hat sich aber als Jahrling gut erholt. Die Stirnzapfen zeigen eine anormale Stellung, als deren Ursache die Krankheit angenommen werden kann (Phot. T. v. Preuhsler).

Zum Setzen wanderten einzelne Geißen nach Augenzeugenberichten in das Gebiet um die Stadt Weißenburg, ebenfalls Jurahöhen, das 15–20 km entfernt nur nach Überquerung des Altmühl- und Rezattales zu erreichen war. Das dazwischenliegende Gelände ist landwirtschaftlich intensiv genutzt und weist zwei Eisenbahnlinien, eine Bundesstraße, mehrere Ortsverbindungs- und Gemeindestraßen und eine größere Zahl von Ortschaften auf. Das erste Auftreten, ein Bock und eine Geiß, wurde am 24. 12. 1955 im heutigen Haupteinstandsgebiet am ‚Patrichberg' bei Wettelsheim beobachtet.

Dann verlief das Wachstum folgendermaßen:

Juni 1956: 1 Kitz als Nachwuchs

Juni/Juli 1959: 1 Bock, 1 Geiß mit Kitz, 1 Jährling, Geschlecht unbekannt

Im Herbst 1959 fand ich einen abgestürzten Jahrling
1959–1967 mehrere nicht näher aufgezeichnete Beobachtungen
1967 März bis Mai: 2 Böcke und 4 Geißen
1968 im Dezember: 1 Bock, 6 Geißen und Kitze
1969 im Juni: 3 Kitze als Zuwachs für 1969
1970 im Juni: 2 Kitze als Zuwachs für 1970
1972 November/Dezember: 7 Geißen, keine Kitze
1973 Februar: 6 Geißen ohne Kitze

Das eine Kitz aus dem Jahre 1970 kränkelte anfangs, war abgemagert und ruppig und hatte bereits als Kitz enggestellte Kruckenansätze. Im nächsten Jahr hatte es sich wieder erholt und erschien gesund und kräftig. Die Schläuche waren aber dicht zusammengewachsen.

Alle vorhandenen Gams machen heute einen gesunden und robusten Eindruck.

Der heutige Jagdpächter äußerte die Vermutung, daß das erste Gamspaar aus dem Allgäu zugewandert sei und behauptete, daß bereits vor 1950 mehrfach Gams im Juragebiet gesichtet worden seien. Ebenso nimmt er an, daß vom Wettelsheimer Gamsvorkommen laufend Abwanderungen erfolgten – so wurde z. B. 1970/71 in der Nähe des ca. 80 km entfernten Neustadt/Aisch ein Gams beobachtet.

Ein Bock ist seit 1970 nicht mehr gesehen worden, ebenso sind seit dieser Zeit die Kitze ausgeblieben."

Einbürgerungen

Der Gedanke, die alpine Gams in Mittelgebirgen, außerhalb ihres Verbreitungsgebietes einzubürgern, ist schon recht früh aufgetaucht. Bis zur Jahrhundertwende blieben die Erfolge derartiger Versuche aus, und zu einer wirklichen Einbürgerung kam es erst in diesem Jahrhundert. Eine Zusammenstellung über Versuche, Fehlschläge und Erfolge veröffentlichte NIETHAMMER 1963. Hier sind nur einige interessante Fälle herausgegriffen.

Schwarzwald

Angeblich waren Gams noch im 14. Jahrhundert im Hochschwarzwald Standwild. Später wanderten immer wieder einzelne Tiere aus den Alpen ein, die aber meistens abgeschossen wurden. Um die Jahrhundertwende tauchte wiederum im Forstbezirk Kirchzarten eine Gais auf, die sowohl im Höllental als auch im Feldberggebiet ihre Einstände hatte. In der folgenden Zeit reifte in Kreisen der Jäger mehr und mehr die Absicht, das sporadische Auftreten der Gams durch einen Ansiedlungsversuch zu unterstützen.

Im Jahre 1935 wagte man die erste Aussetzung, als deren Initiator Oberforstrat WALLI angesehen wird.

Im Zastlertal (Forstamt Kirchzarten) wurden folgende Tiere freigelassen:

	Herkunft:
1. 4. 1935 1 Bock 6–7jährig	Revier Seeau der Fürstl. Hohenbergschen Domäne Eisenerz in Steiermark

	Herkunft:
18. 4. 1935	Österreichische Bundesforstverwaltung
1 Bock 3–4jährig	Ebensee (Höllengebirge)
1 Geiß etwa 12jährig	
2 Bockkitze	

Da die Zusammensetzung des neubegründeten Gamsbestandes hinsichtlich Alter und Geschlechtsverteilung zunächst sehr ungünstig und eine Abwanderung der Böcke zu befürchten war, erfolgten noch zwei weitere Einsetzungen:

2. 2. 1938	*Herkunft:*
1 Bock 7jährig	Franz Mayr-Melnhofsche
1 Bock 5jährig	Forstdirektion Leoben
1 Bockkitz	(Steiermark)
1 Geiß 5jährig	
2 Geißen 8jährig	
1 Geiß 4jährig	
1 Geißkitz	
24. 1. 1939	Franz Mayr-Melnhofsche
1 Bock 6jährig	Forstdirektion Leoben
1 Bock 2jährig	(Steiermark)
1 Bockkitz	
1 Geiß 11jährig	
1 Geiß 4jährig	
2 Geißkitze	
6. 4. 1939	Franz Mayr-Melnhofsche
1 Geiß 10jährig	Forstdirektion Leoben
	(Steiermark)

Abb. 48. Gamsgaisen und Gamskitz aus dem Schwarzwald. Aufnahme 15. Mai 1973 (Phot. Archiv Wildforschung).

Insgesamt wurden 21 Tiere in den Schwarzwald verbracht. Nach Ende der Aussetzung begann der Krieg. In den ersten Jahren nahm die Entwicklung des Bestandes einen ungestörten Verlauf. Mit dem Einmarsch französischer Truppen bei Kriegsende zeichnete sich jedoch eine große Gefahr ab, und es ist das besondere Verdienst des damaligen französischen Forst- und Jagdoffiziers Colonel MEYER, dessen schützende Hand den Bestand vor einem ärgeren Aderlaß bewahrte. Als Dank für den seinerzeit bewirkten Schutz des Gamswildes wurden 1955/56 elf Gams aus dem Zastlertal an die französische Forstverwaltung in den Vogesen zur Aussetzung übergeben, wo diese nach jüngsten Berichten gut gedeihen.

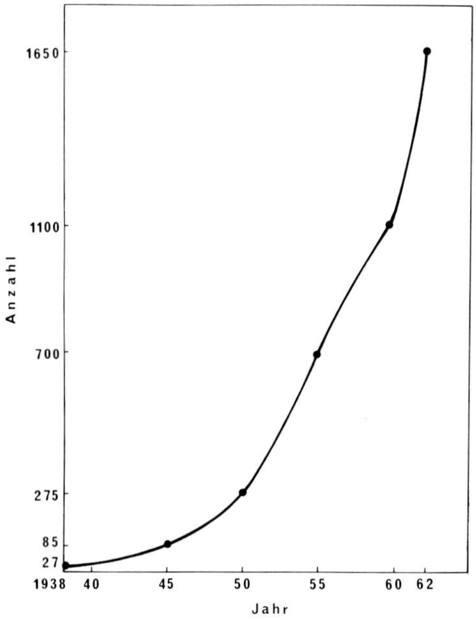

Abb. 49. Bestandesentwicklung des Gamswildes im Schwarzwald nach der Aussetzung.

Die Bestandesentwicklung der Schwarzwaldgams zeigte während der vergangenen Jahrzehnte einen stürmischen Verlauf. Als Kerngebiet des Vorkommens kann man das Zastler- und St. Wilhelmertal, das Höllental, den Feldberg und das Feldseekar betrachten. Die Gams wanderten überdies bis in das Gebiet des badischen Belchens, haben aber heute offensichtlich eine gewisse Grenze der Ausbreitung erreicht.

Um das Jahr 1950 wurde mit einer vorsichtigen Bejagung des Gamswildes im Schwarzwald begonnen. Mit Zunahme des Bestandes, der maximal etwa 1000 Stück betragen haben mag, nahmen auch die Verbißschäden im Walde zu. Auffallend ist der starke Fichtenverbiß, der vor allem auch in den Sommermonaten bei einem sonst allgemein guten und vielseitigen Nahrungsangebot auftritt. Offenbar kompensieren die Gams das Fehlen der Latsche durch den Verbiß an der Fichte. In den vergangenen Jahren entschloß sich die zuständige Forstbehörde zu einer stärkeren Bejagung und geringfügigen Reduktion, was auch dem Gamswild wohl bekommen ist. Wenngleich örtliche Gamserfahrungen fehlten, haben sich die Jäger des Schwarzwaldes unter der Anleitung jagdlich besonders interessierter und qualifizierter Forstleute selbst Bejagungsrichtlinien erarbeitet, die sich von den im Alpenraum üblichen durchaus unterscheiden. Heute wird das Gamswild des Schwarzwaldes scharf bejagt, der prozentuale Abschuß gemessen am Bestand ist sicher höher als in den meisten bayerischen und österreichischen Alpengebieten. Mit einem hohen Anteil an Kitzen und Jahrlingen ist die Gliederung des Abschusses für ein klimatisch günstiges Gebiet richtig und gewährt so ein prächtiges Gedeihen des Gamsbestandes.

Das Gamswild des Schwarzwaldes ist im Wildpret stark und hat einen hohen Zuwachs, der, wie bereits erwähnt, während der Phase des raschesten Wachstums der Kolonie in einer Wachstumsrate von jährlich 23 Prozent der Population zum Ausdruck kam. Zwillingskitze wurden im Schwarzwald beobachtet, doch waren sie immer in der Minderheit. Auch von Drillingskitzen wird in der Literatur berichtet, was jedoch außergewöhnlich wäre. Eine Nachprüfung dieser Angaben blieb leider ohne sichere

Abb. 50. Ausschnitt aus dem Gamsgebiet des Schwarzwaldes St. Wilhelmtal mit Feldberg (1495 m) im Hintergrund (Phot. Archiv Wildforschung).

Bestätigung. Als bevorzugten Aufenthaltsort suchen die Gams den ausgedehnten und in diesem Gebiet noch weitgehend intakten Bergmischwald der steilen Talseiten auf, besonders dort, wo ihn Felspartien auflockern. Von solchen Einständen zieht das Gamswild sowohl auf die Wiesen im Talgrund als auch auf die Weideflächen der Bergrücken hinaus. Am 16. Mai 1973 konnten von sieben Gamsgaisen bereits fünf mit Kitzen beobachtet werden. Das spräche für eine etwas frühere Setzzeit als im Alpenraum, dem Herkunftsgebiet der Tiere.

Die Einbürgerung des Gamswildes im Schwarzwald kann heute als vollauf geglückt bezeichnet werden. Wie die einzelnen früheren Zuwanderer vermuten lassen, wäre das Gebiet möglicherweise jedoch von der Art auch ohne Hilfe des Menschen erobert worden.

Die nunmehr erfolgreiche Ansiedlung war anfänglich ein ökologisches Experiment großen Stils. Es ist außerordentlich bedauerlich, daß es seitens der Biologen kaum Beachtung gefunden hat. Intensive Beobachtungen und Untersuchungen von Beginn der Aktion an hätten unser Wissen um diese Wildart wesentlich erweitern können.

Nordböhmen und Sächsische Schweiz

Im Elbsandsteingebiet, im sächsisch-böhmischen Grenzgebiet, lassen sich Aussetzungsbestrebungen nachweisen, die bereits über 400 Jahre zurückliegen. In den Jahren 1907–1909 wurden auf der Fürst Kinskyschen Herrschaft im Revier Dittersbach elf

Gams aus verschiedenen Alpenländern in ein Gatter gebracht. Alle Tiere waren zuvor in Gefangenschaft gehalten worden. Nachdem man im Jahre 1911 die Tiere bei einem Stand von drei Böcken und fünf Gaisen aus dem Gehege entlassen hatte, verringerte sich der ohnehin kleine Bestand auf fünf Gams. Die anfangs rückläufige Entwicklung führte zur Errichtung eines weiteren Gatters in dem zur gleichen Herrschaft gehörigen Forstbezirk Schönfeld. Die von Hagenbeck gelieferten Gams, ein Bock und drei Gaisen, vermehrten sich, möglicherweise wegen des günstigeren Standortes, rascher als in Dittersbach. Bei Auflösung des Gatters im Jahre 1918 beherbergte dieses insgesamt 15 Stück. Trotz anfänglich ebenfalls rückläufiger Tendenz erholte sich der neubegründete Bestand bald, und ab 1925 konnte man mit einer Verschmelzung der beiden Ausgangsbestände rechnen. Weitere Um- und Aussetzungen dienten vermeintlich der Sicherung des Vorkommens, hatten aber auf die Fortentwicklung keinen entscheidenden Einfluß. Die Kolonie nahm bis zum Jahre 1945 ständig zu und wies damals etwa 150 Tiere auf.

In Sachsen konnten seit 1929 aus Böhmen zuwandernde Gams beobachtet werden, so daß man sich auch dort zur Aussetzung einiger Tiere entschloß. In ein Gatter wurden in den Jahren 1937 bis 1939 insgesamt sieben Wildfänge aus den Bayerischen Alpen eingesetzt. Als ein Sturm 1940 das Gatter zerstörte, gelangten alle Tiere in die Freiheit. Heute sind die einzelnen Ausgangsbestände des sächsisch-böhmischen Gamsvorkommens nicht mehr voneinander abzugrenzen. Es umfaßt heute eine Fläche von rund 15 000 Hektar, wovon der größte Teil auf tschechoslowakisches Staatsgebiet entfällt. Briedermann (1961), der eine sorgfältige Zusammenstellung veröffentlichte, gibt für 1960 einen Bestand von insgesamt 130–140 Tieren an.

Nach jüngsten Mitteilungen (Graf, brieflich) ist der Bestand der sächsischen Schweiz von einem Maximum in den fünfziger Jahren (30–35 Stück) auf 10–12 Stück im Jahre 1973 zurückgegangen.

Während das Gamswild im kargen Sandsteingebiet, in dessen entlegenen Schluchten es sich zunächst angesiedelt hatte, eher rückläufig ist, zeigen die Tiere auf den höheren und geröllreichen Basalt- und Phenolitkegeln in Nordböhmen eine weitaus größere Vitalität. In der CSSR wird dieses Gamswild heute regelrecht bejagt, hingegen ist es in der DDR ein geschütztes Tier.

Neuseeland

In keinem anderen Land wurde das Aussetzen von Tieren so bis zum Exzeß betrieben wie in Neuseeland, und kaum ein anderes, sieht man von den Kaninchenschäden in Australien ab, hat darunter derart gelitten wie jenes. Die Beweggründe fast aller Aussetzungsaktionen von Wildtieren sind in jagdlichen Wünschen zu suchen. Auch bei dem nach Neuseeland gebrachten Gamswild war es nicht anders, wobei nur die völlige ökologische Ahnungslosigkeit der damaligen Zeit für diese und andere Aktionen als Entschuldigung vermerkt werden kann. Die Aussetzungen erfolgten zumindest in bester Absicht.

Schon 1888 erwog man die Einbürgerung von Gams in Neuseeland. Obwohl die finanziellen Mittel bereit waren, wurde das Projekt um Jahre verzögert, da man Schwierigkeiten hatte, Gams zu beschaffen. Erst als ein naturliebender hoher österreichischer Marineoffizier nach seiner Rückkehr von einem Besuch in Neuseeland Kaiser Franz Josef begeistert von dem Wunsch der Neuseeländer berichtete, nahm der Plan Gestalt an.

Im Jahre 1907 wurde in den Jagdrevieren des Kaisers bei Ebensee in Oberösterreich ein großes Gamstreiben mit Netzen inszeniert. Von den gefangenen Tieren wurden zwei Böcke und sechs Gaisen ausgewählt und nach Neuseeland gesandt. Nach beschwerlicher Schiffsreise von Triest aus, unter Durchquerung verschiedener Klimazonen und Überschreitung des Äquators, gelangten die Tiere schließlich an ihren Bestimmungsort und wurden im März 1907 in der Nähe des Mt. Cook freigelassen. Bald nach der Aussetzung gelangten erste Berichte einer erfolgreichen Vermehrung nach Österreich. Dennoch schickte der Kaiser abermals 3 Gams aus dem Wiener Tiergarten Schönbrunn auf die Reise. Eine Gais verendete während der langen Überfahrt, ein Bock und eine weitere Gais konnten Mitte 1914 wiederum in der Region des Mt. Cook in Freiheit gesetzt werden. Die Gais war bald aus den Augen verloren, und es ist anzunehmen, daß sie Anschluß an die bereits vorhandenen Rudel fand. Der Bock hingegen verblieb in der Nähe des Aussetzungsortes und belästigte Touristen, wie dies bei zahmen Böcken zu erwarten ist, so daß er schließlich abgeschossen werden mußte.

Um 1920 wurde bereits von einer raschen Zunahme und der hervorragenden Kondition der neuseeländischen Gams berichtet. Rudel von 30, 40 und 70 Tieren wurden beobachtet. Die gegenwärtige Verbreitung erstreckt sich entlang des Hauptgebirges 220 Meilen nördlich des Aussetzungsortes bis in das Gebiet des Lake Rotoiti und erreicht im Süden, in 120 Meilen Entfernung, Lake Wakatipu. Die Gams haben sich somit weiter vom Ort der Freilassung entfernt als irgendein anderes der vielen in Neuseeland eingeführten Huftiere. Im Zuge der Ausbreitung eroberte das Gamswild jährlich etwa 6 Meilen Neuland entlang dem Hauptkamm der Neuseeländischen Alpen, und es ist noch immer dabei, weitere Berge zu besiedeln, besonders im nördlichen Fjordland.

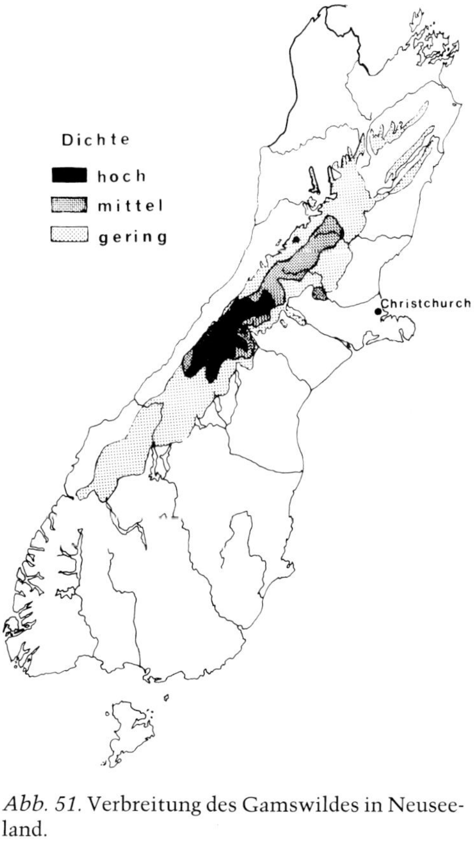

Abb. 51. Verbreitung des Gamswildes in Neuseeland.

Lebensraum und Lebensweise der Gams in diesen Vorkommen der südlichen Hemisphäre unterscheiden sich heute nicht unbeträchtlich von den Gegebenheiten in Europa. Bei Niederschlägen von jährlich rund 1500 mm und einer Temperatur von 26 bis 32 °C im Sommer und nur −1 bis −6 °C im Winter werden die Unterschiede zu alpinen Hochgebirgen bereits augenfällig. Abgesehen vom alpinen Grasland waren die Hänge der neuseeländischen Berge und auch die Täler ursprünglich dicht bewaldet. In den frühen Jahren dieses Jahrhunderts hatte man durch Rodung die flachen Täler und die unteren Berghänge von höherer Vegetation befreit, um sie als Schafweide nutzbar zu machen. Früher erstreckten sich hier ausgedehnte Buchenwälder *(Nothofagus),* heute sind eingeführte Grasarten die wesentlichen Glieder der nachfolgenden Pflanzengesellschaften. Das Gamswild scheint nunmehr in zwei voneinander getrennten Populationen zu leben. Diese besiedeln einmal die erwähnten gerodeten Talgründe und zum anderen die alpinen Grasflächen in Höhen von 1200 bis 1800 Metern. In den dazwischenliegenden, die Berghänge noch weitgehend bedeckenden, sehr dichten Wald scheinen die Gams nicht weit einzudringen. Er stellt somit eine Barriere dar. Das Rotwild dagegen, das ebenfalls große Teile des Gamswildareals besiedelt, vermag eher in den Wald einzudringen (LAMBERT, brieflich).

Das Populationswachstum der Gams in Neuseeland ist erstaunlich. Obwohl keine genauen Daten vorliegen, kann doch auf eine sehr hohe Vermehrung geschlossen werden (vergleiche auch die Daten im Abschnitt Fruchtbarkeit). Die zum Teil günstigen klimatischen Bedingungen, der anfängliche Schutz, das völlige Fehlen weiterer Säugetiere in weiten Gamsgebieten und Besonderheiten der Vegetation, die noch beschrieben werden sollen, mögen dafür mit verantwortlich sein.

Seltsam mag den europäischen Jäger die Tatsache anmuten, daß sämtliche in Neuseeland eingeführten Huftiere den gesetzlichen Status von „Schädlingen" genießen. So können auch Gams ohne Jagdzeiten jederzeit von jedermann erlegt werden, was aber im unerschlossenen und schwierigen Gebirge Neuseelands nicht einfach ist. Nach Aufhebung der anfänglichen Schutzbestimmungen begann man in Anbetracht der ungeheuren Schäden bald, Gams durch Regierungsjäger abschießen zu lassen. So wurden allein in den zwölf Jahren von 1956–1967 53 724 Gams geschossen, wobei man sich durchaus auch des Hubschraubers bediente. Hinzu kommt ein unkontrollierter Abschuß durch private Jäger, der sich in ähnlichen Größenordnungen bewegen dürfte. Gegenwärtig dürfte der jährliche Abschuß ungefähr dem Abschuß aller österreichischen Bundesländer entsprechen (rund 15 000 Stück).

Infolge der Begründung einer so großen Population mit nur wenigen Individuen ist eine Entwicklung, die Unterschiede gegenüber der Ausgangspopulation zeigt, sehr wahrscheinlich. Einmal geht der gesamte Bestand aus den Erbanlagen der Gründer hervor, die nur einen beschränkten Teil aller Erbanlagen (des Genpools) der Population im Stammgebiet ausmachen, und zum anderen unterliegen die Tiere in der südlichen Hemisphäre weitgehend anderen Auslesefaktoren. NIETHAMMER (1971) unternahm den ersten Versuch eines Vergleiches neuseeländischer Gams mit solchen aus der Steiermark. Die Untersuchung von Schädeln ergab bei den Tieren Neuseelands vergleichsweise häufigere Gebißanomalien, die z. T. die Folge von Verletzungen und Erkrankungen waren. Solche Anomalien bestanden im Verlust eines oder mehrerer Backenzähne und in der Versetzung von Schneidezähnen. Die Abnutzung der Zähne erfolgt rascher, was aber primär mit der unterschiedlichen Nahrung erklärt werden kann. Bei Gamsböcken konnten außerdem deutlich größere Schädel nachgewiesen werden.

War nun, nach den heutigen Erfahrungen zu urteilen, die Einbürgerung von Gams in Neuseeland sinnvoll, oder hätte sie besser unterbleiben sollen? Die Frage ist nicht leicht zu beantworten, doch soll der Versuch gemacht werden, die dem Europäer zumeist nicht geläufige Situation zu umreißen.

Die jungfräulichen Wälder Neuseelands und die alpinen Busch- und Graslandschaften haben Jahrtausende ohne die Anwesenheit pflanzenfressender Säugetiere existiert. Diese spezielle frühere Situation der Insel bedeutet grundlegende Unterschiede gegenüber den Gegebenheiten in Europa etwa, wo während derselben Jahrtausende die

Abb. 52. Gams im neuseeländischen Biotop (Price Range) (Phot. NZ Forest Service J. H. G. Johns).

unterschiedlichsten Arten von pflanzenfressenden Huftieren in scharfer Auseinandersetzung mit ihren Nahrungspflanzen standen. Die daraus resultierende gegenseitige Anpassung (Koevolution) von Pflanzenfressern einerseits, welche die Fähigkeit entwikkelten, beispielsweise spitze Nadeln oder holzige Teile zu fressen, und der Pflanzen andererseits, deren Reaktionen von biochemischen bis zu strukturellen Besonderheiten reichen und eine übermäßige Schädigung hintanhalten können, bildet ein ganz wesentliches Element des Gleichgewichtes. Das aber fehlte den Pflanzengesellschaften Neuseelands zur Zeit der Einbürgerung der großen Pflanzenfresser. Die Vegetation stand sozusagen überrascht, ohne Möglichkeiten der Abwehr da und wurde schwer geschädigt. Die mangelnde Anpassung der Vegetation Neuseelands ist unter anderem eine treffendere Erklärung für die ungewöhnlich rasche Zunahme und Ausbreitung der eingeführten Huftiere als das vielfach überbewertete Fehlen von Raubtieren.

Die Folge der katastrophalen Übernutzung von Nahrungspflanzen war eine Schädigung der Vegetationsdecke von ungeheurem Ausmaß, wie sie sich der Europäer kaum vorzustellen vermag. Nun sind überdies die Berge Neuseelands aus geologischen und klimatischen Gründen von großer Erosionsanfälligkeit. In solchen Situationen ist das Gleichgewicht zwischen den physikalischen Faktoren, die die Erosion auslösen, und den schützenden Funktionen der Pflanzendecke extrem anfällig und rasch gestört. Notwendig ist demnach die Erhaltung einer schützenden Vegetation, dicht und widerstandsfähig genug, um übermäßige Erosionserscheinungen zu unterbinden. Dieses Erfordernis wird jedoch durch die eingeführten Huftiere wie Schafe, in den alpinen Regionen besonders durch Rotwild und Gams, zunichte gemacht. Die Lösung des Problems ist schwierig, aber von größter ökologischer Bedeutung. Möglicherweise kann sich ohne menschliches Zutun in Zukunft durch Neuanpassung an Huftiere eine widerstandsfähige Pflanzendecke bilden, die einen gewissen Tierbestand ohne Schaden zu tragen vermag. Aber bis dahin setzt sich der Bodenabtrag ungehindert fort und verwüstet noch weite Gebiete. Versucht man hingegen, durch scharfe Kontrollmaß-

Abb. 53. Gamsgais mit Kitzen im neuseeländischen Winter in der Nähe des Mt. Cool (Phot. NZ Forest Service J. H. G. Johns).

nahmen die Huftiere niedrigzuhalten, um die ursprüngliche Vegetation zu schützen, so verhindert man die erforderlichen Selektionsvorgänge, die für die Entstehung neuer Pflanzengesellschaften erforderlich wären.

Wenngleich in der ersten Auflage dieses Buches der Zoologe R. Amon die Einbürgerung von Gams in Neuseeland noch lediglich als Faunenverfälschung abtat, so wollen wir hingegen im Lichte besserer Kenntnisse das Gewicht der Aussage verschieben und sagen, im Hinblick auf die enormen ökologischen Schäden an einer empfindlichen Inselvegetation hätte die Aktion Gams für Neuseeland besser unterbleiben sollen.

Das Aussetzen von Tieren war seit jeher eine reizvolle Tätigkeit. Wenn es auch zu einem gewissen Grade verantwortlich erscheint, so wurde doch in der überwiegenden Zahl der Fälle oft von Dilettanten auf gefährliche Weise mit der Natur Schindluder getrieben. In jüngster Zeit wurden von einem bayerischen Industriellen Gams und Steinböcke nach Argentinien verbracht, um sie dort auszusetzen. Es bleibt nur zu hoffen, daß die dortigen Behörden das Verbot der Freilassung noch aufrechterhalten. Gegenwärtig erwägt man, im Staate Colorado in den Vereinigten Staaten Gams einzubürgern. Bedenkt man aber, daß in den Rocky Mountains bereits zwei bergbewohnende Horntiere leben, nämlich die Schneeziege und ein Wildschaf, von denen letzteres dem Gams ökologisch nahesteht, so sollte man von einem derartigen Versuch absehen, dies ganz besonders, da die Wiederausbreitung der lokal ausgerotteten Wildschafe in den Rocky Mountains Schwierigkeiten genug bereitet.

Wenn auch das Einbürgern von Tieren so manchem nicht ohne Reiz erscheint, so bedarf es doch einer grundlegenden Prüfung im Lichte der jeweiligen Kenntnisse und sollte nicht Schwärmern überlassen bleiben. Auch wenn keine schwerwiegenden ökologischen Bedenken bestehen, so ist es immer noch zu überlegen, ob eine für europäische Hochgebirge so typische Wildart wie Gams in überseeische Berge verpflanzt werden soll. Das ist eine ganz andere Frage. Es muß nicht alles gemacht werden, was gemacht werden kann.

Hege

Hege und Abschuß

Wenn man sich mit dem Gamsvorkommen in der heutigen Zeit auseinandersetzt, muß man sich darüber klar sein, daß sich die großen Gamsbestände unserer Alpen alle aus Relikten aufbauen, die aus den Jahren nach der Revolution von 1848 und der damals proklamierten Jagdfreiheit übriggeblieben sind. Erst im letzten Viertel des vergangenen Jahrhunderts hat mit dem Wiedererstarken der Wirtschaft und einer Neubelebung des Sinnes für die Jagd eine umfassende Hege des Gamswildes begonnen. In Bayern, das von den revolutionären Erscheinungen anscheinend weniger berührt war als die österreichischen Kronländer, betrug der Gesamtabschuß an Gamswild in den Jahren 1865 = 676 Stück und 1908 = 1151 Stück. Wir werden noch öfter sehen, daß in manchen Gegenden eine geradezu stürmische Aufwärtsentwicklung der Wildbestände einsetzte, und zwar nicht nur allein für das Gamswild, sondern auch für die anderen Schalenwildarten.

Mit dem Ausbruch des ersten Weltkrieges hat diese Aufwärtsentwicklung ihren vorläufigen Höhepunkt erreicht. Schon vorher haben die ersten schweren Räudeepidemien eingesetzt. Die Kriegszeit mußte aus Gründen der Ernährung ein Absinken der Gamsbestände hervorrufen, wenn auch der behördlich angeordnete achtzigprozentige Abschuß im Gebirge nie erfüllt worden ist.

Daß aber noch zu Beginn dieses Jahrhunderts sich vollkommen neue bedeutende Gamsbestände entwickeln konnten, geht aus einem Bericht hervor, den der fürstlich Orsini-Rosenbergsche Forstdirektor Hey über die Gamshege im östlichen Teil der Karawanken vorlegt. Dieser Bericht ist in mehrfacher Beziehung interessant. Er kann als Musterbeispiel dafür angesehen werden, mit welchen Schwierigkeiten die Heger dieser Zeit rechnen mußten, wollten sie den Wildbestand wirklich in die Höhe bringen.

Der Bericht hat folgenden Wortlaut: „Mein Onkel, Forstmeister Josef Hey, kam im Jahre 1881 nach Sonnegg und starb im Jahre 1906. In diesen 25 Jahren ist kein Gams in unserem Revier Petzen bis Obir geschossen worden. Wie aus den Abschußaufzeichnungen zu entnehmen ist, wurde auch früher keiner geschossen. Ich weiß von meinem Onkel, daß auf der Petzen und auf dem Obir Gams hie und da vereinzelt gesichtet wurden. Die Jagd auf der Petzen hatte Prof. Metnitz in Bleiburg mit Prof. Steinberger gepachtet und wurde dort auf Rehe und Gams wie überall im Gebirge mit Brackierhunden (Kärntner Vieräugl und Istrianer rauhhaarigen semmelgelben Bracken) gejagt. Die Hunde jagten drei Tage lang und kamen, wie ich mich noch erinnere, auch aus Krain herüber, wenn dort Brackadjagden auf der Raducha und Ouschowa abgehalten wurden. Dies ist auch der Grund, daß das Gamswild sich nicht halten konnte, denn dieses Wild ist gegen jagende Hunde sehr empfindlich, und es meidet jene Reviere, die laufend von Hunden beunruhigt werden. Die Rehe sind eher standortstreu und kehren nach der Jagd wieder zurück. Die vielen Bauernjagden, welche sämtliche brackiert wurden, haben natürlich zur Beunruhigung beigetragen und wurde seinerzeit alles geschossen, was vor das Schrotgewehr kam.

In unserem Petzenrevier wurde im Jahre 1907 der erste Gams, und zwar eine beschlagene Gamsgaiß gesichtet, welche auch bei uns das Kitz setzte. Im nächsten Jahr stand bei dieser Gaiß schon ein Bock, welchen sich die Gaiß jedenfalls irgendwo geholt hatte.

Wir pachteten im Jahre 1906/07 die Globasnitzerjagd, gleichzeitig wurde das Gemeinschaftsgebiet mit 112 Anteilen erworben, wodurch ein weiteres Jagen mit Brackierhunden unterblieben ist, weil ich keine Brackierjagden mehr abhalten ließ. Die Folge der Ruhe im Revier und das Abfangen der herumstreunenden Hunde war jedenfalls mit der Anlaß, daß das Gamswild sich ausbreiten konnte. Durch die Vermehrung des Personals wurden die Voraussetzungen für die Beruhigung des Revieres geschaffen. Vor dem ersten Weltkrieg hatten wir bereits einen Wildbestand von zirka 60 Stück. Nach Beendigung des Krieges kamen Wilderer über die neugezogene Grenze in unser Gamsrevier und wurde unser Jäger Amlacher am 2. 11. 1920 mit seinem Schweißhund von Wilderern erschossen und im darauffolgenden Jahre gleichfalls der Jäger Urbas in Trögern bei der Herrschaft Graf Thurn. Beide Jägermorde wurden nicht aufgedeckt. Weil die Gendarmerie in dieser Zeit nicht entsprechend einzugreifen wagte, waren die Jäger auf Selbsthilfe angewiesen.

Die Brackierjagden auf der Petzen hatten mit dem Tode des Herrn von Metnitz im Jahre 1907 ihr Ende erreicht, und da Graf Thurn diesen Teil des Gebirgsstockes von der Alpengemeinschaft pachtete, trat im ganzen Gebiet Ruhe ein. Wenn ich für unser Revier ein Standwild von 60 Stück angegeben habe, so waren insgesamt auf der Petzen sicherlich schon 100 Stück vorhanden.

Von der Petzen strahlten die Gams auf das Nachbarrevier Topitza, von dort auf die Oistra und weiterhin auf den Sittersdorferberg aus. Von dort aus besteht ein Wechsel auf den Altenberg und den Klein- und Hochobir. Ebenso besteht eine Verbindung vom Obir nach Trögern und nach Kanker in Krain und zur Koschutta. Leider wurde von den Wilderern auch in der Schonzeit gewildert, und habe ich da drei große kapitale Krucken von alten Böcken, die wahrscheinlich von Krain herüberkamen, gesehen, welche man als bosnische Gams hätte ansprechen können. In letzter Zeit haben die Gams durch die Einschränkung der Schafweide mehr Ruhe und bessere Äsung, und auch die Schafhirten können nicht mehr die ausspekulierten Gams den Wilderern verraten. Ebenso hat das vermehrte Jagd- und Forstschutzpersonal dem Wildererunwesen Abbruch getan. Auch die Köhler, meist Italiener, die passionierte Wilderer waren, sind verschwunden, und so hat das Wildererunwesen nachgelassen."

Man ersieht aus diesem Bericht, daß die Zustände überall ähnlich waren, denn vom Schwarzwald bis an die Südgrenze des alpinen Gamsraumes wurde durch lange Zeit jedes Stück Gamswild, das sich anzusiedeln versuchte, abgeschossen.

Heute liegen die Verhältnisse bedeutend anders. Schon seit einigen Jahrzehnten, zumindest seit der Einführung des Abschußplanes in den dreißiger Jahren, wird das Gamswild in Österreich und Bayern vergleichsweise milde bejagt. Gerade durch die Beschränkung des Abschusses in den Kleinrevieren als eine Folge der gesetzlichen Abschußplanung, wurde die Ausbreitung des Gamswildes und die Auffüllung des Lebensraumes bis an die äußersten Grenzen des natürlichen Areals begünstigt. Heute ist die Mehrheit der Gamsjäger konservativ eingestellt und die äußerst scharfe Bejagung der Gams, wie wir sie aus dem vorgestellten Bericht entnehmen können, gehört der Vergangenheit an. Ja, es bereitet geradezu kaum zu bewältigende Schwierigkeiten, dort, wo es sich als notwendig erweist, die Jäger zu einem stärkeren Eingreifen in den Gamsbestand zu bewegen.

Will man heute den Begriff der Hege, speziell der Gamshege, definieren, so muß man sich zunächst seiner zeitlichen Wandlungen bewußt werden. Es ist bei der Betrachtung der Jagdgeschichte immer wieder zu erkennen, daß die Hege stets erst dann einsetzt, wenn der Mensch den Zustand der Natur nach seinen eigenen Bedürfnissen verändern will. Während man sich in vergangenen Jahrhunderten in den behüteten und gehegten und nur besonderen Kreisen zugänglichen Revieren den Kopf zerbrach, was man zum Gedeihen und Wohlbefinden des jagdbaren Wildes alles unternehmen könne, wurde es in den übrigen, flächenmäßig weitaus größeren Gebieten ohne Gedanken und Bedenken gejagt. Demnach war die zahlenmäßige Vermehrung einer Wildart, bei gleichzeitigem Schutz vor allen möglichen Feinden und Störungen, der ursprüngliche Gehalt der Hege, und sie wurde damals beileibe nicht von allen Jägern praktiziert. Die Motivation war eine fast ausschließlich jagdliche und zumeist einseitig übertrieben. So hegte man die Gams sorgsam in großen Zahlen, schoß und fing aber beispielsweise gleichzeitig den Steinadler und den Luchs in der festen Überzeugung, Gutes zu tun. Heute wird die Hege des Schalenwildes weitgehend von dem Bestreben beherrscht, gute Trophäen zu produzieren. Auch das, und darüber muß man sich im klaren sein, entspricht einem reinen Wunschdenken der Jäger und hat mit den Ansprüchen der betreffenden Tierart selbst recht wenig gemein. Daß es hinsichtlich des Gamswildes noch nicht zu den vor allem in Verbindung mit dem Rotwild heute so weit verbreiteten Exzessen kam, mag einerseits in den Eigenheiten des Gebirgstieres begründet liegen, andererseits aber auch in der geschichtlichen Behandlung des Gamswildes, bei dem lange Zeit, fast bis in unsere Gegenwart hinein, die gestreckte Zahl und nicht die Trophäe entscheidend war.

Heute, angesichts eines besseren Selbst- und Naturverständnisses, ist der sich stets wandelnde Hegebegriff anders zu definieren, wobei vor allem früher vorrangige Spezialinteressen des Menschen in ihrer Bedeutung in den Hintergrund treten müssen. Hege bedeutet demnach in einer modernen Konzeption in erster Linie die Sicherung des Verbreitungsgebietes der betreffenden Wildart, die Sicherung des Vorkommens im gesamten natürlichen Areal, soweit dieses noch ausreichende Lebensbedingungen aufweist. Weiterhin ist in den einzelnen Vorkommen der Fortbestand der autochthonen, lokal angepaßten Rassen zu gewährleisten. Die Regionen der alpinen Zone und der Bergwälder sind in unserer Landschaft noch vergleichsweise wenig veränderte natürliche Systeme von bestimmten Eigengesetzlichkeiten. Das Gamswild hat in den dortigen Lebensgemeinschaften einen ganz bestimmten Platz. Es als integrierten Bestandteil in einer natürlichen Lebensgemeinschaft zu erhalten, gehört zu den bedeutendsten Aufgaben einer modernen an naturwissenschaftlichen Erkenntnissen ausgerichteten Gamshege. Das heißt aber auch ganz klar, daß unnatürliche zahlenmäßige Förderung der Bestände, womöglich um jeden Preis, nicht im Sinne einer modernen Hege liegen kann. Allgemein ist zu sagen, daß eine zeitgemäße Hegeauffassung immer die ganze natürliche Lebensgemeinschaft berücksichtigt, wobei niemals eine Art getrennt für sich betrachtet wird, wie es in der Vergangenheit, vielfach sogar bis in unsere Tage, üblich war. Der Trend geht daher mit zunehmender Berücksichtigung naturwissenschaftlicher (ökologischer) Belange von dem auf die Bedürfnisse und Wünsche des Menschen zugeschnittenen Denken in einzelnen Arten zur komplexeren Gesamtbetrachtung der Natur. Demnach wird der Steinadler nicht mehr verfolgt, weil er eventuell Gamskitze schlagen könnte, sondern es wird anerkannt, daß Adler und Gams einer Lebensgemeinschaft von gewissen Eigengesetzlichkeiten zugehören, die vor den Ansprüchen des Menschen Vorrang genießen.

Ein weiterer weitverbreiteter Irrtum, der einer vermeintlichen guten Hege gleichsam zwangsläufig zugrunde liegt, ist die rastlose Betriebsamkeit des Hegers. In den Augen vieler ist die Hege eng mit der Tätigkeit des Fütterns, der Bekämpfung von Feinden, der Behütung vor jedweder Störung und anderem mehr verknüpft. Daß dies im Grunde Maßnahmen sind, deren Zweckmäßigkeit im Einzelfall jeweils geprüft werden müßte, ist auf Grund der Komplexität des Gesamtproblems auch vielen pflichtbewußten Jägern nicht ganz klar. Gerade beim Gamswild gibt es in der heutigen Zeit durchaus hier oder da Situationen, in welchen eine Hege, eine Hilfestellung durch den Menschen, in keiner Weise erforderlich wäre. In so manchem Gebirgszug, wo ein angemessener und den ökologischen Gegebenheiten entsprechender Gamsbestand vorhanden ist, könnte sich die notwendige hegerische Tätigkeit nur mehr auf das Zusehen beschränken. Hier sei hinzugefügt, daß aufmerksames und systematisches Beobachten, also gekonntes Zusehen, von erheblichem Wert und dazu nicht ohne Reiz ist. Betriebsamkeit und das Manipulieren der Natur sind nicht unbedingt der Kern einer guten Hege. Leider ist die Gabe des Zusehens, des Schauens und der Freude am Geschehen der Natur, ohne diese bevormunden zu wollen, noch nicht allzuweit verbreitet. Wenn auch unsere Altvorderen in jagdlicher Hinsicht ohne Zweifel glücklicher waren als wir, weil sie sich über ihr Tun und Treiben viel weniger Gedanken machten als ihre Nachkommen, die eine Aufgabe mit Verantwortungsgefühl und Hingabe zu lösen haben, so sollten wir hingegen doch unsere hegerische Tätigkeit auf jene Wildarten und Situationen beschränken, bei denen sie auch tatsächlich erforderlich wird.

Die Stellung der Jagd

Muß überhaupt gejagt werden? Das ist eine berechtigte Frage und sie wird meistens mit einem stereotypen Hinweis auf die Ausrottung des Großraubwildes und die daher erforderlichen Ersatzmaßnahmen abgetan. Wir wollen es aber in einer Zeit, in welcher der Jäger sehr um die Bestimmung seines Standortes ringt, nicht bei der Wiederholung von Halbwahrheiten belassen.

Wenn man bei kritischer Lektüre des sehr aufschlußreichen Buches von A. Florstedt 1928 über seine rumänischen Gamsjagden liest, so mutet es in der heutigen Zeit eigenartig an, wenn der Autor meint, in den in ihrer Fauna noch weitgehend intakten Hochgebirgen sei der Abschuß einer bestimmten Zahl alter Böcke eine hegerische Notwendigkeit. Es sei erwähnt, daß nur der Abschuß von Böcken als erforderlich erachtet wurde. Um den Geist und das Denken des in mancher Hinsicht hervorragenden Jägers im Lichte seiner Zeit einzufangen, sei eine Passage aus der Beschreibung einer Gamsbrunft zitiert: „Wohin man sieht, kleine Gemsrudel von Böcken umlagert, die nichts anderes zu tun haben, als sich zu jagen und zu bekämpfen; selten sieht man, daß eine Geiß beschlagen wird. Es besteht gar kein Zweifel, daß man nichts Besseres tun kann, als solche alten Raufbolde abzuschießen, damit sie jüngeren Böcken zum Beschlage Platz machen. Das ist nur vorteilhaft für die Vermehrung und leitet die Brunft in eine ruhigere Bahn. Denn wenn auch das lebhafte Brunfttreiben dem Jäger sehr angenehm ist und ihm die Erlegung alter Böcke wesentlich erleichtert, so ist es für die Zucht und die Vererbung doch entschieden besser, wenn mehr jüngere Böcke in Ruhe zum Beschlag kommen." Es ist verwunderlich, wie wenig Wissen sich in diesen Zeilen eigentlich vom Wirken und Wesen der Natur findet. Ist es nicht überheblich zu meinen, man könne durch sein jagdliches Dazwischenfahren, durch den Abschuß einiger Böcke, das Schicksal der Gams verbessern? Es stünde schlecht um eine Wildart, wäre sie tatsächlich auf eine derartige Hilfestellung durch den Menschen angewiesen. Seit dem Druck dieser Zeilen sind bald 50 Jahre vergangen, dennoch spukt ähnliches Gedankengut immer noch in den Köpfen mancher Jäger.

Man kann heute sagen, eine Notwendigkeit des Abschusses von Gams, gleichgültig welchen Alters und Geschlechtes, gab es in den extremen von FLORSTEDT betreuten rumänischen Gebirgen nicht. Ähnlich liegen die Verhältnisse in großen Teilen der Alpen, nämlich dort, wo die Gebirge ihre schroffste Ausformung zeigen und auch strenge Winter kennen. Hier sind die Gamsbestände in ihrer Entwicklung weitgehend durch die klimatischen Bedingungen bestimmt, wie wir dies im Abschnitt über die Bestandesdynamik ausführlich erläutert haben. Hier würden sich bei einer völligen Einstellung der Jagd keine gravierenden Änderungen für das Gamswild ergeben. Manche Schweizer Banngebiete, in denen die Jagd ruht, sowie der Schweizerische Nationalpark, demonstrieren dies bei Gams recht gut. Dennoch können auch in Gebieten, in denen die Jagd nicht notwendig wäre, ohne Schaden einige Gams geschossen werden. Die Jagd ist demnach bei gewissen Einschränkungen auch in diesen Gebieten vertretbar. Hier jagt der Mensch nicht, weil er muß, sondern weil er jagen will.

Anders liegen die Verhältnisse in den weniger extremen Gebieten, in welchen die Bestandesdynamik des Gamswildes, wie schon ausführlich erläutert, von anderen Faktoren abhängig ist. Hier sind höhere ökologische Dichten gegeben, d. h. die Zahl der vorhandenen Gams entspricht eher den biotischen Grenzen des Lebensraumes. Die Tiere beeinträchtigen durch Konkurrenz um Nahrung und Lebensraum ihre eigenen Entwicklungsbedingungen und beanspruchen ihre Nahrungsgrundlage, die Vegetation, in erhöhtem Maße. Hinzu kommt, wie bereits erwähnt, daß es sich möglicherweise um Gebiete handelt, in denen Bestandesdynamik und Dichte des Gamswildes dereinst in höherem Maße von Raubwild beeinflußt wurden. Den Beweis hierfür müssen wir schuldig bleiben, doch unterstützen die viel geringeren Gamswilddichten in vergleichbaren Gebieten Rumäniens oder Jugoslawiens diese Annahmen.

Im alpinen Raum sind viele Reviere mit ursprünglich ähnlichen Voraussetzungen heute Problemgebiete, die auch aus anderen Gründen zu einer besonderen Betrachtung zwingen. Die jahrhundertelange Beweidung der Gebirgswälder durch Haustiere hat immense Waldzerstörungen mit sich gebracht. Ebenso haben die forstlichen Eingriffe der Vergangenheit, aber leider auch mancherorts noch in jüngster Zeit, nicht immer zum Vorteil der Landschaft gereicht. Die Sanierung der Gebirgswälder mit dem Ziel, ihre verschiedenartigen Funktionen, vor allem ihre Schutzfunktionen, nachhaltig zu sichern, ist bereits in allen Alpenländern ein erklärtes Ziel. Wenn auch dem Gamswild, gemessen am Rotwild, eine geringere Rolle in diesem wichtigen Problemkreis zukommt, so müssen die Ansprüche der Landeskultur doch ihren Niederschlag im jagdlichen Tun finden. In diesem Sinn ist die Jagd auf das Gamswild echte Aufgabe und Verpflichtung, und man kann durchaus von einer Notwendigkeit der Bejagung sprechen.

Im Laufe einer Betrachtung über Sinn und Zweck der Gamsjagd kommt man zwangsläufig auch auf die Frage der Gesunderhaltung der Tiere. Sicher ist die Kondition des einzelnen Tieres durch eine Verminderung der Konkurrenz, die bei entsprechender Schärfe zu Mangelerscheinungen führt, zu verbessern. Dies trifft vor allem in den Gebieten zu, in denen der Abschuß von Gamswild auch aus anderen Gründen erforderlich ist. In den klimatischen Extremgebieten hingegen ist die Möglichkeit einer Verbesserung der Kondition und somit der Widerstandskraft von Wildtieren gegenüber Krankheitserregern durch eine Bejagung unwahrscheinlich. Grund hierfür sind die laufenden Bestandesreduktionen in den harten Wintermonaten auf ein Niveau, das bei minimaler Konkurrenz noch keine weitverbreiteten Mangelerscheinungen als Folge hoher Dichte zuläßt.

Wird im Rahmen der erforderlichen Bejagung hoher Gamsbestände auch die Gesunderhaltung ins Auge gefaßt, so ist zu bedenken, daß in allererster Linie eine merkliche Bestandesreduktion, und als deren Folge die Verbesserung der Lebensbedingungen für das einzelne Tier zum Ziele führen und nicht der Abschuß von wenigen bereits erkrankten Stücken. Letzteres entspricht einem Kurieren an Symptomen, ohne die Wurzeln des Übelstandes, die verminderte Widerstandskraft des Wildes, zu berühren.

Einen gewissen Sonderfall stellt die Gamsräude dar. Die Meinungen über die zweckmäßigen Maßnahmen gegen die Räude differieren sehr. Fest steht, daß es bisher in keinem Fall nach Ausbruch der Räude gelungen ist, diese durch jagdliche Maßnahmen, gleich welcher Art, in den Griff zu bekommen. Hingegen sind in der Vorbeugung, in der Verhinderung einer weiteren Ausbreitung, die Erfolgsaussichten größer, wenn die Gamswilddichte in den bedrohten Gebieten entsprechend reduziert wird. Dazu muß klar gesagt werden, daß koordinierte Aktionen dieser Art, die zwangsläufig über mehrere Reviere greifen müssen, bisher weder in Österreich noch in Bayern zustande kamen. Sämtliche Versuche in dieser Richtung blieben vorerst in den Anfängen stecken und erbrachten bestenfalls Zahlenspiele auf dem Papier.

So bedauerlich die weite Verbreitung der Gamsräude heute ist, sie wurde sicher erst mit der großflächigen Zunahme der Gamswildbestände in den Ländern des ostalpinen Raumes ermöglicht. In der Schweiz kennt man die Räude der Gams nach wie vor nicht. Ob dies andere Ursachen hat oder zumindest teilweise mit dem höheren Gamsabschuß in den Patentjagdkantonen zusammenhängt, kann zunächst nicht beantwortet werden.

Die Folgen der Räude sollen aber objektiv betrachtet und nicht dramatisiert werden. Dort, wo sie einmal auftritt, verursacht die Gamsräude gerade in der ersten Zeit erhebliche Verluste. In keinem Fall aber kam es bislang zur völligen Vernichtung eines Bestandes. Bei einer scharfen Auseinandersetzung zwischen Wirt und Parasit, wie sie im Fall der Räude gegeben ist, wirkt die natürliche Auslese in Richtung einer minimalen Schädigung der befallenen Tiere infolge Neuanpassung. Es ist sehr wahrscheinlich, daß sich die anfänglich immer wieder beträchtliche Verluste fordernden Räudewellen im Laufe der Zeit glätten, worauf sich ein neues Gleichgewicht einstellt, allerdings bei geringerer Wilddichte als vor dem Ausbruch der Krankheit. Bei unseren Bemühungen um die Bewältigung der Gamsräude sollten wir uns vermehrt derjenigen Gamsbestände annehmen, in denen die Räude noch nicht Fuß gefaßt hat, um die weitere Ausbreitung einzudämmen. Dies erscheint wichtiger, als der zumeist aussichtslose Kampf in den bereits befallenen Revieren. Wir müssen jedoch eingestehen, daß unsere Kenntnisse um die richtigen Maßnahmen noch dürftig sind und daß es noch gezielter Versuche bedarf, um zu wirklich wirksamen Maßnahmen zu gelangen.

Wir haben gesehen, daß die Frage nach der Notwendigkeit der Jagd nicht einfach zu beantworten ist und einen weiten Bogen umspannt. Von der echten Aufgabe, Gamswild aus Gründen seiner eigenen Gesunderhaltung einerseits und auf Grund der Ansprüche der Landeskultur andererseits richtig zu bejagen, reicht dieser Bogen bis in das gegenteilige Extrem, in dem diese Wildart noch unter nahezu ungestörten natürlichen Bedingungen lebt und keinerlei Bejagung erfordert. Im erstgenannten Fall muß, im anderen kann innerhalb bestimmter Grenzen, ohne den Bestand zu gefährden, gejagt werden.

Jagdstrecken

In Österreich, der Schweiz und der Bundesrepublik Deutschland wird heute alles Schalenwild im Rahmen von Abschußplanungen bejagt. Beachtlich ist der Wandel jagdlicher Auffassungen über die Zeiten hinweg. So reichten die Jagdarten von Brackenjagden und Riegeljagden bei gleichzeitig niederen Gamsbeständen bis zur überwiegenden Pirsch auf das Einzeltier, den Trophäenträger, in der heutigen Zeit.

Den Vorschlägen zur jagdlichen Behandlung des Gamswildes sei eine Bestandsaufnahme der gegenwärtigen Situation in den genannten drei Ländern vorangestellt. Vergleicht man die Jahresstrecken in der Zeit nach dem letzten Kriege, ergibt sich bis 1977 eine ständig steigende Tendenz. In Österreich wurden beispielsweise 1949 nur 7081 Stück erlegt; heute sind es – wie die Tabelle für die 70er Jahre ausweist – weit über 20 000. Zum Teil ist dieser Trend durch wachsende Gamsbestände zu erklären, auch wenn es schwierig ist, aus Abschußzahlen Rückschlüsse auf den Gesamtbestand zu ziehen.

Über die Aufteilung der erlegten Gams auf die einzelnen Altersstufen liegen weniger aussagefähige Daten vor. Eine Auswertung mehrerer Trophäenschauen in der Steiermark erbrachte das in der Abbildung dargestellte Ergebnis. Die Verteilung der Tiere auf die einzelnen Jahrgänge ist sehr unterschiedlich. Böcke werden bereits in frühen Lebensjahren intensiv bejagt und gehen in fortgeschrittenem Alter stark zurück. Bei dem allgemeinen Bestreben der heutigen Jägerschaft, möglichst alte Böcke zu erlegen, ist eine derartige, wenig zielführende Aufgliederung der Strecke nicht gleich verständlich. Wahrscheinlich hat sie ihre Erklärung in verschiedenen Ursachen. Fehler im Ansprechen, in der richtigen Einschätzung des Alters vor dem Schuß, sind sicher weit verbreitet. Manchmal wird auch mangels älterer Böcke wissentlich ein jüngerer erlegt. Das ist sicher dort so, wo durch das Fortwirken jagdlicher Gepflogenheiten aus der Vergangenheit die älteren Böcke rar sind. Der Hauptgrund liegt aber in der tiefverwurzel-

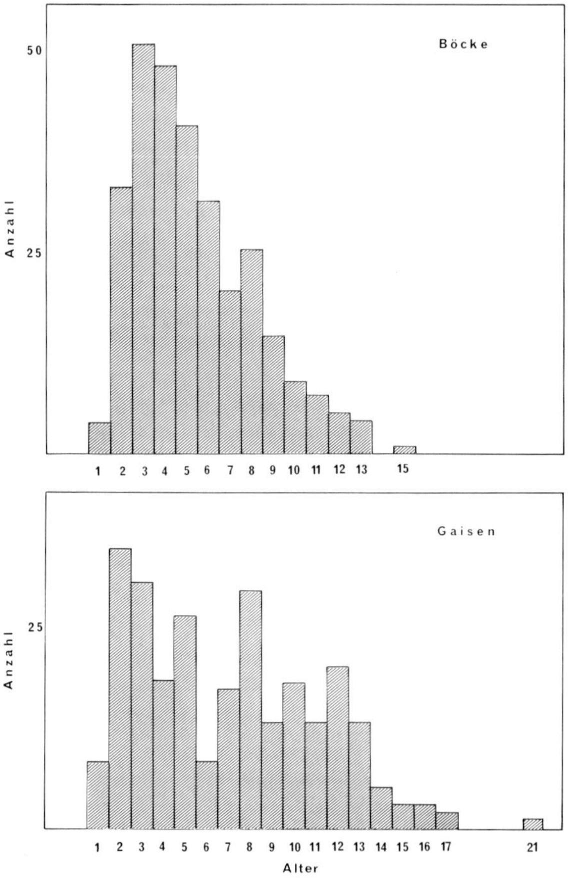

Abb. 54. Altersverteilung von erlegtem Gamswild aus der Steiermark. Die Daten wurden im Jahre 1969 an mehreren Trophäenschauen in der Steiermark erhoben.

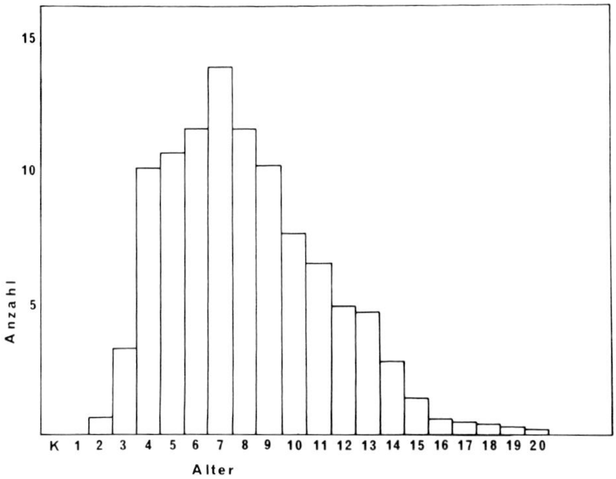

Abb. 55. Altersgliederung von 2561 gestreckten Gamsböcken in Bayern (aus Gruschwitz 1959).

ten Meinung der Jäger, die Erlegung von Tieren mit unterdurchschnittlicher Hornentwicklung sei ein biologisches Erfordernis. Obwohl dies in keiner Weise gerechtfertigt ist, fanden solche Ansichten auch ihren Niederschlag in den Abschußrichtlinien.

Bei den Gaisen liegen die Dinge anders. In dem Bestreben möglichst weibliche Tiere ohne Kitze zu erlegen, werden zunächst die zwei- und dreijährigen Gaisen, also jene, die noch keine Kitze führen, stark bejagt. Haben die Gaisen einmal Kitze, so läßt der Jagddruck nach, denn es werden fast ausschließlich nur solche älteren Gaisen geschossen, die zum Zeitpunkt der Erlegung aus den unterschiedlichsten Gründen kein Kitz führen. Auch hier mögen pseudobiologische Beweggründe mitspielen, nämlich der Glaube, Geltgaisen müßten auf Grund ihrer Unfruchtbarkeit bevorzugt abgeschossen werden.

In Bayern sind die Verhältnisse ähnlich. Für den vergleichsweise kleinen Alpenanteil, der in Form eines langen schmalen Streifens das südliche Grenzgebiet der Bundesrepublik Deutschland darstellt, hat GRUSCHWITZ die amtlichen Aufzeichnungen in übersichtlicher Form zusammengestellt. Die Abschußzahlen des bayerischen Alpengebiets haben sich trotz erheblicher jährlicher Schwankungen im Laufe der letzten dreißig Jahre nicht wesentlich geändert. Sie betrugen in den fünf Jahren:

1967/68	1148 Stück
1968/69	1264 Stück
1969/70	1643 Stück
1970/71	1720 Stück
1971/72	1187 Stück

Die jagdlichen Verhältnisse sind für das Gamswild Bayerns im wesentlichen einheitlicher als in dem größeren österreichischen Gamsvorkommen. Dennoch ergeben sich gewisse Unterschiede im jagdlichen Denken und Handeln, etwa zwischen dem auf Oberbayern entfallenden Gamsgebiet und dem Allgäu. Ebenso unterscheiden sich die Jagden der bayerischen Staatsforstverwaltung mit ihrem hauptberuflichen Jagd- und Forstpersonal, die einen großen Flächenanteil der bayerischen Alpen bedecken, von den Privatjagden. Kennzeichnend für Bayern ist eine äußerst konservative Einstellung in bezug auf die Gamsjagd, die auf möglichst geringfügige und schonende Eingriffe in den Gamsbestand abzielt. Von vielen Jägern wird das Gamswild als gefährdete Wildart betrachtet; Gedanken dieser Art prägen auch die Schriften des mehrmals zitierten Autors GRUSCHWITZ. In Anbetracht des Verbreitungsgebietes dieser Wildart und vor allem angesichts der derzeitigen Höhe der Gamsbestände kann diese Ansicht in keiner Weise gestützt werden. Im Gegenteil, gerade in Bayern mit seinen vielfach großflächig bewaldeten Vorbergen ist aus verschiedenen Gründen eine stärkere Bejagung der Gams erwünscht. Eine Altersgliederung für mehr als zweieinhalbtausend erlegte Gamsböcke aus mehreren vor 1957 in den Staats- und Privatjagden Bayerns erzielten Jahresjagdstrecken, ist mit beigefügter Abbildung gegeben. Hinsichtlich der Verteilung auf die einzelnen Altersstufen gilt im wesentlichen, was bereits für österreichische Gamsstrecken ausgeführt wurde.

Im Schwarzwald werden heute jährlich etwa 150–200 Gams erlegt, wobei sich sowohl die Gliederung der Strecke mit einem entschieden höheren Kitz- und Jahrlings-

Abschuß von Gamswild in der Schweiz

Jahr	Böcke	Gaisen	Kitze	Summe/Gamswild
1971	7395	2771	82	10248
1972	7321	3137	170	10628
1973	7291	3302	140	10733
1974	7793	3600	240	11633
1975	8495	4270	593	13358
1976	9943	4877	781	15601
1977	9916	5588	138	15642
1978	9864	5609	130	15603
1979	8900	5038	1066	15004
1980	8582	5245	991	15818

Abschuß von Gamswild in Österreich

Jahr	Böcke	Gaisen	Kitze	Summe/Gamswild
1971	7459	6860	1151	15470
1972	7489	7854	1493	16836
1973	7874	8201	1844	17919
1974	8236	8762	2171	19169
1975	9214	10393	2346	21953
1976	8823	10166	2625	21614
1977	10122	11650	3070	24842
1978	10724	12230	3436	26390
1979	10620	11815	3541	25976
1980	10486	11165	3058	24709

Abschuß von Gamswild in der Bundesrepublik Deutschland[a]

Jahr	Böcke	Gaisen	Kitze[b]	Summe/Gamswild
1971	719	593	–	1312
1972	825	767	–	1592
1973	786	934	–	1720
1974	885	1023	–	1908
1975	979	1152	–	2131
1976	1061	1555	–	2616
1977	1216	1893	–	3109
1978	1148	1677	–	2825
1979	1101	1822	–	2923
1980	1009	1454	–	2463

[a] Bayerische Alpen und Schwarzwald
[b] Kitzanteil nicht bekannt
Daten zur Verfügung gestellt vom DJV

anteil als auch ihr höherer prozentualer Anteil am Gesamtbestand von den Vergleichswerten aus dem Alpenraum unterscheiden.

Obwohl in der Schweiz im vergangenen Jahrzehnt alljährlich zwischen sieben- und nahezu zehntausend Gams erlegt wurden, wissen österreichische und auch bayerische Gamsjäger über die näheren Verhältnisse des Nachbarlandes recht wenig. Ähnlich mag es sich auch umgekehrt verhalten. Aus diesem Grunde scheint es gerechtfertigt, in eine knappe Beschreibung der schweizer Gamsjagd auch Grundlegendes miteinzubeziehen, wobei die schweizer Jäger um Nachsicht gebeten werden, wenn anstatt des schweizerischen „Gemswildes", weiterhin von Gams die Rede sein wird.

Wenn schon in Österreich die Jagd schier unüberbrückbare föderalistische Züge trägt, so gilt das für die Schweiz erst recht. Hinzu kommen dort zwei rechtlich grundverschiedene Jagdsysteme, nämlich die Revierjagd in den sogenannten Revierkantonen, und die Patentjagd in den übrigen Kantonen. Letztere nehmen den Hauptanteil der Landesfläche ein; sie umfassen vor allem die Gebirgslagen und somit das Gamswild. In den Patentjagdkantonen kann vom Jäger ein Jagdpatent erworben werden, das ihn u. a. berechtigt, ein oder mehrere Stück näherbeschriebenes Schalenwild innerhalb des entsprechenden Kantons zu erlegen. Dieses System mag dem ausschließlich mit dem Revierjagdsystem vertrauten Jäger fremd anmuten, es hat jedoch seine Wurzeln in der ursprünglichen Volksjagd, die jagdhistorisch weit vor der Geburt des Revierjagdsystems liegen.

Eine weitere Besonderheit sind die sogenannten Bannbezirke, die über alle Patentjagdkantone verstreut sind. Die ersten Banngebiete entstanden bereits Ende des 15. Jahrhunderts und blicken somit auf eine lange Vergangenheit zurück. Ihre historische Entwicklung beschreibt Blaupot ten Cate, auf dessen Beiträgen diese Ausführungen im wesentlichen fußen, etwa folgendermaßen:

Die schweizerische Jagd war von jeher Volksjagd. Auch während der Feudalzeit, als die Jagd auf viele Wildarten dem Volk verboten war, frevelte der Bauer, wo er nicht jagen durfte. So wurde in Bern während des 18. Jahrhunderts alle 8 bis 9 Jahre die Jagdordnung erneuert, wonach die Jagd wiederum jedermann verboten wurde, da die bestehende Ordnung „nichts gefruchtet". Nun bedeutete eine derart praktizierte Volksjagd, ob gesetzlich oder nicht, bei den anfänglich fehlenden oder spärlichen Schonzeiten und unter Anwendung sämtlicher Jagdtechniken von der Armbrust bis zur Hundemeute ein schwerer Aderlaß für den Wildbestand, der nicht selten zur lokalen Ausrottung führte. Mit der Bannung eines ganzen Gebirgsstockes und dessen scharfer Überwachung durch Wildhüter bot sich die einzige auch durchführbare Schutzmöglichkeit. Dennoch war es nach dem Aufkommen der Feuerwaffen in der zweiten Hälfte des vorigen Jahrhunderts um die Wildbestände schlecht bestellt. Das Rotwild wurde ganz, das Rehwild nahezu ausgerottet. Auch das Gamswild erreichte einen absoluten Tiefstand. Mit dem ersten Bundesjagdgesetz im Jahre 1875 wurden die Grundlagen der heutigen Wildhege geschaffen. Es wurden eidgenössische und kantonale Bannbezirke errichtet, und die generelle Einführung des Jagdpatentes löste die ungezügelte freie Volksjagd ab. Mit dem Geldertrag der Patente wurde die freie Wildhut organisiert.

Heute gibt es neben vielen kantonalen Bannbezirken und dem 17 000 ha großen Nationalpark auch 34 eidgenössische Bannbezirke. Letztere umfassen mit rund 166 000 ha 4,87 Prozent der betreffenden Kantone. Durch ihre Lage im Hochgebirge und im Alpenrandgebiet schützen sie vorwiegend Gams, Murmeltier und Rotwild, außerdem beherbergen sie etwa 1800 Stück Steinwild. Der Gamsbestand in den einzelnen Bannbezirken ist unterschiedlich und wird mit Dichten je 1000 ha von beispielsweise 43–44 Stück im Tessin, von 107 Stück in Graubünden und, als absolute Spitze, von 270 Stück in Waadt angegeben. In der Größe schwanken die eidgenössischen Banngebiete zwischen einigen hundert bis 10 000 Hektar. Der Bannbezirk Aletsch/Bietschhorn erreicht sogar 24 300 ha, doch umfaßt er ausgedehnte Gletscher. Innerhalb der Grenzen der Bannbezirke ruht die Jagd, lediglich offensichtlich kranke Tiere werden von den Wildhütern erlegt. Für das offene Jagdgebiet stellen die Bannbezirke gewissermaßen ein Reservoir dar: Bei steigendem Wildbestand in den Banngebieten fließt Wild in die offenen Gebiete ab. Am besten wird diese Funktion bei einer Ausdehnung von 8000 bis 10 000 Hektar erfüllt. Ist das Banngebiet wesentlich größer, so bildet sich bei günstigen Einständen ein hoher Bestand, dessen Zuwachs nur zum Teil in die umliegenden Gebiete abfließt, der im übrigen aber speziell im Zentrum, durch hohe Fallwildverluste, reguliert und stabilisiert wird.

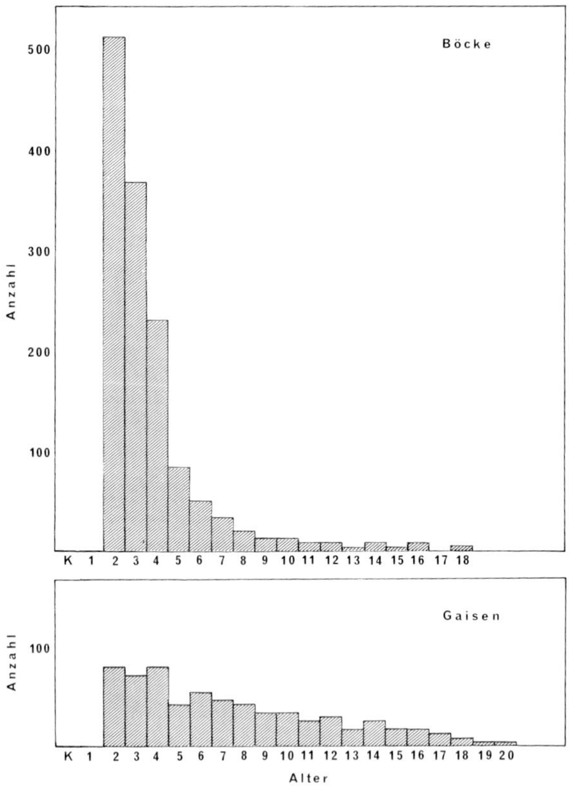

Abb. 56. Gliederung des erlegten Gamswildes im Kanton Graubünden im Jahre 1971 (nach Blaupot ten Cate 1972).

Die Freigabe des Gamswildabschusses erfolgt über die Patente, wird aber zum Nachteil der Gams in den meisten Kantonen zahlenmäßig nicht beschränkt. So ergibt sich der jeweilige Jagddruck aus dem zahlenmäßigen Verhältnis des vorhandenen Wildbestandes und der Patente bzw. der Jäger zueinander. Frei zur Erlegung sind dem Patentjäger in der Regel Gams beiderlei Geschlechts, die ein bestimmtes minimales Krickelmaß (meist Krickellänge von 18 cm) erreichen. Gaisen dürften nur erlegt werden, wenn sie keine Kitze führen. Es wurde aber festgestellt, daß in Einzelfällen bereits Bockjahrlinge jenes Mindestmaß erreichen, bei zweijährigen Tieren weist es bereits die Mehrzahl auf (BLAUPOT TEN CATE, Manuskript).

Das Abschußergebnis einer Jagdsaison unter solchen Bedingungen im Kanton Graubünden ist, nach Alter und Geschlecht gegliedert, aus der Abbildung ersichtlich. 66 Prozent der Böcke und 24 Prozent der Gaisen entfielen bereits auf die Klasse der Zwei- und Dreijährigen. Auf eine erlegte Gais kamen 2,25 Böcke. Die Folgen sind zwangsläufig ein verschobenes Geschlechterverhältnis und das weitgehende Fehlen älterer Böcke. Dieser Abschuß des Kantons Graubünden demonstriert ganz ausgezeichnet, daß unter den gesetzten Bedingungen bei zunehmendem Jagddruck das Durchschnittsalter der Gams sinkt und das Geschlechterverhältnis zugunsten der weiblichen Tiere verändert wird. In manchen Fällen sollen sogar Bestände rückläufig sein. Das mörderische Ausmaß des Jagddruckes auf die Böcke – wie es die Schweizer selbst bezeichnen – hat zwei Gründe: erstens ist es seit alters her Brauch, nach Möglichkeit nur Böcke zu schießen, und zweitens sind für die vielen passionierten Jäger einfach nicht genug Böcke vorhanden.

Bei einer besseren zahlenmäßigen Relation zwischen Gams und Jägern, bei geringerem Jagddruck also, hatte der Kanton Bern, diesmal ohne Vorschrift eines Krickelmaßes, ein etwas günstigeres Ergebnis. Zwar wurden 3,2 Böcke pro Gais erlegt, was sich sehr zu Lasten eines einigermaßen ausgeglichenen Geschlechterverhältnisses auswirken mußte, doch konnten die Böcke im Vergleich zu Graubünden älter werden. Wenn man von dem einseitig überlasteten Geschlechterverhältnis in der Strecke absieht, so zeigt hier die Altersverteilung der erlegten Böcke eine erstaunliche Ähnlichkeit mit der für die Strecken der Steiermark und Bayerns festgestellten Gliederung. Die Übereinstimmung ist deshalb so erstaunlich, weil unter völlig anders gelagerten Bedingungen derart ähnlich gegliederte Strecken erzielt wurden. Die Dinge liegen also nicht so weit auseinander, wie mancher meinen möchte. Hinzugefügt sei jedoch, daß der Jagddruck in den meisten österreichischen und bayerischen Gebieten ungleich geringer ist und daß demnach auch bei ähnlicher Streckengliederung der Altersaufbau der Population differieren dürfte. Außerdem verfolgen in den Nachbarländern der Schweiz die Jäger in den einzelnen Revieren oft eine eigene Linie und sorgen damit – allen Abschußrichtlinien zum Trotz – für gewisse Abwechslung. So gibt es Reviere, in denen fast ausschließlich alte, über zehnjährige Böcke zur Strecke kommen, den Rest besorgt dann die Natur. Aber schon im Nachbarrevier kann ein hoher Gesamtabschuß mit großem Jungwildanteil praktiziert werden.

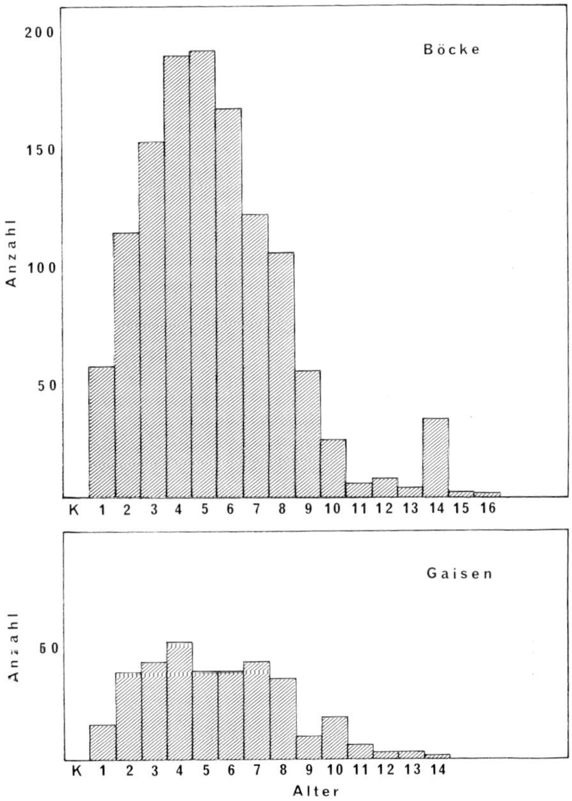

Abb. 57. Gliederung des Berner Abschusses 1971 (nach Blaupot ten Cate 1972).

So mancher Schweizer Jäger, aber auch Biologe, hat schon Vorschläge zu einer Verbesserung der letztlich als sehr unbefriedigend empfundenen Situation unterbreitet (Blaupot ten Cate, Krämer, 1972). Noch scheitern sie jedoch am Beharrungsvermögen der Mehrheit der Jäger.

Unter Fachleuten ist man sich darüber einig, daß die geforderte Mindestlänge der Krucken in der gegenwärtigen Situation ein zum Zwecke der Streckenbegrenzung völlig ungeeignetes Abschußkriterium ist, wenn zugleich das Durchschnittsalter von Strecke und Bestand erhöht werden soll. Bei den Böcken werden die nachwachsenden Tiere bereits ständig gezehntet, bevor sie in das Reifealter gelangen, während beim weiblichen Wild ausgerechnet die wertvollen Geltgaisen die Bürde des Jagddruckes zu tragen haben. Eine Umkehrung des Krickelmaßes, nämlich ein maximales Maß von etwa 18 cm, wurde zur Diskussion gestellt, um einen entsprechenden Jungwildabschuß zu forcieren. Weiterhin wurde die Schließung der Gamsjagd auf zwei Jahre vorgeschlagen. Der einzige gangbare Weg scheint aber eine Begrenzung der Zahl der Jagdpatente und somit der Jägerzahl unter gleichzeitiger Beschränkung der Strecke pro Jäger oder bei direkter Festsetzung des jährlichen Gesamtabschusses nach dem Beispiel des Kantons Schwyz zu sein.

Reviergröße und Schußzeit

Die ursprüngliche Sehnsucht eines jeden Jägers nach unendlichen Jagdgrenzen ist unter europäischen Verhältnissen nicht mehr zu erfüllen. Hier soll die Grenze auch nicht vom Standpunkt der jagdlichen Freiheit, sondern vom Standpunkt der Hege einer Betrachtung unterzogen werden.

Solange es keinen Abschußplan gab, war die Größe des Reviers einzig und allein dafür entscheidend, ob ein Jäger seine Absichten hinsichtlich des Wildstandes verwirklichen konnte oder nicht. Daher war das Bestreben nach ständiger Erweiterung der Grenzen, vor allem im Gebirge, an der Tagesordnung. Hier, wo das Wild große Räume durchwechselt, war die weitgesteckte Grenze die einzige Sicherheit für das zu hegende Wild. So kam es, daß sich gerade in der zweiten Hälfte des vorigen Jahrhunderts ausgesprochene Großreviere entwickelten. Zum eigenen Großgrundbesitz wurden häufig Gemeinde- und Genossenschaftsjagden zugepachtet. Auch kleine Eigenjagdreviere wurden pachtweise erworben, und die auf diese Weise entstandenen, oft viele 1000 ha großen Komplexe bildeten damals die Fundamente der Gamshege. Sie wurden in ihrem Umfang vielfach bis zum Ende des ersten Weltkrieges erhalten, ein großer Teil zerfiel dann wieder in seine Bestandteile, ein geringerer widerstand den veränderten wirtschaftlichen Verhältnissen, ein anderer kam, je nach Laune des Schicksals und Vermögen der alten Besitzer in bessere oder schlechtere Hände. Immerhin wurde durch Gründung von Jagdschutzvereinen und Verbänden das Gedankengut der Hege auch unter den neuen Jagdherren verbreitet und dadurch für die Wildbestände das Schlimmste verhütet. Aber die Grenzen waren mit wenigen Ausnahmen enger und damit die Hege schwieriger geworden. Es gab Nutznießer der großräumigen Hege überall auf den kleinen Revieren, denn nach den gesetzlichen Bestimmungen waren hier im Abschuß keine Schranken gesetzt. Lediglich die vom Gesetzgeber vorgeschriebenen Schuß- und Schonzeiten sollten ein Übermaß der Wildnutzung verhindern. Sie reichten dazu niemals aus, wenn der gute Wille zur Schonung fehlte.

Wenn heute in Österreich für Eigenjagdreviere, die bereits vor dem Jahre 1938 bestanden haben, ein Ausmaß von 115 ha genügt, so ist dies ohne Zweifel zuwenig. Selbst die Größe von 300 ha, die einheitlich für neu entstehende Eigenjagdgebiete gefordert wird, stellt eine untere Grenze des Vertretbaren dar. Wenn auch vom Jahre 1938 bis zum Jahre 1945 die Mindestgrößen von 300 ha für das Gebirge im damaligen

Geltungsbereich des Reichsjagdgesetzes einheitlich festgesetzt waren, so entfiel diese Bestimmung mit der Wiedererstehung Österreichs doch wieder, und zwar aus politischen, nicht aus jagdlichen Gründen, und es ist vorerst wohl kaum an eine Änderung dieses Zustandes zu denken. Trotzdem muß hier auf den Nachteil des kleinen Revieres hingewiesen werden, weil jede verantwortungsbewußte Behörde, der die Festsetzung des Abschusses obliegt, sich mit ihm auseinandersetzen muß.

Die Abschußplanung kann heute nur großräumig gedacht und gehandhabt werden. Ein ganzer Gebirgsstock mit Nord- und Südlagen muß unter Berücksichtigung der jeweiligen Einstände zusammengefaßt, der Wildstand in seiner Gesamtheit berücksichtigt und der daraus resultierende planmäßige Abschuß auf die Reviere nach Größe und Bonität aufgeteilt werden. Ist die Abschußplanung im Sinne der Sicherung und Gesunderhaltung eines Gamsbestandes in Ordnung, dann kommt der Schußzeit nur eine untergeordnete Bedeutung zu. Sie wird lediglich von den traditionellen Erwägungen bestimmt werden, daß das Wild in der Notzeit ungestört bleiben soll und daß die Muttertiere nicht gefährdet werden dürfen.

Der 1. August hat sich als Termin für den Anfang der Schußzeit des Gamswildes in Bayern und Österreich eingebürgert. Die Kärntner Jagd- und Fischerei-Ordnung aus dem 17. Jahrhundert gestattete die Jagd auf Gams ab Jacobi (25. Juli), ohne aber einen Schlußtermin anzugeben. Gaisen waren „... zumal an Orten, wo deren wenig sind, solange bis eine Mehrung eintritt, zu schonen ...". Ähnlich lauteten die Bestimmungen in der steiermärkischen Jagd- und Fischordnung von 1618. Als Ende der Jagdzeit gilt heute in manchen Gebieten das Jahresende. Der 15. Dezember (Salzburg) und der 30. November (Bayern) werden mit der Absicht vertreten, dem Jagdpersonal die letzten Tage des Jahres für den Abschuß des Rotwildes freizuhalten. Verbissene Bartgamsjäger versuchen dann mitunter noch den Abschuß von Böcken bis in die letzten Tage der Jagdzeit zu verzögern, in der Hoffnung, das Wachstum des Barthaares so besser auszunutzen.

In den Schweizer Kantonen ist die Jagdzeit kürzer und fällt in die Monate September/Oktober. Die Jagd auf den Brunftgams ist demnach dem Schweizer Gamsjäger unbekannt.

Abschußrichtlinien und Abschußplanung

Bei der richtigen Bemessung des Gamswildabschusses werden die für eine notwendige Bestandesregulierung erforderlichen Abschußzahlen unter größtmöglicher Berücksichtigung der Ansprüche der Jäger ermittelt. Jede Jagd auf eine freilebende Tierart muß sich in einem unter dem Gesichtspunkt der Nachhaltigkeit und bei Berücksichtigung der biologischen Besonderheiten der Art vertretbaren Rahmen bewegen. Nach eingehender Prüfung der heutigen Situation, sei es in der Schweiz, in Österreich oder in der Bundesrepublik, muß eingestanden werden, daß durchaus noch einiges zu verbessern wäre. Zwar sind die Zustände von Fall zu Fall unterschiedlich, sind auch sicher besser als zu früheren, vielfach schlechteren Zeiten, aber weitere Bemühungen um eine richtige Behandlung unseres Gamswildes sind durchaus den Schweiß der Edlen wert.

Einmal haben wir, zumindest in den Ländern des Revierjagdsystems, gegendweise Gamsbestände von zu hoher Dichte, und zum anderen weit verbreitete Krankheiten (Seuchen), die mit der hohen Dichte in gewissem Grade in Zusammenhang zu stehen scheinen. Eine Verbesserung wäre in den Gebieten, wo dies nötig erscheint, durch eine generelle Abschußerhöhung bis zu einer Reduktion der Bestände zu erzielen.

Der heutigen Abschußplanung, wie sie seit einigen Jahrzehnten auch der Gamsjagd zugrunde liegt, haften aber leider einige gravierende Mängel an. Zu Zeiten der Einführung des Abschußplanes war es ein großer Schritt, die Zahl des zu erlegenden Schalenwildes in ein bestimmtes Verhältnis zu der des Bestandes zu setzen und damit die Willkür im Abschuß durch sinnvollere Regelung abzulösen.

Die Abschußplanung besteht im wesentlichen darin, daß sich aus einer durch direkte Zählung ermittelten Bestandeszahl nach Hinzurechnen des jährlichen Zuwachses die Abschußzahl in Höhe dieses Zuwachses, vermindert um die voraussichtlichen Fallwildverluste, ergibt, vorausgesetzt der Bestand soll auf gleicher Höhe bleiben. Leider ist die im Ansatz nur positiv zu bewertende Abschußplanung von ihren Kinderkrankheiten noch immer nicht befreit worden. Die Mängel beginnen schon mit der Zählung. Wie wir bereits wissen, gibt es beim Gamswild keine genaue Zählung, auch dann nicht, wenn der ehrliche Wille zur Lieferung genauer Zahlen vorhanden ist. Damit wird schon der Ausgangswert der Planung, die zugrunde gelegte Bestandeszahl fraglich, wenn sie nicht durch Erfahrungswerte korrigiert werden kann. Als Haupteinwand mag aber gelten, daß die Natur und im konkreten Fall die Regelung der Populationsdichten beim Gamswild – zum Glück – nicht so einfach funktioniert, wie es derartigen Zahlenspielen der Abschußplanung entspräche. Hier wird die Rechnung einfach ohne den Wirt gemacht. Die im Abschnitt Bestandesdynamik diskutierten Vorgänge der Populationsregulation finden in der heutigen Abschußplanung noch keine Berücksichtigung. So gibt es beispielsweise leicht bejagte Gamsbestände, die in ihrer Dichte weitgehend natürlichen Regulationsmechanismen unterliegen. Die Jagd ist hier lediglich ein kompensierender Faktor der ohnehin eintretenden natürlichen Verluste. Nun unterliegen die meisten Jäger und Abschußplaner dem gutgemeinten Irrglauben, der Abschuß hielte den Bestand „in Grenzen". Unterließe man jedoch in solch einem Falle die Jagd völlig, so würde sich, zumindest langfristig, hinsichtlich der

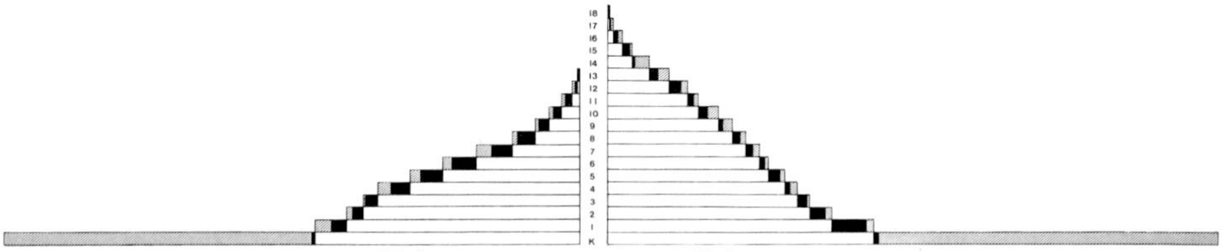

Abb. 58. Altersgliederung des Gamsbestandes im Hochschwab/Steiermark. Die schwarzen Felder repräsentieren den Abschuß, die schraffierten das Fallwild. Die Bestandesstruktur zeigt einen mittleren Wert aus einer 10jährigen Periode (Näheres in Schröder 1971).

Dichte überhaupt nichts ändern. Man könnte auch den Abschuß in gewissen Grenzen erhöhen, und es würde sich ebenfalls, innerhalb dieser gewissen Grenzen, nichts ändern. Die Gams würden erst dann weniger zahlreich werden, wenn der Abschuß aufhörte, nur das unvermeidbare Fallwild zu kompensieren. Trotz all dem tun Jagdbehörden und Jagdherren schon seit Jahren so, als ob die gesetzliche Abschußplanung funktioniere, wobei jedoch die erfahrenen und gutinformierten unter ihnen mittlerweile dazu übergegangen sind, von den amtlichen oft abweichende Leitsätze anzuwenden.

Generell müßte weniger schematisch, statt dessen mehr experimentell und vor allem flexibler verfahren werden. Unter Zuhilfenahme und Auswertung aller verfügbaren Informationen sollte man sich empirisch an die optimalen Abschußstrukturen, die keineswegs starr sein dürfen, herantasten. Versuche in diese Richtung wurden an einigen Stellen aufgenommen und lassen verfeinerte und sachgerechtere Methoden der Planung erwarten.

Betrachten wir noch einmal die Gliederung der analysierten Strecken hinsichtlich der Abschußalter und berücksichtigen wir dabei besonders die Auswirkungen auf die Altersstruktur der Bestände. In einem Fall liegen hierüber Angaben aus einem gut geführten großen Gamsrevier des bereits mehrfach erwähnten Hochschwabs vor (Schröder 1971). Hier ist vor allem die rasche Abnahme in den höheren Altersklassen der Böcke augenfällig. Diese ist zu einem wesentlichen Teil auf die übermäßige Bejagung zurückzuführen. Es sei noch einmal hervorgehoben, daß es sich bei dem Beispiel um ein Revier unter außergewöhnlich guter Führung und mit ebenso qualifiziertem Jagdpersonal handelt. In vielen, ja in den meisten anderen Revieren würde das aufgezeigte Phänomen noch extremer ausfallen, d. h. die alten Böcke wären noch seltener. Nun ist es nicht nur ein Anliegen der Jäger, möglichst viele alte Böcke zu erlegen, sondern deren Vorhandensein im Bestand ist auch ein wichtiger Faktor in der Biologie, genauer im Sozialverhalten des Gamswildes, wobei sich ein bestimmter Anteil von alten Böcken als günstig erwiesen hat. Ein hoher Anteil an reifen Böcken wirkt sich nämlich aller Wahrscheinlichkeit nach auf die Überlebenschancen anderer positiv aus. In Gebieten mit genügend alten Böcken zeigt sich nämlich, daß die etablierten Platzböcke Jungböcke in der Brunft wohl verjagen, aber untereinander wenig kämpfen. Erst gegen Ende der Brunft nimmt die Häufigkeit von Kämpfen unter den jüngeren Böcken zu, wenn sich die Platzböcke zurückziehen. Ältere Böcke führen somit zu einer gewissen Inaktivität der jüngeren. Fehlen nun alte Böcke, so nehmen die jüngeren voll am Brunfttreiben teil, gehen mit aufgezehrten Reserven in den Winter und laufen in erhöhtem Maße Gefahr, harten Winterbedingungen zum Opfer zu fallen. Es ist deshalb sehr wahrscheinlich, daß bei erhöhtem Bockabschuß und demzufolge Fehlen einer ausreichenden Anzahl von Altböcken der Fallwildanteil der Böcke nicht sinkt, sondern noch ansteigt.

Auch das Verteilungsmuster der Gams im Revier dürfte über die Altersstruktur beeinflußbar sein. Ein Mangel an älteren Böcken führt zu Konzentrationen, während sich die Tiere im anderen Fall besser über den Raum verteilen. Entsprechende Verhaltensmuster sind vom Steinwild bekannt und werden von Kennern auch beim Gamswild als wahrscheinlich erachtet.

Um den Abschuß unter Berücksichtigung der erwähnten Erfordernisse besser steuern zu können, haben die dem österreichischen Gamswildausschuß angehörenden Fachleute eine neue Altersklasseneinteilung für das Gamswild erarbeitet:

Altersklasseneinteilung für Gamswild

	Böcke	*Gaisen*
Klasse III (Jugendklasse)	Bock-Jahrling und 2jährige Böcke	Gais-Jahrling, zwei- und dreijährige Gaisen
Klasse II (Mittelklasse)	3–7jährige Böcke	4–9jährige Gaisen
(Klasse I (Altersklasse)	8jährige u. ältere Böcke	10jährige und ältere Gaisen

Kitze stellen eine eigene Altersklasse ohne Geschlechtsangabe dar.

Durch entsprechende Abschußfreigabe von Gams in den drei Altersklassen ist eine Steuerung des Altersklassenaufbaues, so wie auch des Geschlechtsverhältnisses gut möglich, und es kann ein entsprechender Anteil von achtjährigen und älteren Böcken im Bestand erreicht werden.

Der Abschuß in der Klasse III umfaßt den Jugendabschuß. Er soll sich vorwiegend auf Jahrlinge erstrecken und nur vereinzelt auf zwei- und dreijährige Gams. Bei Gamsbeständen, die einer Reduktion bedürfen, oder solchen, die an einer weiteren Bestandeszunahme gehindert werden sollen, muß der Anteil der Klasse III an der Gesamtstrecke entsprechend hoch sein. Er kann bis zu 50 % des Gesamtabschusses betragen. Werden hingegen Gamsbestände durch extreme Klima- und sonstige Umwelteinflüsse so gezehntet, daß man auf einen Gamswildabschuß zur Bestandesbegrenzung verzichten könnte, so ist ein Abschuß in der Klasse III nicht erforderlich. Dennoch kann auch in diesem Fall ohne Schaden ein geringer Prozentsatz des Abschusses in jener Altersklasse durchgeführt werden.

Der Abschuß sollte stets flexibel gehandhabt werden und natürliche Bestandesschwankungen berücksichtigen. In den Jahren nach einem strengen Winter mit hohen Verlusten kann der Abschuß in der Klasse III gering sein, um eine Erholung des Bestandes zu gewährleisten. Mit steigender Bestandesdichte soll er hier anteilsmäßig zunehmen und dadurch das Wachstum der Population bremsen.

Die Klasse II, die Mittelklasse, muß möglichst ganz geschont werden. Vom Abschuß kranker Tiere abgesehen, gibt es keinen triftigen Grund, Gams dieser Altersstufen zu erlegen. Als Übergangslösung können in noch schlecht strukturierten Beständen, bei zu geringer Zahl von alten Böcken, einige wenige Tiere der Klasse II freigegeben werden, um den Wünschen der Jäger nach Böcken, um diese geht es eigentlich immer, entgegenzukommen. Man muß sich aber darüber im klaren sein, daß hierdurch die Auffüllung der Klasse I verzögert wird. Die Klasse I soll im Bestand bei beiden Geschlechtern ausreichend hoch vorhanden sein. Erst dann ist ein Abschuß vor allem von reifen Böcken in größerer Zahl möglich und auch vertretbar.

Der Gaisenabschuß ist, um das Verhältnis der Geschlechter nicht allzuweit auseinanderklaffen zu lassen, unbedingt erforderlich und sollte normalerweise der Zahl der erlegten Böcke ungefähr entsprechen. Schwache Gaisen sind samt ihren Kitzen vorzugsweise vor den sogenannten Geltgaisen zu erlegen.

Sollte es gelingen, die Empfehlungen des österreichischen Gamswildausschusses in die grüne Praxis umzusetzen, so hätten die Gamsstrecken in Zukunft einen, je nach den örtlichen Erfordernissen, geringen bis hohen Jungwildabschuß (Klasse III), wenige Tiere der Klasse II und in allen Fällen einen hohen Anteil der Klasse I aufzuweisen. Sie würden sich damit aber erheblich von der heute weithin gegebenen Gliederung des Abschusses unterscheiden.

Bezüglich des Kitzabschusses läßt sich, wie auch beim Jungwildabschuß, bei Gams nichts verallgemeinern. Hier bestehen Unterschiede gegenüber dem Kälberabschuß beim Rotwild, denn Eingriffe sind nicht immer zwingend erforderlich.

Zunächst stellt sich die grundsätzliche Frage nach der Notwendigkeit einer Bejagung von Gamskitzen im Sinne einer zeitgemäßen Jagdausübung zur Begrenzung der Wildbestände. Sie kann weitgehend verneint werden. Bei einer Wildart wie dem Gamswild, das in seiner Bestandesdynamik – zumindest im Hochgebirge – primär durch die von Jahr zu Jahr schwankenden Winterbedingungen (Schneeverhältnisse) beeinflußt wird, entfällt eine derartige Notwendigkeit auf Grund des hohen natürlichen Ausfalls weitgehend.

Ist es nun trotzdem vertretbar, Kitze zu bejagen, bzw. sollen sie bejagt werden? Hier lassen sich einige Punkte für und wider zusammenfassen:

Für den Kitzabschuß sprechen:

1. Zur Erfüllung des Abschusses von Gamsgaisen in der erforderlichen Höhe ist es oft angebracht, auch führende Gaisen mit ihren Kitzen zu erlegen.
2. Der frühzeitige Abschuß eines Kitzes bald nach der Geburt gewährleistet eine rasche körperliche Erholung des Muttertieres.
3. Durch vermehrten Kitzabschuß vor dem Winter wird die Äsungskonkurrenz der Gams in den Wintereinständen herabgesetzt.
4. Die natürlichen Ausfälle der Kitze sind hoch (im Schnitt über 50 Prozent). Durch rechtzeitige Erlegung kann ein Teil der sonst als Fallwild verlorengehenden Kitze jagdlich genutzt werden.

Hingegen spricht gegen einen Kitzabschuß in größerem Umfang folgendes:

1. Bei den überwiegend in Gesellschaft weiterer Tiere stehenden Gaisen und Kitzen kann eine starke Bejagung letzterer (mehrmaliges Beschießen der Rudel) zu erheblicher Beunruhigung, großer Fluchtdistanz und übermäßiger Furcht vor dem Menschen führen.
2. Die hohen natürlichen Ausfälle im ersten Lebensjahr haben einen hohen Anpassungsgrad der Population zur Folge. Die Bedeutung der natürlichen (klimatischen) Auslese für das Gamswild ist groß. Ein extrem hoher Kitzabschuß könnte jedoch die ständige Anpassung gefährden, weil dann möglicherweise der natürlichen Auslese nicht mehr Individuen in ausreichender Zahl zur Verfügung stehen.

Der Abschuß von Gamskitzen ist also kein zwingendes Erfordernis, es kann jedoch aus den angeführten Gründen, die für ihn sprechen, dem Bestand ohne Schaden ein Teil der Kitze entnommen werden. Es empfiehlt sich, hierbei den von Jahr zu Jahr schwankenden Zuwachs zu berücksichtigen, und in Jahren mit einer überdurchschnittlichen Vermehrungsquote die Kitze verstärkt zu bejagen. Zudem sollte zwischen extremen Hochgebirgen und milderen Gebirgslagen, die meistens eine höhere Gamswilddichte aufweisen, differenziert werden, wobei die letztgenannten Vorkommen auch einen höheren Kitzabschuß vertragen. Erlegte Kitze sollten nicht zu Lasten anderer Gams auf den Abschußplan angerechnet werden. Sie sollten aus statistischen Gründen in den Abschußlisten aufgelistet sein.

Es wurde oftmals versucht, bestimmte zulässige Gamswilddichten festzulegen, die eine gute Entwicklung der Tiere gewährleisten und denen auch eine Planung zugrunde gelegt werden könnte. Bei Gams scheitert dies aber an der Realität. Schon die Zählung allein ist wegen der ihr anhaftenden Schwierigkeiten ein Problem. Noch schwieriger dürfte es aber sein, „tragbare" Dichten zu definieren. Es gibt Gamsvorkommen, wo schon wenige, etwa 3–4 Tiere auf 100 Hektar den Lebensraum auslasten. Andererseits können unter sehr günstigen Bedingungen drei- bis viermal so viele Gams ein Auskommen finden. Die ökologische Dichte variiert eben enorm. Schließlich sind Gams immer sehr ungleich in ihrem sehr heterogenen Lebensraum verteilt. Dies mindert den Wert von Durchschnittszahlen für die Dichte sehr, denn lokale Gamskonzentrationen kommen in ihnen durch das Miteinbeziehen mehr oder weniger großer, aber immer schwer abzugrenzender Randgebiete, in denen nur gelegentlich Gams stehen, nicht richtig zur Geltung.

Auch ein bestimmtes ideales Geschlechterverhältnis kann nicht festgelegt werden.

Abb. 59. Gamsbrunft in den Ammergauer Bergen (Phot. B. Georgii).

Wie bereits ausgeführt, liegt ein etwas höherer Gaisenanteil durchaus im Rahmen des Normalen; allerdings sollte das Verhältnis nicht zu weit, d. h. auf keinen Fall mehr als ein Bock auf zwei Gaisen sein. Bei geringer Dichte, nach einem katastrophalen Winter etwa, könnte zwecks rascherer Erholung des Bestandes der Gaisenanteil etwas höher gehalten werden, um dann, bei höherer Dichte, ungefähr dem Anteil der Böcke angeglichen zu werden. Der Rahmen, in dem sich das Geschlechterverhältnis unbeschadet bewegen kann, ist mit etwa 1:1 bis 1:1,8 anzugeben.

In dem Glauben, die Hege aller Schalenwildarten nach vermeintlichen biologischen Gesetzmäßigkeiten ausrichten zu müssen, die letztlich doch sehr mit den Trophäenwünschen der Jäger selbst durchmischt waren, hat man in vergangenen Jahren auch nach dem „Idealaufbau" eines Gamsbestandes gesucht und gemeint, diesen da oder dort gefunden zu haben. Einen „idealen" Aufbau eines Gamsbestandes, ein starres Verhältnis der Alters- und Geschlechterklassen zueinander, das irgendwo in der Biologie des Gamswildes begründet wäre, gibt es nicht. Man muß die Population einer Wildart als form- und wandelbar verstehen, denn nur dank dieser Möglichkeiten kann sich eine Art einem bestimmten Lebensraum und den in zeitlicher Folge wechselhaften Umwelteinflüssen erfolgreich anpassen. Es gibt eben nur einen Rahmen, in welchem sich Geschlechterverhältnis wie auch Altersaufbau bewegen. Unter natürlichen Verhältnissen sind aber zweifelsohne auch immer alte Böcke zu einem gewissen Anteil im Bestand vorhanden. Insofern hat die Jagd durch den Menschen mancherorts, wo alte Böcke nur selten sind bzw. ganz fehlen, oder wo mehrere Gaisen auf einen Bock kommen, den natürlichen Spielraum überschritten, was zu gewissen Nachteilen, unter anderem zu verminderter Anpassung, führen kann.

Mit wechselnden Lebensbedingungen und unterschiedlichen Einflüssen der jüngsten Vergangenheit ändern sich auch die Populationsstrukturen. Nach einem strengen Winter sieht das Bild einer Population anders aus als nach Jahren mit günstiger Witterung, die hohe Wilddichten anstehen ließen.

Bei überwiegend im Wald in niederen Gebirgslagen lebenden Gams ist die natürliche Lebensdauer geringer und somit der Generationsumsatz rascher, im extremen Hochgebirge scheint das Gegenteil der Fall zu sein. Es gibt eben keinen Idealaufbau der Bestände, den das Gamswild „braucht“, sondern es besteht eine sehr sinnvolle Flexibilität um gewisse Mittelwerte, die ein wesentliches Element der Anpassungsfähigkeit und somit der ökologischen Plastizität des Gamswildes darstellen.

Trophäen als Abschußkriterien

Es hat sich für Deutschland und Österreich in der Folge des Reichsjagdgesetzes eingebürgert, sämtliches trophäentragendes Schalenwild (außer Schwarzwild) und somit auch das Gamswild in Klassen einzuteilen, denen Maße und Form des Hauptschmuckes zugrunde liegen.

In den vergangenen Jahrzehnten wurden auch über das Gamswild darwinistische Irrlehren verbreitet, die sich in den Köpfen der Jäger festgesetzt haben und schier nicht mehr auszurotten sind. Man sprach von Artverderben und Aufartung und dachte dabei ausschließlich an die Trophäe. Man sah einmal eine Notwendigkeit, das Gamswild aufzuarten, in der falschen Annahme, es sei aus den verschiedensten Gründen degeneriert, und zum anderen wäre die Möglichkeit einer Verbesserung der Trophäe auf dem Wege der Züchtung im Zeitalter des aufkommenden Trophaenkultes nur gerade recht gewesen. Wir müssen dem modernen Genetiker, der sich mit den einschlägigen Fragen bei Wildtieren auseinandersetzt, zustimmen, wenn er meint, es fehlte den Mißbrauchern der Lehre Darwins einfach das Grundwissen, das man nun einmal benötigt, wenn man naturwissenschaftliche Konzepte in die grüne Praxis übertragen will.

Ob es überhaupt gelingt, die Kruckenbildung des Gamswildes durch entsprechenden „Ausleseabschuß“ zu beeinflussen, halten heute – nach 30jährigen Versuchen – die Praktiker für fraglich und noch nicht restlos geklärt. Wir können aber – gestützt auf die Erkenntnisse der Evolutionsbiologie –sagen, selbst wenn es gelänge, müßte man davon Abstand nehmen. Ohne auf die Grundlagen in irgendeiner Weise eingehen zu wollen (sie setzen Kenntnisse auf dem Gebiet der Populationsgenetik voraus), sei erwähnt, daß die züchterische Einflußnahme des Menschen auf Wildtiere immer auf Kosten der allgemeinen Eignung der Art geht. Das Gamswild wird durch eine auf größtmögliche allgemeine Eignung gerichtete natürliche Auslese in seinen Populationen dem jeweiligen Lebensraum und den dortigen Lebensgemeinschaften angepaßt. Als beste Strategie der erfolgreichen Anpassung hat sich hierbei die Fähigkeit, allen Eventualitäten der wechselnden Anforderungen seines Daseins unter extremen Bedingungen gerecht zu werden, erwiesen. Diese Fähigkeit wird hart auf die Probe gestellt, wenn es gilt, mit heißen Sommer- und frostigen Wintermonaten fertig zu werden, wenn es nach einem

Rückschlag, nach einer Bestandesreduktion, auf rasches Wachstum und im anderen Fall bei hohen Bestandesdichten auf rationelles Haushalten mit begrenzt verfügbarer Energie oder auf die Neubesiedlung von Lebensraum ankommt. Dasselbe gilt für langfristige Veränderungen, wie etwa den wechselvollen Ablauf der Eiszeiten. Gams haben ihn überlebt, viele andere Huftierarten sind aber ausgestorben. Diese hochentwickelten Fähigkeiten der Anpassung sind die Voraussetzung für bestmögliche Überlebenschancen der Art und unterscheiden im wesentlichen das Wildtier vom Haustier. Eine Spezialisierung der Art durch künstliche Auslese, durch Zucht, sei es auf bessere Trophäenleistung hin oder was immer, steht der allgemeinen Eignung diametral entgegen. Es hat daher die bestmögliche Anpassung der Gams an ihren Lebensraum absoluten Vorrang gegenüber allen menschlichen Wunschvorstellungen in bezug auf die Krucke als jagdliche Trophäe. Die Fähigkeit der optimalen Anpassung darf durch jagdlichen Eigennutz in keiner Weise gefährdet werden. Von einer züchterischen Einflußnahme auf das Gamswild ist aus diesem Grunde stets Abstand zu nehmen.

Inwieweit das Hornwachstum der Huftiere überhaupt und das der Gams im besonderen von der Gesundheit und anderen allgemeinen Entwicklungsbedingungen des einzelnen Tieres abhängt, ist noch größtenteils ungeklärt. Ungünstige Entwicklungsbedingungen haben vermutlich nur im alleruntersten Bereich der Skala, also bei schweren Entwicklungsstörungen, einen sichtbaren Einfluß auf die Krucken. Es scheint dann vor allem die Stellung der Stirnzapfen, also das Stirnzapfenwachstum, betroffen zu sein (vgl. Abb. 47). Im weiten Bereich der als „normal" zu bezeichnenden Gams sind Abmessungen und Formen der Trophäe aber kein Spiegelbild der Gesundheit.

Das Hornwachstum ist jedoch mit einer Reihe von physiologischen und ethologischen Eigenheiten korrelliert. Geist (1971) fand bei nordamerikanischen Bighornwiddern ein Dominanzmuster in Abhängigkeit von der Größe der Schnecken. Demzufolge haben Tiere mit raschwüchsigen Hörnern einen hohen sozialen Rang und beteiligen sich auch schon in jüngerem Alter am Brunftgeschehen. Die Folge ist aber eine ganz deutliche frühere Sterblichkeit von Widdern mit raschwüchsigen Hörnern. Auch von Steinböcken sind uns ähnliche Zusammenhänge durch die Arbeiten von Nievergelt (1966) bekannt. Er fand beim Steinwild der Piz-Albris-Kolonie zu Anfang, bei noch

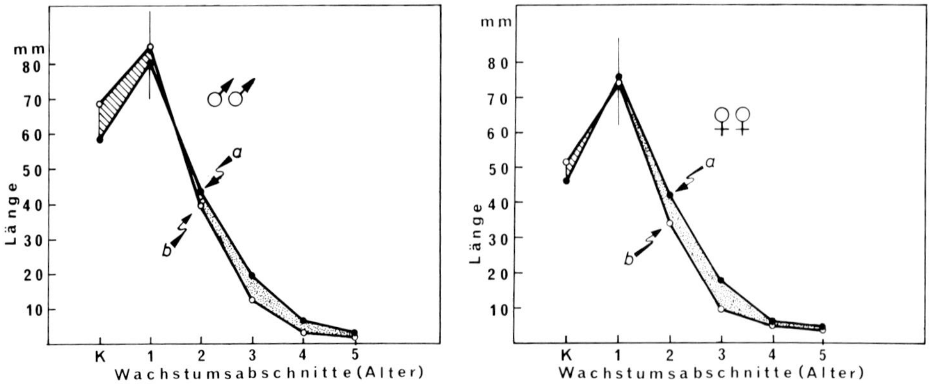

Abb. 60. Wachstumsabschnitte von Gamsbock- und Gamsgaiskrucken zweier benachbarter Populationen. a Hochgebirge, b bewaldetes Vorgebirge. Der Wachstumsrhythmus in den beiden Populationen unterscheidet sich. Das anfangs raschere Hornwachstum in einer Population wird später von dem zu Beginn zögernd wachsenden übertroffen.

lebhaftem Wachstum der Population, folgende Beziehungen: Großer anfänglicher Gehörnzuwachs der Böcke und frühes Setzalter der Steingaisen. Dies bedeutete gleichzeitig eine geringe Lebenserwartung und somit einen raschen Populationsumsatz. In einer späteren Entwicklungsphase derselben Kolonie, bei bereits großer Individuenzahl, war hingegen der Zuwachs an den Steinbockgehörnen während der ersten Lebensjahre sichtlich gedrosselt, hielt aber länger an, so daß die Endlängen bei etwa 12 Jahren annähernd gleich waren. Mit dem veränderten Wachstumsverlauf der Gehörne stieg aber auch die Lebenserwartung der Steinböcke. Für das Gamswild stehen eingehende Untersuchungen über die Zusammenhänge von Populationsgeschehen und Kruckenwachstum noch aus. Es wurden lediglich Unterschiede im Wachstumsrhythmus zweier benachbarter Gamsbestände, einmal im Hochgebirge und das andere Mal in einem vorgelagerten mehr bewaldeten Gebirgsstock, aufgezeigt. Über die Bedeutung der festgestellten Unterschiede ließ sich nichts ermitteln (Schröder 1973).

Während sowohl bei Steinböcken als auch bei Bighornwiddern die Dimensionen der Gehörne als Ranganzeiger fungieren und als Kriterien sozialer Klassen und Hierarchien dienen, ist dies beim Gamswild, wie schon ausführlich beschrieben, nicht der Fall. Meile 1973 beobachtete einen territorialen Gamsbock mit nur wenige Zentimeter langen Kruckenstümpfen, der sich seinen Nachbarn und Konkurrenten gegenüber erfolgreich behaupten konnte.

Wir sehen also, daß das Wachstum der Hörner wilder Huftiere zu sehr mit biologischen Vorgängen gekoppelt ist, die für das Gedeihen der Populationen wichtiger erscheinen, als daß es aus irgendwelchen jagdlichen Wunschvorstellungen heraus in irgendeiner Weise züchterisch beeinflußt werden dürfte. Nur wenn es sich um Erscheinungen, die offensichtlich krankheitsbedingt sind, handelt, so ist die Erlegung der betreffenden Stücke sicher zu rechtfertigen. Der Großteil der Jagdstrecken besteht aber nicht aus kranken Tieren, sondern aus weitgehend „normalen", weshalb der Abschuß dem Angebot entsprechend repräsentativ erfolgen sollte oder – anders ausgedrückt – weder die Großen noch die Kleinen bevorzugt erlegt werden sollten. Wenn nun die neuen österreichischen Richtlinien auf eine Unterteilung der Altersklassen nach der Kruckengüte in den Klassen der mittelalten und der alten Tiere nicht verzichten, so nur deshalb, weil befürchtet wird, daß eine zu große Zahl wenig verantwortungsbewußter Jäger möglichst immer auf den stärksten Bock schießt, und nicht aus irgendwelchen züchterischen Bestrebungen. Es wäre besser, man könnte auf Restriktionen dieser Art, die dem Jäger auferlegt werden, verzichten.

Zur Frage der Winterfütterung

Wenn wir uns heute grundsätzlich zu einer Hege im biologischen Sinne bekennen, so müssen wir bei der Besprechung der Fütterung manche überkommenen Ansichten einer Prüfung unterziehen. Es muß davon ausgegangen werden, daß die Fütterung von Wildtieren durch Menschenhand eine unnatürliche Handlung ist. Sie bleibt auch nicht ohne Folgen, und es erscheint daher wichtig, über die Auswirkungen und die Zweckmäßigkeit der Fütterung überhaupt einige Überlegungen anzustellen.

Fütterungen entbehren überall dort einer Notwendigkeit, wo die Lebensbedingungen der Wildtiere durch die menschliche Landnutzung nicht so verändert wurden, daß wesentliche Komponenten eines Lebensraumes fehlen. Bei dem mitteleuropäischen Rotwild, dem heute fast sämtliche natürlichen Wintereinstände, die Flußniederungen und Hochmoore, genommen wurden, fehlt eine solche Komponente. Hier werden wir mancherorts um Ersatzmaßnahmen nicht umhin können, wenn wir weiterhin Rotwild in unserer Landschaft halten wollen. Es wäre sicher besser, wir hätten noch die Möglichkeit, auf eine Fütterung zu verzichten. Bei Rehwild ist die Problematik bereits differenzierter. Wir haben in manchen ausgeräumten und deckungsarmen Agrarlandschaften auch im Winter Rehe stehen, die auf die Fütterung angewiesen sind. Anders liegen die Verhältnisse in großen Waldgebieten. Leider wird auch in diesen noch naturnahen Landschaftsteilen, den großen Wäldern, mehr und mehr zur Fütterung des Rehwildes übergegangen. Das hat in einer falschausgelegten Hege seine Ursache. In großen Wäldern ist es aus mehreren Gründen erforderlich, das Rehwild ausschließlich im Rahmen der natürlichen Möglichkeiten zu halten und es als integrierten Bestandteil der Waldökosysteme, um einen modernen Begriff zu gebrauchen, zu betrachten. Bei Gamswild spielt die künstliche Fütterung heute eine vergleichsweise geringe Rolle, obwohl die Diskussion um sie immer wieder aufflackert. Unter unseren heimischen Schalenwildarten wurde das Gamswild und dessen Lebensraum durch die vielschichtige landschaftsverändernde Tätigkeit des Menschen glücklicherweise am wenigsten betroffen. Der Lebensraum der Gams ist ökologisch vollständig. Das Gamswild unterliegt in seiner Bestandesdynamik, vom Einfluß der Bejagung abgesehen, noch weitgehend natürlichen Gesetzmäßigkeiten. Eine Winterfütterung erübrigt sich daher.

Die Folgen einer zusätzlichen Darbietung von Winterfutter werden im allgemeinen nicht erkannt, sie sind daher nachfolgend umrissen. Durch die künstliche Fütterung wird in den Ausgleich von Wildbestand und Lebensraum eingegriffen. Die Folge und Absicht ist eine vorübergehende Herabsetzung der natürlichen Sterblichkeit und somit eine Beeinträchtigung der wesentlichsten Komponente der Bestandesregulation. Ein Ansteigen des Bestandes ist die Folge. Dieser gefährliche Eingriff in eine noch weitgehend intakte natürliche Lebensgemeinschaft bringt niemandem Gutes, am wenigsten den Gams. Einmal wird durch das Ansteigen der Bestände die natürliche Nahrungsbasis, die Vegetation vor allem in den Wintereinständen, stärker belastet, zum anderen wird in manchen Fällen die Gesundheit der Tiere selbst durch die steigende Dichte beeinträchtigt. Da aber in den überwiegenden Fällen der Abschuß in seiner Gliederung und Höhe zur Bestandesbegrenzung nicht ausreicht, wie eingehend ausgeführt wurde, fällt, auf lange Sicht gesehen, trotz Fütterung bei einem höheren Bestand mehr Fallwild an als ohne diese. Es tritt in vermehrtem Maße ein, was man eigentlich zu verhindern trachtet.

Diese Zusammenhänge werden leider zuwenig bedacht. Eine Notwendigkeit zur Winterfütterung ist, gleichgültig ob Hoch- oder Mittelgebirgsvorkommen, so gut wie nirgends gegeben. Die Frage der Fütterung ist daher für Gamswild mit allem Nachdruck zu verneinen. In dieser Hinsicht verlangt die verantwortungsbewußte und sinnvolle Hege des Wildes gleichzeitig die billigste Lösung, nämlich ein Unterlassen der Fütterung.

Hingegen sollte dem Biotopschutz, der Erhaltung des Lebensraumes des Gamswildes vermehrt Aufmerksamkeit zukommen. Dies betrifft ganz besonders die bevorzugten Wintereinstände der Gams, die Bergwälder, die in ihrer urigen Ausformung, mit flechtenbewachsenen und tief beasteten Bäumen den Gams in der kritischsten Zeit des Jahres Schutz bieten. Wie wir bereits gehört haben, ist die Zahl und Dichte der Gams von der Ausdehnung und Qualität der Wintereinstände abhängig. Durch den forcierten

Straßenbau zur Erschließung der Gebirge in den letzten Jahren und die verbesserten Bringungsmethoden nahm in manchen Gebieten die Nutzung bisher wenig berührter Wälder einen steilen Aufschwung. Da diese Eingriffe nicht nur das Gamswild berühren, sondern beispielsweise noch viel mehr das Auerwild, ist zu hoffen, daß derartige Belange in Zukunft eine verstärkte Berücksichtigung erfahren.

Etwas anderes ist die sachgerechte Fütterung von Gamswild in Gehegen. Liegen diese außerhalb des natürlichen Verbreitungsgebietes, so leiden Gams oft unter den klimatischen Verhältnissen und erweisen sich als leicht anfällige Pfleglinge. Befinden sich Kleingatter im natürlichen Verbreitungsgebiet der Gams, wo zumindest teilweise natürliche Äsung aufgenommen werden kann, so ist dies weniger problematisch. Gutes Bergheu, ungebrochener Hafer erwiesen sich als ausreichendes Zusatzfutter, aber auch Baumflechten, Tannenzweige und Latschen werden gerne angenommen.

Ob man dem Wilde etwas Gutes tut, wenn man ihm an allen nur denkbaren Orten Salz zur Verfügung stellt, ist eine andere Frage. Es ist zwar anzunehmen, daß das Wild überall dort, wo es unter natürlichen Verhältnissen lebt, nicht mehr Salz aufnehmen wird, als ihm bekömmlich ist, doch ist es durchaus möglich, daß durch das Abweichen von natürlichen Lebensbedingungen Gewohnheiten entstehen, deren Zuträglichkeit zumindest angezweifelt werden muß. Einrichtungen, die für das Haustier als richtig und notwendig erkannt wurden, sind nicht ohne weiteres auf das freilebende Tier zu übertragen. Bisher neigten die Heger allerdings vielfach zu dieser Übertragbarkeit, ja sie bezogen die Rezepte für diesen Teil der Hege zur Gänze aus den Erfahrungen beim domestizierten Tier. Die Lebensbedingungen und vor allem jene der Ernährung sind jedoch sehr verschieden. Auch durch die Zweckbestimmung des Haustieres wird die Art der Ernährung beeinflußt werden. Daher ist eine blinde Anwendung von Grundsätzen, die für das Haustier gelten, auf das Wild falsch, wenn nicht gefährlich.

In unberührter Natur gewinnt das Wild den für seinen Körper erforderlichen Gehalt an Natriumchlorid aus der Pflanze und dem Regenwasser und nur in außergewöhnlichen Fällen aus einem Vorkommen in Form von zutage liegendem salzhaltigen Gestein. Immerhin ist im Biotop des Gamswildes dies eher möglich als in dem von Rot- und Rehwild. Das Gamswild genießt im Gegensatz zu den anderen Wildarten noch sehr reichlich den Vorzug einer naturgewollten Äsung mit dem vielseitigen Gehalt an anorganischen Stoffen.

Man hat in den Salzlecken auch eine Gefahr erkannt, die vielfach ihre Auflassung, mindestens aber ihre Änderung geboten erscheinen ließ. Die Salzlecken sind Konzentrationspunkte im Revier und damit nicht nur Orte, an denen das Wild in nahe Berührung untereinander gerät, sie sind auch konzentrierte Ablagerungsstätten von Losung. Mit der Losung werden nun alle Parasiten in ihren jeweiligen Entwicklungsstufen ausgeschieden, und wenn die Lecken so angelegt sind, daß mit der Aufnahme des Salzes auch die Aufnahme von Parasiten möglich ist, so werden sie zu einer Stätte mit hoher Übertragungs- und Ansteckungsmöglichkeit. Es wird heute als allgemein gültige Forderung gelten dürfen, bei der Anlage von Salzlecken so vorzugehen, daß die Gefahr einer Ansteckung auf ein Minimum reduziert wird. Aus diesem Grunde ist schon der Ort zur Anbringung einer Salzlecke richtig zu wählen. Während man früher einen bequemen ebenen Platz suchte, wird heute der Steilhang bevorzugt.

In der Felsregion sind wohl die sogenannten Steinsulzen die gebräuchlichsten. Steinsalz, auch Bergkern genannt, wird in größeren, meist mehrere Kilogramm schweren Stücken zwischen Stein eingeklemmt. Bevorzugt werden Stellen, an denen durch Felsnischen oder überhängende Felsvorsprünge das Salz möglichst großen Schutz vor dem Regen genießt. An solchen Stellen können auch künstliche Lecksteine, die durch die Einwirkung der Feuchtigkeit meist schneller als das gewachsene Steinsalz dem Zerfall unterliegen, angebracht werden.

Im Walde wird Salz meist in Form von Pflocksulzen verabreicht. Der Salzbrocken wird in einem gespaltenen Holzpflock oder in einem gespaltenen Stämmchen eingeklemmt. Man kann aber auch, wenn man dem Salz Zutaten beifügen will, den oberen Teil des Pflockes in eine Tiefe von etwa 25 cm aushöhlen und den Hohlraum mit gestoßenem Salz und den Beigaben ausfüllen. Am unteren Ende der so entstandenen festgestampften Salzsäule werden mehrere Löcher in den Pflock gebohrt, aus denen die durch die Feuchtigkeit entstehende Salzlösung austreten kann.

Die individualistischen und konservativen Berufsjäger des Hochgebirges haben vielfach ihre selbstentwickelten Methoden, das Salz dem Wilde vorzulegen und halten zäh daran fest. Der eine schwört auf die Raufensulze, in der das Salz in einer primitiven Art von Futterraufe gereicht wird, der andere bevorzugt einen Baumstrunk als Schutzmantel, der dritte wieder nagelt den Leckstein an eine Wetterzirbe, und der vierte bringt ihn in einem festgefügten „Steinmandl" unter.

Wintersport und Touristik

Wenn man den Bergsteiger im Sommer und den Skifahrer im Winter in seiner Bedeutung für das Gamswild gegeneinanderhält, so kommt letzterem in den meisten Fällen die größere Bedeutung zu. Noch in der ersten Auflage dieses Buches vor knapp mehr als zehn Jahren wurde die Entwicklung im Skisport als günstig befunden. Nach der Pionierzeit des Skilaufs und dem Wandel zum Massentourismus schwand der Ehrgeiz, Mühe auf die Ersteigung von Bergen aufzuwenden. Auch heute versammelt sich die Masse noch an wenigen Punkten, den Bergbahnen, Sessel- und Schleppliften mit ihren gepflegten Pisten. Es kam jedenfalls selten vor, daß Skiläufer mit Gamswild zusammentrafen. Das Wild gewöhnte sich rasch an die lauten Rummelplätze, die als ungefährlich erkannt wurden. Zur Ehre der Sportverbände und Naturschutzorganisationen und des Alpenvereines muß auch erwähnt werden, daß die Erziehung zur schonungsvollen Behandlung des Wildes durchaus ihre Früchte getragen hat.

In jüngster Zeit zeichnet sich aber wieder ein neuer Trend ab, nämlich die Wiederkehr des Individualismus und Idealismus. Mehr und mehr Skifahrer greifen zum Kurzski und suchen wiederum nach dem zweifelsohne grandiosen Erlebnis, eine einsame Spur im Tiefschnee zu legen. Diese Art des Skilaufs ist bei entsprechender Frequentierung unserer Berge von nicht zu unterschätzender Gefahr. Die kraftraubende Flucht der Gams aus ihren Wintereinständen bei hoher Schneelage, in einer Zeit negativer Energiebilanz der Tiere, kann durchaus das Ende des einen oder anderen Stückes bedeuten. Viele Skifahrer handeln keineswegs in böswilliger Absicht, sondern in Unkenntnis der Lebensgewohnheiten des Gamswildes und der örtlich speziellen Situation. Neben der ständigen Aufklärung können möglicherweise in Anbetracht des noch steigenden Wintertourismus örtliche Beschränkungen zur Notwendigkeit werden, um ein möglichst störungsfreies Nebeneinander der Erholungssuchenden und der Wildtiere zu gewährleisten.

Wenn im vorangegangenen Abschnitt einiges zur forstlichen Behandlung von Bergwäldern gesagt wurde, so gilt dies hier im gleichen Sinne für Lifttrassen, Skipisten und andere bauliche Anlagen. Es muß in Hinkunft vor allem auf die Erhaltung der Wintereinstände größtes Augenmerk gelegt werden. In so manchem übererschlossenen Wintersportgebiet, insbesondere im beschränkten bayerischen Alpenteil, wurde hier gesündigt. Skipisten können im Sommer gute Äsungsflächen darstellen. Davon profitiert besonders das Rotwild. Doch ist die kritische Zeit des Jahres der Nahrungsengpaß im Winter. Die Erhaltung der zu dieser Zeit bevorzugt aufgesuchten Standorte hat daher Vorrang zu genießen. Es ist noch ein Novum, derartige Gesichtspunkte in die Planung miteinzubeziehen, doch zeigen sich erste hoffnungsvolle Ansätze.

Ein noch wenig diskutierter Störfaktor ist der Fluglärm von Hubschraubern und Sportflugzeugen. Gams reagieren darauf oft panikartig. Die Störung in oder unmittelbar nach der Setzzeit führt zu halsbrecherischen Felstouren der empfindlichen Gaisen mit ihren noch ungeschickten Kitzen, und auf die Folgen für aufgeschreckte Gams in Wintereinständen wurde bereits verwiesen. So mancher Flug von geringer Flughöhe entbehrt einer echten Notwendigkeit und könnte vermieden werden.

Auch der Sommerverkehr hat sich in den Bergen geändert. Einmal liegt sein Schwergewicht heute auf der Motorisierung, und zum anderen Male hat er sich von einer umherschweifenden Touristik auf den extremen Klettersport und auf die Einhaltung bestimmter Routen verlagert. Die Autostraße jeder Kategorie hat mit ihren lärmenden Fahrzeugen längst jeden Schrecken für das Wild verloren. Wild vom Auto aus zu beobachten, ist heute leichter, als ihm zu Fuß nahezukommen.

Das Gamswild ist übrigens vor allem dort, wo es in größeren Mengen auftritt und wo es den Verkehr gewöhnt ist, gerade im Sommer für Störungen nicht sehr empfindlich. Es gibt überall Bereiche in den Alpen, wo es vor Touristen gerade nur eine gewisse Respektdistanz hält, ihnen gegenüber ansonst als vertraut zu bezeichnen ist. Auf Störungen reagiert es nur dann heftig, wenn es in seinen gewohnten unbegangenen Einständen gestört wird. Erstaunlich ist immer wieder zu beobachten, daß das Gamswild wie auch das andere Schalenwild des Gebirges zwischen den verschiedenen Erscheinungen genau zu unterscheiden vermag. Hirten, die täglich ihre gewohnten Gänge machen und das ihnen anvertraute Vieh rufen, werden als ungefährlich kaum beachtet. Fremden Personen gegenüber herrscht größeres Mißtrauen.

Die Jagd

Wenn nun dem naturwissenschaftlichen Teil des Buches jener über die Jagd folgen soll, so scheint es notwendig, sich einmal mit zwei Begriffen auseinanderzusetzen, die in der Jagdliteratur bisher ein oft recht verworrenes Dasein neben- und miteinander führten. Die „Jagdwissenschaft" hat sich, wenn man von der Geschichte absieht, zu einem biologischen Forschungsgebiet über die jagdbaren Tiere entwickelt, während die Jagd selbst mit der Naturwissenschaft – philosophisch gesehen – gar nichts zu tun hat. Die Naturwissenschaften der verschiedensten Richtungen haben im letzten Jahrzehnt Fortschritte so gigantischen Ausmaßes erzielt, daß sie Menschen hervorbringen, die nur mehr die Naturwissenschaft als Quelle der Erkenntnis anerkennen, die auch viele bisher der Parawissenschaft zugeordneten Erscheinungen in den präzisen meßbaren Griff bekamen, oder die das gesamte Leben auf biochemische Vorgänge zurückführen und darauf auch eine neue Ethik aufzubauen versuchen. Ohne hier auf die komplizierten Theorien eingehen zu können, so bietet sich doch das Bild eines geistigen Notstandes dar, der in dem den Laien leicht verständlichen Folgen der Bevölkerungsexplosion und der Umweltvernichtung sichtbar ist und Ausdruck findet. Es ist kein gewagter Schluß zu behaupten, daß sich die Menschheit immer mehr nach der unberührten Natur sehnt, je mehr sie sie vernichtet und je weniger sie davon besitzt. Auf dem europäischen Festland sind die Berge, freilich auch sie schon angeschlagen, die letzte Region, die diese Sehnsucht zu stillen vermag, und in ihnen zu jagen bietet noch die einzige Möglichkeit, das alltägliche Ich vollendet in den Zustand des Übergleitens in eine andere Sphäre, in die des Jägers, gelingen zu lassen.

Der großartige Satz Ortega y Gassets „Man jagt nicht, um zu töten, sondern man tötet, um gejagt zu haben" soll uns ein ständig begleitender Leitsatz sein. Er befreit uns von der Lüge, daß wir nur Sachwalter der Materie Wild sind. Wir müssen, wie immer sich auch die auf uns zukommende Katastrophe lösen wird, den integren menschlichen Standpunkt bewahren, daß wir die uns eingeborene emotionelle Seite der Jagd sittsam pflegen und nicht verleugnen. Wir sollen und wollen noch dem Grundsatz huldigen, daß alle Schönheit dieser Welt ihren Ursprung in der Vielfalt hat. Dies gilt auch für die Jagd. Der alle Phasen der Jagd vollendet beherrschende Könner mag uns Achtung abnötigen, aber der vor der Abgabe des Schusses bis in sein Innerstes vibrierende Jungjäger verdient sie ebenso. Der wirklich große Jäger wird bis in sein Alter die Erregung über das Zusammentreffen mit dem edlen Wild und über die von ihm geforderte Selbstbeherrschung vor Abgabe des tod- und beutebringenden Schusses nicht loswerden. Das Mitschwingen des zweiten Ichs ist ein grundlegender Bestandteil der Jagd, und wenn die Bergjagd beschrieben werden soll, dann wird sein Anteil durch den Eindruck, den der Berg jedem Menschen aufzwingt, noch verstärkt. In der Forderung nach dem Zusammenwirken naturwissenschaftlichen Strebens und gefühlsmäßigen, auf grundlegenden ethischen Regeln basierenden Erlebens hat sich nichts geändert. Ausgeweitet hat sich allein der naturwissenschaftliche Bereich der Jagd. Es ist versucht worden, bei seiner Beschreibung allen an ihn heute gestellten Anforderungen gerecht zu werden. Die Darstellung der Gamsjagd mit ihren Eigentümlichkeiten aber konnte im großen und ganzen so bestehenbleiben, wie sie vor dreizehn Jahren niedergeschrieben worden ist. Neue Funde alter Schriften werden die Aussage noch ergänzen und besonders bezeugen.

Berg und Jagd

Außer Zweifel war die Gamsjagd immer eine besondere Jagd. Sie war die Jagd des Berges, und der Berg hatte auf den Menschen stets einen merkwürdigen, nur schwer erklärbaren Einfluß.

Auch heute sucht ein großer Teil der abendländischen Menschheit das Geheimnis des Berges. Man soll nicht darüber klagen, daß er es auf Autostraßen und Bergbahnen tut, und es besteht kein Grund, darüber zu lachen, daß er sich dort nur mit einem bescheidenen Anteil an dem großen Berggeheimnis begnügt und sich dabei glücklich fühlt. Das Entscheidende ist das Glücksgefühl, das der Berg zu spenden vermag. Der im Erleben Anspruchsvolle wird freilich das Getriebe verlassen, durch alte Wälder emporsteigen, den federnden Almboden oder den harten Fels unter seinen Füßen fühlen wollen, von sorgloser Freude beim Tiefblick vom luftigen Grat erfüllt sein und sich wohlfühlen in der rauhen Luft des Gipfelwindes. Er wird am Berg das suchen, was ein großer Teil der Landschaft einst besessen, jedoch hoffnungslos verloren hat. Er wird am Berge noch jenes ursprüngliche Zusammenwirken ungehemmter Naturkräfte finden, das die Größe der Schöpfung immer wieder bestaunen läßt, und wo noch etwas waltet, was immer die Sehnsucht starker Herzen bleibt: die Einsamkeit.

Wer in eine wirkliche Beziehung zur Gamsjagd treten will, soll sich zuerst dem Berg verbinden. Es soll damit nicht gesagt sein, daß er aus den Bergen stammen muß. Freilich wird der Bergbewohner die Voraussetzungen, die die Gamsjagd fordert, eher erfüllen als der Bewohner des Flachlandes. Aber es gibt genug Beispiele dafür, daß auch der Mensch der Ebene seine Herz an die Berge verlieren kann und ihnen sein ganzes Leben treu bleibt. Er muß nur die Gabe mitbringen, sich in das Wesen des Berges einzufühlen und einzufügen. Kann er es, so wird der Berg es ihm tausendfältig lohnen. Er wird sich ihm erschließen. Er wird ihm seine Wunder offenbaren, und er wird ihn teilhaben lassen an dem „ewigen Geist, der von Gebirg zu Gebirge schwebt" (GOETHE).

Wer die Berge kennt, weiß, daß keiner dem andern gleicht, daß sie voneinander so verschieden sein können wie feindliche Brüder. In welchem Gegensatz stehen doch die kalten eisgekrönten Riesen der Zentralalpen zu den hellen Mauern der südlichen Kalkalpen, wie scharf unterscheiden sich oft die bergwaldumgürteten rundkuppigen Nockberge von den reichgegliederten, legföhrendurchwobenen Ketten der Nord-Alpen! Wie verschieden sind die Farben, die sie offenbaren, vom Fels bis zu ihrer Bewaldung! In welchem Kontrast steht das Frühlingsgrün oder das leuchtende Herbstrot der Buchen zum immer dunklen Fichtenwald! Wie strahlt der goldgelbe Lärchenwald gegen das Blau des Berghimmels! Wie trotzig stehen die uralten sturmgewohnten Zirben in der Kampfzone des Urgesteins! Wie nimmt der Winterschnee die einen in seine ruhige Hülle, während er die andern in donnernden Lawinen aufreißt. Sind die einen Berge düster und abweisend, so sind die anderen hell und zugänglich. Lassen sich die einen nur schwer erobern, schenken sich die anderen in aller Offenheit. Wie immer sie sich aber auch geben mogen, sie werden jedem, dem es vergönnt ist, ihnen nahe zu kommen, ein unversiegbarer Born der Freude und des Glückes sein.

Es sind viele Bücher über die Berge geschrieben worden. Vielleicht aber sollte man jene von JULIUS KUGY, dem großen europäischen Alpinisten und Erschließer der

Julischen Alpen, lesen, um das zu verstehen, was die Berge für einen Menschen bedeuten können. Denn dieser gipfelstürmende, bahnbrechende Bergsteiger ist nie Tourist geworden, sondern sein ganzes langes Leben lang Bergsteiger geblieben. Darin liegt ein großer Unterschied. Mit der außerordentlichen Dynamik seiner Bergeroberungen verbindet sich immer die große Achtung vor der gewaltigen Natur, und so sind seine Schilderungen getragen von jener seltenen, liebenswürdigen Noblesse, die nur wahrhaftigem menschlichen Adel eigen ist. Er war nicht Jäger. Doch wenn er sagt: „Ich bin aus der Schule von Gemsjägern hervorgegangen", dann könnte man doch annehmen, daß sich diese Äußerung nicht allein auf die klettertechnische Überwindung von Schwierigkeiten bezieht, sondern auch etwas anderes beinhaltet. Mögen in den letzten Jahrzehnten des vergangenen Jahrhunderts die jagdlichen Verhältnisse in seinen weltfernen Bergen oft noch mehr als ursprünglich gewesen sein, so bestand doch sicher damals genauso wie heute die merkwürdige Beziehung zwischen Berg und Mensch, die den Bergjäger im besonderen Maße an sein Wild kettet.

Vielleicht müßte man gerade diesen ursprünglichen, noch in unsere Zeit hereinragenden Grundelementen nachspüren, um die Geschichte der Gamsjagd und all das wilde Geranke, das sich um sie windet, ganz zu verstehen. Erklären läßt sich dieses nur so, daß der Berg unseren zur Mystik neigenden Vorfahren etwas ganz anderes war, als er es heute uns ist. Er war unerforscht, voll von ungezähmten Gewalten, schreckenerregend in seiner wilden Einsamkeit, unheimlich in seinen bedrückenden Dimensionen. Geheimnisumwittert war auch das in ihm lebende Getier und noch mehr der Jäger, der ihm nachstellte. Es hat lange Zeit gebraucht, bis die jagdliche Mystik der reinen Vernunft erlag und Ordnung und Gesetz auch in den Bergen, die ihre eigene Gesetzgebung und ihre eigene Ordnung zu haben schienen, Eingang fand. Wenn KUGY in seinem denkwürdigen Buch „Aus dem Leben eines Bergsteigers" die Zustände schildert, wie sie um das Jahr 1880, aber auch noch später bis herein in unser Jahrhundert um den Triglav, den sagenumwobenen Gamsberg der Süd-Alpen, walteten, dann spürt man noch all das, was durch Jahrhunderte urtümliches Wesen und Kernstück der Gamsjagd war:

„Bei den Jägern des Sawe-Tales herrschte der Aberglaube vor, der Suhi Platz[1] sei die unnahbare Zufluchtsstätte der Gemsen, man dürfe an dem innersten Heiligtum seiner zerklüfteten Wände nicht rühren. Nicht so bei den Trentanern. In der Trenta[2] lagen damals die Jagdverhältnisse vollkommen ungeordnet, fast jedermann war ein Raubschütz. Verwegene Unternehmungslust und unvergleichlich überlegene Felsentüchtigkeit führten die Trentaner weit hinaus in die gemsenreichen Gebiete der Julischen, es gab Leute unter ihnen, die wochenlang auf leisen Sohlen in fremden Revieren pürschten und mit der Beute ihre Geschäfte betrieben. Kühn und schlau wie sie waren, bedeuteten sie für Jagdhüter und Gendarmen eine schwere Sorge und Plage. Ihre Jagdlust war unbezähmbar. Nirgends sonst habe ich derart wilde Ausbrüche des Jagdparoxysmus gesehen wie in der Trenta. Ich hatte oft Trentaner in meiner Begleitung, die sich wie sinnlos vor Aufregung gebärdeten, wenn ihnen ein Gemsrudel zu Gesicht kam. Da sie keine Waffe tragen durften, wenn sie mit mir gingen, rannten und sprangen sie dem aufgescheuchten Wild durch die Wände nach, waren nicht zu halten, tanzten johlend, auf den Fingern pfeifend, mit den Pickeln an den Felsen lärmend, wie vom Jagdteufel besessen auf den schmalen Bändern herum, verschwanden oft auf

[1] Ein Gipfel der Julischen Alpen.
[2] Bergtal im Triglavgebiet.

Stunden und ließen mich allein, bis ich sie dann später wie traumverloren, den Blick ins Weite gerichtet, auf irgendeiner beherrschenden Höhe wiederfand. Wie oft habe ich damals und später da und dort hoch in den Wänden eine Gestalt gesehen, die sich still dahinbewegte und auf meinen Anruf spurlos verschwand, als hätten sie die Felsen geschluckt."

Man muß selbst einmal auf der Spitze des Triglav gestanden und über die 1800 m hohe Nordwand in die Tiefe geblickt haben, um eine andere Schilderung zu verstehen, die die geradezu raubtierhafte Ursprünglichkeit der Bergjagd vermittelt. In der Beschreibung der Triglavrouten fährt Kugy fort: „Der weiten Umkreisung des Triglav von Gipfel zu Gipfel ließ ich seine enge Umkreisung in der Schneegrenze folgen, wobei ich ein schmales, damals nur den Trentanerwildschützen bekanntes Band benützte, das in grauenvoller Exposition über den Nordwänden der Übergang vom Flitscherschnee zum Triglavgletscher vermittelte. Spätere Zeiten haben hier den Ringweg durchgelegt, die Liebenswürdigkeit neuerer Alpinisten hat jenes Band ‚Kugy-Band' getauft, obwohl ich nur dessen erster touristischer Begeher gewesen bin. Vor mir ist manche krainische Gemse auf dem Rücken ihres verwegenen Schützen diesen schwindligen Weg ins Küstenländische gewandert."

Die Ortsbezeichnungen spielen keine Rolle. Die Gegend lag damals im großen Bereiche der Österreichisch-Ungarischen Monarchie und gehört heute zu Jugoslawien. Auch in anderen Teilen der Alpen gab es solche Zustände. Die Schilderungen sind nur deswegen von besonderem Interesse, weil sie in ihrer knappen Form erkennen lassen, daß selbst in unserer Zeit noch jagdliche Erscheinungen wahrnehmbar waren, die uralten jagdlichen Gefühlskomplexen der Bergwelt zugezählt werden müssen. Wenn man sich diese slawischen Bergbewohner vorstellt, wie sei beim Anblick des Wildes in Verzückung geraten, so wird man unwillkürlich in jene jagdliche Urzeit zurückgeführt, die uns Lindner in seinen Werken zu vermitteln versteht. Die drei Menschengestalten in Gamsmasken, deutlich erkennbar in Bewegung, sind als Zauberer, einem kultischen Tanz hingegeben, aufzufassen. Sie sind Beschwörer der jagdlichen Geister. Oder sind sie doch nur verkleidete, getarnte Jäger? Wie immer es auch sei, die Bergbegleiter Kugys könnten uns in ihrer Ekstase an die dargestellten, uns zivilisierten Menschen unverständlich gewordenen Erscheinungen erinnern. Man muß aber gerade diesen gefühlsbetonten Komplexen in aller Offenheit begegnen, wenn man in die Tiefen der Gamsjagd eindringen will, die durch viele Jahrhunderte Kampf im wahrsten Sinne des Wortes war, Kampf der Mystik mit der Realität, Kampf der Ordnung mit der leidenschaftlichen Willkür und damit sehr oft Kampf auf Leben und Tod.

Anfang und Entwicklung

Von der Praxis der Gamsjagd in der Zeit, aus der die ersten Darstellungen des Gamswildes stammen und die in einer der bekannten Pyrenäenhöhlen gefunden wurden, weiß man sehr wenig. Das Gamswild ist in diesem Jahrzehntausende zurückliegenden Zeitabschnitt, wo es mit Mammut und Wildrindern, aber auch mit Steinbock und Wollnashorn und dem damaligen Großraubwild die Jagdfauna darstellte, jagdlich kaum von Bedeutung. Das Großwild war für den primitiv bewaffneten Jäger wesentlich leichter zu erlegen, denn es ließ sich in Fallgruben fangen und bot vor allem einen wesentlich größeren Ertrag. Da die Skeletteile des Gams viel eher dem zeitlichen Verfall unterlagen als jene der großen Säuger, so wurden auch Reste des Gamswildes in den eiszeitlichen Jägerstationen nur selten gefunden. Immerhin ist uns aus dieser Zeit die bildliche Darstellung einer Jagd auf Steinböcke erhalten geblieben, und da der Gams als Jagdtier nachweisbar ist, ist der Schluß zulässig, daß auch er mit Pfeil und Bogen bejagt wurde. Die Höhlenzeichnung läßt erkennen, wie das Steinwild von zwölf Jägern umstellt wurde. Sie stellt also eine Treibjagd dar, die ja bis in die letzten Jahrzehnte die übliche und gebräuchlichste Jagdart geblieben ist. Auch in der Jungsteinzeit, in der Mammut, Wollnashorn und Höhlenbär bereits ausgestorben sind, und in der sich damit wesentliche Veränderungen für die Jagd ergeben, ändert sich in bezug auf den Gams nichts. Funde bleiben selten. In diese Entwicklungsepoche fällt das Seßhaftwerden des Menschen und die Jagd tritt als Ernährungsfaktor gegenüber Ackerbau und Viehzucht zurück. Aus schweizerischen Pfahlbaufunden ließ sich feststellen, daß in der animalischen Nahrung jener Menschen ungefähr 70 % auf Haustiere und nurmehr 30 % auf das Wild entfallen.

Zum bevorzugten Jagdtier reift der Rothirsch heran, und er wird diese Stellung durch die ganze weitere Entwicklung der Jagd behaupten. Auch der Steinbock spielt eine untergeordnete Rolle, und LINDNER führt diesen Umstand darauf zurück, daß sich um diese Zeit unser heutiges Bergwild bereits ins Gebirge zurückgezogen hatte. Wahrscheinlich spielt aber auch hier ein Symptom mit, dem wir immer wieder begegnen werden, daß nämlich der im Flach- oder Hügelland hausende Mensch eine unüberwindbare Scheu vor dem Hochgebirge empfand.

Mit dem Beginn der Metallzeit treten wir in einen Entwicklungsabschnitt ein, der uns weitaus zugänglicher ist als das Neolithikum. Doch selbst in ihm ist der Gams als Jagdwild kaum nachweisbar. Die Kelten, die durch ARRIAN einen sehr deutlichen Niederschlag in der alten Jagdliteratur hinterlassen haben und bei denen bereits nachweisbar ist, daß sie die Jagd nicht mehr als lebensnotwendigen Erwerb ansahen, sondern in ihr ein Messen der Kräfte zwischen Wild, Pferd, Hund und Jäger erblickten, bei dem die strenge Einhaltung bestimmter Regeln vorgeschrieben war, erfahren wir einiges vom Gamswild. Sie opferten für ein Stück Gamswild (dorkas) der Artemis vier Drachmen, weil das Tier groß sei und die Jagd für ehrenvoll gelte. Für einen Fuchs wurde eine Drachme, für einen Hasen zwei Obolen gespendet. Wir wissen, daß sie Rotwild mit Pferden und Hasen mit Hunden hetzten, wir wissen aber nichts darüber, wie sie, die doch weite Räume der Alpen besiedelten, die Jagd auf den Gams ausgeübt haben.

Auch aus der römischen Literatur erfahren wir nichts von der Gamsjagd selbst. Dies ist kaum verwunderlich, da die Eroberer aller Zeiten sich nie in die entlegenen Gebiete des besetzten Landes vorwagten und weil den Romanen jene Grundeinstellung zur Jagd fehlte, die bei ihren keltischen Zeitgenossen feststellbar ist. Immerhin wird aus einer metrischen Inschrift aus Legio, dem heutigen Leon, in Spanien entnommen, daß ein römischer General dort auf *volucres capreas*, Hirsche, Eber und Wildpferde gejagt hat. Wahrscheinlich sind die von MARTIAL erwähnten und in Spanien erlegten dummae, Gams und nicht Damhirsche, weil dieses Wort sehr häufig für die höchsten tierischen Bewohner der Berge angewendet wird. Wenn das Gamswild auch auf die römische Tafel kam, so ist kaum anzunehmen, daß ihm eine besondere lukullische Bedeutung zugemessen war.

Bei den Germanen, die im Zeitpunkt der Völkerwanderung einem anderen Kulturniveau als die Römer angehörten, waren wieder andere Gründe maßgebend, das Hochgebirge zu meiden. Bei ihrer seelischen Grundeinstellung, in den Naturerscheinungen Demonstrationen freundlicher oder erzürnter Götter zu erblicken, war das Gebirge sicher nicht dazu angetan, sie anzuziehen. Sie vermuteten in ihm allerlei Dämonen, die dem Menschen übel wollten. Auch darf nicht vergessen werden, daß sich mit dem Seßhaftwerden eine Trennung anbahnte, die den Bauer von dem Jäger schied. In der weiteren Entwicklung wird der trotz aller Vorhalte im Gebirge jagende Mensch dem Landmann immer unverständlicher und unheimlicher, ja er wird sogar zum Ausgestoßenen, weil er sich über Glaubensregeln und Brauchtum hinwegsetzt. Die Christianisierung hat diese Einstellung noch gefördert, standen doch die Heiligtümer der Heiden vielfach auf den Bergen. Es ist bekannt, daß in frühchristlicher Zeit die Jagd als eine *ars*

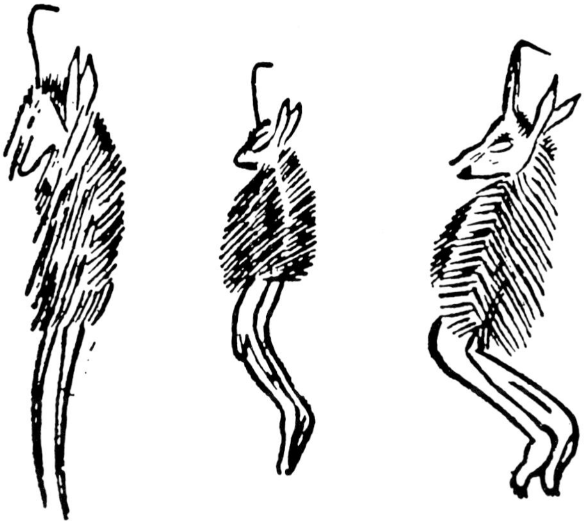

Abb. 61. Zauberer in Gamsmasken, Abri Mege, Teyjat *(Dordogne)* nach Breuil (aus K. Lindner, Die Jagd der Vorzeit).

nequissima, als eine liederliche, abträgliche Kunst hingestellt wurde und daß man den Jäger nicht zum Taufunterricht zuließ. Der Jäger stand nach altem Volksglauben mit dem Teufel im Bunde, weil er sich nur durch allerlei Zaubermittel des Wildes bemächtigen und geheimnisvolle Arzneimittel zu beschaffen wußte. Galt dies für den Jäger im allgemeinen, so galt dies für den Jäger des Gebirges im besonderen, denn der Steinbock und später der Gams waren ja geradezu eine lebende Apotheke. Der Steinbock fiel deswegen einer fast vollständigen Ausrottung anheim. Als es dann keine Steinböcke mehr gab, mußte sich die mystische Medizin auf das Gamswild übertragen. Aus allen Aufzeichnungen aus dem Mittelalter, aber auch aus viel späterer Zeit, klingt uns ein Ton des Geheimnisvollen entgegen.

Nur die Großen der Welt kommen über diesen Aberglauben hinweg. So sind die Schriften MAXIMILIAN I., dem das Verdienst zufällt, die Gamsjagd hoffähig gemacht zu haben, geradezu nüchtern in ihren Vorschriften und in ihrer Sachlichkeit. Auch die von ihm bevorzugte Jagdart, das Erklettern schwer zugänglicher Wände, in die man die Gams gehetzt hatte, und das „Auswerfen" mit dem auf einem 8 Meter langen Schaft befestigten „Tyllmesser" läßt eine nahezu sportliche Einstellung vermuten. Wenn er auch mit der Armbrust vortrefflich zu schießen verstand, so läßt das „Ausfällen" erkennen, daß der Speer die ursprüngliche und traditionelle Waffe des Menschen nördlich der Alpen war, und nicht der Bogen, der wohl von Afrika kommend über Spanien in das zentrale Europa Eingang fand.

Lange nach MAXIMILIAN schwelgt FLEMMING (1719), der selbst nie einen Gams gesehen hatte, in seinem „Vollkommenen Teutschen Jäger" im Zauber der ihm bekanntgewordenen Gamsgeschichten, und man kann wohl sagen, daß er dort alles zusammengetragen hat, was über den Gams bekannt war. Aber doch schon in den ersten Sätzen, in denen er das Vorkommen des Gamswilds in „Teutschland" behandelt, erkennt man in den Worten von den „Grausamen hohen Tyroler Gebürgen" genau die uralte abweisende Einstellung des Flachlandbewohners zum Gebirge wieder. Und wenn er auch nicht mehr alles glaubt, was man ihm erzählt hat und was er in alten Schriften gefunden haben mag, so kann er es sich doch nicht versagen, das Geheimnisvolle der Gamsmedizin mit aller Deutlichkeit zu beschreiben. Genauso wie der hundert Jahre vor ihm lebende Nachschreiber NOE MEURERS (1618), der sich wohl in seinem Wissen, nicht aber in seinem Glauben weitgehend an MAXIMILIAN anlehnt, behandelt er weitläufig die Eigenschaften der „hochberühmten Gembsenkugel" und erzählt, daß der genossene Schweiß den Jäger schwindelfrei mache und daß die Jagd im allgemeinen so gefährlich sei, daß man dabei „elendiglich umkommen kann". Wenn aber sich in diese Schilderungen einige Zweifel einschleichen, wie die Feststellung, daß die Gamskugel, die durch „24 Stunden von allen Waffen festemachen" soll, doch „dem Gembs, so es ganz gehabt, nichts geholfen", dann leitet er damit zu einer Zeit über, die sich von dem uralten Aberglauben freizumachen beginnt.

Hier sei nun die Nachricht eingefügt, daß im Kärntner Landesarchiv zu Klagenfurt „Ein Buch von allerlei Jägerei und Weidmannschaften", eine 400 Seiten umfassende Handschrift aus den zwanziger Jahren des 17. Jahrhunderts ruht, die in ihrer Bedeutung von K. LINDNER und W. NEUMANN erkannt worden ist und die uns für die Jagd im Bergland bisher unbekanntes Material vermittelt. Da der Verfasser des Werkes, MARTIN STRASSER auf Kollnitz, ein aus einer Goldgewerkenfamilie in der Gastein stammender, humanistisch gebildeter Mann gewesen ist, der schon in jungen Jahren das Amt des Obristjägermeisters des Erzbischofs von Salzburg bekleidet hat, kommt der Darstellung des Jagdwesens seiner Zeit ein normales Maß übersteigendes Gewicht zu. Von der Welle der Gegenreformation hochgetragen, erreichte er als Verweser der erzbischöflichen Besitzungen in Kärnten die höchste im Lande zu vergebende Würde eines Burggrafen der Kärntner Landstände.

Welchen Wert er der Gamsjagd zumaß, geht am besten aus dem Umfang der Darstellung hervor. Die Hälfte des Buches, also 200 Seiten, sind dem Hirsch gewidmet, das Reh, das zur niederen Jagd zählte, wird mit einer einzigen Seite abgetan, aber dem Gamswild und seiner Bejagung sind nahezu fünfzig Buchseiten zugedacht. Wir finden darin nicht nur alles, was bisher über die Gamsjagd jener Zeit bekanntgeworden ist, sondern eine Reihe völlig neuer „Inventionen". So beschreibt STRASSER aus eigener Erfahrung nicht nur das Auswerfen und Ausstechen der Gams, sondern auch das Ausseilen. Um die Zerstörung des Wildprets, auf das größter Wert gelegt wurde, zu vermeiden, zieht er das Ausseilen den beiden anderen Methoden der Nahjagd vor. Er beschreibt genau, wie mit dem Gamsschaft dem in der Wand gestellten Wild eine Schlinge um das Haupt gelegt wurde. Bevor diese dann zugezogen werden durfte, mußten in der Regel noch der „ringfährtige" (= leichtfüßige) Hund, der das Wild gehetzt und gestellt hatte, ausgeseilt und der Standort des Jägers abgesichert werden. Zur Bewegung auf glattem Fels zieht er das Steigen „mit dem bloßen Fuß, das ist auf dem deutschen oder getauften Leder", jeder Fußbekleidung vor. Wer ein übriges tun wollte, konnte sich noch kleine Schnitte an den Ballen und Fersen beibringen. Man glaube aber ja nicht, daß diese Jagdart etwas Alltägliches war. Er nennt sie „die erste Manier, in der ersten Welt, bei dem ersten Gemsjäger". Sie wurde nur ausnahmsweise angewendet, und zwar dann, wenn es galt, ein in eine Wand versprengtes Stück herauszuholen, denn der Schuß galt in einem solchen Fall als unwaidmännisch. Mit dem „Pürschrohr" oder der Büchse wußte er sehr wohl umzugehen, und sie kam auch bei der Durchführung eines „Gejaids", das ist eine Treibjagd, zu ihrem knallenden Wort. Daß dabei aber auch „Gemszeug" (Netze) verwendet wurde, in dem sich das getriebene Wild verfing und dort mit dem „Tierspießlein" den Fang erhielt, gehörte zur Treibjagd. Der Gamsstand war zu seiner Zeit im Gasteiner Tal beachtlich hoch, denn es wird von „Haufen" von hundert und mehr Stück gesprochen.

Abb. 62. Gamsauswerfen zur Zeit Maximilian I. (Tewrdanck).

Über eine von alten Jägern überkommene Täuschungsart weiß er ausführlich zu berichten. Aus Lindenholz wurde ein Gamshaupt geschnitzt und dieses mit der sorgfältig von einem natürlichen Haupte abgelösten, rauh gegerbten Decke überzogen, das „Gestemmel" aufgenagelt, die „Ohren" zurechtgerichtet, die „Augen" mit „Waldglas" unterlegt und das ganze wie eine „Kappen" gearbeitet, die der Jäger aufsetzen konnte. Durch die unter diesem Kopfschmuck in der Trägergegend ausgeschnittenen Löcher konnte der Jäger genau beobachten und den neugierigen Gams heranholen.

Doch nicht nur wegen dieser „Praktika" erweckt die Handschrift unser besonderes Interesse. Zum Unterschied von der hochgezüchteten Jagd auf den Hirsch, die von den Berufsjägern große Kenntnisse auf allen Gebieten, einschließlich des Zeremoniells erforderte, sind bei der Gamsjagd vorwiegend Bauern als Treiber, „Schreckknechte, Netzknechte, Hinterlegknechte, Stecher" usw. eingesetzt. Es gibt keine zünftigen Schreie oder Hornrufe. Das Volkstümliche, das einmal die ganze Bergjagd beherrschen sollte, zeichnet sich ab und kommt zum Durchbruch. Das Gamswild klassifiziert STRASSER folgend: „Der Gems ist auch eine edles, wackeres, schönes, köstliches, niemand schädliches Tier, denn es nimmt sein Weid ohne jemands Nachteil und Schaden und hat köstliche, edle und nutzbare Sachen in und an sich, so den Menschen zu der Arznei und anderweg können zum Guten gebraucht werden."

Über die Eigenschaften, die nach STRASSERS Ansicht ein Gamsjäger haben muß, wird an anderer Stelle noch berichtet werden. Das Wort Krucke kennt er noch nicht, für ihn ist der Hauptschmuck „das Hörnlein", „Gehörnlein" oder „Gestemmlein", dem als Trophäe keinerlei Bedeutung zukommt. Wohl aber sagt er von den Gamsbärten, daß sie „werden auf den Hüten für eine weidmännische Zier, von anderen aber von Seltenheit wegen getragen". Für die Leitgeiß verwendet er den hübschen Ausdruck „Vorgeherin". Doch zurück zur zeitgeschichtlichen Entwicklung.

Mit dem Anfang der Alpinistik wird ein neuer Zeitabschnitt zwischen Mensch und Berg eingeleitet. Vor rund 200 Jahren kommt es zu den ersten Ersteigungen schwieriger Gipfel, zu Namensgebungen für bis dahin unbenannte Gebirgszüge und ihrer markanten Spitzen, und es treten damit in steigendem Maße Menschen mit dem Berg in Beziehung, die bisher mit ihm nichts zu tun hatten. Waren es bis zu dieser Zeit lediglich eingeborene Jäger, Hirten und „Bergleute", die ihn aufsuchten, so werden es nun in steigendem Maße die Städter, die teils als Wissenschaftler, teils aber auch nur auf der Suche nach einem Erlebnis zu ihm kommen. Man entdeckt den Berg und die merkwürdigen Kräfte der Freude, die von ihm ausgehen. An die Stelle der alten Scheu tritt die Fröhlichkeit über seine Bezwingung, und diese Entdeckung eröffnet auch für die Gamsjagd eine neue Entwicklung.

War es nach MAXIMILIAN I. um die höfische Gamsjagd bald wieder still geworden und vermerkt DÖBEL 1746 von der Gamsjagd, daß „vor große Herren kein sonderlich Jagdpläsier damit zu machen und es also eine mühsame Jagd ist", so lebt sie dennoch mit KARL VI. wieder auf. Von seiner Zeit an nimmt sie stetig an Beliebtheit und Bedeutung zu. Aber nicht nur der Landesherr, auch der Grundadel entdeckt die Gamsjagd aufs neue. Waren die Gamsbestände zuvor, von Ausnahmen abgesehen, unbedeutend, steigen sie nun an und erfahren eine Verminderung lediglich um die Revolutionsjahre von 1848.

Wenn KOBELL zu berichten weiß, daß in den ausgedehnten Besitzungen des Klosters Tegernsee von 1568–1580 nur 16 Stück Gamswild geschossen wurden, so ist dies recht wenig. Das gleiche Bild spiegelt sich aus Abschußlisten der Herrschaft Hollenburg in Kärnten wider. Ein Gebiet, das den Großteil der Karawanken umfaßte, weist in 68

Jahresausweisen, die zwischen 1639 und 1825 liegen, den Abschuß von nur 103 Gams aus. Dieser kleinen Zahl stehen im gleichen Zeitraum 14 Luchse, 82 Bären und 38 Wölfe gegenüber. Die klägliche Abschußzahl des Gamswildes mit durchschnittlich kaum 2 Stück pro Jahr auf einer Fläche von weit mehr als 10 000 ha wird nur durch die noch kläglichere von 59 Stück Rehwild, das ist 1 Stück im Jahresdurchschnitt, unterboten. Dagegen erscheint die Zahl von 274 Stück erbeuteten Rotwildes geradezu grandios.

Ein klares Bild über die Bewegung der Gamsbestände bieten Aufzeichnungen der Fürstlich Schwarzenbergschen Forstverwaltung in Murau.

Abb. 63. Man sieht dem Alten die Anstrengungen der vergangenen Brunft an (Phot. Becker).

1800–1819	erlegt	56 Gams,	Jahresdurchschnitt	2,8	Stück
1820–1839	erlegt	77 Gams,	Jahresdurchschnitt	3,8	Stück
1840–1859	erlegt	125 Gams,	Jahresdurchschnitt	6,2	Stück
1860–1879	erlegt	254 Gams,	Jahresdurchschnitt	12,7	Stück
1880–1899	erlegt	1149 Gams,	Jahresdurchschnitt	57,4	Stück
1900–1919	erlegt	1254 Gams,	Jahresdurchschnitt	62,7	Stück
1950–1969	erlegt	819 Gams,	Jahresdurchschnitt	40,9	Stück

Beziehen sich auch die Streckenmeldungen von 170 Jahren infolge oft tiefgreifender Besitzverschiebungen nicht auf die gleichen Grundflächen, so sind die Zahlen doch instruktiv, vor allem, wenn man bedenkt, daß um 1750 die Verluste durch Wolfsrisse größer waren als der Jagdertrag. Der Anstieg des Abschusses und damit wohl auch des Bestandes auf das Zwanzigfache läßt sich auch für andere Großjagdgebiete archivarisch belegen.

Mit der Erschließung der Bergwelt sowohl in alpinistischer als in jagdlicher Beziehung ging noch ein anderes Ereignis Hand in Hand. Die Hebung der Gamsjagd ließ eine Verminderung des Großraubwildes zum ehernen Gesetz werden. Wir erkennen heute, daß in dieser Hinsicht manchmal zuviel getan wurde und daß die Definition von schädlich und nützlich zu Störungen im Haushalt der Natur führen kann. Aber die Bewegung lag nun einmal auf der Ebene der Entwicklung und war nicht aufzuhalten. Möglich wurde sie erst durch die Verbesserung der Waffen. Die Erfindung des Perkussionsgewehres erlaubte das Schießen auf größere Entfernungen mit größerer Präzision, vor allem aber ein schnelleres Schießen. Dieses erleichterte nicht nur die Bejagung des Raubwildes, es hatte auch seinen Einfluß auf die Veränderung der Gamsjagd selbst.

Wenn auch noch in unserer Zeit die Treibjagd als die einst dominierende Jagdart besteht, so wurde doch erst durch die Vervollkommnung der Waffen die Pürsch zur Königin der Jagd. Aber selbst diese Entwicklung ist nicht entscheidend für die Blüte der Gamsjagd, die sie in unserem Jahrhundert erleben sollte. Entscheidend ist die Ordnung, die starke Hände mit Ausdauer, Geduld und Tatkraft durchzusetzen wußten. Waren es früher einmal kleine Territorien, die einen besonderen jagdlichen Schutz genossen, so sind es heute wohl alle Berge des deutschen Sprachraumes und darüber hinaus auch die durch Jahre von ihm beeinflußten, die der Gamsjagd in legaler Form zur Heimat wurden. Es bleibt das Verdienst aller Jagdherren, Förster und Berufsjäger, aber auch das Verdienst von Jägerverbänden und gesetzgebenden Körperschaften, einen Zustand geschaffen zu haben, der uns heute einen hoffnungsvollen Ausblick in die Zukunft gestattet. Das, was einst ungestaltet und verworren gärte, ist klar geworden. Es liegt an uns, die Ordnung, die wir suchten, aufrechtzuerhalten. Die Berge kennen kaum Zeit und Maß, sie werden den, der sie versteht, festhalten in allen Zeiten unserer Entwicklungsgeschichte. So mag die Gamsjagd nicht nur beschrieben und aufgefaßt werden als ein Stück abendländischer Kultur, sondern auch als eine Aufgabe verantwortungsbewußter Jäger.

Die Treibjagd

Die Treibjagd spielt im ganzen europäischen Gamsraum heute gegenüber der Pürsch eine untergeordnete Rolle. In den deutschen Alpen werden Treibjagden nicht mehr abgehalten, in der Schweiz sind sie verboten, und in den österreichischen Alpenländern werden sie nur noch in bestimmten Gebieten gepflegt. Auch in Jugoslawien, wo sie vor dem letzten Weltkrieg in den gutbesetzten Revieren eifrig betrieben wurden, haben sie an Bedeutung verloren. Es sind verschiedene Gründe für die Umstellung maßgebend.

1. Die Reviere sind im Laufe der Zeit kleiner geworden, und es erscheint ein Hetzen innerhalb enger Grenzen nicht mehr wünschenswert.
2. Die Verbesserung der Waffen und der jagdlichen Optik erlaubten ein Schießen auf größere Distanz. Das Herantreiben auf nahe Schußentfernungen ist nicht mehr notwendig.
3. Man erblickt in der Treibjagd eine unnötige Beunruhigung des Revieres und des Wildes.
4. Der nach moderner Jagdgesetzgebung verlangte Wahlabschuß läßt sich auf der Treibjagd kaum richtig erfüllen.
5. Eine Verfeinerung in der gesamten Jagdauffassung verbietet bestimmten Wildarten gegenüber die Anwendung allzu harter Jagdmethoden.

Im jüngsten Wohlfahrtsjahrzehnt ergibt sich noch die Schwierigkeit, Treiber zu finden, die die Strapazen des Gamstreibens mit Passion auf sich zu nehmen gewillt sind.

Es muß hier aber ausdrücklich festgehalten werden, daß diese Treibjagden in kultiviertem Stil nichts mit den Monsterjagden zu tun haben, die von manchen Unwissenden als Relikte des Jagdfrons ausgelegt wurden. Man muß nicht gleich an die Gamsjagd denken, die der steirische Landeshauptmann Graf Breuner im Jahre 1728 zu Ehren Kaiser Karl VI. mit einem Einsatz von 3000 Treibern veranstaltet hat und bei der der Monarch 36, die Kaiserin 24 Gams geschossen haben. Die Aburteilungen sind überhaupt mit größter Vorsicht zu gebrauchen. Treibjagden waren in der Regel Feste, die Abwechslung in das eintönige Einsamkeitsleben der Bergbewohner brachten. Wegen einer Überbeanspruchung des Jagdpersonals und seiner Helfer ist die alte Gamsjagdart nicht zurückgefallen. Aber es wohnen nicht mehr genug brauchbare und brauchtumsfrohe Menschen im Gebirge. Die Landflucht ist auch dort vorangeschritten. Das klingt fast nach einem Widerspruch in sich, wenn auf einer Seite behauptet wird, daß die Menschheit die unberührte Natur sucht, und auf der anderen Seite auf die Flucht aus dieser Natur hingewiesen wird. Es ist aber keineswegs ein Widerspruch, weil der Sucher sich der Umweltsituation bewußt ist oder sie zumindest fühlt und ahnt, während der Flüchtige an diesem Problem vorübergeht und die Erfüllung seines Lebens nur materiell sieht. Kulturelle oder zivilisatorische Differenzen hat es immer gegeben, und auch die Nivellierungssucht wird sie nicht ausmerzen. Aber sie verändert das Zusammenleben und in unserem Falle auch die Jagd. Wie könnte diese auch eine Ausnahme bilden! Eine Betrachtung darüber, ob es richtig ist, sich von der Treibjagd vollends loszusagen, soll abschließend folgen. Merkwürdig war die Beobachtung, daß sich auch alte Jäger von der Treibjagd abwandten, wie es der verstorbene Landesjägermeister der Steiermark, Baron Franz Mayr-Melnhof in dem Film „Echo der Berge" (Der Förster vom Silberwald) gezeigt hat. In einer Bearbeitung des Films im Jahre 1973 für das Fernsehen wurden die harten Stellen herausgeschnitten. Aber es scheint, daß nur die Darstellung und nicht die Jagd an sich abgelehnt wurde, denn die Gefühlsmomente des Jägers lassen sich nun einmal nicht auf die Leinwand bringen und schon gar nicht für Menschen, die die Jagd nicht kennen und sie in ihrer Unkenntnis ablehnen. Trotzdem soll der der Treibjagd gewidmete Raum nicht eng gehalten und sie in all ihren Auswirkungen und Gepflogenheiten untersucht werden.

Von dieser Untersuchung können die Treibjagden mit Hunden ausscheiden, obwohl sie seinerzeit eine große Rolle gespielt haben. Die Eigenschaft des Gamswildes, sich vor den Hunden in für den Verfolger unzugängliche Felspartien zu flüchten, spielte durch Jahrhunderte in der Jagd eine erhebliche Rolle. Der Gebirgsjagd mit Hunden kann man heute noch in den wildarmen, schwer zugänglichen Gebirgsteilen Oberitaliens begegnen, wo große Räume mit wenigen Schützen abgestellt und mit ausdauernd jagenden Bracken verschiedener Abstammung durchgepeitscht werden und die Strecke an jeglichem Wild gering bleibt.

Anders verhält es sich bei den in Österreich da und dort noch üblichen Treibjagden, bei denen allein mit dem Einsatz einer größeren oder kleineren Zahl von Treibern gearbeitet wird. Die Anlage einer solchen Treibjagd richtet sich in erster Linie nach jagdgeographischen Gesichtspunkten und ist auf jahrzehntelangen, oft von Generation zu Generation überlieferten Erfahrungen aufgebaut. Handelt es sich um Treiben im reinen Felsgebirge, so sind Änderungen kaum notwendig, es sei denn, daß man durch kleine Varianten und Umstellungen das Wild zu täuschen versucht. Ältere Leitgaisen, die ein und dieselbe Jagd schon mehrmals erlebt haben, kennen die für sie gefährlichen Punkte und stellen damit den Erfolg des Jagdplanes in Frage. In Waldgebieten wird auf die durch waldbauliche Maßnahmen geänderten Verhältnisse Rücksicht zu nehmen sein, weil durch neue Schläge oder durch heranwachsende Kulturen Einstands- und Wechselverhältnisse Änderungen erfahren können. Der besondere Reiz einer Gamstreibjagd ist natürlich weitgehend von der Szenerie abhängig, in der sie abläuft. Je großartiger die Gebirgslandschaft ist, in der sich Jäger und Wild begegnen, um so nachhaltiger wird der Eindruck sein, den sie hinterläßt.

Ohne vorerst auf die Frage ihrer jagdwirtschaftlichen Vertretbarkeit eingehen zu wollen, wird jeder Jäger, dem es vergönnt war, einmal eine wohlgeordnete, gutgeleitete und genau durchdachte Gamstreibjagd in schöner Landschaft zu erleben, zugeben müssen, daß ihr ein besonderer Zauber innewohnt. Voraussetzung dazu ist freilich wie bei jeder gesellschaftlichen Veranstaltung, daß die Teilnehmer sich verstehen, jeder seine Aufgabe kennt und die Freude an seiner Mitarbeit bekundet. Wo es diese Treibjagden noch gibt, ist es köstlich und geradezu rührend zu beobachten, mit welcher Hingabe auch die kleinen Akteure bei den traditionellen Jagden ihre Rollen auf der großangelegten Naturbühne spielen und wie sie von Stolz erfüllt sind, wenn sie ihr Teil zum Gelingen des Schauspiels beigetragen haben. Einzelgänger und Griesgrame sollen solche Jagden meiden. Sie sind sicher in der Einsamkeit des Hochgebirges in ihrem ureigensten Element. Aber sie sollen es auch den Fröhlichen nicht übelnehmen, wenn diese alle paar Jahre einmal die Stille eines Berges unterbrechen.

Wenn es sich um die Abhaltung einer großen Treibjagd handelt, können die Vorbereitungen mehrere Tage in Anspruch nehmen. Es ist gegenüber den Treibjagden im Flachlande immer zu bedenken, daß die Höhenunterschiede, zu deren Überwindung technische Hilfsmittel nicht zur Verfügung stehen, oft viele Gehstunden erfordern. Um Störungen im übersichtlichen Gelände zu vermeiden, müssen kilometerlange Umwege in Kauf genommen werden. Gilt es, den Beschuß eines größeren Revierkomplexes zu konzentrieren, also auf eine kleine Fläche zusammenzudrängen, dann müssen die Gams in das zu bejagende Gebiet vor dem Jagdtag eingetrieben und ihr Auswechseln durch Lappen oder auch durch Feuer und „Auswehrer" verhindert werden. Ob bergab, bergauf oder quer zum Hang getrieben wird, entscheiden Gelände, Wind und Fluchtrichtung. Die Treiber beziehen in der Regel lange vor den Schützen ihre Ausgangspositionen. Sie haben genaue Instruktionen über Weg und Zeit, die sie einzuhalten haben. Da sie in den meisten Fällen unabhängig voneinander operieren, ihr Erscheinen zum richtigen Zeitpunkt am richtigen Ort aber von ausschlaggebender Bedeutung sein kann, hängt das Gelingen einer solchen Jagd vielfach von ihnen ab. Dort, wo solche Jagden regelmäßig abgehalten werden, sind die Leute meistens aufeinander eingespielt, kennen ihre Routen, finden sich auch bei schlechtem Wetter in schwierigem Gelände zurecht und bieten, wenn sie, sicher wie das Bergwild selbst, ihren ausgesetzten Pfad abwärts steigen, einen oft prachtvollen Anblick. Ob laut oder still getrieben wird, hängt ganz von der Situation, aber auch von örtlichen Gepflogenheiten ab. Große Treiben vollziehen sich oft mit einem erheblichen Aufwand von Lärm, Schüssen, Signalen und Zurufen, kleine können sich völlig geräuschlos abspielen und lediglich durch einige Schüsse ihr Ende anzeigen.

Wenn die Spannung vor dem Schuß ein wesentlicher Bestandteil des jagdlichen Empfindens ist, dann wird der Jäger bei einer Gamstreibjagd auf seine Rechnung kommen. Verallgemeinerungen wären auch hier falsch. Es mag Waidmänner geben, die zu Berg und Gams keine innere Bindung haben und die das Geschehen in dieser Umgebung kalt läßt. Sie sollten solchen Jagden fernbleiben. Wer aber sein Herz mitschlagen fühlt, der wird es besonders verspüren, wenn das erste „Steindl'n" die Annäherung des Wildes anzeigt. Wenn es dann in der Regel notwendig wird, rasch zu handeln, anzusprechen, auszuwählen und zu schießen, dann muß sich das jagdliche Können bewähren, und es wird hohe Freude vermitteln, wenn alles zum guten Abschluß kommt.

Abb. 64. Treiber vor der Jagd (Phot. Ch. Gräfin Meran).

Wenig erfahrenen Schützen werden oft Leute des Jagdpersonals beigegeben, denen die Aufgabe zufällt, das zu beschießende Wild zu bezeichnen, um unerwünschte Abschüsse nach Möglichkeit auszuschalten. Auch hier wird die individuelle Einstellung den Ausschlag geben. Der eine wird die Hilfe gerne annehmen, der andere lieber auf sich allein gestellt sein und im Zweifelsfalle auf den Schuß verzichten. Dabei kommt es weitgehend darauf an, welche Stücke nach Anordnung des Jagdleiters überhaupt geschossen werden dürfen. Ist die Freigabe sehr großzügig, weil der Gesamtstand reduziert werden soll, dann werden die Schwierigkeiten wesentlich kleiner sein, als wenn nur nach engen Prinzipien des Wahlabschusses geschossen werden darf. Im allgemeinen kann gesagt werden, daß die

Meister der Unfehlbarkeit beim Ansprechen des getriebenen Gamswildes noch nicht geboren worden sind.

Die Zahl der Schützen richtet sich ganz nach der Anlage der Jagd. Ein kleingehaltener Schützenkreis wird wie bei jeder Treibjagd dem intimen Charakter förderlich sein. Mag auch aus besonderer, festlicher Veranlassung oder aus Gründen der Repräsentation es einmal dazu kommen, daß zwanzig Gewehre an einer Großveranstaltung beteiligt sind, so ist dies eine Ausnahme. Die Regel bleibt wohl,daß nicht mehr als höchstens zehn Schützen geladen werden. Weniger Schützen bedingen im allgemeinen einen größeren Aufwand an Personal, denn soll eine entsprechende Strecke erzielt werden – und das ist letzten Endes immer der Sinn einer Treibjagd, gleichgültig, ob es sich um die jagdliche Zufriedenstellung der Schützen oder um die Verringerung des Wildbestandes handelt –, dann wird das Aufgebot an Treibern und Auswehrern größer sein müssen als dort, wo alle kritischen Punkte unter Feuer liegen.

Eine Gegend, wo Treibjagden nach 120jähriger Überlieferung auch heute noch alljährlich abgehalten werden, sind die Reviere der Grafen MERAN in der Steiermark. Der österreichische Erzherzog JOHANN, der Begründer des Geschlechts MERAN und das Idol der traditionellen steirischen Jägerei, hat dazu den Grund gelegt und seine Nachfahren haben sich bis heute bemüht, es dem Ahnherrn gleichzutun. Der Vater des derzeitigen Gutsherrn steht übrigens mit 3265 von ihm erlegten Stücken Gamswild in der Weltrekordliste an zweiter Stelle hinter dem Prinzen COBURG mit 3412 Stück.

Heute mögen solche Zahlen nicht mehr ganz unserem Geschmack entsprechen, sie runden jedoch das Bild über die Entwicklungsgeschichte der Gamsjagd ab. Wenn heute noch in den MERANSCHEN Revieren, freilich durch Revierverkleinerungen eingeschränkt, alljährlich eine Reihe von Treibjagden abgehalten und dabei durchschnittlich 100 bis 200 Stück Gamswild erlegt werden, wenn dabei genau darauf geachtet wird, daß die einzelnen Revierteile je nach Wilddichte nur in mehrjährigem Abstand unter die oft grob scheinende Schere der Treibjagd genommen werden, dann ist dies nicht allein wegen seines hochgezüchteten Brauchtums, sondern mehr noch wegen seiner Auswirkung auf den Wildstand interessant.

Während des letzten Weltkrieges hatten die Begründer des Reichsjagdgesetzes und des gesetzlich verankerten Abschußplanes einmal Gelegenheit, an der Südgrenze des deutschen Sprach- und Jagdraumes eine Gamstreibjagd zu erleben. Der Revier- und Jagdleiter, ein bei seinem Wilde aufgewachsener Forstmann, war seiner Sache sicher und bat einleitend die fünf Schützen, mit Ausnahme der Muttergaisen alles zu schießen, was vor den Lauf käme. Bei schwachen Kitzen wären zuerst diese und dann auch die Muttertiere zu strecken. Das Hinwegsehen über die 2-a-Klasse verursachte einiges Stirnrunzeln. Als dann am Abend 25 Stück zur Strecke gelegt wurden, stellte sich heraus, daß mit Ausnahme eines 4jährigen Bockes alles in Ordnung war. Die alten Böcke hatten sich wie gewöhnlich abgestellt und sich nicht vor die Schützen bringen lassen. Die guten Gaisen waren ungeschoren geblieben, und das Graffel verschiedener Einstufungen bildete das Hauptkontingent.

Der Forstmeister war zufrieden, versicherte, daß der Aderlaß genau seinen Berechnungen und Erwartungen entspräche und daß dem Revier und seinem Wild nun wieder eine lange, wohlverdiente Ruhe beschieden sein werde. Wären nicht die Wirren des Krieges über das schöne Revier hinweggegangen, wäre die Voraussage wohl zugetroffen.

Die Ansicht, den für ein gutbesetztes Gamsrevier vorgeschriebenen Abschuß in kürzester Zeit und mit einem möglichst geringen Jagdaufwand zu erreichen, hat jedenfalls etwas für sich. Der als Beispiel dargestellte Abschuß von 25 Stück hätte bei der Einzelpürsch eine ganze Reihe von Jagdtagen gefordert. Jedesmal wäre bei jedem Schuß das ganze Scharwild der Umgebung alarmiert worden, und ob die Auswahl im Sinne der Hege bei Führung von Jagdgästen eingehalten worden wäre, bleibe dahingestellt.

Diesen Standpunkt vertritt auch Graf JOHANN MERAN in einem Bericht an den C.I.C., in dem er die Notwendigkeit der Treibjagd für seine Reviere darlegt. Dieser

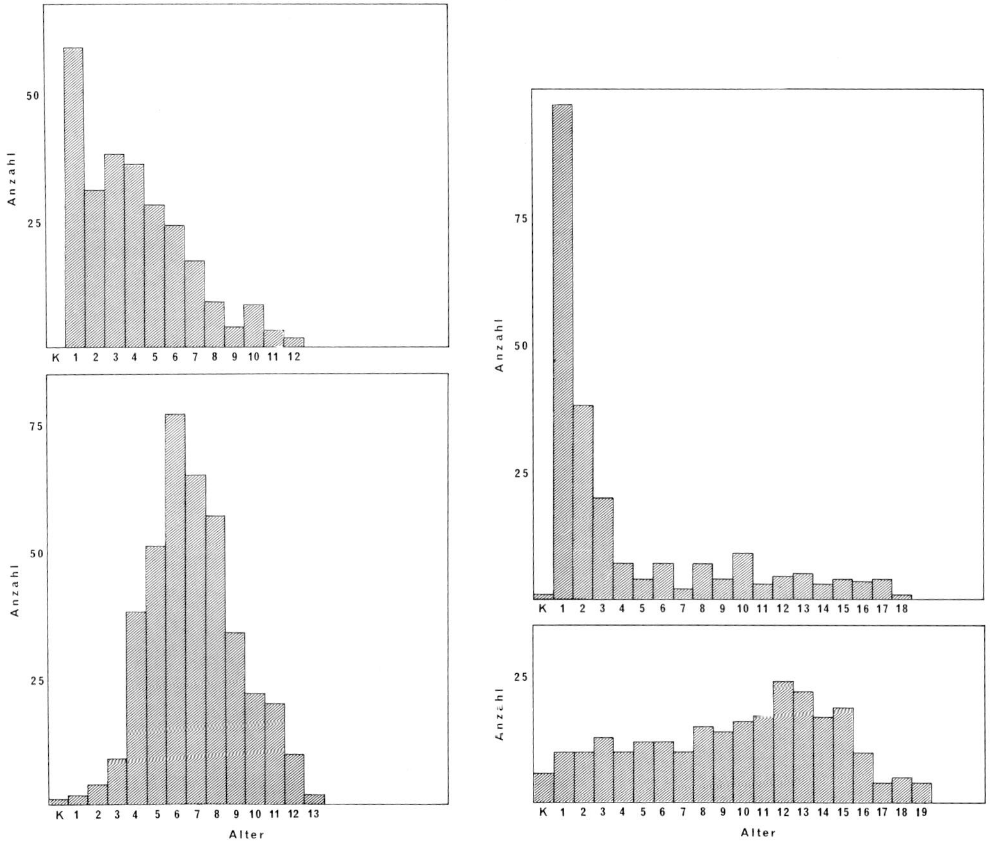

Abb. 65. Links: Altersgliederung der auf Treibjagden erlegten Gamsböcke (oben) und der im Wege des Einzelabschusses erlegten Böcke (unten). – *Rechts:* Vergleich der auf Treibjagden erlegten Gamsgaisen (oben) mit der bei Einzelabschüssen erlegten Gaisen (unten).

Bericht, der in seinem Wortlaut wiedergegeben wird, bezeichnet, wie in Österreich allgemein üblich, das „Treiben" als „Trieb".

„Die Durchführung des Abschusses auf der Pürsch ist in Revieren angezeigt, wo nur wenig Gemsen sind, man also noch den Stand vermehren will und wo also nur einzelne Böcke abgeschossen werden. In einem Jagdgebiet, wie es das Brandhofer ist, in welchem der Abschuß mindestens 250 Stück beträgt, wäre die Durchführung desselben geradezu eine Unmöglichkeit und würde durch das fortwährende Pürschen und Schießen in allen Revierteilen eine solche Beunruhigung des Wildes herbeigeführt werden, daß das Gemswild in kürzester Zeit zum größten Teil auswandern oder in unzugängliche Felspartien sich zurückziehen müßte.

Die Triebe, für die meist 6 bis 8 Schützen und höchstens 20 Treiber in Betracht kommen, sind teils sogenannte Hochtriebe im offenen, felsigen Terrain oder Waldtriebe. Erstere werden meist nur alle vier Jahre, die Waldtriebe alle drei Jahre in einem gewissen Turnus bejagt. Dadurch wird die Beunruhigung des Wildes auf ein Minimum beschänkt; denn nach Abhaltung einer solchen Jagd fällt während vier resp. drei Jahren in den betreffenden Revierteilen kaum ein Schuß."

Die Vertreter und Verteidiger der Treibjagd auf Gamswild in der Steiermark können jedenfalls für sich buchen, daß sie gerade in den letzten Jahrzehnten, in denen die Räude einen großen Teil der wohlumhegten Bestände im wahrsten Sinne des Wortes dezimiert hat, ihre Gebiete gesund erhalten haben. Ob es sich hier um den Erfolg einer Maßnahme oder um einen Zufall handelt, wird wie vieles andere erst die Zukunft entscheiden.

Die Grenzen zwischen einer Treibjagd und einem Gamsriegler sind sehr verschwommen. Oft liegt der Unterschied lediglich im Wort. Im allgemeinen wird unter einem Riegler eine verkleinerte Treibjagd verstanden, und Graf JOHANN MERAN gibt in seinem Bericht für ihn eine zahlenmäßige Definition von 1 bis 3 Schützen und 3 bis 5 Treibern an, der jedoch keine allgemein gültige, sondern nur eine erklärende Bedeutung zukommt. Während man bei der Treibjagd in der Auswahl der Mittel, das Wild vorwärts zu treiben, nicht wählerisch ist, sind die Treiber bei einem Riegler angewiesen, das Wild ruhig und vorsichtig anzufassen und damit auch vertrauter an die Schützen zu bringen. Da der Wind bei der Gamsjagd eine ausschlaggebende Rolle spielt, wird das Gelingen eines solchen Unternehmens immer von ihm abhängen. Bei einer lauten Treibjagd fällt er nicht im gleichen Maße ins Gewicht, denn das kopflos dahinhetzende Wild soll ja der gewohnten Vorsicht beraubt werden. Die Erfahrungen bestimmen in den einzelnen Fällen die Besetzung der Rückwechsel. Im wesentlichen gilt genauso wie für alle Treibjagden auch beim Gamswild die Regel, daß sie den örtlichen Verhältnissen angepaßt, gut durchdacht und organisiert sein müssen, wenn sie reibungslos ihren Zweck erfüllen sollen. Daß dabei verläßliche, gute und flinke Schützen mehr als unerfahrene erreichen, liegt in der Natur der Jagd.

Welchen Umfang der Organisation die Durchführung einer solchen Jagd erfordert, geht am besten aus der folgenden Anweisung für eine Treibjagd in einem steirischen Revier hervor.

Wetterkogljagd
am 2. September 1957

Aufbruch der Schützen vom Lettanger um 8 Uhr. Die Stände I und II dürfen vor 11 Uhr nicht besetzt werden, da der Eintrieb vom Pera vorher durchgeführt werden muß. Mattl* *weist die Schützen XII, XI, X, II und I ein, stellt III, IV, IVa, V, VI, VII, VIII und IX an und besetzt die Auswehr am kleinen Wetterkogl. Ein Träger von Nr. II geht vom Stand gerade hinauf unter die Mauer und verwehrt den Wechsel zur Schönleiten.*

Florl** *geht mit 14 Mann über die Seeleiten, läßt den Eintrieb machen, über die Ochsenreich bis zum Rotgangkogl. Inzwischen besetzt er die Auswehr vom Wetterkogl bis zum Rotgangkogl und steigt dann zusammen mit seinen Leuten durch den Rotgang ab.*

* Matthias
** Florian

Hans *geht mit 12 Mann durch die Dullwitz auf die Fölzalm, bringt auf dem Fölzalmsattl die Tafel „Wegsperre“ an. Von dort läßt er den Eintrieb Pera-Heanasteign von Sepp durchführen, der hierauf die von Hans ausgelassenen Auswehren besetzt. Hans macht inzwischen den Eintrieb Speikkogl, stellt die Auswehrer bis ins Schwabenkaar an und macht den Hebschuß auf Zeichen oder Zeit (12 Uhr).*

Breitler *trifft mit den Auswehrern am Rotgangkogl zusammen und führt dann den Trieb heraus. Geschossen wird erst nach dem Hebschuß!*

Aufbruch der Treiber von Brandhof um 5 Uhr früh.

Waidmannsheil!
BREITLER M. P.
Revierjäger

Aus demselben Revier stammt die Zusammenstellung von Strecken aus Gamstreibjagden über einen Zeitraum von mehr als 60 Jahren, mit einer Erläuterung des Jagdherrn.

Der Vollständigkeit halber soll in diesem Abschnitt noch erwähnt werden, daß auch das Zudrücken eines einzelnen Bockes zur Feistzeit durchaus gebräuchlich ist. Es kann sich sehr oft ergeben, daß sich durch die Schwierigkeiten der Geländeformation ein Anpürschen nicht durchführen läßt und daß das Stück nicht daran denkt, seinen Einstandsraum zu verlassen. Hier kann das Herausdrücken oder „Anriegeln“, wie man in Bayern sagt, oft das einzige sehr reizvolle Mittel zum Erfolg sein. Es wird nur bei sehr guter Orts- und Wildkenntnis und mit Bedachtsamkeit gelingen.

Wenn man aber die Schilderungen der Gamsjagden um die Jahrhundertwende liest, gleichgültig ob es sich um solche aus bayerischen oder österreichischen Landen

Zusammenstellung der Strecken von vier charakteristischen Gamstreibjagden zwischen 1891 und 1957

	1891	1893	1895	1897	1899	1900	1903	1904	1907	1908	1910	1911	1916	1918	1920	1921
Grübl:			20		21			22		3			22		28	
Kämm:		32		27			41				29			47		41
Ring:						64		2				22				15
Staritzenbruch:	14	9				17		11	12		9					15

	1922	1923	1924	1928	1929	1931	1934	1935	1936	1940	1946	1948	1951	1952	1953	1957
Grübl:		33			17			51		5	27		27			
Kämm:				41		49			32					30		
Ring:	6		11	24			13					3				
Staritzenbruch:			11	17		17			13		8			14	13	

Anmerkung: Die Gamstriebe in Brandhof, deren es zur Zeit des größten Areals etwa 55 und heute noch ca. 35 gibt, teilen sich in sogenannte Hochtriebe, die zumeist oberhalb der Waldregion liegen, und Waldtriebe, die innerhalb derselben liegen. Die Hochtriebe können nur bei schönem, nebelfreiem Wetter genommen werden. Die voraussichtlichen Strecken können bei manchen Trieben mit ziemlicher Sicherheit vorausgesagt und gegebenenfalls durch Beschränkung der erlaubten Einzelstrecken mancher Stände im Rahmen des Abschußplanes gehalten werden, während andere Triebe vom Gelingen des sogenannten Eintriebes bzw. vom jeweiligen Standort der einzelnen Rudel stark abhängig sind.
Zu den ersten Hochtrieben gehört beispielsweise die Kämmjagd, während Ring und Grübljagd, alles ungefähr gleichwertige Hochtriebe, zur zweiten Gruppe zählen. Die Waldtriebe sind vom Wind ganz besonders abhängig und daher starken Schwankungen unterworfen. Die Kämmjagd ist beispielsweise nie mißglückt, die etwas schwächeren Strecken des Jahres 1936 und 1952 waren absichtlich gedrosselt, während Ring und Grübl mehrmals direkt mißglückt sind. Ein oder das andere Mal mag dazu auch das Wetter beigetragen haben.

handelt, dann kann man erkennen, daß Sinn und Zweck dieser Gesellschaftsjagden vorwiegend auf der volkstümlichen Fröhlichkeit lagen. Die Zeit der Treibjagden auf Gams in barockem Stil, bei der der Herzog von Lothringen zum Beispiel im Jahre 1747 in Brunn bei Wildalpen 96 Gams geschossen hat und vierspännig zu seinem Stand gefahren worden ist, war längst dahin. Es hat ja eine Revolution gegeben, bei der die Jagd eine große Rolle gespielt hat. Als die Jagd nach den Schreckensjahren für Jäger und Wild wieder zu blühen begann, hatte sie ihren Charakter grundlegend geändert. Im Vergleich zu den großen Treibjagden des 18. Jahrhunderts sind die des letzten Viertels des vergangenen alle nur größere oder kleinere Riegler. Intim, ausgeklügelt, ohne Prunk, ohne Hast, ruhig in den einzelnen Aktionen! Es ist köstlich, daß nach der Aussage F. C. Kellers, des Autors der ersten Gamsmonographie (1887), ein Nachkomme des Grafen Breuner, der die berühmte Kaiser-Karl-IV.-Jagd veranstaltet hat, es war, der die Riegler zur Perfektion entwickelt hat. Man hat scharf zwischen den lauten Treibjagden und den stillen Rieglern unterschieden. Man muß aber auch bedenken, daß diese Jagdart damals in erster Linie den Böcken galt, und es bedurfte genau so wie heute eines großen Geschicks, diese richtig vor die Schützen zu bringen. Man versetze sich in die Zeit zurück, da nach fünfundzwanzig trostlosen Jahren die Reviere sich wieder aufzufüllen begannen. Da hatte es seine Berechtigung, nach der Vermehrung des Wildes zu streben und mit Ausnahme der alten Geißen das weibliche und junge Wild vollends zu schonen. Wie schwierig es aber sein kann, bei einem Riegler die Böcke voranzubringen, davon weiß jeder ein Lied zu singen, der das einmal mitgemacht hat. Daher spricht Keller mit Recht von der „Kunst des Riegelns" und wünschte, daß diese Jagdart allgemeine Verbreitung fände.

Abb. 65a. Anordnung der Gamstriebe in den Brandhofer Revieren/Hochschwab. Die Lage der Triebe ist weitgehend geländebedingt. Punkte bezeichnen die Schützenstände, die Pfeile die Triebrichtung. Die einzelnen Triebe werden in mehrjährigen Abständen wiederholt.

In Vollkommenheit durchführen ließen sich solche Unternehmen nur mit einem dazu erzogenen, tatenfrohen, erstklassigen Jagdpersonal, von dem KELLER schreibt: „Es ist eine wahre Lust, da dem Jagdpersonale bei seiner Arbeit zusehen zu können. Alles geht wie am Schnürchen, alles klappt auf das genaueste. Fast jeder der zum Riegeln verwendeten Jäger ist in seinem Fache ein Meister, weiß sowohl aus den genau studierten Eigentümlichkeiten des Wildes als auch aus der Terrainkonfiguration Nutzen zu ziehen. Wenn man den Leuten zusieht, gewinnt man fast den Eindruck, als ob sie sich auf einer Pürsche befänden und die Sache noch nicht recht los hätten. Dabei aber entgeht ihnen auf ihrer Route nicht die leiseste Bewegung oder die kleinste Richtungsveränderung des Gamswildes. Bald taucht einer still auf einer Blöße auf, um im Augenblicke wieder zu verschwinden, sobald er seinen Zweck erreicht hat, bald vernimmt man ein halb unterdrücktes Husten oder Räuspern von jener Seite, welche das Wild gegen den Willen des Jägers annehmen will. Sonst geht alles still und ruhig ab, bis endlich von den Ständen her das Knallen der sicheren Büchsen verkündet, daß der beabsichtigte Plan gelungen ist."

Fünfzig Jahre später läßt auch der bayrische Oberforstmeister GEORG HAUBER in seinem Buch „Das Gamswild" das Riegeln noch gelten. Auch er will nur Böcke geschossen wissen und sagt: „Wenn man einen verständigen Jäger und verständige Beihelfer hat, so ist diese Jagdart eine der interessantesten; dabei wird das Wild nur wenig beunruhigt." Mit den Treibjagden größeren Ausmaßes, die mit den reichen Beständen in unserem Jahrhundert wieder aufkamen, und bei denen auch Scharwild geschossen wird, weiß er sich jedoch nicht abzufinden und verurteilt sie recht heftig. „Klägliche Gamsjährlinge" auf einer Treibjagd zu schießen, hält er für höchst unweidmännisch, und die Sucht nach großen Tagesstrecken, bei der nur nach Quantität und nicht nach Qualität gejagt wird, wobei für ihn die Qualität nur der Bock darstellt, gehört zur „Rekordschlächterei". Das soll man ihm nicht übelnehmen. Er wirkte in seiner Grundhaltung noch ganz in der Aufbautradition, bei der man von den Rückschlägen, die überhöhte Gamsstände immer bringen müssen, noch nichts wußte. Er hatte durch fünfundzwanzig Jahre die sogenannten „freien Gamstreibjagden" seines Landesherrn geleitet, bei denen alle Hilfsmittel wie Tücher, Netze und dergleichen vermieden wurden. Es hat ja auch für Gamswild, wie wir hörten, „eingestellte Jagen" gegeben, und er sieht in der „freien Jagd" eine wohltuende Verfeinerung der Sitten. Daß er die Revierteile bevorzugte, in denen hauptsächlich Böcke standen, deckt sich mit seinem Begriff von der Qualität, aber vorwiegend beherrscht ihn die Absicht, das Mutterwild möglichst in Ruhe zu lassen. Das entsprach dieser Jagdart.

Es muß hier neuerlich darauf verwiesen werden, daß es völlig falsch ist, Vergangenes einfach abzuurteilen. Jede Zeit hat ihr Charakteristikum, und die Umstellung auf neue Begriffe hatte damals und insbesondere bei der Jagd lange gedauert.

So steht es uns jetzt zu, über jede Meinungsverschiedenheit hinweg den Gedanken aufzugreifen, ob der Treibjagd nicht doch auch im modernen Sinne der Jagdausübung eine Bedeutung zukommen könnte.

Daß ein Gebirgsrevier durch einen für das Wild harten Jagdtag weniger beunruhigt wird als durch eine dauernde Herumknallerei, ist von berufenster Seite dargelegt worden. In den wiederholt als Beispiel angeführten Gräflich Meran'schen Revieren der Steiermark konnte beobachtet werden, daß das Gamswild vor Aufgang der Jagdzeit vor allem in der Nähe viel begangener Touristenwege sehr vertraut war, Menschen sich völlig frei ohne Deckung dem Wilde nähern konnten, dieses nur eine gewisse Respektdistanz einhielt und nicht an ein Flüchtigwerden dachte. Dieser Zustand änderte sich aber mit dem ersten Schuß bei Aufgang der Jagd sofort. Da war es mit der Vertrautheit vorbei. Jetzt tritt die Kardinalfrage an uns heran: Sollen wir das Wild immer in einer möglichst vertrauten Lebensführung zu halten und zu hegen versuchen? Sollen wir es pflegen mit allen uns zur Verfügung stehenden Hilfsmitteln, damit ihm ja kein Unheil widerfahre? Sollen wir es nützen, gerade nur in der Form, in der ihm der Friede der Umwelt höchstmöglich erhalten bleibt und in dem Ausmaß, daß absolut nur das Notwendigste geschossen werde? Der Tierschützer von heute würde diese Fragen mit einem klaren Ja beantworten. Und für die Jäger, die gerade im zentralen übervölkerten Europa eine Tierwelt großen Ausmaßes betreuen, wird es Zeit, diese Fragen einmal aus einer anderen Sicht zu beleuchten und zu beantworten. Daß es ihnen zu verdanken ist, wenn wir in wildreichen Ländern leben können, ist wohl für jeden Einsichtigen unbestritten. Ob sie es aber im Sinne der vielgepriesenen Hege überall richtig machen, dieser Zweifel findet nicht nur in der fortlaufenden Änderung der Abschußrichtlinien und im immerwährenden Suchen nach Verbesserungen seinen Niederschlag, es drängt dem Nachdenkenden in letzter Konsequenz den Verdacht eines grundlegenden Irrtums, noch richtiger vielleicht einer Fehlbeurteilung der Beziehung Mensch – Wild auf. Der Mensch ist nun einmal nicht nur der sorgsame Betreuer des Wildes, er ist auch, so hart das Wort klingen mag, sein Feind, sein notwendiger Feind, der Feind, den das Wild unter allen Umständen braucht. Die Jäger sollen sich nicht scheuen, sich dazu zu bekennen. Mit der Ausrottung von Wolf und Luchs in unserem Raum sind die für das Gamswild entscheidenden Feinde dahingegangen, und der Mensch ist an ihre Stelle getreten. Er nimmt die erforderlichen Regulierungen vor. Es geht aber nicht allein darum, daß er sie vornimmt, sondern auch darum, wie er sie vollzieht. Der Wolf hat gehetzt, der Luchs hat gelauert. Das Wild in Schwung gehalten hat der Wolf, und dieses Inbewegunghalten des Wildes, bei dem das junge und schwache Zeug den Verfolgern zuallererst verfiel, hatte seine primitiven Ausleseerfolge.

Diese einfache Auslese war bei den Treibjagden teils durch das Wildverhalten, teils durch sinngemäß entwickelte Vorschriften gegeben. Wie gerade zuvor gesagt, verstehen es alte Böcke sehr gut, sich abzustellen, und die Muttergaisen unterlagen nicht dem Beschuß. So kamen, wie die Meran'schen Tabellen zeigen, zum größten Teil die jungen Jahrgänge zur Strecke, und damit geschah gerade das, was *heute* die Jagdwissenschaft für den richtigen Aufbau eines Bestandes fordert. Die Alten haben mithin mit ihren Methoden für die Gesunderhaltung des Wildes richtig gejagt, sich vielleicht ohne großes Kopfzerbrechen richtiger verhalten als wir es heute bei der intensivsten Hingabe an die uns immer wieder bewegenden Probleme tun.

Man kann mit Recht einwerfen, daß die immerwährende Einzelbejagung durch die Pürsch schließlich denselben Endeffekt aufweisen müsse wie die Treibjagd, wenn sie nur richtig durchgeführt wird, das heißt, wenn ausschließlich das abschußnotwendige Wild der Kugel verfällt. Auch durch die dauernde Beunruhigung auf der Pürsch wird das Wild in Bewegung gehalten und zur Vorsicht gezwungen. Der Praktiker weiß, daß dies nicht das gleiche ist. Einige scharfe Hetztage im Jahr oder im Abstand mehrerer Jahre sind etwas ganz anderes als eine dauernde Beunruhigung. Man stoße sich nicht an dem Vergleich, daß auch die Wölfe in der Regel nur in größeren Zeitintervallen die einzelnen Teile ihrer großen weiten Reviere heimgesucht haben. Am ehesten kommt man dem Treibjagdsystem durch die Einzeljagd noch in den Patentjagdkantonen der Schweiz nahe, wo die sehr kurze Schußzeit den massiven Einsatz der Jäger herausfordert, ja die Pürsch dadurch automatisch vielfach zu einem Treiben wird. Daß es damit gelingt, das Wild gesund zu erhalten, ist unbestritten, und damit ist die höchste

Forderung modernen Jagens im Sinne der Wilderhaltung auch über bestehende Gegensätze hinweg erfüllt.

Daß die Treibjagden große Reviere erfordern, ist selbstverständlich. Wenn sich aber heute überall die Erkenntnis abzeichnet, daß die vielen kleinen Bergreviere eine sinnvolle Hege aller Wildarten erschweren, ja oft unmöglich machen, und die Schaffung von Hegegemeinschaften den Beginn eines Versuches darstellen, wie man diesem Übel beikommen könnte, so ließe sich auch eine Art von gemeinschaftlicher Jagdausübung ausdenken. Daß bis dahin noch sehr viel Gletscherwasser in unsere Bergbäche fließen wird, ist gewiß, doch sollte auf den Hinweis in der Richtung der Gesamtaufgabe nicht verzichtet werden.

Es gibt heute sehr viele Hochgebirgsjäger, die jede Treibjagd auf Gamswild vollkommen ablehnen. Sie führen dafür außer den eingangs erwähnten Gründen ins Treffen, daß die Treibjagd auf Gamswild als Relikt aus einer Zeit anzusehen sei, in der nach ihrer Meinung das zahlenmäßige Beutemachen über das Erleben auf höherer Stufe jagdlicher Ethik gestellt wurde. Wollen wir hoffen, daß den Individualisten in den Weiten des extremen Hochgebirges noch recht lange ein Platz freigehalten werden kann.

Die Pürsch

Wird die Pürsch heute allgemein als die Königin der Jagd bezeichnet, weil sie mit dem höchsten persönlichen Einsatz die stärkste Bindung an die Landschaft und an die Beobachtung des Wildes vermittelt, so war dies nicht immer so. Hat in den Alpen die Jagd auf den Brunfthirsch erst um die Mitte des vergangenen Jahrhunderts begonnen, so steht es mit dem Bartgams nicht viel anders. Bis dahin hatte die Treibjagd den Vorzug, weil sie auf bequemere Art zum jagdlichen Erfolg führte. Man muß auch hier genau unterscheiden, ob man die Gamsjagd einer bestimmten Klasse und bestimmter Gegenden untersuchen, oder ob man den Versuch wagen will, sie in ihrer Gesamtheit zu analysieren. Der Jagdherr des 18. Jahrhunderts unterscheidet sich ganz wesentlich von dem Revierinhaber des zwanzigsten. Der Berufsjäger, der in alter Zeit den Auftrag hatte, den Gams für die Küche zu besorgen, der kleine Mann, der legal oder illegal sein Stück schoß oder schießen durfte, er bediente sich jener Jagdmethoden, die anzuwenden seinem Herrn gar nicht einfiel, die heute aber als höchstes jagdliches Können gerade vom verwöhnten Bergjäger bevorzugt werden. Es muß auch hier wiederholt werden, daß gerade die Anwendung der Pürsch, die Suche nach einem möglichst engen Kontakt mit der Bergwelt, Hand in Hand geht mit deren Entdeckung durch den abendländischen Menschen überhaupt.

Wenn man immer wieder und mit vollem Recht die Gamsjagd als die klassische Jagd des Gebirges bezeichnet, so bedarf dies vorerst einer Begrenzung. Es ist im naturgeschichtlichen Teil dargestellt worden, daß es heute eine ganze Reihe tiefgelegener Gamsvorkommen gibt, in denen natürlich auch gejagt wird. Es wird dabei nicht an den Fuß von Hochgebirgen gedacht, in denen sich die Gams zu verschiedenen Zeiten des Jahres einstellen mögen, sondern an jene Mittelgebirgszonen, die eine Seehöhe von 600 bis 1000 m nirgends überschreiten und jeden Charakter des Hochgebirges vermissen lassen. Würde man einen zünftigen Gamsjäger dorthin verpflanzen und ihm zumuten, die Erlegung eines noch so guten Bockes mit einer in seiner Gebirgsheimat gleichzusetzen, man würde ihm wahrscheinlich eine Schmach antun. Er würde sich vermutlich dahingehend äußern, daß diese leichten Gams von jenen geschossen werden mögen, die zu ihm nicht mehr hinaufsteigen könnten, die aber doch auch den Ruhm des Gamsjägers für sich in Anspruch nehmen möchten. Darin spiegelt sich der Wesenskern der Gamsjagd wider. Sie ist in ihrer Originalität vom Gebirge nicht zu trennen, und so sollen die folgenden Betrachtungen sich lediglich mit der Gamsjagd dieser Region befassen.

Es gibt Jäger, denen der Gams über alles geht, die jeden Hirsch und jeden Rehbock stehen lassen, wenn ihnen die Möglichkeit geboten wird, einen Gams zu schießen. Es sind dies vor allem jene, die in sehr frühen Jahren zur Gamsjagd gekommen oder bei ihr aufgewachsen sind. Bei ihnen ist dann das Gamswild zu einem Teil des Heimatbegriffes geworden. Wenn sie in oft überschwenglicher Freude davon schwärmen, unter welch schwierigen Verhältnissen sie den Gams angegangen sind, wie er kohlrabenschwarz mit wachelndem Bart am Felskopf gestanden, wie es ihn dann nach dem Schuß über die Schneewächte hinuntergehaut hat, welche Mühe es gekostet hat, ihn aus der Wand herauszuholen, was es für eine Schinderei war, ihn durch den knietiefen Schnee zur Hütte zu schleppen, daß man aber die gute, verpechte Krucke auch gegen das beste Hirschgeweih nicht eintauschen wolle, dann ist und bleibt diese Schilderung eines wahrhaften Jagderlebnisses von echtem Wert. Es schrumpfen dabei die vom bequemen Hochsitz aus erbeuteten Rekordgeweihe beträchtlich zusammen, aber auch die bequemen Gams versinken in der Bedeutungslosigkeit jagdlichen Geschehens. Es soll damit nicht gesagt werden, daß jeder Gamsjäger ein perfekter Hochalpinist sein muß. Aber etwas Mühe und Plage, vor allem aber die Genugtuung über ihre Überwindung erhöhen Reiz und Wert für den Jäger, dem es nicht allein darum geht, Trophäen, sondern auch innerliche Erlebnisse zu sammeln.

Die Pürsch auf einen Sommergams ist wohl immer einfacher als die auf den Wintergams. Gilt es einen Bock zu schießen, so kennt man in der Regel seinen Einstand, den er allein oder gemeinsam mit einem anderen bezogen hat. Man weiß, daß er mit ziemlicher Regelmäßigkeit zur Äsung auszieht, daß er am sonnbeschienenen Hang später erscheint als auf dem im Schatten liegenden, daß er bei schlechtem Wetter auch bei Tage auf freier Fläche angetroffen werden kann, während er bei hellem Wetter eher die Stunden der Dämmerung vorzieht. Der erfahrene und mit den Gewohnheiten des Wildes vertraute Jäger weiß auch, wenn sich ein Bock einen sogenannten Rundgang eingerichtet hat, der nicht täglich am gleichen Ort, wohl aber in regelmäßigem Abstand dort beobachtet werden kann. Er weiß ebenso, daß es überall Böcke gibt, die nicht zu finden sind. Sich um sie zu bemühen, ist gewöhnlich ein hoffnungsloses Beginnen, und es ist besser, ihre mutmaßlichen Einstände in Ruhe und eine Begegnung mit ihnen dem Zufall zu überlassen. Erpürschen kann man sie dort nicht, weil sie den Jäger immer früher wahrnehmen werden als er die gesuchte Beute. So wird die Pürsch auf den Sommerbock fast immer zum Ansitz, wenn man sie einem bestimmten Stück widmet. Allenfalls kann sie zu einer Verbindung solcher Ansitze auf verschiedenen Punkten werden.

Was anderes ist es, wenn man ein Stück Scharwild oder eine alte Gais schießen soll. Im Wald werden auch die kleinen Rudel die Gewohnheiten der Böcke einhalten, am Abend den Einstand verlassen und ihn am späten Morgen wieder aufsuchen. Da wird sich auch die Jagd von jener auf den Bock kaum unterscheiden. Wenn aber die Rudel auf der Alm, im freien Terrain stehen, dann ziehen sie häufig ohne bestimmten Plan umher, äsen da und dort, tun sich, wo es ihnen gefällt, nieder, und der Jäger kann Mühe haben, sie überhaupt zu finden. Hier handelt es sich also um eine echte Pürsch, die sich oft über den ganzen Tag ausdehnen kann. Denn ein Kriterium der Pürsch ist es ja, das Wild zu suchen. Das Finden der Gams im freien oder schütter bewaldeten Gelände erfordert Übung. Der helle Sommergams ist im allgemeinen leichter auszumachen als der im Stein oder im Wald auf unbeschneitem Grund stehende dunkle Wintergams, weil die fahlgelbe Farbe auffälliger ist. Natürlich kommt es dabei weitgehend auf die Entfernung an, auf die man einen Revierteil abzusuchen hat. Auch die Beleuchtung, der Stand der Sonne spielt dabei eine große Rolle. Steht die Sonne im Rücken des Beschauers, wird der vor ihm liegende Hang klar, im entgegengesetzten Falle dunstig erscheinen. Ein ausgezeichnetes Auge allein ist nicht die Voraussetzung für das Finden des Wildes, sondern ein besonders ausgebildetes Unterscheidungsvermögen und das Wahrnehmen der geringsten Bewegung. Auf diesem Gebiete gibt es unter den Hochgebirgsjägern große Künstler. Sie sind jenen des Flachlandes gleichzusetzen, die mit unglaublicher Sicherheit und auf respektable Entfernung jeden Hasen in der Sasse des Sturzackers oder des Waldbodens sehen. Reicht das unbewaffnete Auge nicht mehr aus, dann wird man mit dem Jagdglas auf die systematische Suche gehen, und auch hier macht die Übung den Meister.

Hat man das Wild entdeckt, dann kommt das beim Gamswild heikle Kapitel des Ansprechens. Gerade beim Sommergams ist die Feststellung des Alters besonders schwierig, und sie wird immer schwieriger, je mehr sich das Stück vom Jährlingsalter entfernt. Erst ganz alte Stücke haben wie bei jeder Schalenwildart wieder ihre charakteristischen Altersmerkmale. Es gibt zwar immer und überall Jäger, die angeben, Sommer und Winter ihre Gams auf das Jahr genau unterscheiden zu können. Wenn man aber sein ganzes Leben lang nicht nur die Gams, sondern auch die Jäger genau beobachtet hat, wird man zugeben müssen, daß auch hier das Irren menschlich ist. Hat man Vergleichsmöglichkeiten, stehen also Stücke verschiedenen Alters und Geschlechtes nebeneinander, dann ist die Sache noch verhältnismäßig einfach. Begegnet man ihnen jedoch einzeln, dann wird es schon komplizierter. Immer wieder wird es in der Kruckenbildung besonders gute und besonders schlechte Stücke, Böcke mit Gaisskrukken und Gaissen mit Bockkrucken mit allen Variationsmöglichkeiten geben. Überall werden sich Stücke finden, die im Körperbau im Verhältnis zu den Altersgenossen über- oder unterentwickelt sind. Wer will es nicht zugeben, daß doch immer wieder unbeabsichtigt hochkapitale Böcke im 4. oder 5. Jahr geschossen werden, denen man in voller Überzeugung doppelt so viele Jahre zugezählt hat? Oder hat der Versuch, aus bestimmten Gründen nur Gaissen im zweiten Lebensjahr schießen zu lassen, nicht bewiesen, daß dabei auch drei- und vierjährige fallen können? Im Sommer geschieht dies besonders leicht. Und dies bei wirklich erfahrenen Gamsjägern! Wie bei jedem Handwerk wird der beste der sein, dem am wenigsten Fehler unterlaufen.

Das Ansprechen der Gams in späteren Jägerjahren zu erlernen, hat sich in der Regel als unmöglich erwiesen. Es mag noch gelingen, wenn alle Voraussetzungen vorliegen, die bekannten Erkennungsmerkmale genau zu studieren. Das Entscheidende ist der „Blick", den der erfahrene Gamsjäger hat und haben soll. Er kann häufig die Unterschiede gar nicht beschreiben und doch fallen sie ihm auf. Es gibt ja auch Hirschspezialisten, die ihre Hirsche noch nach dem Abwerfen an Physiognomie und Körperbau untrüglich unterscheiden, oder Hirten, die jedes Stück ihrer Herde an oft unmerklichen Eigenheiten genau erkennen können. Dem zivilisierten Menschen geht diese Gabe immer mehr verloren, weil er sie nicht mehr braucht. Aber sie bleibt immer wieder eine bewundernswerte Eigenschaft guter Gamsjäger, die aus ihrem naturnahen

„Instinkt" richtiger urteilen, als der mit allen technischen Hilfsmitteln ausgestattete moderne Beobachter.

Hat man nun auf einer sommerlichen Gamspürsch ein Stück gefunden, das man zu erlegen wünscht, und erfordert es ein Anpürschen im wahrsten Sinne des Wortes, so kann diese Jagd zu einem genußreichen Erlebnis werden. Grundvoraussetzung für ein Gelingen ist immer die Rücksicht auf den Wind. Bei ruhigem Wetter wird am sonnenbeschienenen Hang der Wind bergauf, im Morgen- und Abendschatten bergab ziehen. Gerade bei einer weiträumig angelegten Pürsch wird man das tageszeitlich bedingte Umschlagen des Windes einkalkulieren müssen. Bei schlechten Windverhältnissen einen Gams angehen zu wollen, ist unsinnig. In Gräben und Karen, wo sich der Wind immer wieder verschlägt, soll man bei unruhigem Wetter jeden Versuch unterlassen. Die Gams werden praktisch an jedem Punkt des Kessels rechtzeitig gewarnt werden. Bei stürmischem Wetter mag eine Pürsch gerade noch am Grat gelingen, wo der Wind in gleicher Richtung darüber hinwegbraust, doch das ist nicht jedermanns Sache.

Auf eine Naturerscheinung, die bei der Bergjagd besonders ins Gewicht fällt, sei hier noch hingewiesen: es ist der Nebel. So schön sich die Gamsjagd bei richtigem Wetter gestalten kann, so unangenehm kann sie bei Nebelwetter sein, denn das alles einhüllende Grau zwingt den Jäger zur restlosen Untätigkeit. Steht eine bequeme Jagdhütte zur Verfügung und ist der Jäger in gesellschaftlicher Beziehung nicht anspruchsvoll, so wird er es noch einige Zeit aushalten. Bei tagelangem beschäftigungslosem Zuwarten verlieren aber auch die ruhigsten Leute nur zu leicht die Geduld. Gerade dadurch, daß der Jäger des Gebirges auf die weite Sicht angewiesen ist und in der Regel auf große Entfernung mit dem Wild in Kontakt tritt, ist der Nebel neben dem Wind sein schlimmster Feind.

Beginnt der Tag schon mit dem Nebel, dann wird man zu entscheiden haben, ob man an Ort und Stelle seine Auflösung abwarten, oder ob man trotzdem die Pürsch in der Hoffnung beginnen soll, daß er sich im Laufe des Tages verflüchtigt. Hier kann nur der ortskundige Jäger einigermaßen richtig urteilen. Eine schwierige Gamspürsch wird man bei solchem Wetter niemals in Angriff nehmen dürfen.

Bei Einhaltung aller Vorsichtsmaßregeln kann es trotzdem vorkommen, daß man unverschuldet in Situationen gerät, die durch den Einbruch von Schlechtwetter gefährlich werden können. Die Wetterstürze vollziehen sich im Gebirge oft sehr schnell, und einem hellen, klaren Morgen kann schon ein stürmischer, mit Nebel und Schnee aufwartender Mittag folgen. Es hat sich noch immer als klüger erwiesen, daraus die einzig richtige Konsequenz zu ziehen, nämlich die Jagd bei den ersten Anzeichen der Gefahr abzubrechen. Wer es einmal erlebt hat, daß man bei Nebel auf der Alm im Kreis herumlaufen kann und den richtigen Abstieg nicht zu finden vermag, der wird in schwierigem Gelände dem Nebel lieber die liebenswürdige Bezeichnung des „Gamshüters" zubilligen als sich mit ihm in einen sinnlosen Kampf verstricken.

Für das Anpürschen an einen Gams gilt die Einhaltung der Grundregeln genauso wie bei jeder anderen Wildart: Berücksichtigung des Windes, Einhalten der Deckung, Vermeidung von Geräuschen, und damit ein Heranarbeiten auf schußgerechte Entfernung. Im Gebirge kann das genauso leicht oder genauso schwierig sein wie im Flach- oder Hügelland. Fast immer aber wird man es mit der Überwindung erheblicher Höhenunterschiede zu tun haben, und dies ist, kritisch gesehen, das Kriterium der Gamsjagd. Dem berggewohnten Jäger wird es nichts ausmachen, auf einem Umweg

Abb. 66. Notzeit (Phot. A. Krammer).

von mehreren Stunden über Stock und Stein bei Überquerung von Berg und Tal einen Gams anzugehen. Dem Bergungewohnten kann dies zur Qual werden, die mit dem zu erwartenden Erfolg in keinem Einklang steht. Bleibt der Erfolg dann noch aus, was bei körperlicher Überanstrengung und daraus resultierendem schlechten Schießen nur zu leicht passieren kann, dann wird die Gamsjagd in ihrem Rang heruntergesetzt und erfährt eine Beurteilung, die ihr keinesfalls zukommt. Ist einer komplizierten und schweißtreibenden sommerlichen Gamspürsch eine Krönung beschieden, so soll sie darum nicht zur Heldentat gestempelt werden, wohl aber Genugtuung über eine verdiente Leistung vermitteln.

Jeder Jäger im Gebirge soll wissen, was er sich zutrauen darf. Ist er Alleingeher, dann weiß er es meistens ohnedies. Der führende Berufsjäger wird auf die körperliche Eignung des ihm anvertrauten Jagdgastes Rücksicht zu nehmen haben, und dieser wieder hat die Pflicht, sich zu seiner begrenzten Leistungsfähigkeit im Gebirge ohne Rückhalt zu bekennen. In der Regel wird der routinierte Führer seinen Schützling sehr bald richtig einzureihen und zu beurteilen wissen. Aber man soll sich immer der Tatsache bewußt sein, daß aus einer falschen Einschätzung in schwieriger Situation eine Katastrophe entstehen kann. Die Prahlsucht hat im Gebirge schon manches Opfer gefordert. Sich auf schwindelige Pfade zu begeben, ohne wirklich schwindelfrei zu sein, ist ein Unfug, der sich bitter rächen kann. Wenn schon einleitend hervorgehoben wurde, daß nur der die Eignung zur Gamsjagd mitbringt, der sich zuerst dem Berg

Abb. 67. Über dem Nebel (Phot. Orel).

verschrieben hat, so gilt dies für die körperliche Eignung im besonderen Maße, denn ohne physische Anstrengung wird es wohl bei keiner Gamsjagd abgehen, es sei denn, daß man die Erlegung eines an der Autostraße austretenden Laubbockes auch als Gamsjagd bezeichnet. Aber es gibt zahme und milde Gamspürschen im sanften, sommerlich blühenden Berggrün, und es gibt wilde, verteufelt schwierige Klettereien im brütendheißen Fels oder auf steilstem glattem Grashang. So mag sich jeder, der einen Sommergams schießen will, sein Programm nach eigenem Ermessen, Können und Vermögen zurechtlegen.

Eine unter echten Gamsjägern vielbesprochene Sache ist der Vorzug, der dem schwarzen Wintergams gegenüber dem fahlen Sommergams gegeben wird. Daß dabei der Erbeutung des Bartes als einer begehrenswerten Trophäe eine besondere Rolle zukommt, sei außer acht gelassen. Es gibt viele alte Gamsjäger, die die Erlegung eines Sommergams rundweg ablehnen und für die die Jagd erst beginnt, wenn der Gams sein dunkles Winterkleid trägt. Dabei ist die Qualität der Krucke gar nicht entscheidend. Aber der Gams muß schwarz sein, wenn er in ihren Augen überhaupt ein Gams sein soll. Dazu wird noch der Schnee als Hintergrund verlangt und eine Gamsbrunft ohne Schnee, oder eine winterliche Pürsch im aperen Berg als eine jagdliche Halbheit empfunden. Es ist außer Zweifel, daß der Wintergams durch seine rauhe Behaarung ein eindrucksvolleres Bild darstellt als der glatte Sommergams, aber es scheint hier doch ein Farbreiz vorzuliegen, dem im jagdlichen Empfinden eine bisher kaum beobachtete Rolle zukommt und der in die Uranfänge des jagdlichen Gefühls zurückgreift. Wenn der Schwarz-Weiß-Kontrast auf das einzige heute im Gebirge verbreitete Raubwild, das dem Gams gefährlich werden kann, den Steinadler, deswegen eine erhöhte Beutelust ausübt, weil im Winter sein Tisch kärglicher gedeckt ist als im Sommer, so sei damit dieser Zusammenhang nur angedeutet. Er hat im Laufe der menschlichen Entwicklung eine Verfeinerung erfahren, die ihn oft kaum mehr erkennbar macht. Aber schließlich wirkt der rote Rehbock auf den Jäger auch anders als der wintergraue, der hagere, unansehnliche Sommerfuchs anders als jener im winterlichen Prachtgewand und der ausgefiederte Erpel oder Fasanenhahn anders als sein unscheinbarer jugendlicher Vetter. So wollen wir auch jenen Gamsjägern ihr Recht lassen, denen der Sommergams wenig oder gar nichts bedeutet, aber auch solchen ihre Freude nicht schmälern, die den Sommer im Gamsgebirg in Lust genießen wollen. Gerade der Sommer ist im Hochgebirge eine köstliche Zeit. Der lange Tag, der Jagdfahrten langer Dauer ermöglicht, die Temperatur, die belebend und erfrischend wirkt, die Alm- und Felsblüten, die nun einmal zum Bergsommer gehören wie die über den Grat segelnden weißen Wolken des tiefblauen Himmels, das Weidevieh mit Geläut und Hirtenruf, so es dies noch gibt, alles dies vermittelt in seiner bunten Gemeinsamkeit das, was die Menschen immer wieder in die Berge ruft. In dieser Atmosphäre waidwerken, auf luftiger Höhe fern von dem Getriebe der Welt dem gelben Sommergams nachzustellen, wird immer echte Jagd bleiben.

Die spätherbstliche oder winterliche Gamsjagd ist im Vergleich zu der des Sommers ernst. Wohnt dem Sommer im Hochgebirge eine gewisse Fröhlichkeit inne, so stirbt diese mit dem ersten Schnee. Und dieser kommt oft allzu früh. Wenn einmal Senner und Waldarbeiter zu Tal gezogen sind und es ganz ruhig um die Höhen geworden ist, dann präsentiert sich das Gebirge vielleicht in seiner eindrucksvollsten Majestät. Mag auch im Tal der Einbruch des Herbstes zu Veränderungen im menschlichen Empfinden führen, im Gebirge tut er das in einer anderen Form. Die ungestörte, oft lastend empfundene Ruhe, die klare Luft, die über Nebel und Dunst des Tales liegt, der

Gegensatz zwischen warmem Tag und frostkalter Nacht, das Fehlen jeglicher Lebensäußerungen, das ein Gefühl großartiger Einsamkeit auslösen kann, die Geborgenheit einer wohlversorgten warmen Hütte vermitteln dem Jäger dieser Umgebung ein Erlebnis, wie er es sonst wohl kaum mehr zu finden vermag. Gerade der Umstand, daß in dieser Zeit der Jäger wirklich allein sein großes Revier beherrscht, wirklich allein auf sich selbst gestellt ist, zieht so viele Jäger immer wieder mit unwiderstehlicher Macht trotz aller zu erwartenden Entbehrungen zur Gamsbrunft in die Berge.

Die Jagd zur Zeit der Gamsbrunft wird dadurch bestimmt, daß die Böcke sich im Vergleich zur übrigen Zeit des Jahres in größerer Bewegung befinden. Ist es im Sommer unerläßlich, einen bestimmten, auf weite Sicht wahrgenommenen Gams anzupürschen, wenn man ihn schießen will, kann es zur Zeit der Brunft genügen, sich an einem der bekannten Wechsel anzusetzen, auf dem der Bock früher oder später erscheinen

Abb. 68. Gamsrudel in den Kalkbergen (Phot. Bauer).

wird. Weiß man also, wo die Gams annähernd stehen, wird man gut tun, einen geeigneten Platz aufzusuchen und dort zu warten. Bei klarem, schönem Herbstwetter wird man höher hinaufsteigen müssen, bei anhaltend stürmischem Schlechtwetter wird sich die Gamsbrunft in tieferen Lagen abspielen. Jedes Revier hat bestimmte Plätze, die den Jägern genau bekannt sind und die je nach Wetterlage den höchsten Erfolg versprechen. Entscheidend ist natürlich Wilddichte und Geschlechterverhältnis. Stehen sehr wenig Gams im Revier, wird man die Ansitze öfter wechseln müssen, praktisch also Pürsch mit Ansitz verbinden, bei dichtem Gamsbestand wird es genügen, mit Geduld auf einem Punkt zu verharren, auch wenn es mehrere Stunden dauern sollte. Ist die Zahl der Böcke im Verhältnis zu jener der Gaisen klein, wird man von dem Brunfttreiben weniger wahrnehmen als im umgekehrten Falle. Je mehr Böcke in geschlechtsreifem Alter vorhanden sind, um so größer wird die Wahrscheinlichkeit sein, daß einer auf der Suche oder vom Gegner abgesprengt am Wechsel auftaucht. Immer wieder gibt es Tage, an denen die Brunft lebhaft genannt werden kann und solche, an denen sie sich scheinbar ohne Erregung abspielt. Die deutschsprechenden Jäger Sloweniens hatten einen bezeichnenden Ausdruck, wenn sie sagten: Die Böcke laufen noch nicht. Auf Jäger, die das erstemal eine Gamsbrunft erleben, die aber sehr wohl die Theatralik der Hirschbrunft und die Lebhaftigkeit des Rehtreibens kennen, kann der ruhige Ablauf der Gamsbrunft enttäuschend wirken.

Es ist schon im naturgeschichtlichen Teil darauf hingewiesen worden, daß die Bilder von den im Schnee dahinjagenden Böcken nicht alltäglich sind und daß die ruhige, lethargische Art des suchenden oder beim Rudel stehenden Bockes sehr oft die Szene beherrscht. Der Reiz der Gamsbrunft liegt vor allem darin, daß sie sich am Tage abspielt, man nicht beim ersten Morgen- oder beim letzten Abendlicht ansprechen muß, weil das Wild den ganzen Tag über auf den Läufen ist, weil man meist – und bei Schnee besonders – beste Beleuchtung hat und einen mehr oder weniger großen Rundblick genießt. Je mehr rivalisierende Böcke im Revier stehen, um so schöner und eindrucksvoller wird die Brunft verlaufen. Es ist also nicht allein ein biologisches Gebot, für ein richtiges Geschlechterverhältnis zu sorgen, sondern auch ein jagdliches. Denn nur dann wird man die Voraussetzungen dafür schaffen, daß man einen so typisch großen Jagdtag erleben kann, wie er im Jagdtagebuch eines Gamsjägers geschildert wird, das hier auszugsweise zur Veranschaulichung einer Brunft-Pürsch wiedergegeben werden soll:

„Wir waren noch am Abend mit dem Oberjäger, einem großen, breitschultrigen Kerl aus dem Salzburgischen, zur Hütte aufgestiegen. Da wir unsere Rucksäcke schon vorausgeschickt hatten, war der zweistündige Marsch auf dem gut instandgehaltenen Pürschsteig keine sonderliche Anstrengung. Zuerst ging es beim letzten Tageslicht in einen felsigen Graben hinein, dann schraubte sich der Steig in Serpentinen zuerst durch Wald, dann auf einer mit schütteren Lärchen und Latschen bestockten Rippe der Höhe zu. Der Mond stand groß über dem weißglänzenden Grat. Mein Freund, der nach seinem ersten Gamserlebnis fieberte, stapfte unverdrossen bergan. Wir hatten ihn in die Mitte genommen, um ihm das gleichmäßige Tempo vorzuschreiben. Auf einer kurzen Rast auf halbem Wege versicherte ihm der Oberjäger neuerdings, daß er ihn sicher zu Schuß bringen werde. Nur trinken dürfe er jetzt nichts. Das Versprechen genügte, um ihm neuen Auftrieb für das letzte steile Wegstück zu geben. So landeten wir frohgemut in der wohlig durchwärmten, gemütlichen Hütte, in der der vorausgesandte Hilfsjäger bereits alles zum gastlichen Empfang bereitet hatte. Grüne Geschichten, ein wenig angefeuchtet mit rotem Tiroler, würzten das Mahl und zogen sich weitgespannt bis in die sauberen Betten. Und auf dem alten Mantel schlief am Boden wie immer der Schweißhund.

Die Hütte stand am Fuße eines Abbruches, der den ganzen Talschluß halbkreisförmig durchzog und über dem sich ein riesiges Kar, zergliedert durch Felsabstürze, Gesteinsfalten und Rinnen aufbaute. Darüber erst steilten die zerklüfteten Wände zum Grat empor. Dieses Kar war der bevorzugte Brunftplatz der Gams. Da das Wetter schön und ruhig war, stiegen wir bei hellem Tag auf getrennten Wegen hinein, mein Freund mit dem starken Salzburger und ich mit dem erst neubestellten Zweiten. Das Revier war groß genug, daß die beiderseitige Freizügigkeit nicht gehemmt war. Am Abend wollten wir uns wieder in der Hütte treffen.

Gleich über der Hütte begann der Schnee. Vorerst war er hart gefroren und knirschte unter den grobgenagelten Schuhen und den Bergstockspitzen. Im Sonnenschein aber würde er wohl weich und leiser werden. Wir strebten einem Felskopf zu, von dem aus wir uns den ersten Einblick in das uns zugewiesene Gebiet erhofften und auf dem wir dann unseren Feldzugsplan aufbauen wollten. Leider oder Gott sei Dank war der Jäger mit den Einzelheiten seines Reviers noch nicht sehr vertraut, und so standen sich Ungewißheit und Entschlußkraft in Spannung gegenüber.

Der Felskopf war gar nicht so einfach zu nehmen, als er sich von unten angesehen hatte. Durch Latschen und griffige Absätze turnten wir uns empor. Die Arme hatten dabei ebensoviel zu tun wie die Beine. Zum Glück war an diesen steilen Stellen der Schnee weggetaut, so daß wir verhältnismäßig ruhig weiterkamen. Wir mußten ja damit rechnen, daß wir gleich, wenn wir die Nase über die letzte Kante steckten, mit Gams zusammenstoßen würden.

Und so war es auch. Kaum hatte der voraussteigende Jäger seinen spielhahnbefederten Hut darübergeschoben, ertönte schon ein Pfiff. So schnell es ging, versuchte ich neben ihn zu kommen, ein Latschenbusch stand im Wege, und als ich mich mit Gewalt vorbeigezwängt, festen Stand gefunden und Ausblick gewonnen hatte, sah ich schon auf blanker Halde ein Rudel von 15 oder 20 Stück unruhig durcheinandertreten, in höchster Bereitschaft, die vielleicht noch nicht genau erkannte Störung mit der Flucht durch Schnee und Fels zu quittieren. Der Jäger hatte längst das Glas am Auge und ich den Stutzen in versuchter Anschlagbereitschaft. Der Bock war auf die 150 oder 200 Gänge unschwer zu erkennen. Er stand zutiefst und uns am nächsten, äugte spitz auf uns herunter, war aber so auf das Alter nicht anzusprechen. Er ließ uns auch keine Zeit dazu. Im Nu setzte sich die ganze Gesellschaft in Bewegung, der Bock wendete am Stand, rutschte in ein Schneeloch, kam wieder heraus, „Ja" hauchte der Jäger, schon war der Bock hinter einem Stein, tauchte noch einmal vor dem Absprung vom Grat auf, und draußen war der Schuß, aber vorbei in Eile, Hast und fliegendem Atem.

Was nützt es, wenn man es nachher besser weiß, was man hätte tun sollen. Es war geschehen. Ein wenig ärgerlich erklomm ich nun ganz den unglückseligen Felskopf und zündete mir eine Zigarette an. Der Jäger versuchte zu trösten, daß der Bock nichts Besonderes gewesen wäre und daß wir noch einen besseren kriegen würden. Das war sehr freundlich, aber doch nicht ganz befriedigend. Am besten wirkt in einem solchen Falle noch ein Schluck Schnaps. Und dann setzt man sich hin und betrachtet die Gegend.

Sie war prachtvoll, ein Hochgebirgsbild von seltenem Glanz. In weitem Bogen schwang sich der zackige Grat gegen den blauen Himmel. Unsere Seite strahlte bereits in greller Sonne, der gegenüberliegende Hang lag in dunklem Schatten. Vor mir dehnte sich ein blendend weißes Schneefeld hinunter zum nächsten Querriegel. Dort mußten wir wohl hin, wenn wir wieder mit Gams zusammenkommen wollten. Doch wir hatten es nicht eilig. Vorerst galt es, die innere Ruhe wiederherzustellen. Und als das nach einer halben Stunde recht und schlecht geschehen war, zogen wir wieder los.

Das Schneefeld war steil und hart, doch die Bergstöcke, bergwärts eingespreizt im Hang, erleichterten uns die Überquerung. Aber eine Stunde brauchten wir doch für den vorsichtigen Gang. Eine unfreiwillige Talfahrt wäre hier nicht schön gewesen. Als wir vom felsigen Riegel Einblick in die nächste Mulde hatten, sahen wir vorerst gar nichts. Etwas enttäuscht ließen wir uns nieder und fingen an, mit den Gläsern zu suchen, doch nirgends konnten wir Gams entdecken. Der Jäger riet zum Warten.

So hockten wir uns wieder hin, holten Speck und Salami aus dem Rucksack und stärkten uns für neue Taten. Natürlich bekam auch der Hund seinen Teil. Und dann genossen wir, so gut es ging, den begnadeten Tag. So ganz wollte es nicht gelingen, denn der Ärger saß noch immer in den Gliedern.

Von uns weg zog sich eine steile Rinne hinunter gegen den Karabbruch, dessen oberer Rand krummholzdurchwebt immer wieder unsere Blicke anzog. Wenn überhaupt, so mußte sich dort unten etwas ereignen. Und als ich wieder, ich weiß nicht zum wievielten Male, zwischen den Felsbrocken herumsuchte, entdeckte ich das Haupt eines niedergetanen Gams. Bei genauerer Betrachtung entpuppte er sich als Gais. Jetzt wurde das Warten schon interessanter, denn die Möglichkeit, daß noch andere Gams im nicht eingesehenen Legföhrenhang stünden, war groß. Und kaum ist das überdacht, da steht auch schon eine schwarze Gestalt in der Rinne. Ein Bock ist es außer Zweifel, aber alt scheint er nicht zu sein. Die Krucken sind nicht hoch, und die ganze Figur ein wenig eckig. Der Hund hat auch etwas bemerkt und schaut gespannt hinunter. Und da tritt der Bock zu dem niedergetanen Stück, senkt sein Haupt und reißt es unsanft hoch. Die Gais springt in die Rinne, der Bock steigt ihr nach und beschlägt sie ohne Zögern und Aufregung. Dann reckt er flähmend seinen Windfang hoch und äugt zu uns herauf. Wir sitzen ja frei in der Sonne, und eine Bewegung des Hundes muß ihm wohl aufgefallen sein. Er setzt sich in Bewegung, läßt die Gais stehen und beginnt gegen uns heraufzusteigen. Wir haben immer die Gläser an den Augen und längst erkannt, daß er nicht schußbar ist. Der Hund aber zittert vor Aufregung. Immer näher kommt der Gams emporgestiegen, und dann ist er nur mehr fünfzig Schritte von uns entfernt. Er starrt uns an, die Gestalten kommen ihm doch nicht ganz geheuer vor, und nachdem er sich ganz gemütlich gedreht hatte, steigt er wieder zu seiner Gais hinab, beschlägt sie noch einmal und sinkt an Ort und Stelle zur Ruhe nieder.

Nun, hier hatten wir auch nichts mehr verloren. Wie die Zeit verging! Es war Mittag geworden, und wenn wir noch zu einem Gams kommen wollten, wurde es Zeit zum Handeln. Der Abend ist schnell da, und in der Dunkelheit über die Wandeln hinunterzuklettern, war nicht zu riskieren. So brachen wir auf, und wieder ging es durch eine tiefverschneite Mulde einem neuen Aussichtspunkt entgegen. Jetzt war der Schnee firnigweich geworden, und leicht glitten wir, gestützt auf den eingestemmten Stecken, schräg bergab. Die Unternehmungslust war wieder da und der Groll verraucht. Da hallte ein Schuß aus der gegenüberliegenden Seite dumpf durch den Kessel. Wir hielten an und horchten. Und als es still und bei dem einen Schuß blieb, durften wir annehmen, daß der Oberjäger sein Versprechen eingelöst und mein Freund die Verwirklichung seines Wunsches erlebt hatte.

Uns sollte noch einiges bevorstehen. Als wir uns ganz vorsichtig im Schutze einiger Steine über die sanfte Schneekuppe schoben, bot sich uns ein grandioses Bild. Wohl an die sechzig Gams, in zwei Rudeln geteilt, standen da auf dem verschneiten Geröll. Und gerade als wir den ersten Blick auf das obere Rudel warfen, fegte der Platzbock hinter einem Beibock herunter, vorbei an dem untersten Scharl, im Flug über eine Schneewächte hinaus, hinein in den tiefen Schnee, zwischen den verstreuten Felsbrocken hindurch, hinunter zum Abgrund, und weg waren sie. Ein selten gesehenes Schauspiel voll Kraft und Elan. Und mir kam es wieder zu Bewußtsein, welch prachtvolles Wild der Gams in dieser wilden Bewegung ist und wie plump er oft in seiner Langweiligkeit wirken kann. Doch jetzt hieß es aufpassen. Der Bock würde wohl zurück heraufkommen. Wenn er ungefähr die Fluchtfährte zurückkäme, könnte es zur Not gehen. Jedenfalls machte ich mir an einem Stein mit dem Rucksack eine sichere Auflage zurecht und legte mich bäuchlings dahinter. Wer weiß, wie schnell ein Gams, wenn er etwas vor hat, auch in scheinbar gemütlicher Gangart weiterkommt, der weiß auch, daß man es als Gamsjäger oft recht eilig haben kann. Doch unser Bock ließ sich Zeit. Minute um Minute verging, und er blieb verschwunden. Bei dem Scharwild standen noch ein paar junge Böcke, doch die schienen an der hohen Zeit anscheinend noch nicht sehr interessiert zu sein. Jedenfalls waren sie mehr auf eine gute Figur als auf eine stürmische Eroberung bedacht. Vielleicht lag ihnen auch noch eine rauhe Begegnung mit dem Herrn des Planes in den Knochen. Und die übrigen zogen langsam bergan, schlugen mit den harten Läufen den Schnee vom verkrusteten Gestein und fanden scheinbar auch dort noch Äsung, wo es völlig unmöglich schien.

Mir wurde es langsam unbequem in meinem Schneelager. Aber ich hielt aus, denn die Entscheidung mußte hier fallen, ob der Tag mit dem Bartbock am Rücken enden sollte oder nicht. Und sie fiel. Denn ganz plötzlich stand der Bock am Rande des Abgrunds, aber viel zu weit für einen sicheren Schuß. Der sich deutlich im Schnee abhebende lange Pinsel gab uns Gewißheit für das Alter. Und als er so dastand, anscheinend unschlüssig, wohin er sich bei dem jetzt verstreut herumstehenden Wild wenden sollte, bläderte ihn der neben mir liegende Jäger an. Und er tat ein übriges. Er hatte sich schon den Mantel über den Kopf gezogen und bewegte sich, für den Bock gegen das Firmament sichtbar, ein wenig hin und her. Das genügte. Der Bock kam. Bedächtig zog er heran. Ich hatte ihn längst im Fernrohr. Welcher Jäger kennt nicht diese Spannung, in der die übrige Welt versinkt, in der man zurückfällt in eine andere Zeit der Menschheit, zu Recht oder Unrecht, nur hingegeben der Sucht nach dem Besitz der nahen Beute, bedrängt von nichts anderem als von dem im Hals schlagenden Herzen und gebändigt von dem Willen, all das niederzuzwingen in die eiserne Ruhe zum tötenden Schuß. Er machte es mir leicht. Im Knall fuhren die Vorderläufe hoch, und der schwarze Ritter lag gestreckt im weißen Schnee. Vorbei! Schade!

Die übliche Stunde des besinnlichen und beschaulichen Verweilens; Bartrupfen, Jahresringe zählen, Schnaps und Rauch! Immer schön in gelöster Entspannung, hier doppelt schön im gigantischen, einsamen Höhenzauber. Es funkelte und glänzte um uns und in uns. Und eine neue Farbe trat hinzu: Roter Schweiß auf weißem Grund. Und über uns klongten die Kolkraben.

Doch als der Jäger sagte, daß wir hier nicht hinunter könnten, sondern den über uns stehenden Kopf umgehen und hinter ihm hinuntersteigen müßten, da hatten die Gefühle recht schnell der sachlichen Überlegung Platz gemacht. Gleich unter uns, am Fuße des unter uns liegenden Absturzes mußte die Hütte liegen. Es war drei Uhr nachmittags, und jetzt sollten wir einen Umweg von vielleicht zwei Stunden machen? Das war zu überlegen. Ich schickte den Jäger über einen kleinen Grat am Rande eines vereisten Gerinnes vor. Er sollte rekognoszieren. Solange in dem Absturz Latschen stünden, müßten wir hinunterkommen. Er kam zurück und meinte, daß es gehen würde. Dann trat der Bock seine letzte Fahrt durch die Eisrinne an, wir balancierten über den kurzen Grat hinüber, und ohne allzugroße Schwierigkeiten waren wir in einer knappen halben Stunde wieder bei unserer Beute und bald darauf vor der Hüttentür. Neun Stunden waren wir unterwegs gewesen, nun war es zu Ende.

Mein Freund kam; voll von Glück. Und der Oberjäger fabrizierte die besten Tiroler Knödel zum Tiroler Wein, und das grüne Garn wurde weiß und schwarz und flimmerte zwischen Fels, Schnee und blauem Berghimmel.

Die großen Gamsfahrten sind vorüber. Weit haben sie mich herumgeführt, von den heimatlichen Felsbergen mit ihrem Zirbenwaldmantel hinüber in die gewaltigen Räume der Hohen Tauern, von den begrasten Höhen östlicher Alpenausläufer hinein in die schönen Talschlüsse der Karawanken und der Steineralpen, von den luftigen Höhen zwischen Drau und Gail hinunter in die weltabgeschiedenen Einöden um den Götterthron des Triglav, von seinen im Frühherbst mit Zyklamenduft erfüllten Hochtälern hinauf auf schwindelige Höhen und wieder hinab in Schluchten mit smaragdgrünen Wassern, aber jener Tag in den Dolomiten bleibt einer der schönsten in der verklärenden Erinnerung. Warum wohl? Er gab alles, was die winterliche Gamsjagd schenken kann: einen schwarzen Gams und ein bergfrohes Herz."

Ansprechen

Ist schon wiederholt auf die Unterscheidungsmerkmale zwischen den Geschlechtern und den verschiedenen Altersstufen des Gamswildes hingewiesen worden, so scheint es doch notwendig, sie noch einmal zusammenzufassen, denn das richtige Ansprechen gehört sicher zu den schwierigsten Teilen der Gamsjagd.

Schlecht verfärbte Stücke zeigen zu allen Jahreszeiten einen gestörten Gesundheitszustand an, und sie haben in erster Linie dem Abschuß zu verfallen.

Sommer

Die im Rudel stehenden Stücke sind Geltgaisen, Kitzgaisen, junge unbeschlagene Gaisen, junge Böcke und Kitze. Die Kitzgaisen sind nur nach sorgfältiger Beobachtung von den Geltgaissen dadurch zu unterscheiden, daß die Kitze fallweise zu den Muttertieren treten. In kleinen Scharen ist die Zugehörigkeit eines Kitzes zu seiner Mutter leichter festzustellen.

Böcke stehen in kleinen Bockgemeinschaften, ältere Böcke entweder allein oder mit einem Begleiter zusammen, jedenfalls aber nie beim Rudel.

Der alte Bock unterscheidet sich auch im Sommer durch eine gedrungenere, runde Figur und einen breiteren Hals von der Gais. Die Beobachtung der typischen Kruckenmerkmale bildet selbstverständlich immer eine Grundbedingung des Ansprechens. Bei jungen Stücken spielt die Beobachtung der Krucke eine noch größere Rolle. Die Bockkrucke ist auch im Jugendalter dicker als die Gaiskrucke. Auf weite Entfernung ist infolge der größeren Stärke die Krümmung der Bockkrucke noch deutlich wahrnehmbar, während dünne Gaiskrucken sich wie Spieße ansehen, auf nähere Entfernung wird auch die Hackelung einen wertvollen Hinweis für das richtige Ansprechen geben.

Für die Altersbestimmung am lebenden Wild wird in den jüngeren Jahrgängen vorwiegend die Kruckenhöhe heranzuziehen sein. Sie ist überhaupt wichtiger als alle anderen Kruckenmerkmale. Überragt sie die Lauscherhöhe nicht, so handelt es sich – von Ausnahmen abgesehen – immer um ein jüngeres Stück. Mit zunehmendem Alter und mit einem Wachsen der Krucke über die Lauscherhöhe hinaus wird dieses Altersmerkmal immer unverläßlicher.

Alte Gaisen sind, abgesehen von der Körpergröße, knochiger in ihrem ganzen Gebäude, der Hals wirkt dünn und lang, das Haupt wesentlich länger als das der jungen Tiere. Die Gesichtszeichnung gibt auch im Sommer einen Anhaltspunkt für das Alter. Das Haupt ganz alter Gaisen und alter Böcke erscheint einfarbig, junge besitzen eine lebhafte Gesichtsfärbung. Je älter das Stück, desto verwaschener ist die Zeichnung.

Abb. 69. Zweijährige und zwanzigjährige Gais. Beim alten Stück wird nicht nur die Gesichtszeichnung aufgelöst, auch das ganze Haupt wird „trockener" und dadurch Form und Ausdruck völlig verändert (Phot. Leonhard, Bamberger).

Winter

Die Kruckenmerkmale und die Gesichtszeichnung gelten auch für das Ansprechen im Winter. Die Gesichtsmaske erscheint im dunklen Winterkleid lebhafter als im Sommer. Die Unterscheidung ist im allgemeinen in der langen Winterbehaarung leichter als im Sommerkleid. Der Bock trägt außerdem den Bart, der ihn in der Regel, jedoch nicht immer, von den Gaisen unterscheidet. Im Brunftrudel ist das Ansprechen durch die Verhaltensweise der Geschlechter relativ einfach. Flehmen, Blädern, Stampfen, Aufstellen der Barthaare sind untrügliche Beweise für das männliche Geschlecht. Als sicherstes Zeichen für das Alter ist neben der Gesichtsfärbung die Länge der Pinselhaare des Bockes anzusehen. Ist der Pinsel deutlich wahrnehmbar, dann wird der Bock mehr als 6 Jahre alt sein. Auch die Farbe der Decke kann als Altersmerkmal angesehen werden. Wie schon bei der Beschreibung des Haarkleides erwähnt, sind alte Böcke fahl und grau, jüngere glänzend schwarz, ganz junge wiederum eher rostbraun. Im Winterhaar scheint der alte Bock vorne tiefzustehen, während junge Böcke längere Vorderläufe zu haben scheinen.

Immer wieder aber muß festgehalten werden, daß es unzählige Übergänge gibt und daß nur der ortsvertraute Jäger es im Ansprechen seines Wildes zu einer Meisterschaft auf diesem heiklen Gebiete bringen kann.

Abb. 69a. Gamsjagd im November in den österreichischen Bergen. In einer immer technischer werdenden Welt bietet die Gamsjagd noch ein sehr ursprüngliches Erlebnis. Die naturnahen Züge dieser Jagd zu erhalten, soll ein wichtiges Ziel sein.

Schuß- und Pürschzeichen

Den Schuß- und Pürschzeichen gebührt in jeder Jagddarstellung ein besonderer Platz.

Vor allem ist hier eine Begriffsbestimmung notwendig, weil darin territorial verschiedene Auffassungen herrschen. Unter Schußzeichen werden allein die Bewegungen verstanden, die das Wild beim Empfang der Kugel erkennen läßt, unter Pürschzeichen all das, was man am Anschuß oder in der Wundfährte findet, also Schweiß, Schnitthaare, Knochensplitter, Ausrisse und alle sonstigen Eigentümlichkeiten, die Schlüsse auf Grad oder Art der Verletzung des beschossenen Wildes kundtun.

Zu den Schußzeichen ist zu sagen, daß das Gamswild im Vergleich zum Rotwild, vor allem aber zum Rehwild, schlecht zeichnet. Ein Schuß, der bei einem Rehbock ein vehementes Zeichnen auslösen kann, wird beim Gams nur mit einem kleinen, oft kaum merklichen Zusammenrücken hingenommen. Lediglich beim Herzschuß kann sich das bekannte, ganz steile Aufstehen auf den Hinterläufen, wobei die Vorderläufe in der Luft schlagen, ergeben. Auch das Ausfeuern mit den Hinterläufen beim Schuß durch das kleine Gescheide oder der bekannte krumme Rücken beim Abgehen nach dem Waidwundschuß, das Einknicken in den Vorderläufen beim hohen Blattschuß und das darauf folgende Wegstürmen mit tiefem Windfang geschieht, wenn es überhaupt geschieht, in einer viel weniger ekstatischen Form als bei den beiden anderen Schalenwildarten. Es scheint, daß vor allem der Gamsbock, der in seinem ganzen Temperament, mit der einzigen Ausnahme des Treibens eines Nebenbuhlers, gelassener, phlegmatischer, ruhiger wirkt als Rehbock und Hirsch, auch beim Erhalt der Kugel diese Eigenschaften noch beibehält. Gewöhnlich tritt er auch bei gut sitzenden Schüssen irgendwie zögernd ein wenig herum und fällt dann langsam in sich zusammen. Ist er schlecht getroffen und erhält er eine weitere Kugel, wird man ein Zeichen in der Regel überhaupt nicht mehr wahrnehmen. Daraus ergibt sich, daß die Beobachtung der Schußzeichen schwieriger und daher mit besonderer Sorgfalt vorzunehmen ist. Befindet man sich in Begleitung eines erfahrenen Jägers, so wird diesem diese Aufgabe zufallen, ist man allein, dann ist das Vermögen, durch den Schuß zu schauen, also mit beiden offenen Augen zu schießen oder das Ziel im Fernrohr zu beobachten, nicht nur von Vorteil, sondern eine Notwendigkeit. Auch das will gelernt sein. Natürlich wird der mit allen Eigenheiten des Gamswildes vertraute Jäger auch kaum merkbare Schußzeichen wahrnehmen und sich nicht täuschen lassen. Passieren kann dies aber dennoch. Denn wenn die Kugel zu tief gegangen ist und Steinsplitter den Gams von unten treffen, dann kann es zu so drastischen Schußzeichen kommen, wie sie bei guten Schüssen nicht auftreten. Der Befund des Anschusses muß dann die Aufklärung bringen.

Anschuß und Nachsuche

Liegt der beschossene Gams nicht im Feuer oder ist er nicht in Sicht des Jägers zusammengebrochen oder verendet, dann bleibt genauso wie bei dem Kugelschuß auf andere Schalenwildarten der Anschuß die erste und in der Regel die verläßlichste Auskunft über den jagdlichen Erfolg.

Eine der großen und wertvollen Künste des Bergjägers besteht im Finden des Anschusses. Mag schon im Flachland unter gewissen Umständen die genaue Feststellung des Anschusses auf Schwierigkeiten stoßen, sie bleibt immer leicht im Vergleich zu jagdlichen Situationen, wenn über einen Graben hinweg in ein Gewirr von Latschen, Almrausch und Stein geschossen werden muß. Es gibt ja hier kaum einen ebenen Tritt, der Boden besteht aus lauter Buckeln und Falten, und jeder Quadratmeter scheint dem anderen zu gleichen. Je größer die Entfernung ist, auf die man geschossen hat, um so schwieriger wird es sein, den Anschuß zu finden, ja man kann sagen, gerade wegen dieser Schwierigkeiten sind die allzu weiten Schüsse zu unterlassen. Auch auf der vollkommen freien Alm, wo es keine markanten Punkte gibt, an die man sich in der Orientierung halten kann, kann das Auffinden des Anschusses zum Problem werden. Damit ist schon gesagt, daß die optische Feststellung des Anschusses vom Standort des Schützen ein unerläßliches Gebot ist. Ist man zu zweit, dann ist die Sache noch verhältnismäßig einfach, denn dann kann man den suchenden Jäger mit Zuruf oder Zeichen einweisen. Ist man allein, dann wird man guttun, die Stelle, die man bei Abgabe des Schusses eingenommen hat, so zu markieren, daß man sie vom Anschußort sicher wahrnehmen kann. Tut man dies nicht, wird man sich im unübersichtlichen Gelände nur zu oft fruchtlos um die Feststellung des Anschusses bemühen. Auch dazu gehört Erfahrung und Talent. Der eine hat eine oft erstaunliche Orientierungsgabe, dem anderen bleibt sie ein Buch mit sieben Siegeln. Ein Berufsjäger im Gamsrevier, der sie nicht hat, wird seinen Dienst kaum zur Zufriedenheit von Herr und Gast versehen können. Daß bei Schneelage das Problem einfacher wird, liegt in der Natur des weißen Leithunds.

Für den am Anschuß gefundenen Schweiß gelten dieselben Merkmale wie bei unseren anderen Schalenwildarten. Heller, schaumiger Schweiß wird den Lungenschuß, braunroter Schweiß die Verletzung der Leber, dunkler Schweiß mit Teilen mehr oder weniger verdauter Äsung den Waidwundschuß erkennen lassen. Auch der Wildpretschuß mit seinem intensiven Rot und die allenfalls am Anschuß gefundenen Knochensplitter lassen die gleichen Schlüsse wie bei Hirsch, Reh- oder Muffelwild zu und sollen hier nicht näher untersucht werden. Auch der Umstand, daß die Menge des Schweißes von der Art des Schusses und jenen des Geschosses abhängt, sei nur am Rande vermerkt. Eine gut sicht- und verfolgbare Schweißfährte wird man im Gebirge stets vorziehen. Jeder, der einmal mit oder ohne Hund in schwerem und schwierigstem Terrain eine Nachsuche mitgemacht hat, wird eine wahrnehmbare Wundfährte zu schätzen wissen. Und die Waffen, die bei allen schlechten Schüssen schnell und tödlich wirken, sind doch noch nicht erfunden. Auch gehört der Schweiß nun einmal zum jagdlichen Geschehen, und ein auf der Schweißfährte waidgerecht ausgearbeiteter Gams ist etwas anderes als jener, den man nach langem Irren und Suchen irgendwo findet.

Nach den Schnitthaaren den Sitz der Kugel genau zu erkennen, ist beim Gamswild sehr schwierig. Beim Wintergams mag das noch eher gelingen, wenngleich auch hier durch die langen Haare, die einen großen Teil des Körpers bedecken, exakte Schlußfolgerungen höchst fragwürdig erscheinen. Beim Spätsommer- oder Herbstgams aber, der im Verfärben steht, wird es nur allzu leicht zu Fehlschlüssen kommen. Die Verschiedenartigkeit der Farbe des einzelnen Stückes, aber auch die Verschiedenartigkeit der einzelnen Haare selbst führen immer wieder zu Täuschungen. Es ist ja schon in der Beschreibung des Haarkleides auf die Differenziertheit des Gamshaares hingewiesen worden. Wenn nachstehend trotzdem der Versuch gemacht wird, dafür ein Schema zu finden, so bleibt er unzulänglich. Er soll lediglich eine richtungweisende Hilfe sein.

Gamsbock im November

Trägerschuß hoch. *Haarlänge*: Oberhaar bis etwa 8 cm, Unterhaar etwa 3,5 cm. *Haarfarbe*: unten hellgrau, oben mittel-dunkelbraun.

Trägerschuß tief. *Haarlänge*: Oberhaar bis 6,5 cm, Unterhaar etwa 3 cm. *Haarfarbe*: hell- bis mittelgrau.

Blattschuß hoch. *Haarlänge*: Oberhaar bis 8 cm, Unterhaar etwa 3,5 cm. *Haarfarbe*: unten hellgrau, oben mittel- bis dunkelgrau, durchsetzt mit grauen und braunen Haaren.

Blattschuß Mitte und tief. *Haarlänge*: Oberhaar bis 9,5 cm, Unterhaar etwa 4 cm. *Haarfarbe*: unten hellgrau, oben dunkelgrau bis bräunlich, Spitze hell.

Leber-, Waidwund-, Nierenschuß. *Haarlänge*: Oberhaar bis 10 cm, Unterhaar etwa 4 cm. *Haarfarbe*: unten hellgrau, oben mittel-dunkelbraun durchsetzt mit hellbraunen Haaren, Spitze hell.

Keulenschuß. *Haarlänge*: Oberhaar bis 10 cm, Unterhaar etwa 5 cm. *Haarfarbe*: unten hellgrau, oben mittelgrau, Oberhaar dunkler.

Hinterlaufschuß hoch. Haare nicht gewellt. *Haarlänge*: etwa 2,5 cm. *Haarfarbe*: unten mittelgrau, oben dunkelbraun bis schwarz, Spitze hell.

Hinterlaufschuß tief. Haare nicht gewellt. *Haarlänge*: 1,5–2 cm. *Haarfarbe*: unten grau, Mitte dunkler, oben gelb.

Vorderlaufschuß hoch. Haare nicht gewellt. *Haarlänge*: bis 3,5 cm. *Haarfarbe*: unten grau, oben dunkelbraun bis schwarz, Spitze heller.

Vorderlaufschuß tief. Haare nicht gewellt. *Haarlänge*: etwa 1,5 cm. *Haarfarbe*: unten dunkelgrau, zum Teil heller, Mitte braun, Spitze gelb.

Streifschuß tief, vorn. *Haarlänge*: Oberhaar bis 7 cm, Unterhaar etwa 4 cm. *Haarfarbe*: unten hellgrau, oben hellgelb.

Streifschuß tief, hinten. *Haarlänge*: Oberhaar bis 7 cm, Unterhaar etwa 4 cm. *Haarfarbe*: unten grau, oben gelb, Oberhaar dunkel.

Streifschuß hoch (Krellschuß). *Haarlänge*: Oberhaar etwa 15 cm, Unterhaar etwa 4,5 cm. *Haarfarbe*: unten grau, in der Mitte dunkler, oben schwarz.

Schuß auf den Stich. *Haarlänge*: Oberhaar bis 6 cm, Unterhaar etwa 4 cm. *Haarfarbe*: unten grau, oben dunkelgrau bis schwarz.

Schuß durch den Spiegel. *Haarlänge*: bis 7 cm. *Haarfarbe*: unten weiß, in der Mitte hellgrau, Spitze gelblich.

Eine Nachsuche ohne Hund meistern zu wollen, ist auch für einen noch so routinierten Gamsjäger infolge ihrer Unzulänglichkeit nicht zu verantworten. Gewiß kann es Situationen geben, wo der revierkundige Jäger das angeschweißte Wild auch ohne Hund zu finden und zu stellen vermag. Wenn man weiß, wo im reinen Felsgebirge das kranke Wild sich eingestellt hat, kann durch eine Umgehung die Möglichkeit für einen Fangschuß gefunden werden. Auch durch das Vorstehen eines Gehilfen und ein behutsames Nachdrücken auf dem bekannten Wechsel kann man vielleicht an sein Ziel kommen. Immer aber werden solche Nachsuchen eine Halbheit bleiben. Auch in das Gamsrevier gehört der Schweißhund.

Welche Rasse man verwendet, ist wiederum Sache des Geschmackes. Mögen auch Dackel, Spaniel und Vorstehhunde unter Umständen ihren Zweck erfüllen, im Gebirge bleiben sie eine unstandesgemäße Notlösung. Der bayerische Gebirgsschweißhund, der Hannoveraner, wenn er nicht sehr schwer ist, die Dachsbracke und auch die verschiedenen anderen Bracken können als die zum Gamsjäger passenden Hunde angesprochen werden. Mit einem schweren Hannoveraner in der Wirrnis eines steilen Berghangs eine Riemenarbeit zu absolvieren, ist eine sportliche Sonderleistung. Die Dachsbracke wird sich im hohen Schnee vielleicht manchmal schwer tun, und der Gebirgsschweißhund ist nicht umsonst gezüchtet worden. Auf jeden Fall aber soll der Hund hart und ruhig sein. Die Unbilden des Hochgebirges dürfen ihm ebenso wenig ausmachen wie seinem Herrn. Ein hitziger, am Riemen zerrender Hund ist unbrauchbar. Die schönste Arbeitsweise, die allerdings nur wenigen Hunden und noch weniger Führern eigen ist, ist die ohne jeden Leinenzwang. Wem es gelingt, einen Hund in die Hand zu bekommen, der die Eignung besitzt, ohne Riemen vor dem Jäger auf der Schweißfährte zu arbeiten, der aber auch auf Befehl zur Hatz übergeht, dem ist ein besonderes Geschenk zugeeignet worden. Aber auch dem Hund, der einen so verständnisvollen Herrn besitzt, daß die Zusammenarbeit zu einer Einheit verschmilzt, ist zu gratulieren. Totverweisen oder Totverbellen muß vom Schweißhunde im Gebirge gefordert werden.

Hunde, die auf Rotwild abgeführt worden sind, müssen auf der Schweißfährte des Gamswildes nicht Gleichwertiges leisten. Es ist bekannt, daß die Ausarbeitung der

Rotwildfährte von der aller unserer Schalenwildarten dem Hunde am leichtesten fällt. Einen jungen, unerfahrenen Hund auf einen angeschweißten Gams zu schnallen, soll man nach Möglichkeit vermeiden. Der gestellte Gams ist dem Hund ein viel gefährlicherer Gegner als der Hirsch. Besonders dann, wenn der Gams sich in eine Wand eingestellt hat und der Hund an seiner Bewegungs- und Ausweichmöglichkeit behindert ist, kann der blitzartige Ausfall des Gams dem Hund zum Verhängnis werden. Der Gams „hakelt" mit seinen Kruckenspitzen dem Hund regelrecht den Leib auf. Intelligente Hunde wissen das ganz genau. Sie werden sich beim Stellen eines angeschweißten Gams immer auf eine gewisse Vorsichtsdistanz beschränken. Draufgängern kann ihr Mut zum Verhängnis werden. Der nur auf Gamswild arbeitende Hund kann sich zu einem Spezialisten entwickeln, der in Gewandtheit und Klettertüchtigkeit dem Gamswild selbst nahe kommt. Es wird jedoch immer für den Hundeführer und nicht gegen ihn sprechen, wenn er seinem Jagdgefährten nur solche Aufgaben zumutet und überträgt, die für ihn ohne Einsatz seines Lebens lösbar erscheinen.

Aus den gefährlichen Schwierigkeiten, die sich bei einer Nachsuche im Hochgebirge ergeben können, resultiert, daß man schon vor Abgabe des Schusses auf diese Möglichkeiten Bedacht zu nehmen hat. Auf einen in einer unzugänglichen Wand stehenden Gams zu schießen, wird dazu führen, daß man seine Beute entweder nicht in Besitz nehmen kann oder daß man sie als eine unförmige Masse von Knochen, Haut und Wildpret mit abgeschlagenen Krucken betrachten darf. Auch der schönste Schuß kann über einen solchen Ausgang der Jagd nicht hinwegtrösten. Es gibt zweifellos Berufsjäger, deren Verwegenheit keine Grenzen kennt, die immer wieder ihren Stolz dareinsetzen, den Gams aus der verzwicktesten Situation herauszuholen. Man wird aber immer besser tun, durch Beherrschung in der Schußabgabe solche Bravourstücke zu vermeiden. Bei aller Vorsicht wird es ja trotzdem dann und wann vorkommen, daß man in Verhältnisse gerät, die Mut und Entschlossenheit fordern. Diese nachahmenswerten Eigenschaften sollen jedoch nie durch Leichtfertigkeit provoziert werden. Wenn mit Recht die rasche Tötung des Wildes als oberstes Gesetz der Waidgerechtigkeit angesehen und seine Einhaltung unbedingt gefordert wird, so darf als zweites die Achtung vor dem erlegten Wilde gelten. Dabei ist es als unwaidmännisch zu werten, wenn man fahrlässig einen Gams in unersteigbarer Wand verludern lassen oder ihn als kläglichen Rest einst stolzen Wildes bergen muß.

Reviereinrichtungen

Die Jagdausübung in einem völlig unerschlossenen Gebirgsrevier mag für den körperlich gewandten und ausdauernden Jäger, der zusätzlich noch einen Hang zu betonter Einsamkeit besitzt, von besonderem Reiz sein. Wenn er über genügend Zeit verfügt und an der Überwindung jagdlicher Strapazen Freude empfindet, dann mag diese Art der Gamsjagd vielleicht einen sehr hohen, wenn nicht den höchsten Rang einnehmen. Es gibt heute allerdings nicht mehr viele Menschen, die die körperliche und seelische Eignung zu solch hartem Handwerk besitzen. Der Durchschnittsjäger wird mit Recht fordern, daß die Zeit, die ihm für die Jagd verbleibt, sich nicht in Anmarsch und Anstieg erschöpft, denn er will ja in erster Linie die Berührung mit dem Wilde genießen. Wenn man auch älteren Jägern und Männern, die den schwersten Erprobungen des Gebirges nicht gewachsen sind, den Anspruch auf die Freuden der Gamsjagd zubilligt, dann wird man für eine Aufschließung des Revieres besorgt sein müssen.

Die großräumige Aufschließung der Alpen hat nach Beendigung des letzten Krieges ungeheure Fortschritte gemacht. Die Intensivierung der Forstwirtschaft hat einen großzügigen Wegbau gefordert, und heute gibt es kaum noch ein Gebirgstal, das nicht mit jedem beliebigen Motorfahrzeug zu durchfahren wäre. Auch einsame Gräben erhielten beste Waldstraßen, und vielfach führen Güterwege bis in die höchstgelegenen Wald- und Almregionen. Dort, wo man noch vor einigen Jahrzehnten nur mit Reitpferd oder einem zweirädrigen Karren hinkam, steht jetzt der moderne Personenwagen, oder wenn es damit auch nicht mehr geht, das geländegängige Spezialfahrzeug als jagdliches Hilfsmittel. Für die unter ständiger Zeitnot leidende Menschheit ist dies gewiß ein Erfolg, dem sich auch derjenige nicht entzieht, der in der alten Zeit immer die bessere zu sehen gewohnt ist.

Dieser Technisierung sind jedoch in der Gamsjagd Grenzen gesetzt. Und auch das ist gut. Reines Felsgebirge ohne wirtschaftliche Bedeutung, außer jener der Jagd, wird wohl kaum einen teuren Straßenbau rechtfertigen. Der Ausbau gewisser Paßstraßen oder Straßen von strategischer Bedeutung sollen in diese Betrachtung nicht einbezogen werden. In der Erschließung dieser Region hat sich nichts geändert und wird sich wohl kaum etwas ändern, zum Wohle des Gamswildes und der Gamsjagd.

Der Fußsteig und allenfalls der Reitsteig sind die Grundelemente der Erschließung eines Gamsrevieres. Kommt dem Reitsteig nur insofern Bedeutung zu, wenn die Versorgung von Jagdhäusern und Hütten in größerem Umfange sicherzustellen ist, oder wenn man einem körperlich behinderten Jäger einen langwierigen Aufstieg ersparen will, so sind die Pürschsteige vielfach die erste Voraussetzung für eine Jagdausübung überhaupt. Wer einmal versucht hat, das Gewirr eines Latschenfeldes zu durchdringen oder einen breiten steilabschüssigen Lawinengraben zu überqueren oder sich über eine zeitraubende Mauer hinauf- oder hinabzuturnen, der wird bei aller Liebe für die unberührte Natur einen richtig angelegten Steig zu schätzen wissen. Ein gut angelegter Pürschsteig wird aber auch kaum als ein Eingriff in die Natur empfunden werden. Er wird sich dem Gelände anpassen und, wenn er seinen Zweck erfüllen soll, so geführt sein, daß er jagdlich wichtige Punkte miteinander verbindet, ohne die Ruhe der Einstände zu gefährden. Die Führung eines solchen Steiges soll auch in der Steigung möglichst konstant gehalten werden, damit zur Überwindung der Höhe nicht unnütz Kräfte verbraucht werden. FUSCHLBERGER gibt eine Steigung von 15–20 % als optimal an. Gute Steige können die Gamsjagd erst zu einem reinen Genuß machen. Von ihnen aus Einblick in die Schrunde und Gräben zu gewinnen, ohne dazu unsägliche Mühen auf sich nehmen zu müssen, ist einer ihrer Hauptzwecke. Soll die Gamsjagd die Freuden der Bergwelt vermitteln, dann wird jede Erleichterung gerne hingenommen werden. Ohne Strapazen geht es ja ohnedies selten ab.

Eine Gefahr, die den Steigen innewohnt, ist die, daß sie auch Touristen anlocken. Zweckmäßig ist es, überall dort, wo vielbegangene Wege bestehen, die Jagdsteige uneingesehen abzuzweigen. Wenn sie hinter einem Buschwerk oder hinter einem Felsblock entspringen, wird der Tourist gewöhnlich achtlos daran vorübergehen. Wichtig ist es auch, dafür zu sorgen, daß die Touristenwege gut und ausreichend markiert sind, um ihre Benützer nicht unnütz abirren zu lassen. Der Jäger wird guttun, diese Bestrebungen der alpinen Vereine zu unterstützen. Hingegen soll ein Jagdsteig nie mit Farben markiert werden. Er kann höchstens, wenn es örtlich notwendig erscheint, durch Hinweis- oder Verbotstafeln gekennzeichnet sein.

Ein besonderes Augenmerk ist der Erhaltung der Steige zuzuwenden. Alljährlich werden da und dort Schäden durch Witterungseinflüsse, durch Wasserstürze, Windbrüche, Erdrutsche und dergleichen geschehen. Werden sie rasch ausgebessert oder die Trasse, wo es nötig ist, umgelegt, so handelt es sich gewöhnlich um einen geringfügigen Arbeitsaufwand. Ist ein Steig aber einmal durch Jahre in seiner Haltung vernachlässigt und herabgekommen, so kann seine Instandsetzung viele Arbeitsschichten und erhebliche Kosten verursachen. Das zuständige Jagdaufsichtsorgan wird im ureigensten Interesse auf die Instandhaltung des Steignetzes Bedacht zu nehmen haben, denn es erleichtert Jagdschutz und Revierdienst. Außerdem ist es eine Visitenkarte, die eine klare Sprache spricht.

Jedes Gamsrevier hat Punkte, die für die Jagdausübung von besonderer Bedeutung sind, sei es, daß sie weite Beobachtungsmöglichkeiten bieten, sei es, daß sie den Beschuß bestimmter, vom Wilde bevorzugter Äsungsflächen oder Wechsel ermöglichen. Gewöhnlich wird es sich dabei um Geländeerhebungen, Abbrüche, Grate, Graben und Karränder, Felskanzeln oder dergleichen handeln. Künstliche Hochsitze werden im extremen Gamsrevier wohl kaum Verwendung finden, in der Region der Waldgams können sie zweckmäßig sein. Erdgebundene Sitze so auszugestalten, daß ein mehrstündiges Verweilen nicht zur kaum ertragbaren Unbequemlichkeit wird, gehört auch zu den stets dankbar empfundenen Reviereinrichtungen. Und man tut gut, solche einzurichten, die bei Bergwind benützt werden, und solche, die bei Talwind in Betracht kommen. Gerade bei der Lebensweise des Gamswildes, das ja oft den ganzen Tag über auf den Läufen ist, sind Ansitze von langer Dauer nichts Außergewöhnliches. Wenn man aber schon nach einer Stunde nicht mehr weiß, wie man sich drehen oder wo man seine Füße aufsetzen soll, dann wird ein solcher Daueransitz ungemütlich und verdirbt die Jagdlust. Mit einfachen Mitteln kann hier in der Regel geholfen werden. Die Einebnung der Sitzgelegenheit, wenn es hoch kommt eine Sitzbank aus ein paar Prügeln, ein Schirm aus Reisig oder Latschen und allenfalls eine Gewehrauflage oder zumindest ein Stock zum Anstreichen, sind eine begrüßenswerte jagdliche Hilfe. Dort, wo Treibjagden abgehalten werden, kommt den Ständen eine derartige Ausgestaltung sehr zugute. Man soll dabei tunlichst auch auf eine Rückenlehne Bedacht nehmen, denn sie ist für eine sichere Schußabgabe fast ebenso wertvoll wie die Gewehrauflage. Mag die Empfehlung solcher Hilfen auch dem auf Ursprünglichkeit sinnenden und wertlegenden Jäger abwegig erscheinen, so mag er ruhig bei seiner Ablehnung bleiben. Es ist nun einmal so, daß gerade bei der Gamsjagd sich rauhe Natur und Bequemlichkeit hart gegenüberstehen. Jenen, die dem jagdlichen Sturm und Drang entronnen und dennoch den Freuden der Bergjagd treu und zugetan geblieben sind, soll man diesen Genuß so lange als möglich erhalten. Der Tag, an dem das Alter dem den Bergen verschriebenen Jäger ein kategorisches Halt gebietet, kommt ohnedies immer viel zu früh.

Gehen die Meinungen über notwendige und unnotwendige Reviereinrichtungen oft sehr weit auseinander, dann gilt dies im besonderen Maße für die Jagdhütten und Jagdhäuser. Dabei handelt es sich nicht ausschließlich um eine Geldfrage, sondern um den prinzipiellen Standpunkt. Es gibt auch heute noch Jäger, die sich den Luxus eines wohlgepflegten Jagdhauses mit allem Komfort leisten können und die sich doch nur in einer engen Jagdhütte, wo sie den spärlichen Raum mit dem Berufsjäger oder einem Freunde teilen, wohl fühlen. Diese Art der Abwechslung und dieser Hang zu einer gewollten Einfachheit möge Jägern zugeschrieben werden, die bestimmt nicht die schlechtesten sind. Ihrem Geschmack widerstrebt es, die Rauheit der Bergwelt mit der

Weichheit städtischer Gepflogenheiten zu verbinden. Die völlige Umschaltung mag auch eine echte Erholung sein. Hingegen gibt es Jäger, die ohne ihre häusliche Bequemlichkeit sich nirgends wohl fühlen, denen das Schlafen in einem ungewohnten Bett zur Qual wird und die dadurch in ihrer körperlichen Leistungsfähigkeit so herabsinken, daß die Jagd zu einer ununterbrochenen Überwindung und niemals zum freudvollen Genuß wird. Selten freilich ist diese Kategorie so aufrichtig, diese Einstellung und diese Veranlagung einzugestehen. Der Ehrgeiz hält sie wach. Sie werden nie das werden können, was man sich unter einem erprobten Gamsjäger vorstellt, und zwar auch dann nicht, wenn sie ihre Jagdhütten in ihrem Sinn erträglich einrichten.

Nun ist es aber bei der Jagd im Hochgebirge so, daß die Unterkunft einen entscheidenden Anteil am gesamten jagdlichen Geschehen hat. Heute mag es auch vorkommen, daß man mit dem Auto eine Bergstraße möglichst hoch hinauffährt, eine mehr oder minder anstrengende Pürsch mit Erfolg hinter sich bringt und am Abend wieder im Eßzimmer seiner Stadtwohnung ein mit Sorgfalt bereitetes Mahl zu sich nimmt. Der beste Gamsbock würde dem zünftigen Bergjäger nicht über eine solche Halbheit hinweghelfen. Zur Gamsjagd gehört eine Hütte oder ein Haus mit einer jagdlichen Note und der dazugehörigen Atmosphäre. Diese Voraussetzungen können die einfachsten Zweimannhütten genauso gut erfüllen wie die behäbig angelegten Holzhäuser. Zweckmäßigkeit ist Grundbedingung.

Schon der Platz, auf dem eine Hütte steht, ist entscheidend für ihre Ausstrahlung. Früher neigte man dazu, die Hütten möglichst versteckt anzulegen. Man wollte nicht eingesehen werden. Vor allem wollte der Berufsjäger sich jeder Beobachtung entziehen. In den Zeiten der großen Wildererplage wurde jede Hütte in erster Linie nach dem Gesichtspunkte des Jagdschutzes gebaut. So gibt es noch viele alte Hütten, die an Orten stehen, die uns heute nicht mehr gefallen können. Aber schließlich hat man in alter Zeit vielfach auch die Wohnhäuser in schattige Gräben gebaut, während man heute die luftige, sonnige Höhe vorzieht. Eine Hütte, von der aus man wenigstens einen kleinen Ausblick auf den Berg oder ins Tal genießen kann, ist immer freundlicher als ein in einem kalten, düsteren Grund stehender Bau.

Von einer guten Hütte verlangt man ferner, daß sie absolut wetterfest sei. Wenn der Sturm, mit dem man immer rechnen muß, durch Fugen und Ritzen bläst, ist der Aufenthalt in ihr keine reine Freude. Die Nähe guten Quellwassers ist sehr wünschenswert. Es gibt allerdings Gegenden in den Kalkalpen, wo dieser Wunsch unerfüllbar bleibt und wo man das notwendige Wasser in „Lageln" zu Berg tragen muß. Im Urgebirge ist die Wasserversorgung im allgemeinen leichter. Daß eine Hütte stets mit einem genügenden Vorrat an trockenem Holz versorgt ist, gehört in den Aufgabenkreis des verantwortlichen Aufsichtsjägers oder Försters. Nichts ist unangenehmer, als wenn man nach langer Winterpürsch durchgefroren in die Hütte kommt und dort weiter frieren soll. Nichts aber ist angenehmer als die wohlige Wärme nach einem kalten Tag. Ja, sie ist geradezu das, was einen Hauptbestandteil des „Hüttenzaubers" ausmacht.

Zu den weiteren Erfordernissen einer brauchbaren Hütte gehören ferner erträgliche Schlafstellen, die Obsorge für das Licht, ein Herd und ein kleiner Vorrat an unverderblichen Lebens- und Genußmitteln wie Zucker und Tee und je nach Geschmack und Bedürfnis anderes mehr. Nach oben sind ja der Ausgestaltung einer Hütte kaum Grenzen gesetzt. Ein Zuviel wird jedoch jeder vermeiden, dem es darum geht, als wetterharter Gebirgsjäger ernst genommen zu werden. Wichtig, daß jeder Benützer – gleich wer er ist – sich am Hüttendienst beteiligt und daß jeder mithilft, die Hütte in sauberem Zustand zu hinterlassen.

In großen gepflegten Revieren findet man seit altersher geräumige und bequeme Jagdhäuser, die auch anspruchsvollen Jägern und ihren Familien einen wochenlangen Aufenthalt in den Bergen nicht nur erträglich, sondern zum Vergnügen machen. Häufig steht dann daneben das Haus des Försters oder Hegers mit einem kleinen Stall und einem Brennholzschuppen, und so kann sich eine kleine Siedlung entwickeln, die durchaus nicht störend in der Landschaft liegt, sondern in ihrer Art ein Juwel volksverbundener Bauweise darstellen kann. Gewöhnlich ist dann ein solcher Komplex von Bauten das jagdliche Zentrum des ganzen Revieres, von dem aus auch das gesamte Weg- und Steignetz seinen Ausgang nimmt. Die verteilten Hütten haben dann nur den Zweck, zeit- und atemraubende Auf- und Abstiege zu ersparen und können in ihrer Art bescheiden gehalten werden. Das besonders Reizvolle an der Gamsjagd bleibt ja immer, daß sie von jedem, der sich ihr hingibt, einmal wenigstens alles abfordert, was er zu leisten vermag. Der Ausgleich für diese Beanspruchung soll die Hütte sein. Sie ist und bleibt ein schöner Teil der Bergjagd.

Die Betrachtungen über die Reviereinrichtungen können nicht abgeschlossen werden, ohne eines alten Ausdruckes zu gedenken, der sich in verschiedenen Gegenden erhalten hat und zu einer feststehenden Ortsbezeichnung geworden ist. Es ist die „Gamsmutter". Man verstand darunter die Stammheimat des Gamswildes eines Gebirgsstockes oder einer Berggruppe und verschonte sie mit jeglicher Jagd. In unseren Sprachgebrauch übertragen, würde man vielleicht von einem Bannbereich sprechen können, doch wie banal klingt diese exakte Bezeichnung gegenüber dem lebensvollen Wort Gamsmutter. Und überdies hatten hier die Alten auch sachlich recht. Einzelne, gar nicht übermäßig große Revierteile vollkommen in Ruhe zu lassen, wird jede Wildart zu schätzen wissen.

Der Wilderer

Die Ursachen, die zum Wildern führen, können sehr verschieden sein. Bekannt ist, daß es in Notzeiten immer besondere Blüten treibt. Einen Höhepunkt erreichte es in unserem Jahrhundert nach dem Zusammenbruch der Mittelmächte im Jahre 1918. Jedermann hatte ein Gewehr, der Hunger war groß, die ganze öffentliche Meinung in Gärung und die innere Haltung vieler Menschen zerrüttet. Zudem hatte man es im Kriege verlernt, das Leben richtig zu wägen. Aus diesen Jahren ist bekannt, daß auch in Revieren, die normal mit Jagd- und Forstpersonal besetzt waren, mehr als 50 % des vorgesehenen Abschusses von Wilderern erfüllt wurden. Es hatten sich Gemeinschaften und Banden gebildet, die überall in der Bergbevölkerung Rückhalt genossen und denen der einzelne Berufsjäger machtlos gegenüberstand. Der Aktionsradius dieser organisierten Wilderer war oft ausgedehnt. Sie bedienten sich der öffentlichen Verkehrsmittel, um ihre Streifzüge durchzuführen, und traten in der Öffentlichkeit mit einer Unverfrorenheit auf, die heute unvorstellbar ist.

Es hat Zeiten und Gegenden gegeben, wo ein Gamsbart oder eine Spielhahnfeder für den jungen Burschen als Symbol der erlangten Männlichkeit angesehen wurden. Oft hat man diese Dinge auch die Schlüssel zur Mädchenkammer genannt. Auch schönen Hirschgrandeln ist diese aphrodisische Eigenschaft zugesprochen worden. Die jugendliche „Lust am Trug" mag, um mit Goethe zu sprechen, ihren Anteil an diesen merkwürdigen Äußerungen des Volkslebens gehabt haben.

In früheren Zeiten ist manchmal versucht worden, bekannte Wilderer auf den rechten Weg zu führen und sie zu Jagdaufsehern zu machen. Man war der Meinung, daß es nur der rechtmäßigen Jagdgelegenheit bedürfe, um eine unzähmbare Leidenschaft fruchtbringend zu verwerten und eine ganze Gegend von einer Plage zu befreien. Vielleicht mag der eine oder der andere Fall auch gut ausgegangen sein. Der größte Teil dieser Versuche aber mußte scheitern, weil die innere Voraussetzung für eine reguläre Hege fehlte. Heute wird wohl niemand mehr daran denken, mit solchen Erwägungen das Ansehen eines ganzen Standes zu gefährden.

Es würde den Rahmen dieses Buches sprengen, wenn man hier Wilderergeschichten erzählen wollte, so lehrreich sie auch sein könnten. Es haben sich die Zustände um dieses Kapitel der Gamsjagd, wie schon erwähnt, wesentlich gebessert. Die Berufsjäger haben größere Rechte im Waffengebrauch, als sie sie früher besaßen. Es hat Zeiten gegeben, wo der Begriff des erweiterten Waffengebrauches fehlte und der Wilderer daher weniger in Lebensgefahr geraten konnte als sein legaler Gegner. Das ist heute anders geworden, weil das vereidigte Jagdaufsichtsorgan einen weitreichenden rechtlichen Schutz genießt. Auch die Zusammenarbeit mit der Polizei und Gendarmerie ist fast überall ausgebaut worden, und der Einsatz technischer Hilfsmittel ermöglicht ein rascheres Einschreiten. Fernsprecher, Güterwege, die mit Motorfahrzeugen befahrbar sind, haben entlegene Gegenden aufgeschlossen, der Zivilisation nähergebracht und ermöglichen Aktionen, die früher unmöglich waren. Daß dies auch für das extreme Hochgebirge von Bedeutung sein kann, sei an einem Beispiel aus jüngster Zeit dargetan:

Zwei Jäger, die sich zur Zeit der Gamsbrunft in den frühen Vormittagsstunden hoch oben in einem Kar befinden, beobachten, wie über den Grat des Gegenhanges, der wohl 2000 m Luftlinie entfernt sein mag, zwei Wilderer herunterpürschen, einen Gams schießen und mit ihrer Beute wieder über den Grat verschwinden. Ein sofortiges Einschreiten ist wegen der Weite der Entfernung unmöglich. Der tief eingeschnittene Graben würde einen Anmarsch von drei bis vier Stunden erfordern. Zudem liegt jenseits des Grates fremdes Revier, in dem eine Verfolgung nicht möglich ist. Aber im Laufschritt gelangt man zu dem in der Grabensohle stehenden Volkswagen. In einer Stunde ist man beim nächsten Gendarmerieposten, in einer weiteren Stunde im Nachbargraben, und nach wieder eineinhalb Stunden vor einer Almhütte, wo der gewilderte Gamsbock hängt. Die Übeltäter fühlten sich vollkommen sicher, und so ist es keine Kunst, sie dingfest zu machen und sie auch ihrer Tat zu überführen. Der Schnee, der am Grat liegt, liefert einen klaren Beweis, und der Gendarmeriebeamte hat leichtes Spiel mit seiner Amtshandlung.

Entscheidend für den Rückgang der Wilderei sind aber außer Zweifel der heute durchschnittlich höhere Lebensstandard und ein Abwandern des Interesses der Bergbewohner auf andere Gebiete. Holzknechte, in deren Reihen früher häufig Wilderer zu suchen waren und die infolge ihrer Revierkenntnisse auch alle Voraussetzungen für das lichtscheue Handwerk erfüllten, verdienen heute so viel, daß sie das Risiko des Wilddiebstahles nicht mehr eingehen wollen. Auch den kleinen Bergbauern, so er seinen Wald in Ordnung halten konnte, drücken heute nicht die Sorgen von einst, da das Holz in weltfernen Höhen unanbringbar war.

In jüngster Zeit hat sich allerdings eine neue Art von Wilddiebstahl entwickelt, die hier nicht unerwähnt bleiben darf und die heute die Behörden mehr beschäftigt als die Wilderei alten Stils. Man könnte sie eine halblegale Wilderei nennen. Es handelt sich dabei nicht mehr um wilde ortsbekannte Rohlinge, sondern um sehr wohl mit Jagdscheinen ausgestattete Leute, die die Achtung vor der Grenze verloren haben. Es wird sich nie ganz verhindern lassen, daß auch solche Menschen zur Jagd stoßen, die kein vollständiges Vertrauen für sich in Anspruch nehmen können.

Es kann hier auch darauf verzichtet werden, die verschiedenen Methoden, der sich die gewerbsmäßigen Wilderer bedienten oder bedienen, näher zu besprechen. Sie sind sehr vielfältig und reichen von dem kunstvoll zerlegbaren Stutzen über Steinschläge, auf Wechseln ausgelegte glatte Baumrinden und Fangeisen bis zur ordinären Drahtschlinge. Die Hauptsache bleibt immer, daß die Jagdaufsicht funktioniert und ein unerschrockener, mit offenen Augen und hellhörigen Ohren begabter, für alles, was im Revier vor sich geht, empfindsamer Jäger einen gewissenhaften Revierschutz gewährleistet.

Der Berufsjäger

Wenn den Berufsjägern ein eigener kurzer Abschnitt in diesem Buche gewidmet werden soll, dann sei damit ihre Bedeutung für Gamshege und Gamsjagd herausgestellt. Sie sind die Verkörperung des Jagdschutzes, und ihnen und ihrer Arbeit ist es zu verdanken, wenn wir sorglos dem Vergnügen der Jagd nachgehen können. Die Sorge um Jagd und Wild lastet, wenn sie in Ordnung sind, auf ihren Schultern.

Vorerst ist eine Begriffsbestimmung notwendig. Sowohl Förster, die im Revierdienst tätig sind und Jagdschutzdienst versehen, als auch hauptberufliche Jäger sind in diesem Falle unter die Gruppe der Berufsjäger aufzunehmen. Es geht hier nicht darum, den höher qualifizierten und fachlich ausgebildeten Förster von dem einfachen, oft dem Förster unterstellten Jäger zu unterscheiden, sondern es ist Wert auf die Feststellung zu legen, daß beide Teile jagdlich die gleichen Funktionen ausüben können. Wenn man allein den Blutzoll in Betracht zieht, den beide Teile dem Gamswild in Zeiten großer Not gebracht haben, so wird man keine Unterschiede machen dürfen. Während in Österreich immerhin noch eine beachtliche Zahl reiner Jäger im Schutzdienst ihren Broterwerb findet, liegt das Schwergewicht in Deutschland beim Förster. Aber auch in Österreich neigt die Entwicklung dazu, die Jagdaufsicht den Forstorganen allein anzuvertrauen. Vor allem sind dazu wirtschaftliche Verhältnisse die Veranlassung. Der Wald ist bis in die höchsten Regionen aufgeschlossen und damit wertvoll geworden. Weite Gebiete, die früher allein der Jagd vorbehalten waren, werden heute forstlich genutzt, weil sie ertragreich geworden sind. Nur das reine Ödland und die Kampfregion des Waldes sind von den Rationalisierungsbestrebungen ausgenommen. Daraus ergibt sich, daß der ausschließliche Jagdbereich kleiner und der Einsatz reinen Jagdpersonals rückläufig geworden ist. Nur dort, wo die Weiträumigkeit es notwendig macht oder wo gepflegte Jagden relativ hohe Erträge einbringen, sind noch die traditionellen Jägergestalten zu finden. Auch sie werden heute fast überall zu Arbeiten im Forstdienst herangezogen.

Es gibt also heute nur mehr wenig große Reviere, die Jäger hauptberuflich beschäftigen. Sehr weite Gebiete werden durch nebenberufliche Jäger betreut, die ihre Prüfung abgelegt haben, Kenntnisse besitzen, von der Behörde anerkannt sind und die allen möglichen Berufskategorien entstammen. Es muß zugegeben werden, daß ein reiner Berufsjäger für ein Revier von 150 oder 200 ha wirtschaftlich nicht tragbar ist. Es gibt aber viele derartige Reviere, und daher ist die Aufsicht, da die Träger dieser Aufgabe oft weitab ihrem zivilen Beruf nachgehen, nicht ausreichend. Wenn sich auch die standesbewußten zünftigen Berufsjäger zusammengeschlossen und organisiert haben, so ändert dies nichts an der entstandenen Notlage, die aber nicht allein aus wirtschaftlichen Gründen, sondern auch aus der gesellschaftlichen Struktur der Jagd zu erklären ist. Der Zuzug zur Jagd war im letzten Jahrzehnt außerordentlich groß, und er förderte die Aufsplitterung der Jagden automatisch. Bisher ist es im allgemeinen nicht gelungen, eine Reihe kleiner und kleinster Reviere unter eine gemeinsame Aufsicht zu stellen. Aber wie schon in anderem Zusammenhang gesagt wurde, könnte auch hier die

Abb. 70. Bergstock und Gamstragen (Phot. Ch. Gräfin Meran).

Gemeinsamkeit zum Guten führen, sowohl im Hinblick auf die Betreuung des Wildes als auch auf die Erhaltung eines hochqualifizierten Berufsjägerstandes. Ob die Talsucht zu überwinden sein wird, wird die Zukunft zeigen.

Wo aber im Gebirge oder an seinem Fuße eine von Tradition und Landschaft geprägte Jägerfamilie wohnt, kann man dem wohltuenden Stolz des berggerechten Jägers noch begegnen. In der Auffassung über die von ihm geforderten Eigenschaften hat sich nichts geändert. So sei wiedergegeben, wie der schon zitierte Martin Strasser vor 350 Jahren über den Gamsjäger dachte und wie der weitgereiste Eugen Schuhmacher in seinem Buche „Der Berg lebt" in unserer Zeit über ihn urteilt.

Von dem „Gemsjäger und seinen Qualitäten" sagt Strasser: „Wenn einer ein vollkommener, recht geschaffener, wackerer Gemsjäger soll oder will sein, das ist, daß er nicht allein die Gamswild wisse und könne suchen, scharf steigen und diejenigen auch abgehen und schießen, sondern daß er auch solche Gejaider nach Gelegenheit eines Orts wisse anzustellen und zu regieren, derselbig muß nit weniger, sondern zum

Teil noch mehr qualitates als ein hirschgerechter Jäger haben. Denn diese Jäger muß auch nit schwaches oder schieches Kopfes sein, das ist, daß ihm mindest in dem Gebirg, es sei wie hoch, scharf oder kleber (schwierig) der Gang oder das Ort es immer sein mag, so muß er auch ehrlich, bescheiden, wahrhaft und treu sein, er muß stark, mannhaft, notfest, herrig (ausharrend) und sinnreich sein. Er muß auch geschwind, tätig und willig und unverdrossen sein."

Und SCHUHMACHER meint: „Die Berufsjäger sind praktisch unermüdlich. Sie sind unempfindlich gegen jedes Wetter. Sie alle haben Augen wie Adler und Ohren wie Luchse. Dazu noch einen sechsten Sinn. Nichts entgeht ihnen, sie überblicken das halbe Revier mit einem Auge, hören alles, spüren jede Kleinigkeit auf. Ein weggeworfenes Zündholz sagt ihnen ebensoviel wie ein abgerissener Hosenknopf. Sie kennen jeden Abdruck eines Schuhes, wissen, wer ihn trägt, aus welchem Einödhof er stammt. Ganz abgesehen von den vielen Zeichen, Spuren und Fährten des Wildes, mit dem sie eins geworden sind während der vielen Jahre.

Die meisten Bergjäger sind im Laufe ihres Lebens zu Kriminalisten geworden. Viele auch zu Philosophen, Wetterpropheten, Langstreckenbergläufern, Frühaufstehern und Hundevätern. Ohne Hund ist der Bergjäger ein halber Mensch. Und wenn es nur ein krummbeiniger Dackel ist, ein Hund muß um ihn sein. Oft trägt er ihn im Rucksacke mit. Platz genug ist ja vorhanden in dem Rückenzelt eines Bergjägers. Bequem kann auch noch ein Gamsbock darin untergebracht werden, und oben drauf der Hund ...

Ich habe sie alle kennengelernt, mit ihnen gejagt, gefilmt, im Ansitz gewartet, geschlafen, geschwitzt und gefroren. Sie sind stets zuverlässige Führer, unermüdliche Helfer, beste Kameraden. Sie sind bereit, alles für einen Erfolg zu geben. Nur ihre Jägerehre und ihr persönliches Ich teilen sie nie."

Wohl dem, der das Glück gehabt hat, mit Menschen dieses Schlages zu jagen, mit ihnen hinter dem Wilde her zu sein, mit ihnen zu braten, zu kochen und unendliche Jagdgeschichten zu spinnen. Jeder, dem eine eigenständige Persönlichkeit mehr zusagt als die uniforme Ausgeglichenheit, wird daran seine Freude haben. Und so soll dieses Kapitel mit dem Ausdruck der Hoffnung schließen, daß mit dem Wild unserer Berge auch seine Betreuer als Träger einer alten landschafts- und volksverbundenen Tradition erhalten bleiben mögen.

Die Behandlung von Wild und Trophäe

Ein weiterer Grundsatz der Waidgerechtigkeit bleibt die in bezug auf Trophäe und Wildpret fachgemäße Behandlung des erlegten Wildes. Beim Gams ergeben sich je nach der Jahreszeit verschiedene Motive.

Beim Bartgams steht die Sicherung der Barthaare an erster Stelle. Ihr soll lediglich das Ausschärfen der Brunftfeige vorangehen. Je eher sie herausgenommen wird, um so besser ist dies für das Wildpret und die weitere Arbeit des Jägers.

Mit dem Bartrupfen beginne man am vorderen Teil des Trägers und setze es dem Rücken nach rückwärts folgend bis zu dessen Ende am Wedel fort. Wie schon das Wort „Rupfen" sagt, sollen die Haare nicht herausgezogen, sondern herausgerissen werden. Man verfährt dazu so, daß man die Haarbüschel samt der Unterwolle mit Daumen und Zeigefinger möglichst an der Decke faßt und sie ruckartig nach vorne aus ihrer

Unterlage reißt. Die Haarbüschel werden oberflächlich nach ihrer Haarlänge sortiert, in bereitgelegtes Papier gewickelt und können allenfalls sofort mittels eines Kammes oder durch Wegblasen von dem für den Bart unbrauchbaren Teil des Wollhaares befreit werden. Je frischer der Gams ist, um so leichter gestaltet sich das Rupfen. Man sucht dazu nach Möglichkeit eine windgeschützte Stelle auf. Auch das Papier, in das man die Haarbüschel legt, wird man durch Beschweren mit Steinen vor dem Zugriff des Windes schützen müssen. Ist die Arbeit beendet, wird an das zusammengerollte Bündel ein Holzspan oder ein gerader, fester Zweig gelegt, der länger als die längsten Barthaare sein muß, damit er ein Knicken der Haare auf dem Transport verhindert. Mit einem Bindfaden verschnürt, kann das für den Gamsjäger wertvolle Gut in der Joppentasche oder im Rucksack verwahrt werden.

Das Aufbrechen eines Gams unterscheidet sich in nichts von dem des Rehwildes. Der Gams wird auf den Rücken gelegt, und zwar so, daß das Haupt bergwärts zeigt. Wenn es sich bewerkstelligen läßt, kann man zur Sicherung gegen das Abrutschen die Krucke an einem Ast oder einer Wurzel verhakeln. Der Jäger, der zwischen den Hinterläufen steht, löst zuerst die Brunftkugeln oder das Gesäuge aus, schärft dann die Bauchdecke auf und öffnet, indem er Zeige- und Mittelfinger der linken Hand als Führung der Knickerklinge benützt, die Bauchhöhle nach vorne bis zum Brustkorb. Je nach örtlicher Gepflogenheit wird der Schnitt entweder nach hinten bis zum Waidloch fortgesetzt und Waiddarm und Blase nach Öffnen des Schlosses herausgenommen, oder es werden diese Teile nach einem Kreisschnitt am Waidloch entfernt und das Schloß nicht geöffnet. Vorerst aber wird sich die linke Hand dem Zwerchfell folgend am Schlund nach vorne tasten, diesen zusammenpressen und möglichst weit herausziehen, so daß die das Messer führende rechte Hand den ablösenden Schnitt durchführen kann. Sind Pansen und Gescheide, nachdem man dieses vollständig gelöst hat, herausgehoben, die Gallenblase aus der Leber entfernt, wird man gut tun, auch Herz und Geräusch nach innerer Öffnung der Brusthöhle herauszuholen. Nur dann kann der Gams richtig ausschweißen. Zu diesem Zwecke legt man ihn mit dem Rücken nach oben, die rückwärtigen Läufe abwärts weisend, an den Hang. Im Wald kann man ihn wohl auch mittels der Krucken an einen Baum hängen. Dem Drosselschnitt, dem in der Praxis sicherlich Vorteile zuzubilligen sind, kommt nur lokale Bedeutung zu. Auch der Gamsjäger wird die Standesverpflichtung einhalten und bei der roten Arbeit den Rock nicht ausziehen. Nachdem man dem Gams den letzten Bissen in den Äser gesteckt, das Geräusch in die Bauchhöhle gebracht und diese allenfalls mit grünem Reisig ausgelegt hat, wird das Stück zum Transport fertiggemacht.

Zum Abtransport werden die Läufe des Gams geschränkt. Hierbei werden an den Vorderläufen die Sprunggelenksehnen freigelegt, die Hinterläufe durchgezogen und der Gams zwischen Rücken und Rucksack in die Tragriemen gelegt. Das Haupt wird, damit es nicht pendelt, mit Hilfe der Rucksackschnur festgebunden oder durch Einhakeln der Krucke fixiert. Es gibt aber auch eigene Tragriemen, die zweifellos die schwere Last am vorteilhaftesten für den Träger fesseln. Für kurze Strecken mögen auch der Bergstock oder zwei Stöcke, die über der Schulter den am Rücken hängenden geschränkten Gams festhalten, genügen, auf längere Strecken und steilen Wegen ist diese Methode jedoch sicher unzulänglich. Große Rucksäcke vermögen einen Gams zur Gänze aufzunehmen, doch bleiben sie dann am besten diesem Zwecke allein vorbehalten. Im Schnee wird man es wagen können, den Gams kurze Strecken zu ziehen. Manchmal geht es gar nicht anders. Dabei wird man darauf zu achten haben, daß man ihn an den Krucken und nicht an den Hinterläufen hält, damit das Haar nicht gegen den Strich gekämmt wird. Wie immer auch Bergung und Transport vor sich gehen mögen, so soll man darauf achten, daß die Beute ansehnlich bleibt, damit sie die innere Qualität des Jägers widerspiegelt.

Das Auskochen der Gamskrucken bedarf dann besonderer Vorsicht, wenn man die natürliche Farbe der Hornmasse und das daran haftende Pech erhalten will. Die meisten an den Wänden hängenden Gamskrucken sind schwarz, und dieses Schwarz wird dann noch durch konservierende Anstriche mit Öl intensiviert. Die Naturfarbe der Gamskrucke jedoch ist Grau, und sie kann oft einen durch Pech hervorgerufenen rötlichen Schimmer aufweisen.

Um die Schale weiß zu erhalten, erscheint es geboten, die Krucke nach dem Abschlagen samt der Decke in kaltes Wasser zu stellen und das Auskochen frühestens am darauffolgenden Tage zu beginnen. Vielfach wird empfohlen, dem Kochwasser Soda (Na_2CO_3) zuzusetzen, doch läuft man dabei Gefahr, daß die Knochennähte zu sehr gelöst werden und das ohnedies nur lose haftende Nasenbein ausbricht. Ein Zuviel des Kochens soll überhaupt vermieden werden. Ist die Decke einigermaßen weich geworden, soll man es beenden. Zum Kochen selbst wird die Krucke am zweckmäßigsten bis zum Schlauchansatz in das Kochwasser gehängt, doch so, daß der größte Teil des Aufbaues aus dem Kochtopf herausragt. Man bedient sich dann irgendeiner Aufhängevorrichtung oder legt am einfachsten ein Holzscheit über die Kanten des Topfes. Die Schläuche selbst sollen möglichst wenig dem Dampf und der Hitze ausgesetzt werden, denn nur dann ist es möglich, Pechbelag und Naturfarbe vor Zerstörung zu bewahren. Am besten ist es, sie während des Auskochens mit Lappen zu umwickeln.

Für die Erhaltung der Krucke ist es gut, die Schläuche nach Beendigung des Kochens herunterzudrehen und die Stirnzapfen freizulegen. Das ist in der Regel ohne Schwierigkeit möglich. Nur dadurch wird man die weiche Hautmasse, die zwischen Knochensubstanz des Stirnzapfens und äußerer Hornschicht des Schlauches eingelagert ist, entfernen und das Schrumpfen der Trophäe verhindern können. Um den gereinigten Stirnzapfen wickelt man Papier in der Dicke, die der entfernten Zwischensubstanz entspricht und die ein zwangloses Aufschieben des Schlauches auf seine Unterlage zuläßt. Wenn man ein übriges tun will, kann man den Ansatz des Schlauches noch mit Paraffin abdichten und so die Konservierung vervollkommnen, weil dann jedes Eindringen von Insekten unterbunden wird. Das Abnehmen der Schläuche kann auch zu einer Korrektur der Auslage führen. Den erfahrenen Richter wird man allerdings kaum täuschen können, weil in diesem Falle Querschnitt von Stirnzapfen und Schlauch nicht kongruent übereinanderliegen, sondern zueinander verschoben sind.

Um die Schädeldecke blendend weiß zu erhalten, kann man sie unter Einwirkung von Wasserstoffsuperoxyd (H_2O_2) und Sonnenbestrahlung bleichen, doch wird die leicht getönte Beinfarbe dem Kalkweiß vorzuziehen sein. Beim Aufhängen der Krucken mit oder ohne Schild achte man darauf, daß sie nur dann ansehnlich wirken, wenn die Schläuche möglichst steil stehen. Krucken, die so hängen, daß die Längsachsen der Schläuche im Winkel von 90 Grad zur Hängewand weisen, bieten dem Beschauer ein eindrucksloses, unharmonisches Bild. Es soll daher stets der Nasenteil unterlegt und damit dem Betrachter der ganze Kruckenaufbau dargeboten werden.

Auch die Gamsbärte, der Stolz vieler Gamsjäger, bedürfen einer liebevollen Behandlung. Sie beginnt schon bei der mühevollen Arbeit des Bartbindens. Die rohe Masse der Barthaare muß vorerst von ihren wertlosen Bestandteilen befreit und nach Länge und Qualität geteilt werden. Zu diesem Zwecke werden kleine Büschel mit einer Hand an ihrem oberen Ende festgehalten und mit der anderen ausgekämmt. Dann wird der

Anteil der echten Barthaare wieder in solche mit und ohne Reif sortiert und dabei die Farbe der Haare berücksichtigt. Die gleichen Längen findet man, indem man die Haare in Glasphiolen mit ebenem Boden und von verschiedener Höhe steckt und sie leicht zusammenstößt, so daß die längsten und gleichlangen Haare abgehoben werden können. Es bedienen sich die einzelnen Jäger dazu verschieden abgewandelter Methoden. Die gleichgearteten Haare werden dann in Büscheln von zwanzig bis dreißig Stück zusammengebunden und diese Büschel wiederum an einer Spindel, dem sogenannten Kern des Gamsbartes befestigt. Die kürzesten stehen zu oberst und damit in der Mitte

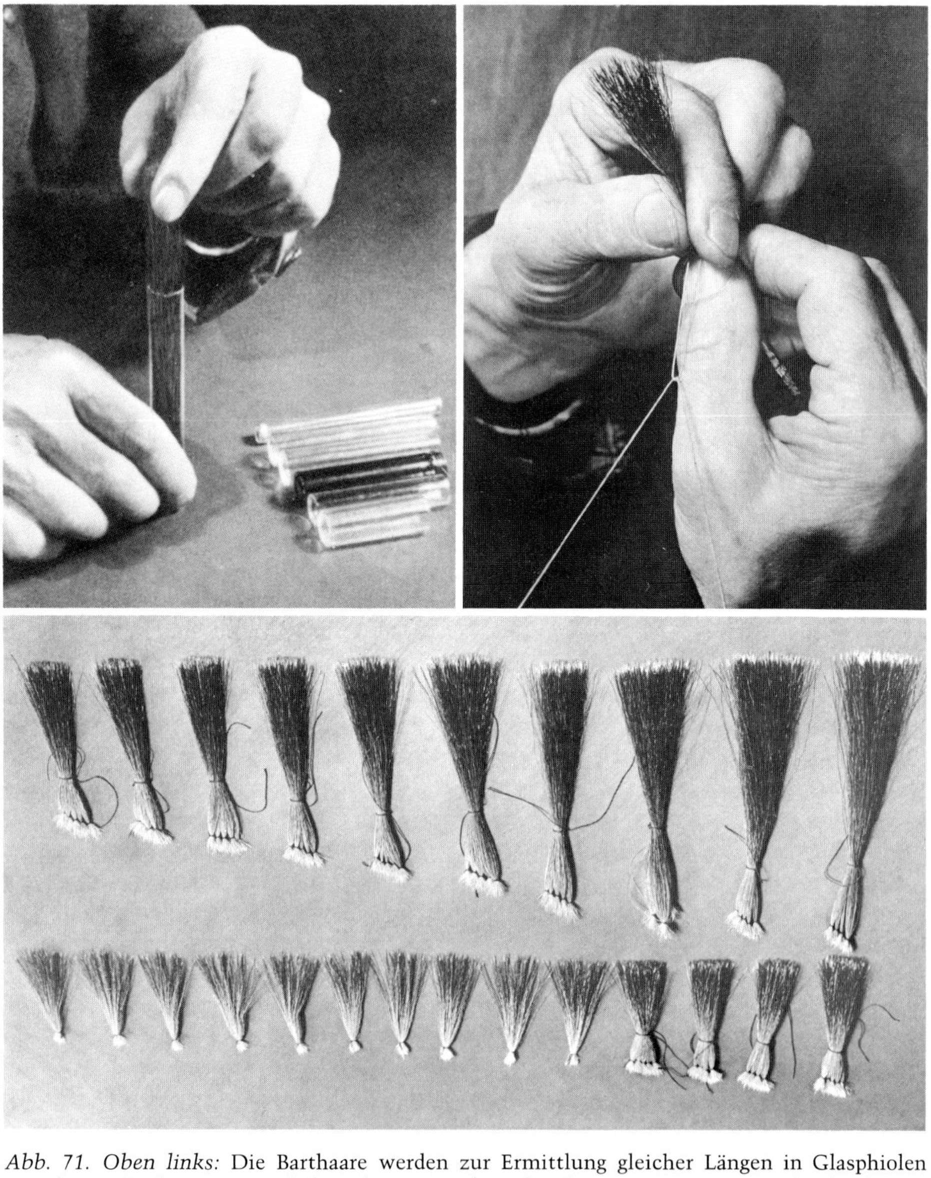

Abb. 71. Oben links: Die Barthaare werden zur Ermittlung gleicher Längen in Glasphiolen gestoßen. – *Rechts:* Das Büschel wird am Kern festgebunden. – *Unten:* Die verschieden langen Büschel als Einzelteile des Gamsbartes (Phot. Abuja).

des zukünftigen Bartes, die weiteren werden mit zunehmender Länge spiralförmig so an den Kern gebunden, daß die oberen Enden schließlich eine leichte Wölbung ergeben. Die längsten Büschel bilden somit den äußersten Mantel des Bartes, und sie werden an ihrem unteren Ende mit grünem Faden umwunden oder in grünes Tuch eingenäht. Dieser Abschluß wird mit Bund bezeichnet und die Länge des Bartes über dem Bund gemessen. Als Kern kann Draht, Holz oder Leder Verwendung finden. Die Kunst des Bartbindens besteht vor allem darin, daß der Bart weich fällt und nicht steif in seiner Hülse steht. Dieser Schönheitserfolg wird weitgehend davon abhängen, ob man die kürzesten Haare einer anderen Verarbeitung zuführt oder sie einbindet. Je geringer der Anteil kurzer Haare ist und je kürzer damit der Kern wird, um so gefälliger wird sich endlich das Produkt geduldiger Arbeit präsentieren. Gamsbärte, die mehr als 20 cm über den Bund messen, sind selten und können schon als kapital gelten. Die kurzen Barthaare können auch kreisrund zu sogenannten Gamsradeln verarbeitet werden, die einen hübschen und weniger empfindlichen Hutschmuck bilden. Der Gamsbart selbst verträgt, wenn er in Farbe und Glanz erhalten werden soll, keine große Beanspruchung durch Sonne und Nässe, und so werden die schönsten Bärte in der Regel nur zu feierlichen und festlichen Anlässen getragen. Da kaum ein anderer Gegenstand die Kleider- oder Pelzmotten so anzieht wie das Gamshaar, erscheint die Aufbewahrung in einer mottensicheren Hülle dringend geboten, denn man wird sonst eines Tages einen vollkommen zerfallenen Gamsbart vorfinden, und dies gehört nicht zu den erfreulichen Seiten der Geschichten um die Gamsjagd.

Die Decken des Gamswildes werden entweder rauh gegerbt und so als Wandschmuck und Bodenbelag verwendet, oder sie werden einer Weiß- oder Sämischgerbung unterzogen und dann zu Lederhosen oder auch zu Jacken und Westen verarbeitet. Die Herstellung der Lederhosen war seit jeher ein besonderer Zweig der alpenländischen Handwerkskunst, und auch heute gibt es noch Spezialisten, die ihr Handwerk nach alten, strengen Regeln betreiben. Die Eigenart des Schnittes, der Sturz der Nähte, die Bestickung mit grüner Seide in verschiedenen Ornamenten lassen den Kenner genau zwischen einer aus traditioneller Werkstätte oder aus industrieller Fertigung stammenden Arbeit unterscheiden. Die Sommerdecke wird zu dieser Verarbeitung vorzuziehen sein.

Über die Verwendung des Wildprets liest man in Kochbüchern die gleichen Rezepte wie über die Zubereitung vom Wildpret des Rotwildes. Da wie dort hängt die Qualität des Wildprets vom Alter, dem Gesundheitszustand des Tieres und der Jahreszeit seiner Erlegung ab. Ein alter Brunftbock liefert keinen Braten für Feinschmecker, während ein Sommerjährling bei sachkundiger Zubereitung auch nach alten Aufzeichnungen Tafelfreuden vermitteln kann. Man wird sagen können, daß Gamswildpret strenger schmeckt als jenes vom Reh oder vom weiblichen Rotwild. Da das Fett leicht stockt, muß Gamswildpret heiß auf den Tisch kommen. Auf Grund seiner relativ kargen Verbreitung kommt ihm nur lokale Bedeutung zu. Genauso wie die Gamsjagd selbst hat es aber seine besonderen Liebhaber, und diese ziehen es allen anderen Genüssen vor. Sie behaupten, daß man von den Läufen die beste Suppe kochen könne, die es gibt, und daß ein geräucherter Gamsschlegel, der im Laufe der Zeit steinhart wird und dem man nur mit den schärfsten Messern beizukommen vermag, der außerdem beim Zerkauen die Konsistenz eines Kaugummis annimmt, zu den großen kulinarischen Kostbarkeiten gehört. Man könnte auch hier glauben, daß diese liebevollen Behauptungen in die Uranfänge der Gamsjagd zurückreichen.

Die Gamskrucken können außer als jagdlicher Wandschmuck noch andere Verwendung finden. Die Schläuche werden in Jagdhäusern gern zu Kleiderhaken verwendet, auch kleinere Beleuchtungskörper, ähnlich jenen aus Rehgehörnen hergestellt, findet man dann und wann. Eine sehr originelle Zweckbestimmung erfuhren sie als Griffe für jagdliche Eßbestecke, die man als Erzeugnisse alter Messerschmiede noch in der Steiermark findet. Eine weniger geschmackvolle Zierverwendung fand sich in einem Jagdhaus des letzten jugoslawischen Königs, wo an der überhöhten Stuhllehne der königlichen Tafel eine Gamskrucke über dem Haupte des Herrschers thronte und damit Zeugnis dafür ablegte, wie leicht gutgemeinte Übertreibungen aus der Tradition in die Lächerlichkeit führen können.

Betrachtung über Gamskrucken und deren Bewertung

Der derzeit gültigen Formel zur Gamskruckenbewertung wird nachgerühmt, daß sie sich von der für Hirschgeweihe und Rehkronen in Verwendung stehenden dadurch wohltuend unterscheidet, daß sie wenige subjektive Werte kennt und daher dem Ideal einer mathematischen und gerechten Bewertung nahekommt. In der Tat wurde auch gegen sie kein Einwand erhoben, lediglich die Zuschläge für das Alter (Alterspunkte) forderten die Kritik heraus. Auf sie wird noch besonders einzugehen sein. Die Formel selbst ist gerade wegen ihrer Einfachheit heute Allgemeingut der Gamsjäger geworden, und jeder von ihnen hat über ihre Zahlenwerte feststehende Vorstellungen. Es kann hier darauf verzichtet werden, ihre Vorläufer von QUADT-RIEGLER oder MERAN zu untersuchen, da Vergleiche gar nicht mehr üblich, die Formeln kaum mehr bekannt sind, und diese ersten Bewertungsversuche der Vergangenheit angehören. Es soll ausdrücklich vermieden werden, hier Vergleiche anzustellen und damit Verwirrung zu stiften, im Gegenteil, es soll besonders darauf hingewiesen werden, daß durch die Messungen nach der deutsch-österreichischen Einheitsformel die Konstanz der Bewertung auf internationaler Ebene nunmehr über ein Vierteljahrhundert aufrechterhalten werden konnte.

Bedauerlich sind die geringfügigen methodischen Änderungen, zu denen sich der C.I.C. im Jahre 1953 veranlaßt sah. Sie sind glücklicherweise nicht ausschlaggebend, aber dennoch erschweren sie den Vergleich der Spitzentrophäen auf den zeitlich oft weit auseinanderliegenden internationalen Ausstellungen. Die Formel selbst lautet heute noch wie zur Zeit ihrer Erschaffung:

$$1\tfrac{1}{2}\,L + H + 4\,U + A + ap$$

Die Buchstaben erfuhren folgende Definitionen:

L = Durchschnittliche Länge beider Schläuche, gemessen vom Schlauchansatz über die vordere Krümmung bis zur Hakelspitze.

H = Kruckenhöhe, gemessen von der Schädelnaht zwischen den Stirnzapfen bis zum Mittelpunkt der Verbindungslinie zwischen den Scheitelpunkten der beiden Schläuche.

U = Umfang des stärkeren Schlauches, gemessen an der dicksten Stelle einschließlich Harz. Für dicke Pechbeläge können bis zu 5 Punkte abgezogen werden.

A = Auslage, das ist die innere Entfernung zwischen den Gipfeln der beiden Schläuche[3].

[3] Ist die Auslage anormal, wird dafür der Wert der Höhe eingesetzt.

ap = Alterspunkte:

für 6- bis 10jährige	1 Punkt
für 11- bis 12jährige	2 Punkte
für 12- und mehrjährige	3 Punkte

Gegenüber der ursprünglichen Fassung liegt der Unterschied in den Alterspunkten. Im Zeitpunkt der Berliner Ausstellung 1937 wurden gegeben:

6 bis 10 Jahre	1 Punkt
11 bis 15 Jahre	2 Punkte
über 15 Jahre	3 Punkte

Die internationale Ausstellung in Düsseldorf 1954 bewertete aber bereits nach der neuen Fassung.

Außerdem kann die Formulierung der Auslage zu Meinungsverschiedenheiten Anlaß geben. Es war immer gebräuchlich, die Auslage vom geometrischen Scheitelpunkt des einen Schlauches zu dem des anderen zu messen. Dieser Scheitelpunkt ist also die Mitte des Gipfels. Nun spricht die letzte in Madrid beschlossene Formel von einer „inneren Entfernung", und darunter wäre sinngemäß der Abstand der beiden Schläuche voneinander zu verstehen. Es würde also jener Anteil an der Auslage, der der Hälfte der Hornmasse auf beiden Seiten entspricht, wegfallen. Bei den letzten internationalen Ausstellungen hat sich jedoch die Messung von Schlauchmitte zu Schlauchmitte behauptet.

Beispiel

	cm	rechts cm	links cm	Durchschnitt cm	×	Punkte
Länge	–	24,5	24,3	24,4	1,5	36,6
Höhe	17,5	–	–	–	1,0	17,5
Umfang	7,7	–	–	–	4,0	30,8
Auslage	16,7	–	–	–	1,0	16,7
Alter (14 Jahre)	–	–	–	–	–	3,0
					Bewertungsziffer	104,6

Viele namhafte Jäger haben sich gegen die Einbeziehung der Alterspunkte ausgesprochen, weil diese mit der reinen Kruckenbewertung nichts zu tun haben. Sie würden höchstens eine Anerkennung für erfolgreiche Hege darstellen oder, wenn man will, ein Ansporn dafür sein, junge Böcke möglichst zu schonen. Von dem Maß und der Form der Krucke sind sie unabhängig. Man müßte, wenn man gerecht sein wollte, schließlich auch unseren anderen Trophäen diesen Zuschlag zubilligen. Ein Geweih, das von einem reifen Hirsch stammt, würde außer Zweifel den gleichen Anspruch erheben können. Nun ist die Altersbestimmung beim Gamswild nach der Trophäe mit viel größerer Genauigkeit möglich als bei den Cerviden, und dieser Umstand führte zur Einführung der Alterspunkte. Vielleicht führte noch eine andere Überlegung zu dieser Wertziffer. Das Kruckenwachstum gilt im wesentlichen mit Vollendung des fünften Jahres als abgeschlossen. Ist die Krucke mit diesem Alter nicht schon kapital, dann wird sie es nie mehr. Diese Argumentation hält einer sorgfältigen Prüfung nicht stand. Die Krucke muß wohl kapital *veranlagt* sein, sie kann aber an reinen Bewertungspunkten noch erheblich zunehmen. Die nachstehende Tabelle gibt hier genauen Aufschluß. Es handelt sich freilich durchweg um sehr gute Trophäen. Wieviel die Bewertungsziffern vom fünften Jahre aufwärts noch steigen, hängt vom individuell sehr verschiedenen Längenwachstum des Schlauches ab. Man sieht, daß es zwischen dem fünften und zehnten Jahre von 1,3 bis 4,3 cm schwanken kann. Man sieht ferner aus Nr. 7, wobei es sich hier um eine Gaiskrucke handelt, daß auch nach dem zehnten Lebensjahre noch ein großer Längenzuwachs möglich ist. Es ist dies der typische Fall für eine sehr alte Gais, die im hohen Lebensalter besonders breite Jahresringe schiebt, weil sie vermutlich kein Kitz mehr zu ernähren hat. Aber auch Nr. 6 hat gegenüber seinem fünften Lebensjahr nicht weniger als 12,5 Punkte in den sieben Jahren zugenommen, die ihm noch zu leben beschieden waren. Zugegeben, daß es sich in der Tabelle um außerge-

Nr.	Alter in Jahren	Länge	Höhe	Umfang	Auslage	Längenzuwachs 5.–10. Jahr	Längenzuwachs ab 5. Jahr total	Bewertung 5jährig	Bewertung heute
1	14	28,6	19,0	9,65	20,8	1,4	2,0	115,5	119,5
2	19	29,8	18,6	8,20	22,1	2,1	5,6	104,2	118,2
3	10	29,2	18,7	9,75	15,5	1,3	1,3	113,9	117,2
4	19	30,4	17,8	8,55	21,3	2,0	3,8	106,0	115,5
5	13	25,8	16,9	10,60	13,0	1,3	1,7	106,2	111,0
6	12	30,9	20,7	9,30	20,7	4,3	5,0	111,3	123,8
7	21	28,7	18,7	7,45	24,5	1,8	6,7	93,5	109,3

wöhnlich gute Trophäen handelt. Aber gerade sie kommen ja in die internationalen Ausstellungen. Man fragt sich dann, warum man noch Alterspunkte als besondere Zugabe verteilen soll, wenn durch das Alter ohnedies die Wertziffer steigt. Gerechtfertigt erscheint diese Sonderbehandlung jedenfalls nicht, und der Wunsch des Hegers, so unterstützungswert er auch sein möge, müßte zurücktreten bei der Beurteilung, die lediglich aus klaren Messungen ohne jede Beifügung zu erfolgen hätte.

Die Betrachtung über Gamskrucken muß mit einer Warnung enden. Es ist in diesem Buche bei den verschiedensten Gelegenheiten darauf verwiesen worden, daß große Teile unserer Gamsbestände falsch beschossen werden. Darunter ist in erster Linie die überhöhte Wegnahme guter Böcke zu verstehen, und diese unleugbare Tatsache entspringt der gefährlichen Sehnsucht nach kapitalen Trophäen. Immer wieder begegnet man Jägern, die alle ihnen zugänglichen Jagden nach guten Böcken abklappern. Die Revierinhaber und Jagdbesitzer können sich ihrer kaum erwehren. Man sucht Böcke von 100 oder 105 Punkten aufwärts, und wenn auch ein vier- oder fünfjähriger Zukunftsgams diese Zahl erreicht, ist man bereit, dafür zu bezahlen. Die Abschuß-Vergebungen nach Punkten und daraus errechnete Preise stellen eine ernste Gefahr für das Gamswild dar. Nun ist es wohl so, daß sich der verantwortungsbewußte Gamsheger kaum zu solchen Geschäften hergeben wird, daß aber gerade oftmals der kleinere Jagdausübungsberechtigte, der den ganzen Hegekomplex seiner Gegend nicht überblickt oder nicht überblicken will, bewußt oder unbewußt eine schwere Schuld auf sich lädt. Dieser Zustand wird so lange andauern, solange die Trophäe das höchste Ziel der Jagdausübung bleibt. Es will freilich scheinen, daß wir den Höhepunkt dieser Entwicklung bereits überschritten haben. Es wird zu einer Umkehr kommen, zu einer Umkehr im guten Sinne, daß nämlich die Jagdausübung selbst und nicht die Trophäe begehrenswert wird. Die Menschen, die alle ohne Ausnahme von dem Zeitgeist gehetzt und getrieben werden, sie werden wieder einmal dazu kommen, daß ihnen der Aufenthalt im Gamsgebirge mehr ist als die Trophäe, sie werden wieder zurückgeführt werden zu dem Bewußtsein, daß die Naturgesetze sich nicht ungestraft vergewaltigen lassen und daß nur jener Jäger, der ihnen folgt und gehorcht, auch die größten Freuden der Jagd genießen kann. Die Trophäe ist heute kein Siegeszeichen mehr. Wenn wir sie als solches ansehen, degradieren wir sie und uns selbst. Sie soll eine Erinnerung sein, und welcher echte Gamsjäger wird nicht jenes Zeichen hoch schätzen, das er sich im harten Einsatz geholt, und das andere belächeln, das ihm ein bloßer Zufall geschenkt hat. Wir müssen von der Überbewertung der Trophäe wegkommen, wenn wir unserem Gamswilde nützen und uns selbst auf eine höhere Stufe jagdlicher Ethik erheben wollen. Es muß wieder etwas mehr Dankbarkeit einem gütigen Geschick gegenüber bei jenen einkehren, denen es vergönnt ist, in einer unverfälschten Natur jagen zu dürfen, denn dann erst wird die Gamstrophäe wieder zu dem werden, was sie sein soll: Ein Stück erlebter und eingefangener Bergwelt.

Die Ausrüstung des Gamsjägers

Die Bekleidung des Gamsjägers ist auch heute noch vielfach von der Tradition und nicht allein von der Zweckmäßigkeit bestimmt. Ihre alten Grundelemente waren Wolle, Loden und Leder, nun aber gibt es Stoffe, die sie außer Zweifel an praktischer Verwendbarkeit überragen. Es gehört jedoch überall zur jagdlichen Gepflogenheit, die volkstümlichen Einflüsse zu berücksichtigen. Ein Zuviel kann hier ebenso falsch sein als ein Zuwenig. Ein ganz als „Tyrolien" gekleideter Bewohner eines anderen Erdteils wird in den Augen des zünftigen heimischen Gamsjägers ebenso komisch wirken wie ein in Waterproof und Gummi steckender Ureinheimischer.

Zur traditionellen Tracht des alpenländischen Gamsjägers gehören die kniefreie, kurze, schwarzgegerbte Wildlederhose, die örtlich verschieden gefärbte graue, grüne oder braune Lodenjoppe, graue oder grüne Wollstrümpfe in schwarzen, derbgenagelten Schuhen und der schnur- oder bandgeschmückte, auch nach Ländern und Landesteilen unterschiedlich gefärbte, schmal- oder breitkrempige Lodenhut mit Gamsbart oder Spielhahnfeder. In der kalten Jahreszeit wurde früher dazu die die Knie bedeckende und unter den Strumpfen bis zum Schuhband reichende, grobe Unterhose getragen, doch ist diese altmodische Beinkleidung weitgehend von der unter dem Knie endenden Pumphose, in letzter Zeit auch noch durch die lange Skihose, verdrängt worden. Sommer und Winter trug man unter dem im Sommer dünnen, im Winter brettdicken Lodenrock eine mit Zierknöpfen geschmückte Weste, im Winter waren ein Halstuch als Abschluß des Leinenhemdes und die unter dem Hut aufgezogene schwarze Zipfelmütze wesentliche Bestandteile des Kälteschutzes. Vor dem Regen schützte man sich mit einem lodenen Wetterfleck. Heute mag jeder, der auf die Gamsjagd geht, sich der Vorteile neuerer Erkenntnisse und Erfahrungen bedienen. Die Gummisohle hat sich ja auch das Gebirge erobert, sie jedoch auf nassem Fels oder blankem Eis zu benützen, ist falsch. Gegen dünne ballonseidene und feingewebte wollene Hüllen unter dem wetterfesten Rock wird man ebensowenig einzuwenden haben wie gegen dünnes Pelzwerk. Immer wird man darauf Bedacht nehmen müssen, daß die Temperaturunterschiede im Gebirge erheblich sein können und daß eine ungenügende Bekleidung Leichtsinn ist. Auch im Sommer ist für das Gebirge eine ausreichend warme Kleidung unerläßlich. Die moderne Bekleidungsindustrie hat Stoffe und Bekleidungsstücke entwickelt, die nicht nur allen Anforderungen der Zweckmäßigkeit, sondern auch dem alpinen

Geschmack entsprechen, und so kann jeder das ihm Zusagende finden. Hat er selbst keine Erfahrung, wird er gut tun, sich beraten zu lassen, denn nichts ist schlimmer, als falsch ausgerüstet in die Berge zu ziehen. Eine Grundregel ist dabei einzuhalten: Solange man bergauf steigt, soll man leicht bekleidet sein und auch im Winter sein warmes Zeug hinter den Rucksack stecken oder es sich tragen lassen. Am Stand oder Ansitz nach mühevollem Aufstieg zu frieren, gehört nicht zu den unbedingt erstrebenswerten Begleiterscheinungen der Gamsjagd. Es stellt sich ohnedies oft genug auch bei Berücksichtigung aller Vorsichtsmaßnahmen ein. Viele erfahrene Jäger lieben es, nach beendetem Aufstieg das Hemd zu wechseln, eine Gepflogenheit, die sehr viel für sich hat und auch bei kaltem Wetter, rasch durchgeführt, nie zu Erkältungen führen wird.

Daß für den Schutz von Händen und Füßen besonders vorgesorgt werden muß, ist klar. Warme Handschuhe sind unerläßlich, weil es kaum eine Gamsjagd geben wird, bei der man die Hände immer in den Taschen stecken hat, und enge, unbequeme Schuhe sind so ziemlich das Schlimmste, worunter man im Gebirge leiden kann. Ob man über sie die Lodengamaschen nach altem Muster zieht, Schneebinden verwendet oder sie mit Steigeisen bewehrt, hängt ganz von Jahreszeit und Notwendigkeit ab. Ja nicht vergesse man im Winter auf einen geeigneten Ohrenschutz, wobei auch im Sturm der Hut einmal in den Rucksack wandern und mit einer Woll- oder Pelzmütze vertauscht werden kann.

Der Rucksack gehört zu den wichtigsten Teilen der Bergausrüstung. Es gibt da die verschiedensten Modelle aus wasserdichten Stoffen und auch aus Leder. Er soll vor allem groß genug sein, damit man alles unterbringen kann, was man braucht. Und das kann bei einem tagelangen Jagdausflug oft ein gehöriges Volumen ergeben. Auch hier wird man gut tun, sich auf das Notwendigste zu beschränken und alles Unnütze daheim zu lassen. Unnötiger Ballast ist im Gebirge unter allen Umständen zu vermeiden.

Ob man mit oder ohne Stock, mit langem Berg- oder kurzem eisenbeschlagenen Krückstock geht, ist Geschmacks- und Gewohnheitssache. Zum Abwärtsgehen im steilen Gelände, gleichgültig ob mit oder ohne Schnee, ist der lange Stock, wenn man ihn richtig zu handhaben versteht, eine große Hilfe, und die einheimischen Gamsjäger sind ohne ihn undenkbar. Außer als Gehstütze kann er noch als Schießhilfe, aber auch zum Tragen von Wild auf kurze Entfernungen und nicht zuletzt als nicht zu verachtende Waffe verwendet werden. Mit ihm richtig umzugehen, will gelernt sein. In unkundiger Hand hat er schon manchem Gams das Leben gerettet, denn ein unbeabsichtigter Schlag oder Stoß mit der Eisenspitze auf einen Stein ist im Gebirge ein ortsfremdes, weit hörbares Alarmgeräusch. Daher wird unter Umständen der Stock verkehrt eingesetzt und ein hölzernes Ende mit einer Gummikappe versehen. Auch bei der Überquerung von Bächen oder von Gletscherspalten kann er gute Dienste leisten. Unbequem wird er lediglich beim reinen Klettern. Da dies jedoch immer eine außergewöhnliche Fortbewegungsart bleibt, sind seine Vorzüge unbestreitbar.

Optik

Was für die gesamte Ausrüstung des Gamsjägers gilt, gilt auch für die Optik. Schwere, große Ferngläser sind wegen ihrer Unhandlichkeit zu vermeiden. Wenn auch das Gewicht infolge der Verwendung von Leichtmetall bei großen Gläsern erträglich sein mag, so sind sie doch unbequem und störend. Störend übrigens auch im Gesamteindruck des Jägers. Wenn nun große Gläser mehr leisten als kleine, so macht sich der Gamsjäger davon unabhängig, indem er neben dem binokularen Fernglas ein stark vergrößerndes monokulares Ausziehfernrohr, das Spektiv (Perspektiv), im Rucksack mitführt. Ist man beim Gams als Tagtier nicht im gleichen Maße wie beim Rotwild auf eine große Lichtstärke bzw. Dämmerungsleistung der Optik angewiesen, so wird man sie dennoch wünschen. Es liegt ja auch nicht in jedermanns Vermögen, sich für jede Jagdart kostspielige Spezialinstrumente anzuschaffen. Im allgemeinen neigt man heute dazu, starken Vergrößerungen den Vorzug zu geben. Gläser mit 6facher Vergrößerung werden nicht mehr gewünscht und gelten schon als veraltet. Da aber die Zunahme der Vergrößerung sehr rasch eine Vergrößerung der Gesamtkonstruktion zur Folge hat, wird man für die Gamsjagd die sieben- bis achtfache Vergrößerung als richtig ansehen können. Für das Gesamtvolumen ist allerdings die Art der Konstruktion auch von Einfluß. Die Anordnung der Glasprismen und deren Form bestimmen des Äußere des Glases. Einige Zahlen mögen diese Zusammenhänge erläutern:

Für den Jäger ist die Dämmerungsleistung der Optik der wichtigste Faktor. Dabei sei darauf hingewiesen, daß junge Augen, die noch die Fähigkeit einer großen Ausweitung der Pupille besitzen, mit demselben Instrument in der Dämmerung ein Bild heller wahrnehmen als alte. Die Forderung einer übermäßig großen Lichtstärke ist infolge dieser Begrenzung zwecklos. Im allgemeinen wird der reine Gamsjäger der Vergrößerung gegenüber der Helligkeit den Vorrang einräumen, weil es ihm darum zu tun ist, auf weite Entfernung die gesuchten Einzelheiten zu erkennen. Bei Gläsern mit mehr als 6facher Vergrößerung wird zur Scharfeinstellung sowohl die Okular-Einzeleinstellung als auch der Mitteltrieb notwendig sein. Zum freihändigen Gebrauch wird die zehnfache Vergrößerung die alleräußerste obere Grenze bilden. Den Riemen, mittels welchem man das Glas um den Hals gehängt trägt, wird man möglichst kurz halten, weil gerade im Gebirge ein vor der Brust baumelndes Glas unangenehm ist. Vielleicht wird es auch unter der halbgeschlossenen Joppe getragen. In diesem Falle kann man auf den aus Leder oder Gummi angefertigten Okularschutz verzichten.

Für das Spektiv wähle man eine mindestens 30fache Vergrößerung. Man hat ja im Gamsgebirge oft auf sehr weite Entfernungen zu beobachten, und da muß die Größe des Bildes die bei der monukularen Betrachtung geringere Plastik ersetzen. Das Umgehen mit dem Spektiv will gelernt sein. Da das kleine Gesichtsfeld das Finden des Wildes erschwert, ist es zum schnellen Ansprechen ungeeignet und wird nur dann Verwendung finden können, wenn man genügend Zeit hat. Daß man das Ausziehfernrohr ohne Unterlage oder Stockstütze nicht gebrauchen kann, ist durch Form und Vergrößerung bestimmt.

Vergrößerung	Objektiv-durchmesser	Lichtstärke-zahl	Dämmerungs-zahl	größte Länge in mm	größte Breite in mm	Gewicht g
6	30	25	13,4	–	–	–
7	42	36	17,2	148	165	600
7	50	51	18,7	–	–	–
8	30	14,1	15,5	96	168	500
8	50	39,1	20,0	–	–	–
8	56	49	21,2	225	143	710
10	50	25	22,4	170	193	870
16	56	12,25	30,0	225	143	750
11	80	52,88		285	285	1570

Das Zielfernrohr hat sich so eingebürgert, daß es heute fast zum selbstverständlichen Bestandteil des Gewehres gehört. Es gibt nurmehr wenige Jäger, die dieses Hilfsmittel auf der Gamsjagd ablehnen und den größten Reiz der Jagd darin erblicken, auch unter allfälligem Verzicht auf die Beute möglichst nahe an das Wild heranzukommen. Sie sind Ausnahmen, wenn auch sicher nicht die schlechtesten. Der größte Teil der Gebirgsjäger wird auf das Zielfernrohr nicht mehr verzichten wollen. Man neigt heute im Vergleich zu früheren Zeiten immer und überall dazu, sein Ziel mit dem geringsten Zeit- und Kraftaufwand zu erreichen. Das wird man nicht mehr ändern. Daher ist das Zielfernrohr in diesem Sinne ein unvermeidliches Instrument geworden.

Eine Besonderheit auf diesem Gebiet findet sich in der Schweiz: Dort ist die Verwendung des Zielfernrohres dem Jäger bis zu seinem fünfzigsten Jahr verboten. Den vorangegangenen Sätzen über die Einstufung der mit freiem Auge schießenden Gebirgsjäger ist nichts hinzuzufügen und die konservative Art verdient Achtung. Der größte Vorteil, den das Zielfernrohr bringt, ist wohl der, daß ein einigermaßen verläßlicher Schütze in die Lage versetzt wird, genauer als mit offenem Visier zu schießen. Diese Genauigkeit ist der Waidgerechtigkeit, die einen rasch tötenden Schuß fordert, eine große Hilfe, und sie liegt in ihrer besten jagdlichen Bedeutung über der Möglichkeit, auf große Entfernungen zu schießen. Auf welche Distanz auf der Gamsjagd überhaupt noch geschossen werden darf, hängt vom Schützen, von der Waffe und von der Zieloptik ab. Sie soll hier mit voller Absicht zahlenmäßig nicht angegeben werden. Im allgemeinen neigen die Jäger des Gebirges dazu, weiter als ihre Genossen aus dem Flachland zu schießen. Das ist bei einiger Überlegung selbstverständlich. Daher werden sie Wert auf eine gute Zieloptik legen. Die Industrie hat in letzter Zeit Instrumente geschaffen, die auch die verwöhntesten Ansprüche befriedigen können, denn verstellbare Vergrößerung, handliche Scharfeinstellung, große Lichtstärke bieten alle Voraussetzungen zu präzisem Schießen auf bisher abzulehnende Entfernung. Ob man diese Möglichkeiten ausnützen soll, muß jeder nach sorgfältiger Gewissensforschung für sich selbst entscheiden. Variable Zielfernrohre, die heute weit verbreitet sind, bieten den Vorteil, das Ziel mit starker Vergrößerung genauer zu erfassen und andererseits beim Schießen auf nahestehendes oder flüchtiges Wild mit kleiner Vergrößerung ein größeres Gesichtsfeld zu haben.

Es ist auch noch zu bedenken, daß offenes Gelände und klare Sicht – vor allem bei Schnee – dazu verleiten, die Entfernung zu unterschätzen und weite Schüsse zu wagen. Vermutlich aber ist die Zahl der im Jahre erlegten Gamsböcke nicht groß, die auf Entfernungen über 200 m geschossen werden.

Ein gutes Fernrohr mit 4- oder 6facher Vergrößerung müßte daher eigentlich in allen Lebenslagen des Gamsjägers genügen, zumal die Größe des Gerätes von entscheidendem Einfluß ist. Wahrscheinlich wird auch hier die Beschränkung den Meister zeigen.

Beim Schießen auf flüchtiges Wild ist das Fernrohr ein Nachteil, und dieser verstärkt sich mit der Zunahme der Vergrößerung. So ziehen es auch geübte Fernrohrschützen vor, auf der Treib- oder Riegeljagd, wenn das Wild nahe anläuft, über Kimme und Korn zu schießen. Gegenüber anderen Wildarten erleichtert aber die Gewohnheit des Gamswildes zum „Standerlmachen" auch auf der Treibjagd noch seine Verwendung. Die Art des Treibens, des Standes, des Schußfeldes werden über seine Zweckmäßigkeit entscheiden. Grundsätzlich kann gesagt werden, daß man beim Fernrohrschießen im Gebirge auf eine richtige Schießunterlage bedacht sein soll.

Welches Absehen man wählt, ist Geschmacksache. Viele Jäger verstehen es sehr gut, aus dem Verhältnis zwischen Zielbild und den Balken oder Punkten des Absehens die

Entfernung des Zieles zu erkennen. Dies ist gerade im Gebirge eine zusätzliche praktische Seite des Zielfernrohres.

Auf Jagdhütten, von denen aus man große Teile des Revieres beobachten kann, finden manchmal Scherenfernrohre, die auf einem festen Stativ montiert sind, Verwendung. Ihre Bedeutung liegt darin, daß man mit ihrer Hilfe das Wild auf mehrere Kilometer finden und sich so seine Pürscheinteilung leichter zurechtlegen kann.

Die Waffen

Bei der großen Auswahl von Schußwaffen, die dem Jäger heute zur Verfügung steht, ist es eine heikle Aufgabe, sich für die richtige zu entscheiden. Den Möglichkeiten sind lediglich durch den Preis individuelle Grenzen gesetzt. Im Hochgebirge dauernd eine schwere Donnerbüchse herumzuschleppen, wird jeder, der es einmal versucht hat, bald aufgeben. Aber auch ein zu filigranes Gewehr ist abzulehnen. Es muß schon hin und wieder einen Stoß oder Schlag vertragen können. Dazu kommt, daß das Gewicht der Waffe mit der praktischen Schußleistung zusammenhängt. Ein zu leichtes Gewehr ist in der Hand des Schützen zu unruhig und erschwert daher das Schießen auf die im Gebirge doch oft schwer vermeidbaren größeren Entfernungen. Auch die körperliche Konstitution mag bei der Entscheidung eine Rolle spielen. Eine zierliche Gestalt mit einem Bärentöter entspricht ebensowenig dem alpinen Jägergeschmack wie ein Riese mit einer Liliputbüchse.

Auch die Wahl des Systems ist Ansichtssache. Der Repetierer hat genauso seine Anhänger wie seine Richter. Für den Berufsjäger oder für die Verwendung auf der Riegeljagd hat er seine in der Möglichkeit schnellen Feuerns liegenden Vorteile. Auch die robuste Bauweise, gleichgültig ob mit oder ohne ganzem Vorderschaft, macht ihn zu einem tauglichen Handwerkszeug. Jäger, die nach verfeinerten Methoden oder nach streng konservativen Grundsätzen zu jagen lieben, lehnen ihn ab und frönen ausschließlich dem einschüssigen Stutzen. Bei den Einläufern findet sowohl das Kipplauf- als auch das Blocksystem Anwendung. Der alte Bergstutzen war ein ganz geschäftetes Blocksystemgewehr, wie überhaupt für das Wort „Stutzen" der Ganzschaft das charakteristische Merkmal ist. In letzter Zeit versteht man darunter auch manchmal eine kurze, handliche Doppelkugelbüchse mit übereinanderliegenden Läufen, von denen einer ein Lauf kleineren Kalibers für die Jagd auf Auer-, Spielhahn oder Murmeltier ist. Wenn jemand ein Kugelgewehr mit Ejektor führt und die notwendige Übung im Umgang mit seiner Waffe besitzt, wird er im freien Gebirge in den meisten Fällen schnell genug sein. Das Wichtigste dabei ist, daß man die nachzuladende Patrone stets griffbereit hat. Für den Anfänger wird man das Repetiergewehr ablehnen, weil es ihn unwillkürlich zu schlampigem Schießen verleitet. Viele Jäger, die ständig ein- und dieselbe Waffe benutzen, gleichgültig ob aus Gründen der schlafsicheren Vertrautheit oder der Sparsamkeit, schätzen eine kombinierte Waffe über alles. Auch den Liebhabern des Drillings und der Büchsflinte sei das Recht zur Benützung ihrer Waffen auf der Gamsjagd nicht versagt. Wenn es sich aber um die ausschließliche Verwendung in Hochgebirgsrevieren handelt, wo man den Schrotschuß kaum gebrauchen kann, werden sie ihre Zweckmäßigkeit verlieren.

Zwei Forderungen wird man heute an Waffe und Munition grundsätzlich zu stellen haben: Gestreckte Flugbahn und rasch tötende Wirkung. Ist die erste Forderung rein technischer Natur, weil sie dem Schützen das Abschätzen der Entfernung erleichtert und ihm damit eine erhöhte Treffsicherheit bietet, so ist die zweite ein Gebot der Waidgerechtigkeit. Je rascher ein Stück Wild zur Strecke kommt, um so höher ist Schütze und Waffe zu werten. Es kann nicht die Aufgabe dieser Arbeit sein, eine erhitzte Diskussion über die für die Bejagung des Gamswildes geeignetste Munition heraufzubeschwören. Das bleibe den zahlreichen Waffenfanatikern vorbehalten. Es seien lediglich einige der heute gebräuchlichsten Kaliber wiedergegeben, die in der Gamsjagd Verwendung finden.

5,6 mm Super Expreß .243 Winchester 6,5 × 57 6,5 × 57 R 6,5 × 68 6,5 × 68 R 7 × 57 7 × 57 R	Reh- und Gamswild

Die einst gängigste und auch heute noch häufig verwendete Patrone 6,5 × 54 M. Sch. ist im Auslaufen.

.270 Winchester 7 × 64 7 × 64 R	Reh-, Gams-, Dam-, Rot- und Schwarzwild

Daß die Waffe, gleichgültig welchen Kalibers, eine genügende Genauigkeit, also ein Minimum an Streuung aufweisen soll, ist die dritte Forderung. Bei allen Geschossen soll bei Entfernungen auf 100 m der Streukreisdurchmesser 7,5 cm auf keinen Fall überschreiten. Schüsse auf 200 m sind bei der Gamsjagd nicht selten und sicher auch für einen einigermaßen versierten Schützen vertretbar. Ein Gewehr, das die gestellte Mindestforderung übersteigt, wird für die Gamsjagd als unbrauchbar abzulehnen sein, weil sich die Streuung mit Zunahme der Entfernung progressiv erhöht. Man wird also gut daran tun, die Regel, sich vor Aufgang der Jagd von dem ordnungsgemäßen Funktionieren seiner Waffe zu überzeugen, auf die Gamsjagd im besonderen Maße anzuwenden. Dies gilt vor allem für den Jäger, der sich erstmalig in das fremdgeartete Milieu des Gamsgebirges begibt.

Man sagt, daß außer auf den Trapphahn kaum soviel gefehlt wird als beim Schießen auf den Gams. Und das nur auf stehendes Wild gerechnet. Diese Behauptung ist wahrscheinlich richtig. Die körperliche Anstrengung im Hochgebirge ist der Treffsicherheit des Schützen sicher nicht zuträglich. Dazu kommt noch, daß man häufig zu steilen Schüssen, sei es bergab oder bergauf, gezwungen wird. Die alte, dafür geltende Regel „bergunter – halt drunter, bergauf – halt drauf" ist bei modernen Geschossen längst überholt und in „Bergauf – halt drunter, bergunter – halt noch mehr drunter" abgewandelt worden. Auch sie ist überholt. Praktische Erprobung ist für den Jäger aller Theorie vorzuziehen. Dazu gehört auch, daß die ballistischen Daten bei einer Seehöhe von 2000 m andere sein können als bei 100 m. Infolge des geringen Luftwiderstandes wird der Treffpunkt in großen Höhen höher liegen als in tiefen. Auch die ungewohnte Auflage auf Stein und Fels mag verwirrend wirken. Dabei möge man immer bedenken, daß es gar nicht so wichtig ist, ob die Unterlage weich oder hart ist, sondern daß es vielmehr darauf ankommt, an welchem Punkt das Gewehr abgestützt wird. Er wird zweckmäßig möglichst nahe am Abzug und niemals im vorderen Drittel des Gewehres liegen.

Bekanntlich steigt und fällt die Leistung des durchschnittlichen Schützen mit dem Vertrauen, das er seiner Waffe entgegenbringt. Diese Schießgrundlage ist aber nur mit dem Gebrauch zu gewinnen. Es wird bei bewußter Wiederholung des Gesagten ratsam sein, gerade nach längerer Fahrt oder Reise am Ankunftsort unter den geänderten Verhältnissen seine Schießkunst zu kontrollieren. Dieser Rat hat schon manchem geholfen, der über seine eigene Leistung verzweifelt war. Daß man dazu nicht mitten ins Revier geht, sondern einen Platz aussucht, an dem man jagdlich nicht stören kann, ist wohl selbstverständlich.

Auf eines ist beim aufgelegten Schießen im Gebirge noch besonders zu achten. Wenn man auch das zu beschießende Wild völlig frei im Fernrohr hat, so kann die Mündung des Laufes doch in den Boden zeigen. Es ist nicht schön, wenn man dann nach Abgabe des Schusses nicht das Zusammenstürzen des Wildes, sondern das Splittern des Gesteins in nächster Nähe wahrnehmen kann.

Diese Zeilen wurden nicht für den perfekten Gamsjäger geschrieben. Ihm werden sie nicht viel Neues bringen. Da aber der Zuzug zur Bergjagd unverändert anhält, so seien vor allem jene, die sich daran versuchen wollen, auf die schießtechnischen Gefahren, die ihnen drohen, aufmerksam gemacht.

W. LAMPEL kommt bei einer genauen Untersuchung über das Schießen im Hochgebirge zu Ergebnissen, die erstaunlich sind und auch erfahrenen Jägern ihre Fehlschüsse aufklären können. Es sind zwei Faktoren, die beim Schießen im Gebirge die Treffpunktlage beeinflussen:

1. die Höhenlageunterschiede
2. der Schußwinkel.

Die drei Tabellen lassen diese Einflüsse mit aller Deutlichkeit erkennen.

In den Höhenlagen, die für die Jagd im europäischen Hochgebirge in Betracht kommen, ist der Einfluß der geringeren Luftdichte bei mittleren Schußentfernungen

Höhenlagebedingter Hochschuß, wenn die Büchse am Einschießort auf der Zielentfernung FE Fleck schießt

Patrone	Revier liegt höher als Einschießort um ... m	FE 150 m	FE 200 m	FE 250 m	FE 300 m
		cm	cm	cm	cm
8 × 57 J, Mannl.-Sch.	500	1½	2½	4	6
6,5 mm, und Patr. mit	1000	3	5	8	12
ähnlicher Flugbahn	1500	4½	7½	12	18
	2000	6	10	16	25
7 × 64 mit Mantelgeschoß,	500	1	1½	2	4
8 × 60 Magn. und Patr. mit	1000	2	2½	4½	8
ähnlicher Flugbahn	1500	3	4	7	12
	2000	4	5½	9½	16
6,5 × 57 (VO 1010 m/s)	500	½	1	1½	2½
u. Höchstleistungs-Patr.	1000	1	1½	3	5
wie 6,5 × 68, 8 × 68 S usw.	1500	1½	2½	4½	7½
	2000	2	4	6½	10

Schußwinkelbedingter Hochschuß bergauf und bergab, sofern das Gewehr auf der Zielentfernung FE in dieser Höhenlage Fleck schießt

Patrone	Schußwinkel in Grad	Hochschuß in cm auf Ziel- und Fleckschuß-Entfernung FE: FE-100 m	FE-200 m	FE-300 m
6,5 × 54	15	1	2	5
Mann.-Schön, 8 × 57 J	30	2	8	21
usw.	45	5	22	56
wie vorherige Tabelle	60	11	52	135
	75	32	149	386
7 × 64	15	–	1	3
usw.	30	1	5	14
wie vorherige Tabelle	45	3	14	36
	60	8	35	88
	75	22	100	254
6,5 × 57	15	–	1	2
usw.	30	1	4	10
wie vorherige Tabelle	45	2	11	26
(Höchstgeschwindigkeit)	60	5	25	63
	75	15	71	180

Treffpunktlage bei unterschiedlichen Schußwinkeln, wenn das Gewehr auf der in den RWS-Schußtafeln empfohlenen „Günstigsten Einschießentfernung" in der Höhenlage des Reviers mit Zielfernrohr genau Fleck eingeschossen ist

Patrone	Fleckschuß auf günst. Einsch.-Entfernung FE . . . m	Schuß-winkelgrad	Treffpunktlage-Abweichung auf 100 m cm	150 m cm	200 m cm	300 m cm	350 m cm
6,5 × 54 Mannl.-Sch.,	140	15	+ 4	− 1	−12	− 31	− 61
8 × 57 J usw.		30	+ 6	+ 2	− 8	− 25	− 53
		45	+10	+ 8	+ 2	− 11	− 35
		60	+19	+23	+25	+ 20	+ 3
		75	+47	+70	+96	+120	+134
7 × 64 usw.	170	15	+ 4	+ 3	− 4	− 15	− 33
		30	+ 6	+ 6	+ 0	− 10	− 27
		45	+ 9	+11	+ 8	+ 0	− 12
		60	+16	+22	+25	+ 24	+ 19
		75	+38	+60	+81	+ 98	+124
6,5 × 57 usw.	200	15	+ 4	+ 4	+ 1	− 7	− 18
(Höchstgeschwindigkeit)		30	+ 5	+ 6	+ 4	− 3	− 13
		45	+ 8	+11	+11	+ 6	− 1
		60	+13	+21	+25	+ 27	+ 25
		75	+30	+53	+71	+ 91	+108

In den beiden vorhergehenden Tabellen sind die TPL-Angaben als Maße in der absoluten Senkrechten zu werten, ermittelt beim Schuß auf senkrecht aufgestellte Scheiben.

verhältnismäßig gering. Bei einer Differenz in Höhe über NN zwischen dem Einschießort und dem Revier von nicht mehr als etwa 1000 m liegt er selbst bei schwacher Patrone innerhalb der Waffenstreuung. Bei sehr weiten Schüssen muß man jedoch diesen Hochschuß um so mehr berücksichtigen, je weniger rasant die Flugbahn der geführten Patrone ist. Viel beachtlicher ist u. U. die Veränderung der Treffpunktlage beim Winkelschuß.

Gutes Schießen gehört nun einmal zum guten Jäger. Wenn sich jemand seinen Ruf nicht verderben will, soll er darauf achten. Es ist niemals schön, vor den Augen eines einfachen Berufsjägers der Berge nicht bestehen zu können. Mit einem guten Schuß aber erfreut man sein Herz, er ergibt Vertrauen und freudige, hingebende Zusammenarbeit und er kann noch lange lebhaft in den Gesprächen der abgeschiedenen Bergbewohner nachhallen. Auch das ist ein Teil der Gamsjagd.

Vom Brauchtum und Aberglauben

Es ist in diesem Buche bei verschiedenen Gelegenheiten darauf hingewiesen worden, daß sehr viele Elemente der Gamsjagd aus dem bodenständigen Brauchtum stammen. Die Abwandlungen des Namens, verschiedene Orts-, Berg- und Flurbezeichnungen, Sagen, Lieder, Sprache, Kleidung, Ausrüstung und nicht zuletzt Aberglaube und Zauberei um den Gams, haben vielfach ihren Ursprung im altüberlieferten Gefühlsleben und im festverwurzelten, viele Generationen überdauernden und noch immer lebendigen Volksempfinden der Bergbewohner. Gerade diese nun einmal zum Gams und der Jagd auf ihn gehörigen Äußerungen der Volksseele sind es wert, in einer zur Verflachung neigenden Zeit beachtet, erhalten und gepflegt zu werden. Jeder verantwortungsbewußte Bergjäger soll an diese Pflicht erinnert sein.

Es ist eigenartig, wie sehr diese Dinge auch Menschen aus anderen Ländern und Kontinenten ansprechen, und daran erkennt man vielleicht am besten, daß es sich hier um Werte handelt, die als solche empfunden werden. Nie wirken sie lächerlich, nie werden sie als unwesentlich angesehen. Das liegt wohl darin, daß der auch nur einigermaßen naturverbundene Mensch zutiefst in seinem Innern immer noch Reste jener Kräfte, jener Gesinnung bewahrt, die ursprünglich über allerlei Zwischenstadien das werden ließen, was wir heute unter echtem Brauchtum verstehen.

Der Bergjäger kennt fur den Gams Bezeichnungen, die von Zärtlichkeit bis zur uneingeschränkten Hochachtung abgewandelt sind. Für das Kitz mit seinen stämmigen Läufen hört man oft das Wort „Hascherl", weil es ja doch schon in den ersten Tagen seiner Mutter auch in grobem Gelände folgt, was ihm nicht immer leicht wird. Der alte gefinkelte Laubbock ist ein „G'salzener", was soviel heißt, als daß solcher Gams nicht so leicht zu bekommen ist. Und gar erst die Bezeichnungen im Gamsrevier! Gamsgrube, Gamshimmel, Gamshamatl, Gamsleiten, Gamseck usw. usw.

Kommt der Bergjäger in das Gebiet, in dem sich schon Gams aufhalten könnten, so dreht er seinen Bergstock um, also mit dem Stachel nach oben. Er will damit das „Gamsglockenläuten" vermeiden, wie man das Anstoßen der eisernen Spitze an Steine nennt. Hört er in einem Hang oder in einem felsigen Graben Steine abgehen, die die Gams abtreten, so nennt er das „die Gams raffeln", was mit dem Ausdruck „Graffl" für geringes Gamswild nichts zu tun hat, sondern von „Raffeln", wie man den dabei entstehenden Lärm nennt, herkommt.

Liegt der starke Bartbock endlich auf der Decke, so hält ihm der mit seinem Wilde lebende Bergjäger oft einen nicht langen aber immer recht tief empfundenen Nachruf: „Jesses, hiezt liegt er da . . . Nana, was Guats hat er nie ghabt! Neun Monat Winter, drei Monate kalt . . . Naja, sei Zeit war aus, lang gnua hat er si eh derhalten . . ." So oder ähnlich spricht oder denkt der Jäger an der Beute. Und wenn's dann an's Bartrupfen geht, so wird man es merken, daß diese Tätigkeit bei einem Bock mit gutem Bart vom Jäger nicht so getan wird, wie etwa das Aufbrechen, Schränken oder Tragen. Das Bartrupfen ist eine Zeremonie! Auch dann, wenn dem Jäger die Finger klamm sind vor Kälte, oder wenn der Bergwind recht ungut sein Wesen treibt. Büschel um Büschel wird mit scharfem Riß ausgerupft, das Wollhaar sauber weggeblasen und der Gast, der da etwas zugreifen wollte, wird mehr oder minder sanft daran ermahnt, die Hände in die Tasche zu stecken, um sie zu erwärmen. Sorgsam legt der Jäger Büschelchen um Büschelchen auf das Papier, in das der Bart gewickelt werden soll, und wenn sich das leiseste Lüftchen regt, legt der Jäger sofort den Knicker über die Haare, damit ja nicht ein einziges verblasen werde. Ist der Wind recht arg, so darf ausnahmsweise Jagdherr oder Jagdgast dafür sorgen, daß die Haare beisammenbleiben. Kommt dann der Jäger beim Rupfen langsam gegen den Wedel hin, so geht ein Leuchten über sein von Wind und Wetter gebräuntes Antlitz. „Da schauns her! Das sein Haar! Guat spannlang", damit hebt er die langen Barthaare hinten über dem Wedel, die, weil sie wie ein Dach diese Gegend decken, das „Dachl" genannt werden.

Über das Binden des Gamsbartes ist eingehend berichtet worden. Er ist aber noch mehr als Trophäe. Er ist Schmuck auch für den Bergbewohner, der Nichtjäger ist. Ein guter Gamsbart kostete vor dem Ersten Weltkrieg soviel wie eine Kuh! Und nicht immer war er leicht zu haben. Spielhahnfeder und Gamsbart geben Mut zum Raufen. Und eine steilaufstehende Spielhahnfeder oder ein ebenso getragener Gamsbart sollten unter den stämmigen Burschen aus den Bergen etwa bedeuten: „Wer traut sich, wer nimmt's mit mir auf?" Wie sehr herausfordernd solcher Gamsbart wirken konnte, wird wohl am besten dadurch illustriert, daß im Jahre 1785 den Salzburger Burschen das Tragen von Gamsbärten verboten wurde, um die dadurch häufig ausgelösten schweren Raufereien einzudämmen. Der Jägerdichter Franz v. Kobell singt:

Aber bring i mir z'wegen
An wachleten Gamsbart, verstehst,
Da is all's nix dagegen . . .

Anderswo:
Und steck i mei krump's Federl auf,
So stößt's mir kaner um.

In diesen wenigen Verszeilen wird auch dargetan, daß man den Gamsbart aufrecht am Hute trug, ebenso wie die Spielhahnfeder einstmals in Bayern. Wenn in den österreichischen Alpenländern der Gamsbart in meist schön ziselierter silberner Hülse rückwärts am Hute getragen wird, so trägt man ihn in Bayern seitwärts, oder sogar stark nach vorne gerückt. Heute kann man sehr oft beobachten, daß Bärte halb oder ganz liegend an den Hüten getragen werden. Das ist reine Modesache. Sie leitet sich vielleicht daher, daß der Saubart, also der richtige, aus den dicken schweren „Federn" vom Kamm der Sau, nicht aufrecht getragen werden kann, weil er „vorschwer" ist. Denn er wird ja mit dem dicken Ende der Borsten und der Wurzel nach oben gebunden, wobei die gelben Wurzeln den „Reif" bilden, der nun einmal zu einem Barte gehört. Solche Bärte stehen nur senkrecht, wenn sie recht kurz gebunden werden. Will man sie lang haben, so neigen sich die schweren Haare zu sehr, und man trägt ihn nun örtlich so, daß die schweren Haare auf der Hutkrempe aufliegen. Da die Nachahmung der Jägertracht auch bei Nichtjägern örtlich sehr im Schwange ist, ist auch diese Trageweise von Bärten üblich geworden. Sie entspricht jedoch nicht der Tradition alter Gamsjäger.

Über Brüche und Strecke ist nicht viel zu sagen. Art und Ordnung sind dieselben wie bei anderem Wild. Als Beutebruch wird Legföhre oder Zirbe bevorzugt. An einen in Bayern einstmals üblichen Brauch, der an alte Übung anknüpft, sei hier erinnert: Die bayerischen Könige waren allesamt Jäger und erfreuten sich beim Volke besonderer Beliebtheit. Wurde nun nach einer Treibjagd, an der auch der König teilgenommen hatte, auf einer Alm im Berchtesgadener Land Strecke gelegt, so eilten die Sennerinnen der umliegenden Almen herbei und schmückten die vom König erlegten Stücke mit Kränzen von Alpenblumen. Es sei hier angefügt, daß es früher Brauch war, Wild, das bei den damals üblichen großen Umzügen bei Hofe lebend mitgeführt wurde, mit Kränzen zu schmücken (s. Jagdgesch. d. Steierm. Bd. IV, S. 301).

Wenn man heute in jagdlichen Werken auch ein Signal „Gams tot" in Noten aufgezeichnet und mit Text unterlegt findet, so ist das gewiß sehr zu begrüßen, aber es ist hier nur ein Versuch unternommen worden, das Jagdhornblasen in alle Bereiche der Jagd einzuführen. Es ist neu! Das Jagdhornblasen hat sich in den Bergen, aus leicht begreiflichen Gründen, nie einbürgern können.

Recht profan wird das früher (und teilweise auch heute noch) als wertvolle Medizin gepriesene Gamsfeist vom Berufsjäger verwendet. Er schmilzt es aus, und wenn er seinem Hunde einen „Sterz" kocht, ein mehr oder minder kunstlos zubereiteter Brei aus Maismehl und Wasser, so übergießt er ihn mit ein paar Löffeln des geschmolzenen Talges. Der Sterz wird „abgeschmalzen".

So gern der Jäger einen Schluck „Feuerwasser" bei sich trägt, so ist örtlich bei den Bergjägern ein Fläschchen mit gewässertem und etwas gezuckertem Rotwein beliebter. „Der Wein gibt Kraft, der Schnaps schwächt", ist ein Spruch, den man hie und da hört. Wo man aber gebrannte geistige Flüssigkeiten vorzieht, dort kann man hin und wieder interessante Behältnisse für diese Lage sehen. Es wird das Scrotum eines starken Gamsbockes knapp an der Bauchdecke abgeschärft, die beiden Brunftkugeln daraus entfernt (die übrigens heute noch von manchen Gebirgsjägern gebraten als Aphrodisiacum geschätzt werden) und der Sack in eine Alaunlösung gelegt. Nach ein, zwei Wochen wird dann derselbe über eine kleine, meist flache Flasche mit Schraubverschluß gezogen, am Halse abgebunden und an der Luft getrocknet. Die Haut legt sich fest an das Glas an, und die Flasche samt Inhalt erhält dadurch einigen Schutz. Zu gleichem Zwecke verwendet man das Scrotum des Hirsches.

Früher war es besonders in Bayern üblich, daß nicht nur der Bergjäger, sondern auch die Bergbauern bei ihren Gängen ins Gebirge oder auf die Alm einen Bergstock mitführten, der oben als Verzierung den Schlauch einer Gamskrucke trug. Hierzu wurde das ganze Krickl gekocht, der eine Schlauch abgezogen und im noch heißen Zustand auf den dem Hornzapfen entsprechend angespitzten Stock aufgezogen. Der Schlauch wurde dann mit einigen Messing- oder Kupferstiften am Stock befestigt und beim Trocknen legte sich der Schlauch fest um seinen Holzkern. Heute sind diese Stöcke kaum mehr zu sehen.

Beim Steinbock waren zwei Dinge besonders gesucht: Der Bezoar und das Herzkreuzl. Wie so häufig in der Volksheilkunde verdankten diese Dinge ihre „Heilkraft" dem Umstande, daß sie schwer zu erlangen und sehr teuer waren. Man kann aber auch etwas anderes beobachten: nämlich den Ersatz solcher Dinge, die von dem einen Tier nicht mehr zu erlangen sind, durch ein anderes. Neben Bär – Dachs, fällt dies besonders bei Steinbock – Gams auf. Als man vom Steinbock Medikamente nicht mehr erhalten konnte, nahm man sie vom Gams. Gamsgalle heilt Augenkrankheiten, die Brunftfeigen (auch „Brufthaube" genannt) helfen bei schweren Geburten, wenn sie die Wöchnerin in der Hand hält, das Feist des Gams, das „Gamsinlet" hilft bei vielen Frauenleiden usw. Alles das findet sich auch analog beim Steinbock.

Die verhältnismäßig seltenen Bezoare beim Steinbock wurden bald durch jene vom

Gams ersetzt. Ihnen wohnt nach alter, oft heute noch gültiger Volksmeinung besondere Heil- und Zauberkraft inne. Von einem interessanten Ersatz dieses „Allheilmittels" ist folgendes nette Erlebnis geschildert worden: In einer der Kriegszeiten saßen zwei alte Bauern bei einer Flasche des damals so seltenen und daher so kostbaren Schnapses. Der Besitzer der köstlichen Flüssigkeit gab seinem Zechkumpan nur dann ein Gläschen davon, wenn ihn der andere ein wenig „schaben" ließ. Der Eigentümer des Fusels besaß nur eine Muskatnuß, von der er immer etwas in seinen Schnaps schabte. Der andere aber besaß zwar keinen Schnaps, dafür aber eine taubeneigroße Gamskugel. Er bekam nur dann sein Gläschen gefüllt, wenn er seinem Zechkumpan ein wenig von der Gamskugel abgab . . . Der Ersatz der Gamskugel durch die Muskatnuß ist typisch: Form, Außenrinde, Dichte und Maserung sind ja der Gamskugel einigermaßen ähnlich. Auf die Frage, wozu das gut sei, erhielt der Neugierige die Antwort, daß es gegen alle Übel helfe, besonders aber gegen Altersbeschwerden: Wer weiß es, woran die beiden Achtzigjährigen dachten.

Angebranntes Gamshorn vertreibt die Schlangen. Ringe davon werden als Amulett getragen. Wer die Leber des Gams ißt oder seinen Schweiß trinkt, wird schwindelfrei und sieht bei Nacht. „Gemsendreck" purgiert und vertreibt den Stein usw.

Die Gamskugel ist aber auch altes Zauberrequisit. Wer sie bei sich trägt, ist für 24 Stunden hieb- und stichfest. Schabt man ein wenig davon ins Blei, aus dem die Kugeln gegossen werden, so erhält man Freikugeln, also solche, die unter allen Umständen treffen. Auch im Liebeszauber spielt die Gamskugel eine große Rolle.

Überblickt man diese kleine Auslese von Besonderheiten rings um den Gams, so kann man verstehen, daß das schöne und genügsame Bergwild nicht nur dem Jäger höchste Waidmannsfreuden schenkt, sondern auch dem Bewohner der Berge mit einer Gloriole umgeben schien, die nicht immer zu seinem Wohle sein Haupt umglänzte.

Die Krankheiten

Von Erich Kutzer

Im Kapitel „Krankheiten"[4] sollen nur die für das Gamswild wichtigsten und häufigsten Erkrankungen besprochen werden. Einzelerkrankungen hier anzuführen würde den vorgeschriebenen Rahmen sprengen und den interessierten Jäger nur verwirren.

Unter den hier anzuführenden Erkrankungen wären die Infektionskrankheiten (Erreger sind Mikroorganismen) und die Invasionskrankheiten (Erreger sind tierische Schmarotzer) besonders hervorzuheben.

Bei den Infektionskrankheiten ist vielfach ein akuter (rascher) Krankheitsverlauf zu beobachten, während bei den Invasionskrankheiten der langsamere (chronische) überwiegt. Tritt eine Infektionskrankheit örtlich und zeitlich gehäuft auf, nennt man dies eine Seuche; eine Seuche ist somit eine Massenerkrankung. Zwar können auch die Invasionskrankheiten gehäuft auftreten, doch spricht man dann besser nicht von einer Seuche, sondern nur von einem seuchenhaften Verlauf der Erkrankung.

Häufig können und werden Krankheitsursachen erst beim gefallenen oder erlegten Tier diagnostiziert. Werden Körper- oder Organveränderungen vom Jäger festgestellt oder liegt der Verdacht einer Seuche vor, so sollte stets ein Tierarzt beigezogen bzw. bei Seuchenverdacht das ganze Stück, ansonsten zumindest die veränderten Organe und die gesamten Innereien (Aufbruch) an eine geeignete Untersuchungsstelle eingeschickt werden. Fallwild soll prinzipiell nur uneröffnet (unaufgebrochen) zur Untersuchung gelangen (s. S. 221).

Eine wirksame Bekämpfung von Wildseuchen und von Parasitosen (parasitäre Erkrankungen) ist nur durch eine enge Zusammenarbeit mit den zuständigen Fachleuten, den tierärztlichen Untersuchungsstellen oder den Tierärztlichen Hochschulen möglich und zielführend. Besonders muß berücksichtigt werden, daß Seuchen meist nicht auf einen kleinen Bezirk beschränkt bleiben und daß viele Wildseuchen auch für Haustiere eine Gefahrenquelle darstellen.

A. Infektionskrankheiten

Die Infektionskrankheiten werden durch kleinste Erreger (Mikroorganismen) wie Viren, Rickettsien, Bakterien und Pilze hervorgerufen. Die Erreger gelangen über die äußeren oder die inneren Körperoberflächen in den Organismus (Ansteckung oder Infektion), vermehren sich dort und schädigen ihn, so daß es zur Erkrankung kommt.

[4] Es werden absichtlich nicht die Ausdrücke der Jägersprache verwendet, um die Ausführungen sowohl dem nicht deutschsprechenden Jäger als auch dem interessierten Nichtjäger verständlich zu machen. In manchen Fällen erscheint es jedoch zweckmäßig, den Jägerausdruck anzuführen. Er steht dann in Klammern.

Die Übertragung erfolgt durch Kontakt von Tier zu Tier, mit infizierter Nahrung, durch Inhalation oder mittels Zwischenträgers (Zecken, Insekten u. ä.). Die Eintrittspforte in den Körper ist daher von der Infektionsart abhängig.

Die Zeit vom Eindringen des Erregers bis zum Beginn der ersten Krankheitserscheinungen nennt man Inkubationszeit. Die Krankheit kann örtlich, d. h. auf gewisse Organe beschränkt bleiben, oder sie kann sich über den ganzen Körper ausbreiten; weiter kann sie einen raschen (akuten) oder langsamen (chronischen) Verlauf nehmen.

Die bloße Anwesenheit eines Erregers ist aber meist nicht ausreichend, um eine Infektionskrankheit auszulösen, noch viel weniger eine Seuche. Vielmehr ist das Zusammenwirken mehrerer Faktoren wesentliche Voraussetzung für einen Krankheitsausbruch. Es sind dies Faktoren, die die Widerstandskraft des Wildes schwächen, wie etwa Hunger, Unterernährung, Kälte, Überanstrengung oder Parasitenbefall.

Wird eine Infektionskrankheit überstanden, so bleibt vielfach eine Immunität zurück, die wieder lebenslänglich oder nur zeitlich beschränkt sein kann. Unter Immunität versteht man die durch Abwehrstoffe (Antikörper) bedingte Abwehrkraft des Körpers gegen einen bestimmten Erreger. Künstlich wird eine solche Immunität durch eine Schutzimpfung erzeugt.

An Infektionskrankheiten sind bei der Gemse in freier Wildbahn nur die sog. Gamsblindheit und die Papillomatose (Lippengrind) von größerer Bedeutung, wenngleich auch schon Tuberkulose, Brucellose (seuchenhaftes Verwerfen) und Maul- und Klauenseuche nachgewiesen wurden.

1. Gamsblindheit

(*Keratoconjunctivitis infectiosa*, ansteckende Augenentzündung)

Über den Erreger dieser Erkrankung – Bakterien, Viren, Rickettsien werden genannt – herrscht immer noch nicht vollkommene Klarheit.

Die Gamsblindheit wurde das erste Mal in Österreich während des Ersten Weltkrieges festgestellt und konnte seither auch in Deutschland, in der Schweiz und in Jugoslawien beobachtet werden. Die Seuche tritt von Zeit zu Zeit, vorwiegend im Sommer, in verschiedenen Alpengebieten auf und verursacht dann mehr oder weniger große Verluste im Gemsenbestand. Im Herbst und im Winter kommt es in der Regel zu einem Ausklingen der Seuche. Die Übertragung erfolgt meist durch direkte Berührung von Tier zu Tier, aber auch Insekten, besonders Fliegen, scheinen eine Rolle zu spielen, da die Seuche oft auf neue Gebiete überspringt.

Stets ist aber auch an einen latenten Befall (Befall, ohne daß es zu einer Erkrankung kommt) im Bestand zu denken, der erst nach Senkung der Widerstandskraft augenscheinlich wird.

Das erste Krankheitszeichen ist ein Bindehautkatarrh, wobei das vorerst mehr wässrige Tränensekret die Haare im inneren Augenwinkel und an den unteren Lidrändern verklebt. Die Lidbindehaut erscheint stark gerötet. Durch das abfließende Sekret bildet sich eine vom Augenwinkel zum Mund hinziehende Tränen- oder Sekretrinne (s. Abb. 72). In der Folge wird dieses Sekret durch Eiter verdickt und gelblich gefärbt. Zu diesem Zeitpunkt greift der Entzündungsprozeß häufig auf die Hornhaut über; es kommt zur Trübung der Hornhaut und zu Geschwürbildungen. Die Geschwüre haben eine starke Tendenz zur Abheilung unter Zurücklassung deutlicher Narben. Die milchig getrübte Hornhaut wird mehr und mehr undurchsichtig, so daß es schließlich zur Erblindung kommt. Manchmal tritt auch eine Durchlöcherung der Hornhaut und eine Schrumpfung des Augapfels auf. Für das Zustandekommen schwerer Augenveränderungen ist das grelle Sonnenlicht von Bedeutung. In schweren Fällen kommt es vielfach auch zu Entzündungen der Kieferhöhlen oder (und) zu einer Pneumonie (Lungenentzündung). Bei leichter Erkrankung kommt es meist unter Zurücklassung von Hornhautnarben zur Selbstheilung. Im Versuch konnte selbst bei bereits erblindeten Tieren eine vollkommene Heilung beobachtet werden. In freier Wildbahn führt die vollkommene Erblindung immer zum Tod der Tiere, sei es durch Behinderung der Nahrungssuche und Entkräftigung oder durch Abstürzen.

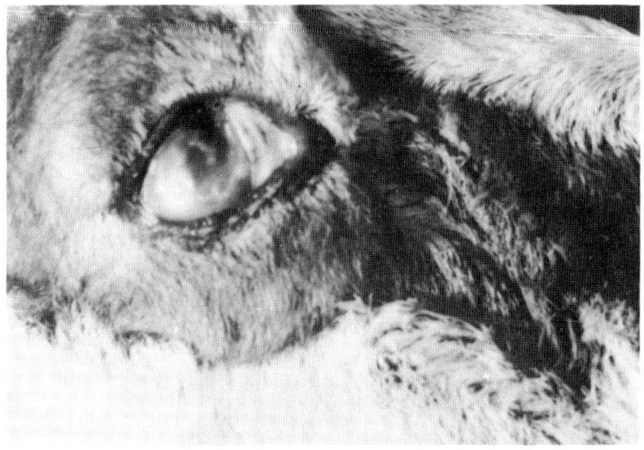

Abb. 72. Gamsblindheit: Hornhauttrübung und von innerem Augenwinkel ausgehende Tränenrinne (Phot. nach Rudolf u. Zoller).

Leicht erkrankte Stücke bleiben beim Rudel und stellen für diese die gefährlichste Infektionsquelle dar. Mit Hilfe eines guten Fernglases ist auf nicht zu große Entfernung in fortgeschritteneren Fällen die Tränenrinne deutlich zu erkennen. Sind beide Augen erkrankt, fallen ein unsicherer, tappender Gang, ein häufiges Stehenbleiben (Verhoffen) und Wind holen auf sowie bei der Nahrungsaufnahme (Äsen) ein tastendes Suchen nach Pflanzen. Geruchs- und Gehörsinn werden durch die Erkrankung nicht beeinträchtigt. Schwerkranke Tiere sondern sich vom Rudel ab.

Da die Erkrankung vorwiegend bei in ihrer Widerstandskraft geschwächten Tieren und in stark überhegten Gebieten auftritt, ist die wichtigste Bekämpfungsmaßnahme der Abschuß aller schwer erkrankten und schwachen Tiere. Ein radikaler Abschuß aller sichtbar erkrankten Tiere ist nur zu Seuchenbeginn angezeigt, da dadurch möglicherweise ein Weitergreifen der Seuche verhindert werden kann. Der Hegeabschuß hat auf der Einzeljagd zu erfolgen, um eine Ausbreitung der Seuche durch versprengte Stücke zu vermeiden.

Das Wildbret noch nicht zu abgemagerter (abgekommener) Stücke ist nach Entfernung des Kopfes und dessen unschädlicher Beseitigung genußtauglich. Die zuständigen Behörden sind unverzüglich vom Ausbruch der Seuche zu verständigen.

2. Papillomatose

(*Ecthyma infectiosa*, Lippengrind)

Der Erreger der Papillomatose ist ein Virus (Viren sind kleinste Mikroorganismen, ihre Größe liegt ungefähr zwischen 0,004 und 0,000012 mm), welches über kleine Risse oder Wunden in die Haut oder Schleimhaut eindringt und dort starke Hautwucherungen verursacht (s. Abb. 73). Die Papillomatose findet sich außer bei der Gemse auch beim Steinwild, und manche Autoren vermuten, daß sie mit der weitgehend ähnlichen Erkrankung bei Schaf und Ziege identisch ist.

Eine Infektion erfolgt, wenn wunde Haut oder Schleimhautstellen mit dem Krankheitserreger in Berührung kommen. Dies geschieht vorwiegend im Bereich des Mundes, wo durch harte oder gefrorene Nahrung häufig kleine Risse entstehen, oder an den Füßen (Läufen) oberhalb der Schalen (s. Abb. 73).

Die Papillomatose tritt besonders in den Wintermonaten und im allgemeinen nur bei wenigen Tieren in einem Revier auf. Wo aber ein Gemsenbestand in seiner Widerstandskraft geschwächt ist, kann die Krankheit seuchenhaft verlaufen und hohe Verluste verursachen. Zu Beginn des Seuchenausbruches werden meist Kitze und schwache Jungtiere befallen, im weiteren Verlauf praktisch alle Stücke, die irgendwie in ihrer Widerstandskraft geschwächt sind, was durch Parasitenbefall, Mangelernährung, langanhaltende große Kälte und ähnliches bedingt sein kann.

Die ersten Veränderungen treten an der Infektionsstelle in Form zerklüfteter, fest mit der Haut (Decke) verbundener Warzen auf, die ständig an Größe zunehmen, bis große blumenkohlartige Wucherungen entstanden sind. Ist die Infektion an den Lippen erfolgt, so können diese Wucherungen auf den Gaumen und die Zunge übergreifen. Die

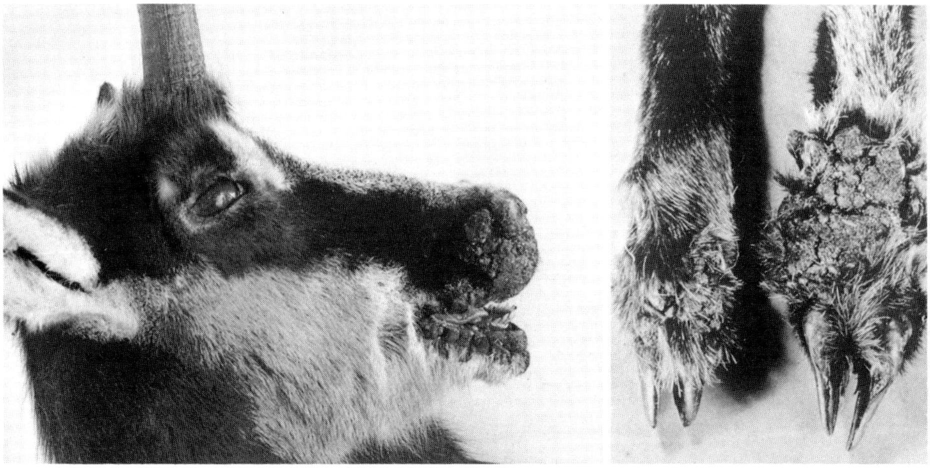

Abb. 73. Papillomatose. Veränderungen um die Mundöffnung (links) und an den Läufen (rechts).

Tiere werden dadurch in der Nahrungsaufnahme behindert, bzw. wird diese schließlich überhaupt unmöglich (s. Abb. 73). Werden zusätzlich noch oder nur die Füße befallen, so wird die Bewegungsfähigkeit stark gestört (s. Abb. 73). In jedem Fall gehen die Tiere nach längerer Krankheit an Unterernährung und Erschöpfung zugrunde. Eine Selbstheilung ist möglich, vor allem wenn die Veränderungen noch nicht stark ausgeprägt sind. Manchmal sind die Hautveränderungen, namentlich wenn nur die Gliedmaßen befallen sind, ähnlich wie bei der Räude; diese muß daher durch eine Hautuntersuchung ausgeschlossen werden.

Die Bekämpfung erfolgt durch Abschuß (auch in der Schonzeit) aller offensichtlich erkrankten und schwachen Stücke, da ja von letzteren immer die Seuche ihren Ausgang nimmt. Weiters sind nach dem Abschuß reine Salzlecken durch Mineralstofflecken und alte Mineralstofflecksteine durch frische zu ersetzen, um die Widerstandskraft zu heben. Wichtig ist, daß bei einem Leckplatz Mineralstofflecksteine immer in großer Anzahl ausgelegt werden, damit möglichst viele Tiere gleichzeitig an sie heran können. Pro Gemse sind bei den handelsüblichen Mineralstofflecksteinen ca. 2 kg pro Jahr zu veranschlagen. Von besonderer Wichtigkeit ist, daß nach Erlöschen der Papillomatose die Wilddichte dem Biotop angepaßt wird. Das Wildpret kann, sofern das Stück noch nicht zu abgemagert ist, nach Entfernung der veränderten Körperpartien in den Verkehr gebracht werden.

3. Maul- und Klauenseuche

(*Aphthae epizooticae*, Apthenseuche, Maulfäule)

Die Maul- und Klauenseuche ist eine akute und fieberhaft verlaufende, hochkontagiöse Virusseuche, vorzugsweise aller Klauentiere, die durch ihre hohe Tendenz zur Ausbreitung über große Gebiete (über Ländergrenzen hinweg) gekennzeichnet ist. Der Mensch erkrankt nur selten, das Pferd überhaupt nicht. Schalenwild in freier Wildbahn ist widerstandsfähiger gegen Maul- und Klauenseuche als die Haustiere, und daher spielt diese gefürchtete Haustierseuche beim Wild (ausgenommen gefangen gehaltenes Wild) eine untergeordnete Rolle. Am leichtesten empfänglich scheint die Gemse zu sein, jedoch verläuft die Erkrankung in der Regel gutartig, und die Veränderungen heilen innerhalb weniger Wochen ab.

Die Übertragung erfolgt durch Kontakt mit verseuchter Nahrung oder über die Luftwege. Der Erreger ist sehr leicht übertragbar und bedient sich in seiner Verbreitung unzähliger Seuchenwege. Besonders günstig für die Verbreitung ist der Winter, da das Virus durch die Kälte konserviert wird. Große Seuchenzüge treten daher meist im Winter auf.

Die Inkubationszeit beträgt meist 2–3 Tage, selten bis zu 9. Die ersten Symptome sind hohes Fieber, und nach 2–3 Tagen treten regelmäßig erbsen- bis taubeneigroße Blasen (Aphthen), besonders in der Mundhöhle (Zahnfleisch, Innenfläche der Lippen, Zungenrand), auf. Zu diesem Zeitpunkt ist auch bereits das Allgemeinbefinden der Tiere gestört, vor allem besteht Freßunlust. Die Blasen enthalten eine klare gelbliche Flüssigkeit, in der sich bis etwa 5 Tage nach Auftreten der Krankheit ansteckungsfähige Viren befinden. Nach einigen Tagen platzen diese Blasen, und es bilden sich tiefrote, nässende Erosionen, die sich nach einigen Tagen mit frischer Haut überziehen und abheilen. Vom Ort der Erstansiedlung breiten sich die Viren via Blutweg über den gesamten Körper aus und führen insbesondere zur Erkrankung der Schalen. In bösartigen Fällen, meist durch bakterielle Sekundärinfektion bedingt, kann es zum Ausschuhen (Abstoßen der Schalen) kommen, was für die Tiere in freier Wildbahn praktisch den Tod bedeutet. Die Entzündungen am Schalensaum hinterlassen Querspalten, die nach der Heilung durch Nachschub neugebildeter Hornsubstanz entstehen und nach einigen Monaten infolge der Hornabnutzung verschwinden. Bei der bösartigen Form kommt es häufig zu Herzmuskelschädigungen und Kreislaufstörungen.

Der Jäger kann am lebenden Stück die Erkrankung nur vermuten, wenn starker Speichelfluß beobachtet werden kann oder die Tiere Bewegungsstörungen (Lahmen infolge großer Schmerzen) zeigen. Krankheitsverdächtige Tiere wären abzuschießen, um auf alle Fälle einer Ausbreitung der Seuche vorzubeugen. Wenngleich das Wildpret nach Entfernung der veränderten Körperpartien und Brauchbarmachung (durch Kochen) genußtauglich ist, sollten erlegte, an Maul- und Klauenseuche erkrankte Gemsen nicht ins Tal transportiert (es sei denn, daß es seuchensicher erfolgen kann), sondern an Ort und Stelle unschädlich beseitigt werden. In Seuchenbezirken wären vorbeugend die Reviere zu sperren.

Die Maul- und Klauenseuche ist anzeigepflichtig.

4. Andere Infektionskrankheiten

Die untergeordnete Rolle der Tuberkulose und des seuchenhaften Verwerfens (Brucellose) für die Gemsen ist vor allem auf die Tilgung dieser beiden Erkrankungen beim Rind zurückzuführen.

Erwähnt sei noch der Milzbrand (Anthrax), der zwar bei der Gemse noch nicht festgestellt wurde, der aber bei allen Wiederkäuern und vielen anderen Säugetieren sowie auch beim Menschen vorkommen kann. Milzbrandverdacht besteht, wenn aus den Körperöffnungen blutiger Ausfluß beobachtet werden kann. Werden bei der Zerlegung (Aufbrechen) des Tieres nicht oder schlecht geronnenes, teerfarbiges Blut, eine stark geschwollene Milz, gelbsulzige Infiltrate in der Unterhaut und in der Umgebung der Nieren sowie punktförmige Blutungen an Brust- und Bauchfell festgestellt, so ist unverzüglich die Zerlegung einzustellen und der Amtstierarzt zu verständigen. In Seuchengebieten sollte Fallwild nicht eröffnet und ein Tierarzt beigezogen werden. Die Ansteckung erfolgt gewöhnlich durch Aufnahme von milzbrandsporenhaltigem Futter und Trinkwasser, ebenso durch Haut- und Schleimhautwunden sowie Verletzungen. Infektionsquellen sind am häufigsten nicht sachgemäß vernichtete Kadaver oder Kadaverteile von an Milzbrand gefallenen Tieren. Werden Kadaver auf Weiden oder Wiesen verscharrt, bleiben sie mehrere Jahre eine Infektionsquelle für gesunde Tiere.

B. Invasionskrankheiten

Die Invasionskrankheiten werden durch tierische Schmarotzer oder Parasiten hervorgerufen. Invasionskrankheiten sind somit parsasitäre Erkrankungen (Parasitosen).

Unter Parasiten versteht man einzellige (Protozoa) oder vielzellige (Metazoa) Lebewesen, die entweder im (Endoparasiten) oder auf einem Wirttier (Ektoparasiten) schmarotzen und dieses schädigen. Bei den Ektoparasiten unterscheidet man solche, die ständig (stationär) auf ihrem Wirt parasitieren wie z. B. die Räudemilben und solche, die sich nur zeitweilig (temporär) auf ihm aufhalten (z. B. Herbstgrasmilben). Die Entwicklung der Parasiten erfolgt entweder ohne (direkte Entwicklung) oder mit Zwischenwirt (indirekte Entwicklung). Im Zwischenwirt wird ein gewisser Entwicklungsabschnitt duchlaufen bzw. wird in ihm meist das infektionsfähige Stadium erreicht. Sind im Entwicklungszyklus zwei oder mehrere Zwischenwirte eingeschaltet, so wird erst im letzten notwendigen Zwischenwirt das infektionsfähige Stadium ausgebildet. Wird nun ein solcher Zwischenwirt vom Endwirt (in unserem Fall die Gemse) aufgenommen, ist der Entwicklungszyklus geschlossen. Zwischenwirte sind vielfach Nahrungstiere des Endwirtes oder werden regelmäßig mit der Nahrung aufgenommen und haben auch die Aufgabe, ein sicheres Erreichen des Endwirtes zu gewährleisten. Letzteres ist auch die Aufgabe von Transport- oder Stapelwirten, die sich von einem Zwischenwirt dadurch unterscheiden, daß der Parasit in ihnen keine Weiterentwicklung durchmacht.

Die Auswirkungen eines Parasitenbefalles beruhen in der Beeinflussung meist des gesamten Stoffwechselgeschehens, wodurch das Allgemeinbefinden und die Leistungsfähigkeit beeinträchtigt werden. Die Schädigung erfolgt mechanisch (Zerstörung von Geweben), durch Nahrungs- und (oder) Blutentzug sowie auf toxischer Grundlage (giftige Stoffwechselprodukte der Parasiten). Das Auftreten einer parasitären Erkrankung hängt aber nicht allein von der Stärke des Parasitenbefalles ab, sondern auch von inneren und äußeren begünstigenden Faktoren, wie Alter (Jungtiere sind in der Regel empfänglicher), Ernährungszustand (gut ernährte Tiere sind widerstandsfähiger und ertragen einen stärkeren Parasitenbefall, ohne große Schädigungen zu erleiden, wogegen schlecht ernährte auch von einem verhältnismäßig leichten Befall ungünstig beeinflußt werden), angeborener Empfänglichkeit (Resistenz) und Umwelteinflüssen (extrem lange Kälte oder Hitze, langanhaltende Regenfälle usw.). Unter natürlichen Verhältnissen kommt es zu einer Art Gleichgewichtszustand zwischen Wirt und Parasit, man bezeichnet dies als ausgewogenes Wirt-Parasit-Verhältnis. Die Aufrechterhaltung dieses ausgewogenen Wirt-Parasit-Verhältnisses wird bedingt duch das Wirksamwerden gewisser Schutzmechanismen (z. B. Immunität). Die Befallsstärke wird dadurch begrenzt und der Wirt vor einer krankmachenden oder tödlichen Infektion geschützt. Trotzdem stellt auch ein geringer Parasitenbefall eine ständige Belastung des Wirtsorganismus dar, und außerdem scheiden diese offenbar gesunden Parasitenträger (sog. stumme Parasitenträger) fortwährend Ansteckungsstoff mit dem Kot (Losung) aus, wodurch das Fortbestehen des Parasitenbefalles im Revier gewährleistet ist. Zum Ausbruch einer parasitären Erkrankung kommt es aber erst, wenn dieser Gleichgewichtszustand durch äußere oder innere Ursachen gestört wird (Umwelteinflüsse, Hunger, Trächtigkeit, zusätzliche Erkrankungen, Überhege u. ä.). Parasiten sind entweder wirtsspezifisch, d. h. sie sind so an ihre Wirte angepaßt, daß sie nur bei einer bestimmten Tierart vorkommen (z. B. Kokzidien), oder sie sind so weit spezifisch, daß sie bestimmte Wirte bevorzugen (z. B. große Lungenwürmer), oder aber was seltener ist, daß sie bei den verschiedenen Tierarten schmarotzen können (z. B. Großer Leberegel). Die oft aufgeworfene Streitfrage, wer wen infiziert, das Wild das Haustier oder umgekehrt, ist in der Regel von untergeordneter Bedeutung.

Die Gemsen werden von einer Reihe von Parasiten befallen (s. Tabelle S. 208), von denen aber hier nur die wichtigsten eingehender besprochen werden.

1. Magen-Darmwurmkrankheit

Die bedeutendsten Erreger der Magen-Darmwurmkrankheit sind die Trichostrongyliden (Fadenwürmer) und Strongyliden (Dickdarmwürmer) (s. Tabelle S. 208). Die Trichostrongyliden parasitieren entweder im Labmagen oder im Dünndarm oder in beiden Verdauungsabschnitten zugleich, die Strongyliden im Blind- oder (und) im Dickdarm. Beim Gamswild hat neben den Trichostrongyliden vielfach noch die Strongylidenart *Chabertia ovina* infolge ihrer hohen krankmachenden Wirkung (Pathogenität) und weiten Verbreitung am Krankheitsbild der Magen-Darmwurmkrankheit größeren Anteil. Die verschiedenen Trichostrongyliden- und Strongylidenarten sind beim Gamswild und beim übrigen wiederkäuenden Schalenwild sehr verbreitet. Sie kommen teilweise auch bei unseren Hauswiederkäuern vor, und es sind auch wechselseitige Ansteckungen möglich, doch werden diese in ihrer praktischen Auswirkung sehr überschätzt. Die meisten Trichostrongyliden sind kleine, 3,5–9,5 mm lange und 0,1–0,3 mm dicke, weißliche, fadenförmige Würmer, die wegen ihrer Kleinheit beim bloßen Eröffnen des Magen-Darmtraktes nicht wahrgenommen werden können. Eine Ausnahme bildet der „gedrehte Magenwurm“ *(Haemonchus contortus)*, der im Weibchen 20 bis 35 mm lang und 0,7 mm dick wird, wobei die weißen um den roten Darm (bedingt durch Blutnahrung) gewundenen Geschlechtsschläuche (daher die Namens bezeichnung) auffallen, sowie die im Dünndarm schmarotzenden Arten der Gattung Nematodirus (Weibchen bis 25 mm lang und 0,25 mm dick).

Im Entwicklungszyklus der Fadenwürmer (Trichostrongyliden) und Dickdarmwürmer (Strongyliden) unterscheidet man 2 Phasen: eine präparasitäre, die sich in der Außenwelt vollzieht und eine parasitäre, die im Wirttier abläuft und von der aufgenommenen Invasionslarve über zwei Häutungen zum geschlechtsreifen Parasiten führt (s. Abb. 74). Die geschlechtsreifen weiblichen Würmer scheiden Eier aus, die mit dem Kot ins Freie gelangen. Im Freien entwickelt sich eine Larve, die die Eischale verläßt und über zwei Häutungen innerhalb von ein bis drei Wochen zur infektionsfähigen Drittlarve wird. Diese Drittlarve verbleibt in der Larvenscheide der Zweitlarve, wird als bescheidete Larve bezeichnet und ist besonders widerstandsfähig. Ein Teil von ihnen überlebt den Winter und ist für die ersten Neuinfektionen im darauffolgenden Jahr verantwortlich. Die Entwicklungsgeschwindigkeit steht vor allem in Abhängigkeit zur Bodentemperatur und Bodenfeuchtigkeit. Große Trockenheit stört die Entwicklung bzw. werden Eier und Larven durch langanhaltende Trockenheit abgetötet. Bei Temperaturen unter 5 °C erfolgt keine Weiterentwicklung der Eier, sie bleiben jedoch sehr lange entwicklungsfähig, so daß auch sie den Winter teilweise überdauern. Die infektionsfähigen Drittlarven wandern vom Kot weg (horizontale Wanderung) und kriechen an Gräsern empor (vertikale Wanderung), um sich sozusagen dem Endwirt anzubieten. Diese Larvenwanderung ist von den Umweltbedingungen, wie Feuchtig-

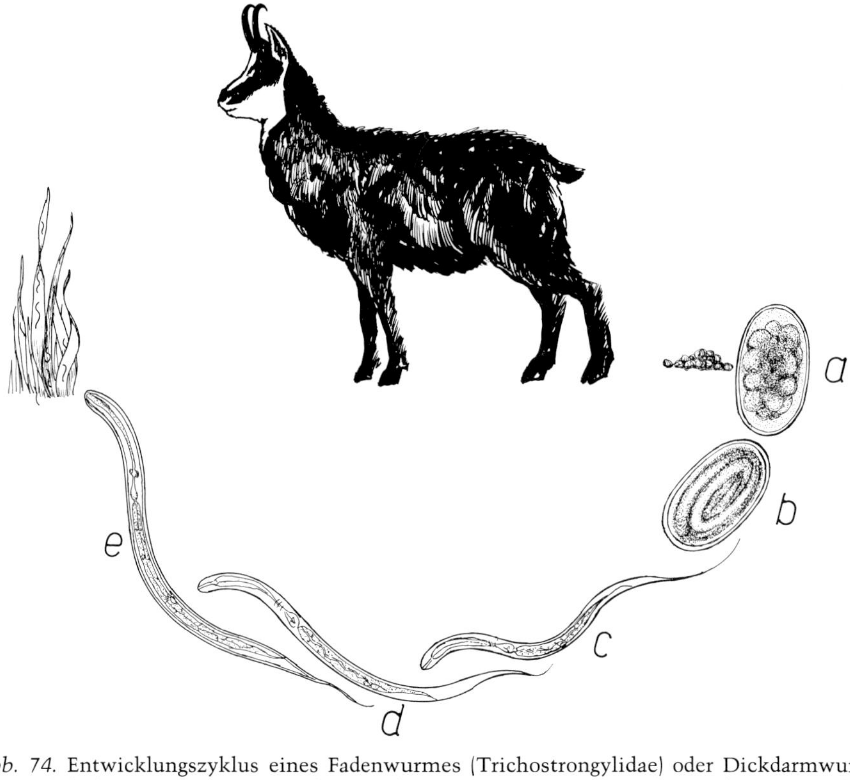

Abb. 74. Entwicklungszyklus eines Fadenwurmes (Trichostrongylidae) oder Dickdarmwurmes (Strongylidae). a mit Kot ausgeschiedenes Ei, b Ei mit Larve, c Erstlarve, d Zweitlarve, e Drittlarve, invasionsfähige oder bescheidete Larve.

keit und Temperatur abhängig. Die infektionsfähigen Drittlarven werden mit der Grünäsung aufgenommen, streifen im Magen oder Dünndarm ihre äußere Scheide ab und dringen zu ihrer Weiterentwicklung mehr oder weniger tief in die Drüsenschläuche der Magen- oder Darmschleimhaut ein. Die Larven der Ostertagiaarten sitzen tiefer in der Schleimhaut und bilden stecknadelkopfgroße Knötchen. Nach einer Häutung kehren sie nach einigen Tagen an die Oberfläche der Schleimhaut zurück, setzen sich dort fest und werden nach einer weiteren Häutung zu geschlechtsreifen Würmern. Erfolgt die Infektion im Herbst, so verbleiben die Larven in den Knötchen und setzen ihre Weiterentwicklung erst im Frühjahr fort. Diese Tatsache verdient besondere Beachtung, da die meisten Medikamente gegen die Entwicklungsstadien weniger wirksam sind.

Die Parasiten verursachen je nach Befallsstärke am Siedlungsort eine mehr oder weniger schleimige (katarrhalische) Entzündung. Starke Infektionen bewirken ausgedehnte Magen-Darm-Entzündungen, die ihrerseits zu erheblichen Verdauungsstörungen führen und die Resorption der aufgenommenen Nahrung beeinträchtigen. Bei starkem *Haemonchus contoruts*-Befall („Gedrehter Magenwurm") kommt es durch Blutentzug außerdem noch zu einer rasch auftretenden Blutarmut (Anämie). Die Einwirkung der Parasiten erfolgt also auf das gesamte Stoffwechselgeschehen und führt dadurch zu einer allgemeinen Schwächung des Körpers, verringert das Wildpretgewicht und beeinträchtigt die Trophäenbildung. Vielfach verschlimmern noch andere Parasiten, häufig Lungenwürmer, das Krankheitsgeschehen.

Wiederholte leichte Infektionen führen unter natürlichen Verhältnissen zur Ausbildung einer Immunität, die vor tödlichen Infektionen schützt. Solche Tiere bleiben aber Parasitenträger (stumme Parasitenträger), die weiterhin laufend Wurmeier ausscheiden und dadurch ständig Neuinfektionen gewährleisten. Äußere oder innere Umstände, wie z. B. unzureichende Ernährung oder andere Krankheiten, können zum Niederbruch der Immunität führen. Neben einer rasch verlaufenden Magen-Darmwurmkrankheit kennen wir auch einen mehr langsamen Verlauf, der infolge fortschreitender Abmagerung mit dem Tod durch Erschöpfung endet. Beim Gamswild ist in manchen Gebieten Österreichs ein seuchenartiger Verlauf der Magen-Darmwurmkrankheit keine Seltenheit. Ein geringer Magen-Darmwurmbefall verläuft erscheinungslos. Mittelgradiger Befall zeigt sich u. a. bei Jungtieren in einem Zurückbleiben in der Entwicklung. Eine starke Infektion äußert sich in mehr oder weniger schweren Durchfällen. Die Analgegend (Spiegel) und die Hinterfüße der Tiere sind dann mit Kot beschmutzt, das Haarkleid erscheint struppig und glanzlos, der Haarwechsel ist verzögert, und in schweren Fällen kommt es auch zu Ödembildungen (Ansammlung wässriger Flüssigkeit im Gewebe) an Kopf, Kehlkopfgegend und Unterbrust. Die kranken Tiere machen einen müden Eindruck, stehen oft mit gekrümmtem Rücken umher und zeigen einen schwankenden Gang.

Der Nachweis der Trichostrongyliden und Strongyliden erfolgt beim lebenden Wild durch die mikroskopische Untersuchung von Kotproben. Doch muß bei der Beurteilung des Befundes immer berücksichtigt werden, daß die Eierproduktion der Würmer jahreszeitliche Unterschiede aufweist. Die höchste Eierausscheidung fällt in die Frühlings- und Frühsommer-Monate, hierauf sinkt sie und ist in den Wintermonaten oft Null, trotz Vorliegens eines starken Wurmbefalles. Es ist daher notwendig, Labmagen und Darmtrakt (Gescheide) von erlegtem Wild oder Fallwild zur Untersuchung an eine Untersuchungsstelle zur Diagnosestellung zu senden.

Wichtigste Bekämpfungsmaßnahme und oberstes Gebot ist ganz allgemein die

Stärkung und Aufrechterhaltung der Widerstandskraft der Tiere. In der Widerstandskraft geschwächte Tiere erwerben und beherbergen bei gleicher Infektionsmöglichkeit eine weit zahlreichere Parasitenpopulation als widerstandsfähige. Die herabgesetzte Widerstandskraft ist in vielen Fällen durch eine qualitative und (oder) quantitative Mangelernährung bedingt.

Besonders der Bedarf an Vitamin A ist bei vielen parasitären Infektionen erhöht. Festzuhalten ist weiter, daß Mangelzustände auch auf die Schadwirkung einer bereits vorhandenen Parasitenpopulation Einfluß nehmen, wie wir dies Ende Winter/Anfang Frühjahr Jahr für Jahr erleben. Infektionen mit Magen-Darm-Würmern werden während der Grünäsungsperiode erworben, zu Krankheitsausbrüchen kommt es aber vielfach erst Ende Winter/Anfang Frühling, wenn es zu einer Erschöpfung wichtiger Stoffe gekommen ist und der Organismus nicht mehr in der Lage ist, ein ausgeglichenes Wirt-Parasit-Verhältnis aufrechtzuerhalten. Dazu kommen im Frühjahr die Neuinfektionen mit der überwinterten Parasitenbrut.

In freier Wildbahn ist beim Gamswild ein Ausgleich des Mineralstoffhaushaltes und eine Wurmbekämpfung meist nur über Lecksteine möglich, ausgenommen dort, wo es Gemsenfütterungen gibt. Mit den im Handel befindlichen und für Lecksteine anwendbaren Wurmmitteln können derzeit fast ausschließlich nur die Faden- und Dickdarmwürmer wirkungsvoll erfaßt werden. Über Lecksteine können natürlich nur subtherapeutische Dosen angeboten werden, die über einen längeren Zeitraum (mehrere Monate) verabreicht werden müssen. Es ist selbstverständlich, daß man die relativ teuren medikamentenhältigen Lecksteine erst dann auslegen wird, wenn die Annahme vorher mit den gewöhnlichen medikamentenfreien Lecksteinen sichergestellt wurde.

Neben einer medikamentellen Behandlung und dem Ausgleich des Vitamin-Mineralstoffhaushaltes sind als wesentliche Bestandteile einer Parasitenbekämpfung der rechtzeitige Hegeabschuß, die Einstellung des richtigen Geschlechtsverhältnisses und die Einstellung der Wilddichte auf das Nahrungsangebot anzusehen.

2. Weitere Darmnematoden

Allen übrigen im Darm lebenden Nematoden (Rundwürmern) kommt in freier Wildbahn nur selten größere Bedeutung zu. Namentlich anzuführen wären die im Dünndarm schmarotzenden Zwergfadenwürmer (*Strongyloides papillosus*) und Haarwürmer (*Capillaria bovis*), die im Blinddarm vorkommenden Peitschenwürmer (Gattung Trichuris) sowie die Knötchenwürmer (*Oesophagostomum venulosum*) und die Pfriemenschwänze (*Skrjabinema rupicaprae*) (s. Tabelle S. 208). Gelegentlich verursachen die 4 bis 8 cm langen Peitschenwürmer, die mit ihrem dünnen Vorderende in die Darmschleimhaut eingebohrt sind (ihr dickes Hinterende ragt frei ins Darmlumen), bei starkem Befall erhebliche Schädigungen.

3. Lungenwurmkrankheit

Neben der Magen-Darmwurmkrankheit kann im Alpenbereich die Lungenwurmkrankheit (Metastrongylidose) als eine der wichtigsten Wurmerkrankungen der Gemsen bezeichnet werden. Man unterscheidet beim Wiederkäuer grob zwei Gruppen von Lungenwürmern, die großen Lungenwürmer, die in den größeren Luftröhrenästen und in der Luftröhre schmarotzen, und die kleinen Lungenwürmer, die in den Lungenbläschen (Alveolen) und kleineren Bronchien lokalisiert sind. Die großen Lungenwürmer kommen bei der Gemse, wo sie durch die Art *Dictyocaulus filaria* vertreten werden, seltener vor. Deshalb sind sie trotz ihrer hohen krankmachenden Wirkung ohne größere Bedeutung.

Die kleinen Lungenwürmer, die in mehreren Arten (s. Tabelle S. 208) bei der Gemse vorkommen, sind sehr häufig und haben im Gegensatz zu den großen Lungenwürmern einen indirekten Entwicklungszyklus (s. Abb. 75). Die geschlechtsreifen Würmer setzen Eier ab, aus denen bereits in den Bronchien und der Luftröhre Larven schlüpfen, die hochgehustet, abgeschluckt und mit dem Kot ausgeschieden werden. Die weitere Entwicklung der Larven vollzieht sich in einer großen Zahl von Schnecken, vorwiegend Gehäuseschnecken, wo sie frühestens nach 2 Wochen das infektionsfähige Stadium erreichen. Infektionsfähige Larven bleiben in den Schnecken bis zu 2 Jahren lebensfähig. Die Infektion der Gemsen erfolgt durch Aufnahme von Schnecken mit den ausgewanderten Invasionslarven über das Futter. In der Gemse werden durch die Verdauung der Schnecken die Infektionslarven im Dünndarm frei und dringen dort, der größte Teil aber erst im Dickdarm, in die Darmwand und Mesenteriallymphknoten ein und werden passiv über Lymphe und Blut zur Lunge transportiert, wo sie aus den Lungenkapillaren (kleinste Blutgefäße) ins Lungengewebe einwandern und die typischen Lungenwurmbrutknoten bilden.

Abb. 75. Entwicklung der kleinen (a) und großen (b) Lungenwürmer. a1 mit dem Kot ausgeschiedene Larve eines kleinen Lungenwurmes, a2 invasionsfähige Larven in der Schnecke, b1 mit dem Kot ausgeschiedene Larve des großen Lungenwurmes (Erstlarve), b2 Zweitlarve, b3 Drittlarve, doppelt bescheidete Larve oder invasionsfähige Larve.

Der Befall mit kleinen Lungenwürmern ist charakterisiert durch das Vorhandensein der sog. Wurmknoten und herdartigen Veränderungen. Die derben Wurmknötchen sind stecknadel- bis hanfkorngroß und wölben sich über die Lungenoberfläche vor. Ihre Farbe richtet sich nach der vorhandenen Lungenwurmart und reicht über gelblich-weiß, graugelb bis schwarz. Die herdartigen Veränderungen sind meist gegenüber ihrer Umgebung deutlich abgesetzt, erreichen Walnußgröße und darüber, zeigen derbe Konsistenz, und ihre Farbe variiert gelblich, graugelb und bräunlich-grün.

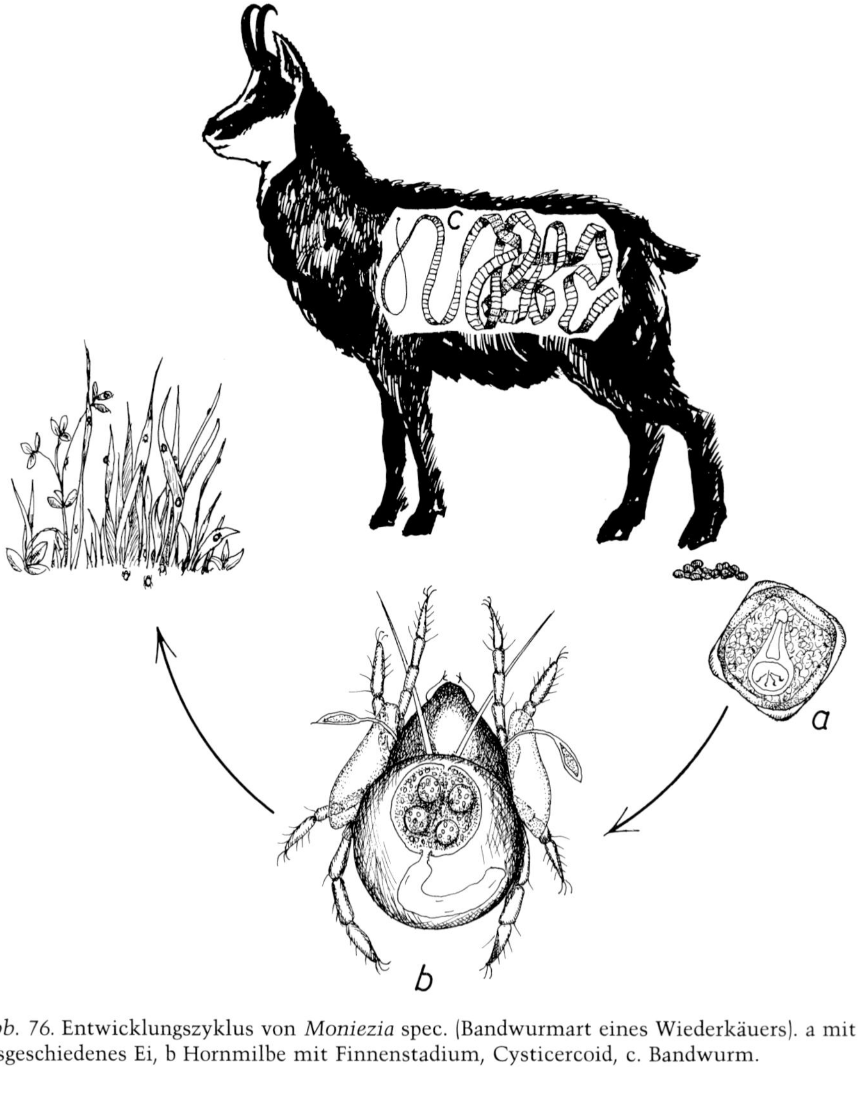

Abb. 76. Entwicklungszyklus von *Moniezia* spec. (Bandwurmart eines Wiederkäuers). a mit Kot ausgeschiedenes Ei, b Hornmilbe mit Finnenstadium, Cysticercoid, c. Bandwurm.

Die kleinen Lungenwürmer rufen klinisch sichtbare Symptome erst bei starkem Befall hervor; gelegentlich ist dann ein trockenes Hüsteln zu hören. Krankheitsausbrüche stehen häufig mit anderen Krankheiten im Zusammenhang, wenngleich die Pathogenität (krankmachende Wirkung) wesentlich höher ist, als bisher angenommen wurde. Gefährdet sind hauptsächlich Jungtiere. Alte Tiere vertragen vielfach einen recht starken Befall ohne wesentliche Anzeichen.

Die Feststellung eines Lungenwurmbefalls beim lebenden Tier erfolgt durch den mikroskopischen Nachweis der Larven im Kot. Bei Fallwild oder erlegten Gemsen ist bei Befall mit großen Lungenwürmern eine ausgeprägte Lungenentzündung (Bronchopneumonie) vorherrschend, wobei die erkrankten Bezirke braunrot gefärbt erscheinen. Schneidet man die großen Luftwege auf, so findet man die 5–10 cm langen weißen, fadenförmigen Würmer. Für den Befall mit kleinen Lungenwürmern sind die Wurmknoten charakteristisch (s. oben), die auch leicht vom Laien festgestellt werden können. Die kleinen Lungenwürmer allein können zwar ebenfalls Todesursache sein, doch ist vielfach ein fast immer gleichzeitig vorhandener starker Befall mit Magen-Darmwürmern (meist Trichostrongyliden) dafür hauptverantwortlich. Zur Feststellung der Todesursache oder der allgemeinen Verwurmung sollten daher stets Lunge und Magen-Darmtrakt zur Untersuchung gelangen.

Eine wirksame Behandlung der großen und kleinen Lungenwürmer ist derzeit bei Gemsen in freier Wildbahn kaum möglich, ausgenommen dort, wo es Gemsenfütterungen gibt. Vorbeugend haben die bei der Magen-Darmwurmkrankheit angegebenen Maßnahmen Gültigkeit.

4. Bandwurmbefall

Gelegentlich führt ein stärkerer Bandwurmbefall zu erheblichen gesundheitlichen Störungen, die sich in Verdauungsstörungen, Kümmern und allmählicher Abmagerung äußern. Die Bandwürmer der Gemse (s. Tabelle S. 208) sind durchweg Vertreter aus der Familie Anaplocephalidae, werden mehrere Meter lang und schmarotzen im Dünndarm, wo sie sich mit ihren am Kopf befindlichen Saugnäpfen anheften. Haken fehlen dieser Bandwurmfamilie, deshalb werden sie auch als unbewaffnete Bandwürmer bezeichnet. Ein Bandwurm besteht aus einem Kopf (Skolex) und den sich anschließenden Gliedern (Proglottiden). Die Bandwürmer besitzen keinen Darm, sie ernähren sich über ihre Körperoberfläche.

Die mit Eiern gefüllten letzten Glieder lösen sich einzeln oder in Gruppen von der Bandwurmkette und werden mit dem Kot ausgeschieden. Bei den Bandwürmern der Wiederkäuer zerfallen meist die abgestoßenen Glieder schon im Darm, so daß der Kot die freien Eier enthält. In ihrer Entwicklung sind diese Bandwurmarten der Gemse an einen Zwischenwirt, kleine Hornmilben (Oribatiden), gebunden (s. Abb. 76), die überall auf den Äsungsflächen vorkommen. In diesen Hornmilben entwickelt sich das infektionsfähige Finnenstadium (Larvenstadium der Bandwürmer), welches hier als Cysticercoid bezeichnet wird.

Die Gemse fungiert vielfach selbst als Zwischenwirt für verschiedene Bandwurm arten, namentlich der Hunde und Füchse. Die Finne, die bei der Gemse und dem übrigen Schalenwild am häufigsten angetroffen wird, ist die sog. dünnhalsige Finne, *Cysticercus tenuicollis.* Sie findet sich als bis hühnereigroße, mit Flüssigkeit gefüllte Blase vorwiegend am Netz und Gekröse sowie der Leberoberfläche und ist das Finnenstadium des Hundebandwurmes, *Taenia hydatigena.* Mitunter ist der Gehirnblasenwurm, *Coenurus cerebralis,* die Finne der Hundebandwurmart *Multiceps multiceps,* zu finden. Die bis über Hühnereigröße heranwachsenden, im Gehirn oder im Rückenmark lokalisierten Blasen führen immer zum Tod. Auch *Echinococcus hydatidosus,* die Finne des dreigliedrigen Hundebandwurmes, *Echinococcus granulosus,* wurde schon bei Gemsen festgestellt. Wesentlich für den Jäger ist bei Finnenbefall erstens, daß er mit Finnen befallene Organe, wenn überhaupt, dann nur gekocht an seinen Hund

Parasitenart: lateinische Bezeichnung	Parasitenart: gebräuchliche Bezeichnung	Häufigkeit in %[1]
Eimeria alpina	Kokzidien	57,8 (Eimeria alpina bis Eimeria yakimoffmatschoulskyi zusammen)
Eimeria riedmülleri		
Eimeria rupicaprae		
Eimeria suppereri		
Eimeria yakimoffmatschoulskyi		
Dicrocoelium dendriticum	Kleiner Leberegel oder Lanzettegel	1,1
Fasciola hepatica	Großer Leberegel	1,1
Avitellina centripunctata	Bandwürmer	19,4
Moniezia species		8,6
Cysticercus tenuicollis	dünnhalsige Finne	35,5
Coenurus cerebralis[2]	Gehirn-Quese	–
Echinococcus hydatidosus[2]	Hülsenwurm	–
Haemonchus contortus	gedrehter Magenwurm	45,5
Marshallagia marshalli	Fadenwürmer (Trichtostrongyliden)	68,0
Ostertagia circumcincta		87,9
Ostertagia leptospicularis		26,6
Ostertagia occidentalis		33,5
Ostertagia ostertagi		2,5
Ostertagia pinnata		31,6
Ostertagia trifurcata		44,9
Rinadia mathevossiani		3,1
Skrjabinagia kolchida		13,9
Skrjabinagia lyrata[2]		–
Spiculopteragia asymmetrica		0,6
Spiculopteragia böhmi		3,1
Trichostrongylus askivali		2,5
Trichostrongylus axei		26,0
Trichostrongylus capricola		25,9
Trichostrongylus colubriformis		10,1
Trichostrongylus vitrinus		26,6
Nematodirus europaeus		1,8
Nematodirus filicollis		48,7
Nematodirus spathiger		3,1
Nematodirus spezies		2,6
Bunostomum phlebotomum	Hakenwürmer	0,6
Bunostomum trigonocephalum		0,6
Chabertia ovina	Dickdarmwurm	44,9
Oesophagostomum radiatum		0,6
Oesophagostomum venulosum	Knötchenwurm	43,0
Strongyloides papillosus	Zwergfadenwurm	1,1
Capillaria bovis	Haarwurm	18,3
Trichuris capreoli	Peitschenwürmer	1,2
Trichuris globulosa		8,2
Trichuris ovis		38,2
Trichuris skrjabini		1,2
Skrjabinema rupicaprae	Pfriemenschwanz (Oxyuren)	1,9
Muellerius capillaris	Kleine Lungenwürmer	15,0 (Muellerius capillaris bis Protostrongylus rupicaprae zusammen: 76,3)
Muellerius tenuispiculatus		36,6
Neostrongylus linearis		44,1
Protostrongylus austriacus		2,2
Protostrongylus rupicaprae		26,9
Dictyocaulus filaria	Großer Lungenwurm	1,1

[1] Die Prozentzahlen beziehen sich auf die Untersuchung von 93 Gesamtaufbrüchen (alle Eingeweide) bzw. im Falle der Magen-Darm-Nematoden auf 158 Magen-Darm-Trakte von Gemsen in Österreich.
[2] Vorkommen in Österreich festgestellt.

verfüttert, da er sonst den Entwicklungszyklus Hund–Gemse (Schalenwild)–Hund aufrechterhält, und zweitens, daß er einen mit Bandwurm befallenen Hund nicht ins Revier nehmen darf.

5. Leberegelkrankheit

Der Erreger dieser Krankheit sind der Große Leberegel, *Fasciola hepatica*, und (oder) der Kleine Leberegel oder Lanzettegel, *Dicrocoelium dendriticum*. Der Große Leberegel ist 2–5 cm × 0,4–1,3 cm groß und hat einen abgeflachten, blattförmigen Körper. Er hat einen Entwicklungszyklus mit Zwischenwirt und parasitiert in den Lebergängen. Die Schadwirkungen sind mechanischer und toxischer Natur. Eine geringere Anzahl von Parasiten wird gewöhnlich ohne äußere Anzeichen ertragen, hingegen ruft ein mittelgradiger bis starker Befall stets klinische Symptome hervor, die sich in fortschreitender Gewichtsabnahme, Blutarmut (Anämie) und Durchfall äußern. Im weiteren kommt es zu Flüssigkeitsansammlungen (Ödemen) in der Kehlgegend, an der Unterbrust und am Unterbauch, Bauch- und Brusthöhlenwassersucht, starker Abmagerung (Kachexie) und letzten Endes zum Tod. Der Befall mit dem Großen Leberegel (Fasciolose) ist bei Gemsen selten. Die Diagnose kann am lebenden Tier durch die Kotuntersuchung gestellt werden. Beim erlegten Tier oder Fallwild sind die verdickten Gallengänge auffallend. Der Kleine Leberegel ist bei der Gemse etwas häufiger festzustellen. Die bis zu 1,5 cm langen und 2,5 mm breiten lanzettförmigen Würmer leben ebenfalls in den Gallengängen und haben eine indirekte Entwicklung, die über zwei Zwischenwirte verläuft. Die schädigende Wirkung des kleinen Leberegels ist wesentlich geringer als die des Großen. Eine sichtbare Schädigung des Allgemeinzustandes der Gemse tritt erst bei einem starken Befall auf.

6. Kokzidienbefall

Kokzidien sind einzellige, wirtsspezifische Schmarotzer (Protozoen), die bei der Gemse in einer Reihe von Arten im Dünndarm parasitieren (s. Tabelle S. 208). Bei starkem Befall (Kokzidiose) rufen sie eine Darmentzündung hervor, die mit weicher Kotkonsistenz oder auch mit Durchfall vebunden ist.

7. Gemsenräude

Allgemein bezeichnet man als Räude (andere Bezeichnungen: Krätze, Scabies) eine durch Grab-, Saug- oder Nagemilben verursachte, mit ekzematösen Veränderungen und starkem Juckreiz einhergehende, ansteckende Hautkrankheit. Die Räude der Gemse wird durch eine kleine Grabmilbe, *Sarcoptes rupicaprae*r, hervorgerufen und ist im Alpenbereich seit Beginn des 19. Jahrhunderts bekannt. Seit dieser Zeit werden immer wieder heftige Räudeausbrüche mit seuchenhaftem Verlauf registriert. Besonders weit verbreitet ist die Gamsräude in Österreich (s. Abb. 77), weiters sind vor allem in Bayern die Gamsbestände zwischen Berchtesgaden und Inn sowie in Italien und Jugoslawien die an Kärnten angrenzenden Gebiete betroffen.

Die *Sarcoptes rupicaprae*-Milben parasitieren außer auf der Gemse noch beim Steinwild und bei der Hausziege. Bei letzterer haben sich jedoch bereits physiologisch unterschiedliche *Sarcoptes rupicaprae*-Stämme herausgebildet. Ob die Räude bei Rot- und Rehwild ebenfalls durch *Sarcoptes rupicaprae* hervorgerufen wird, bedarf noch

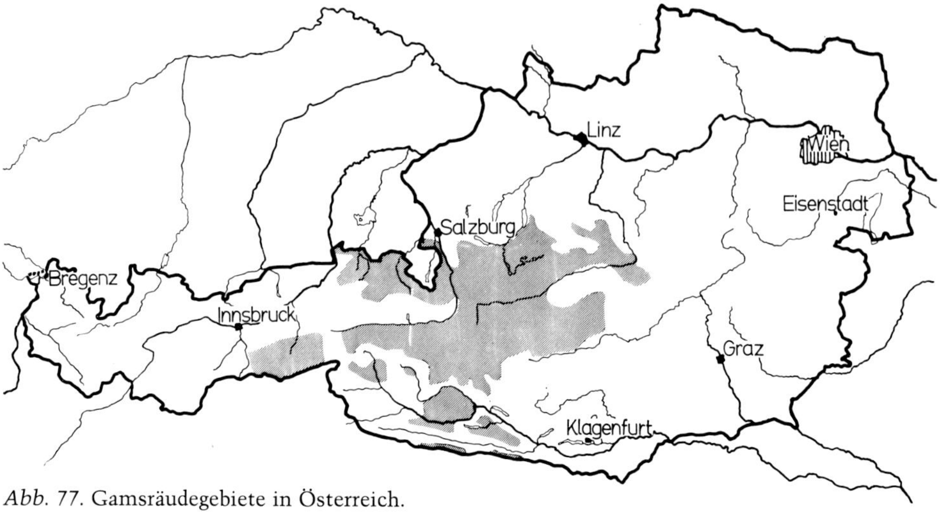

Abb. 77. Gamsräudegebiete in Österreich.

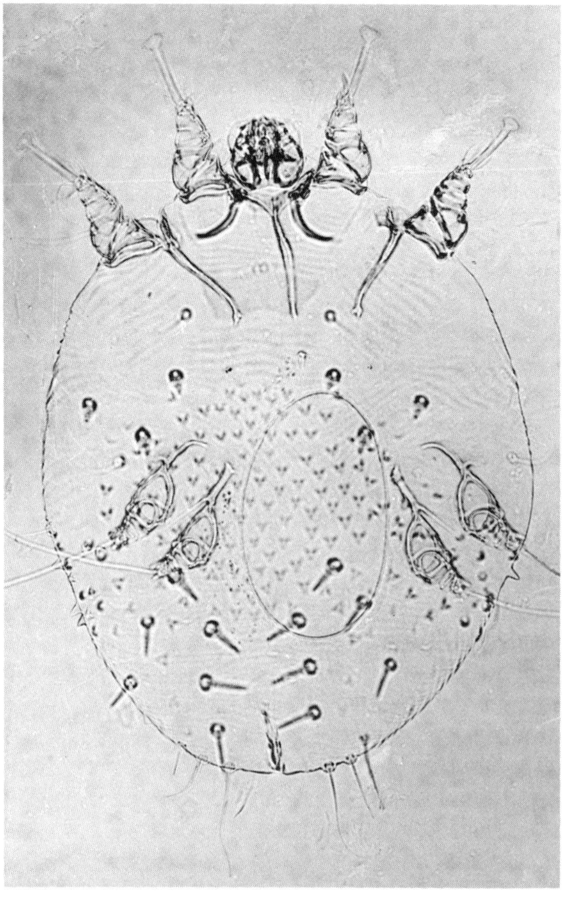

Abb. 78. Sarcoptes rupicaprae, Gamsräudemilbe. Weibchen in Bauchansicht, Rückenseite durchscheinend.

einer genauen Klärung, da Sarcoptesmilben an und für sich streng gattungs- oder zumindest familienspezifisch sind, was bedeutet, daß sie sich nur auf Wirten einer Tiergattung oder -familie vermehren und somit nur dort eine echte Räude verursachen können.

Die Gamsräudemilben sind mit bloßem Auge gerade noch sichtbar; die Männchen sind etwa 0,2 mm und die Weibchen etwa 0,4 mm groß. Der Milbenkörper ist schildkrötenähnlich, und seine gelblichweiße Haut besitzt am Rücken zahlreiche Schuppen und Dornen. Die Mundwerkzeuge sind am Vorderende in Form eines stumpfen Kegels angesetzt. Auf der Bauchseite entspringen Beine, von denen je zwei Paare nach vorne und zwei Paare nach hinten gerichtet sind (s. Abb. 78).

Die Entwicklung vom Ei zur erwachsenen Milbe verläuft über ein Larven- und zwei Nymphenstadien (Proto- und Teleonymphe). Die Entwicklungsdauer beträgt für das Männchen durchschnittlich 14 Tage (13–16 Tage), für das Weibchen hingegen 21 Tage (18–24 Tage), so daß der Entwicklungsablauf von Ei zu Ei durchschnittlich einen Zeitraum von 3 Wochen in Anspruch nimmt. Die Weibchen dringen tief in die Oberhaut ein, wodurch Gänge entstehen, in denen die Eier (etwa 30 bis 50 pro Weibchen) abgelegt werden. Die Larven bleiben zum größten Teil in den vom Weibchen gebildeten Gängen, wo sie sich über Protonymphen zu Teleonymphen entwickeln. Die männlichen Teleonymphen verlassen nun den ursprünglichen Gang, um sich in einer eigenen Nische zu erwachsenen (adulten) Männchen zu häuten; die weiblichen Teleonymphen wandern aus den Gängen, um mit einem Männchen in

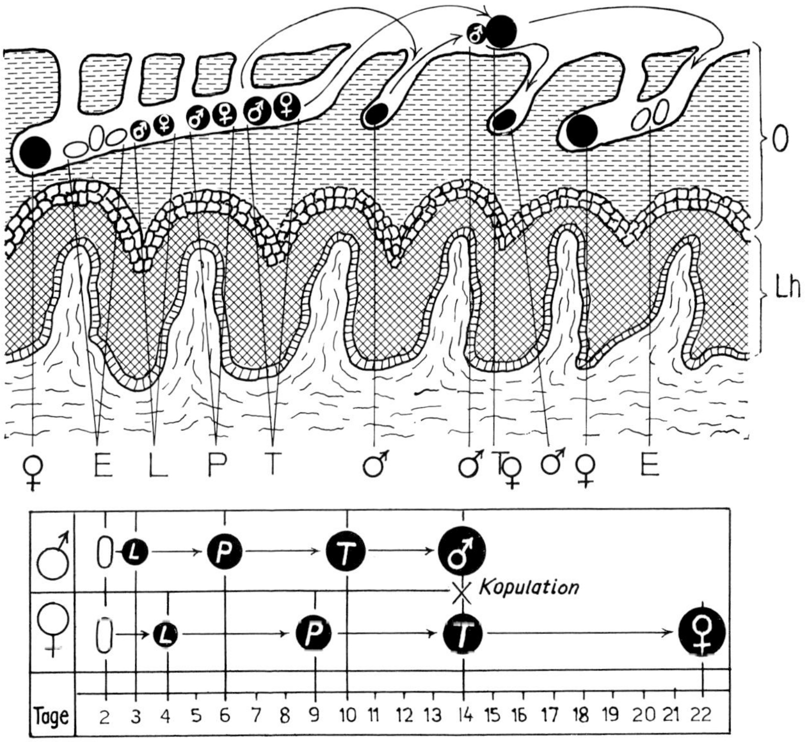

Abb. 79. Entwicklungszyklus und -geschwindigkeit von *Sarcoptes rupicaprae*, schematisch. Umgezeichnet nach Dubinin (1954). E Ei, L Larve, P erstes Nymphenstadium oder Protonymphe, T zweites Nymphenstadium oder Teleonymphe, T♀ weibliche Teleonymphe, ♂ Männchen und ♀ Weibchen bzw. deren Entwicklungsgeschwindigkeit, O Oberhaut, Lh Lederhaut.

Kopulation treten zu können. Die Kopulation findet in der Regel an der Hautoberfläche in seichten Nischen statt, und zwar stets zwischen Männchen und weiblicher Teleonymphe, die beide zum gleichen Zeitpunkt (nach 14 Tagen) entwickelt sind (s. Abb. 79).

Die Räude nimmt ihren Anfang meist am Kopf oder Hals der Tiere und breitet sich in der Folge auf andere Körperpartien, besonders an der Innenfläche der Gliedmaßen und Körperunterseite, aus (s. Abb. 80). Die ersten sichtbaren Krankheitsanzeichen sind vermehrte Schuppenbildung und Juckreiz, wodurch die Gemsen zu andauerndem Scheuern und Kratzen veranlaßt werden. Im weiteren Krankheitsverlauf kommt es zu Hautverdickungen, Borkenbildung und Haarausfall. In den entstehenden zentimeter-

Abb. 80. Läufe (links) und Kopf (rechts) einer Gemse mit hochgradigen Räudeveränderungen.

dicken, grau gefärbten Krusten sind tiefe Risse festzustellen, aus deren Tiefe als Zeichen einer bakteriellen Sekundärinfektion häufig eitrig-blutiges Sekret tritt (s. Abb. 81). Die borkig veränderten Hautbezirke sind von einer stark schuppenden Hautzone umgeben. Die hochgradigen Hautveränderungen um Augen, Ohren und Mund führen vielfach zu Erblindung, Hörstörungen und erschwerter Nahrungsaufnahme, die in schweren Fällen sogar unmöglich werden kann. In weiterer Folge kommt es dadurch zu fortschreitender Abmagerung und völliger Erschöpfung.

Die Übertragung der Räudemilben in einem Gemsenbestand und die Ausbreitung von Revier zu Revier erfolgt in erster Linie durch direkten Kontakt von Tier zu Tier. Ferner kommt auch noch dem Benützen gleicher Lager- und Scheuerstellen Bedeutung zu. Verbreitungsmöglichkeiten durch Haus- und Raubtiere (Ziege, Adler, Fuchs u. a.), Insekten und an Räude verendetem Wild sind zwar möglich, doch spielen sie praktisch nur eine untergeordnete Rolle.

Abb. 81. Hautstück einer Gemse mit starken Räudeveränderungen (unten). Histologisches Bild eines verräudeten Hautstückes einer Gemse (rechts).
a Hyperkeratose (Hornbildungen der Haut), b Bohrgänge, c Milbe.

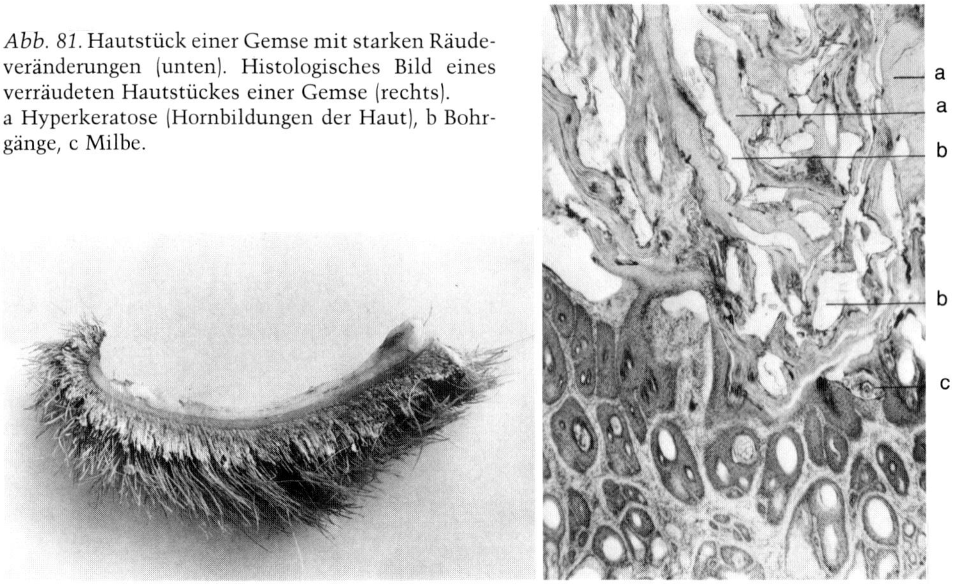

Die Überlebensdauer der Milben am toten Tier oder getrennt vom Wirttier beträgt in der Regel nicht über acht bis zehn Tage. Unter günstigsten Bedingungen konnten sie im Labor 18 Tage am Leben erhalten werden. Während der wärmeren Jahreszeit sind die Milben bei verendeten Stücken teilweise an den Haarspitzen zu finden, teilweise verlassen sie auch den Kadaver, verbleiben aber dann in seiner unmittelbaren Nähe.

Das Auftreten der Räude steht vorwiegend in engem Zusammenhang mit der Kondition des Einzeltieres. Tiere in gutem Nährzustand, deren Widerstandskraft ungebrochen ist, können zwar Räudemilben beherbergen, doch kommt es nur selten zu einer sichtbaren Räude. Am stummen Parasitenträger können sich die Räudemilben halten und weiterentwickeln, ohne daß es aber zu einer Massenvermehrung kommen kann. Der Wirt (Gemse) kann die Vermehrung der Milben in Grenzen halten. Wird dieses ausgewogene Wirt-Parasit-Verhältnis zugunsten des Parasiten verändert, so kommt es zu einer starken Milbenvermehrung und in der Folge zu ausgeprägten Hautveränderungen, eben zu dem Krankheitsbild, das als Räude bezeichnet wird. Diese stummen Parasitenträger sind hauptsächlich dafür verantwortlich, daß es in einem Räudegebiet immer wieder einmal, oft nach vielen Jahren, zu einem Räudeausbruch kommt.

Die Ursachen, die zu einer Schwächung der Widerstandskraft des Wildes gegenüber den Räudemilben führen, sind sehr vielfältig. So wird u. a. durch einen unausgeglichenen Mineralstoff- und Vitaminhaushalt die Widerstandskraft negativ beeinflußt. Besondere Bedeutung kommen einem schlechten Kalzium-Phosphorverhältnis und einem Vitamin-A-Mangel zu bzw. einer Störung der Vitamin A-Synthese oder -Resorption. Ein deutlicher Zusammenhang besteht auch mit einem starken Dünndarm- und Lungenwurmbefall. Natürlich wird die Widerstandskraft auch durch langanhaltende schlechte Witterungsverhältnisse, wie lange Trocken- oder Kälteperioden, die Brunft, die Trächtigkeit und das Setzen vermindert.

Der Räudeausbruch steht aber nicht nur mit der Kondition der Tiere, den Umweltverhältnissen und der Wilddichte im Zusammenhang, sondern es spielen auch immunologische Vorgänge eine Rolle.

Jäger in Gamsräudegebieten klagen des öfteren über Hautausschläge und Hautjukken, wenn sie mit einer Räudegams in Kontakt kommen. Grundsätzlich muß hier festgehalten werden, daß der Mensch seine eigene Grabmilbenart, *Sarcoptes scabiei*, hat, und nur diese ist für die Scabies oder Krätze des Menschen verantwortlich. Die einzelnen Sarcoptesarten können aber auch auf fremde Wirte übergehen, z. B. die der Gemse auf den Menschen und bei diesen je nach Reaktionslage und der Befallsstärke mehr oder weniger ausgeprägte klinische Symptome hervorrufen. Wirtsfremde Sarcoptesarten vermögen sich aber am fremden Wirt nicht zu vermehren und können sich daher auch nicht dauerhaft ansiedeln. Sie überleben am fremden Wirt maximal 24 Tage, in der Regel halten sie sich aber nicht länger als 14 Tage. Alle durch nicht wirtseigene Grabmilben verursachten Erkrankungen werden als Scheinräude oder Pseudoscabies bezeichnet. Solche Scheinräuden werden vielfach durch sekundäre bakterielle Infektionen und allergische Reaktionen verschlimmert und täuschen dadurch eine echte Räude vor bzw. bewirken, daß die Hautveränderungen nach dem Absterben der Milben erst in drei bis vier Wochen abheilen. Ferner kommt es, wenn die Infektionsquelle nicht beseitigt wird, ständig zu einem Überwechseln der Sarcoptesmilben vom Wirt auf den fremden Wirt (z. B. Menschen). Dadurch wird ebenfalls eine dauerhafte Ansiedlung der Räudeerreger vorgetäuscht (besonders häufig bei Hundebesitzern mit einem an Sarcoptes-Räude erkrankten Hund). Diese Erscheinungen sind somit

Ursache für die Behauptung, daß eine Sarcoptes-Art bei den verschiedensten Wirttieren parasitieren kann. Eine Scheinräude heilt nach Ausschaltung der Infektionsquelle von selbst ab, jedoch ist dort, wo ausgeprägte Hautveränderungen vorliegen, eine Behandlung angezeigt, vor allem, um den Heilungsprozeß zu verkürzen.

Die Feststellung der Räude am lebenden Tier läßt sich mittels eines guten Spektivs, mit dem die charakteristischen Hautveränderungen wahrgenommen werden können, durchführen. Im Frühstadium ist in einem Räudegebiet ein struppiges Haarkleid und der immer vorhandene Juckreiz verdächtig, allerdings verursachen auch andere Ektoparasiten einen Juckreiz, z. B. Herbstgrasmilben, Haarlinge oder Lausfliegen. Beim verendeten oder erlegten Tier erfolgt die Diagnose durch den mikroskopischen Milbennachweis in den veränderten Hautbezirken. Räudeverdacht ist daher stets durch einen Tierarzt oder eine Untersuchungsstelle bestätigen zu lassen.

Spezifische Medikamente zur Räudebekämpfung in freier Wildbahn gibt es derzeit noch nicht, abgesehen von Einzelfällen, wo Tiere mittels des Narkosegewehrs betäubt und einer Behandlung zugeführt werden können. In der Regel muß daher eine Bekämpfung durch eine Reihe von Maßnahmen betrieben werden. Eine der wichtigsten Maßnahmen ist die Anhebung der Widerstandskraft der Tiere. Da in Gamsräudegebie-

Abb. 82. Gut angenommene Lecksteine in „Zwieseln" und Kisterl.

ten meist ein Phosphormangel oder Kalziumüberschuß (besonders in den Kalkalpen) vorliegt und dadurch das Phosphor-Kalziumverhältnis gestört ist, sollte vor allem Phosphor zugeführt werden. Mineralstoff-Lecksteine sind hierfür gut geeignet. Das Auslegen der Lecksteine erfolgt an den bereits vorhandenen Leckstellen, in Felsnischen, Holzkisterln, „Zwiesln" u. ä. (s. Abb. 82). Besonders darauf zu achten ist, daß an einer Stelle genügend Lecksteine zur Verfügung stehen, damit möglichst viele Tiere gleichzeitig an sie herankönnen. Pro Jahr und Tag sind 1–2 kg Lecksteine zu veranschlagen. Günstig ist, Lecksteine mit Wurmmittelzusatz (s. Magen-Darmwurmkrankheit S. 204) zu verwenden. Wesentlichster Punkt ist, daß nach Erlöschen der Räude die Wilddichte dem Biotop angepaßt bzw. verhindert wird, daß sie über das dem vorhandenen Lebensraum zuträgliche Maß anwächst; es kann aber auch bei entsprechender Wilddichte auftreten. Räudige Gemsen sind abzuschießen, wobei stark verräudete Stücke an Ort und Stelle einzusteinen sind. Räudige Tiere, die noch nicht zu stark abgemagert sind, können verwertet werden. Beim Transport ins Tal muß ein solches

Tier in einem Plastiksack oder Rucksack befördert werden. Räude oder Räudeverdacht ist sofort den zuständigen Behörden mitzuteilen. Ein erlegtes oder gefundenes räudeverdächtiges Tier sollte umgehend einer Untersuchung zugeführt werden. Bei vermehrtem Auftreten der Räude wäre das betroffene Gebiet nach den gesetzlichen Möglichkeiten zu sperren, oder es sind Beschränkungen anzuordnen, um eine stärkere Beunruhigung des Wildes zu vermeiden.

8. Befall mit Herbstgrasmilben

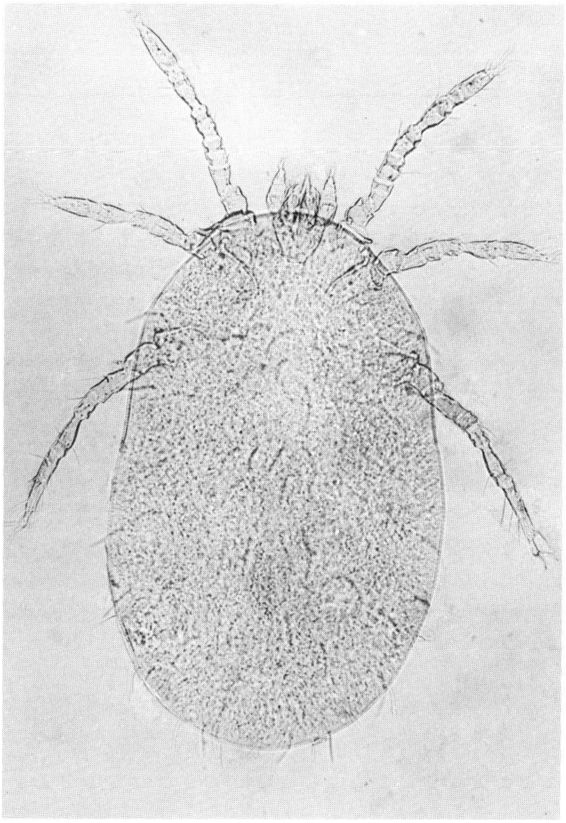

Abb. 83. Herbstgrasmilbe, *Neotrombicula desaleri,* Larve.

Die durch die Larven der Herbstgrasmilben, *Neotrombicula autumnalis* und *Neotrombicula desaleri,* hervorgerufene Hauterkrankung wird im österreichischen Alpengebiet auch als „Beiß" bezeichnet und tritt meist im Spätsommer auf, wurde aber auch schon im Jänner festgestellt. Die geschlechtsreifen Milben überwintern im Boden und legen im Frühjahr einige hundert Eier ab, aus denen sich die Larven entwickeln. Diese Larven suchen zur Nahrungsaufnahme für 3–5 Tage einen Warmblüter (auch Mensch) auf, danach verlassen sie wieder das Wirttier und machen die weitere Entwicklung im Boden durch. Die Infektion erfolgt durch Überwandern der Larven von Pflanzen auf die Gemsen; eine Kontaktübertragung kommt praktisch nicht vor. Der Herbstgrasmilbenbefall (Trombidiose) ist durch einen erheblichen Juckreiz gekennzeichnet, der auch nach dem Abfall der Larven noch eine gewisse Zeit anhält. Die Tiere scheuern sich ständig und setzen sich auch Kratzeffekte. In einem Räudegebiet kann das für Gemsen vielfach tödlich sein, weil sie als räudeverdächtig abgeschossen werden. Die bis zu 0,5 mm großen Milbenlarven können mit freiem Auge als kleine rote Pünktchen, vor allem an den weichhäutigen Stellen, festgestellt werden (s. Abb. 83).

9. Befall mit Zecken

Die häufigste bei Gemsen vorkommende Zeckenart ist der gemeine Holzbock, *Ixodes ricinus,* aus der Familie der Schildzecken (Ixodidae). Daneben kann noch aus der gleichen Familie die Art *Haemaphysalis concinna* gefunden werden.

Die Männchen von *Ixodes ricinus* sind 2,5 mm lang, ihr rotbrauner, abgeflachter Körper ist von einem chitinigen Schild (daher die Familienbezeichnung) bedeckt. Die Weibchen haben nüchtern ebenfalls einen abgeflachten Körper, sind um 3,5 mm lang, jedoch ist nur der Körpervorderteil von einem Schild bedeckt. Dadurch ist es ihnen möglich, sehr viel Blut aufzunehmen (Zecken sind Blutsauger), und sie erreichen im vollgesogenen Zustand eine Größe von 11 × 7 mm. Vollgesogen haben sie eine bleigraue Färbung und ähneln einem Rizinuskern. Die Entwicklung vom Ei über Larve und Nymphe bis zur erwachsenen Zecke dauert in unseren Breiten durchschnittlich 1 bis 2 Jahre. Die Begattung findet vor, während oder nach dem Saugakt statt, wobei sich das Männchen an die Bauchseite des Weibchens hängt. Nach der Begattung geht das Männchen bald zugrunde. Die Weibchen verlassen zur Eiablage das Wirttier und legen am Boden innerhalb von 30 Tagen etwa 5000 Eier ab. Nach beendeter Eiablage ist das Weibchen ganz zusammengeschrumpft und stirbt unter den eigenen Eiern (s. Abb. 84). Die aus den Eiern schlüpfenden Larven befallen meist kleine Tiere, wie

Abb. 84. Weibchen vom gemeinen Holzbock, *Ixodes ricinus*, bei der Eiablage.

Eidechsen, Schlangen, Igel, kleine und größere Nager. Nach dem Saugakt verlassen sie wieder das Wirttier und häuten sich am Boden zur Nymphe. Diese Nymphen und erwachsenen Zecken befallen vorwiegend größere Tiere. Da sich die einzelnen Entwicklungsstadien von *Ixodes ricinus* zur Häutung auf den Boden begeben und erst danach wieder ein neues Wirttier befallen, bezeichnet man sie als dreiwirtige Zecken. Bevorzugt befallen sie ihre Wirte an Kopf, Hals und allen dünnen Hautstellen. Die Zecken verankern sich mit ihren Mundwerkzeugen fest in der Haut und rufen an der Anheftungsstelle stark juckende, entzündliche Schwellungen hervor. Je nach Befallsstärke, die in sog. Zeckenjahren sehr groß sein kann, verursachen sie eine Beunruhigung und Schwächung der Tiere. Der gemeine Holzbock hat als Überträger des Virus der Frühsommer-Meningoencephalitis oder Zeckenkrankheit des Menschen Bedeutung. Wildtiere können den Erreger beherbergen, ohne jedoch selbst zu erkranken, und stellen somit ein natürliches Reservoir dar. Ist die Zecke einmal befallen, so wird das Virus den einzelnen Entwicklungsstadien weitergegeben, z. B. vom Weibchen aufs Ei, vom Ei auf die Larve usw. Eine Bekämpfung des Zeckenbefalles in freier Wildbahn ist praktisch kaum durchführbar.

10. Befall mit Haarlingen

Eine der häufigsten Ektoparasitenarten des Gamswildes sind die Haarlinge (Mallophagen), kleine lausähnliche Insekten, die sich vorwiegend von Hautschuppen ernähren. Bei der Gemse schmarotzt die ca. 1,5 mm große Art *Damalinia alpina* (s. Abb. 85). Sie unterscheidet sich von der selten bei Gemsen vorkommenden Läuseart, *Linognathus stenopsis*, durch den viel breiteren Kopf. Die Weibchen kleben die weißlichen Eier (ein Weibchen legt ca. 100), auch als Nisse bezeichnet, einzeln an die Haare, aus denen kleine, den erwachsenen sehr ähnliche Larven schlüpfen. Unter dreimaliger Häutung werden sie zu Geschlechtstieren. Die Gesamtentwicklung dauert 3 bis 5 Wochen. Eine Massenvermehrung ist in der Regel nur auf geschwächten und kranken Tieren möglich, so daß ein starker Haarlingsbefall als Hinweis für andere primäre Noxen (krankheitserregende Ursache) gelten kann. Die schädigende Wirkung eines starken Haarlingsbefalles liegt in der ständigen Beunruhigung der Tiere durch das Herumkriechen dieser Lästlinge und einem ausgeprägten Juckreiz. Die Gemsen kratzen, lecken, beißen und scheuern sich andauernd, so daß es stellenweise zu entzündlichen Veränderungen der Haut und zu Haarausfall kommen kann und kommt. Solche Tiere werden dann vielfach in Räudegebieten als räudeverdächtig erlegt. Die Übertragung erfolgt hauptsächlich durch Kontakt von Tier zu Tier.

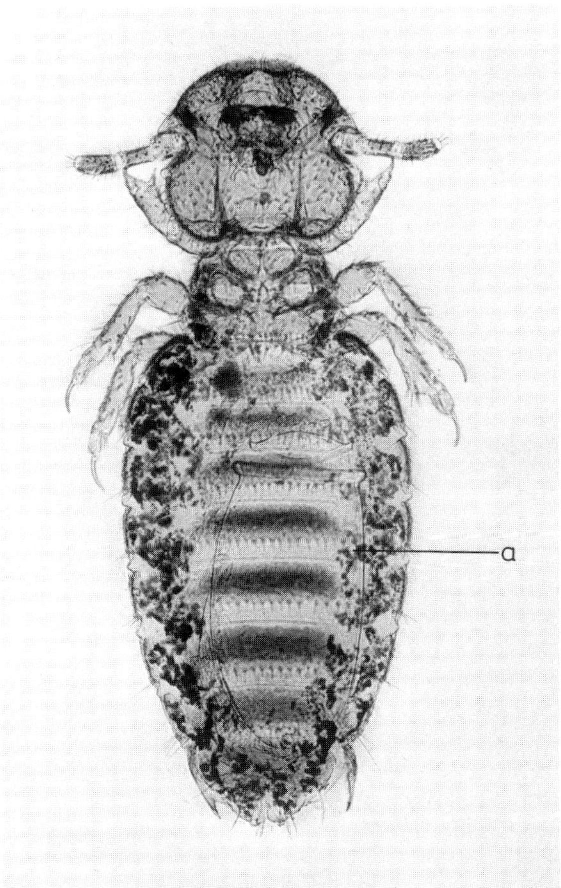

Abb. 85. Gemsenhaarling, *Damalinia alpina*, Weibchen mit Ei (a).

Abb. 86. Gamslausfliege, *Melophagus rupicaprinus* (a) und deren Puppen (b) im Haarkleid einer Gemse.

11. Befall mit Lausfliegen

Die Gamslausfliege, *Melophagus rupicaprinus*, ist bei der Gemse relativ häufig anzutreffen und unterscheidet sich von der bei Gemsen nur sehr selten vorkommenden Hirschlausfliege, *Lipoptena cervi*, dadurch, daß sie zeitlebens keine Flügel besitzt. Die Übertragung erfolgt daher durch Kontakt. Die Weibchen legen bereits in Verpuppung befindliche Larven (Präpuppen) ab, die unmittelbar danach Tönnchenpuppen werden, so daß immer neben den erwachsenen Lausfliegen auch die schwarzen Tönnchenpuppen anzutreffen sind (s. Abb. 86). Lausfliegen sind Blutsauger; der Stich ist schmerzhaft, und bei stärkerem Befall verursachen sie eine starke Beunruhigung der Gemsen. Es entsteht Juckreiz, und durch das ständige Scheuern setzen sich die Tiere Hautverletzungen, wodurch es zu Hautentzündungen kommt. Ähnlich wie bei Befall mit Herbstgrasmilben und Haarlingen wird ein Räudeverdacht erweckt und kann in Räudegebieten zum Abschuß des Tieres führen. Gelegentlich gehen die Lausfliegen bei Versorgung des erlegten Wildes auch auf den Jäger über.

12. Befall mit Hautdasseln

Selten werden unter der Haut die Larven der Dasselfliege *Hypoderma diana*, die sehr häufig bei Rehwild vorkommen, beobachtet. Diese Larven werden als Hautdasseln oder auch als Engerlinge bezeichnet. Von der Dasselfliege werden die Eier an die Haare, vorwiegend der Hinterläufe, die Bauchunterseite und die Flanken angeklebt. Aus diesen Eiern schlüpfen Larven, die sich in die Haut einbohren und unter die Rückenhaut wandern. Unter der Rückenhaut angelangt, bohren sie sich ein Atemloch und wachsen unter zweimaliger Häutung zu etwa 2,5–3 cm großen Drittlarven heran, die zur Verpuppung ausschlüpfen. Um die heranwachsenden Larven entsteht durch entzündliche Reaktion des umgebenden Gewebes eine beulenartige Schwellung, die Dasselbeule, wodurch die Haut mehr oder weniger deutlich hervorgewölbt wird. In den Beulen kommt es zu Entzündungsvorgängen mit starker Exsudation (Flüssigkeitsausschwitzung), Abkapselung und Fistelbildung. Durch Übergreifen der Entzündung auf die Umgebung entsteht eine blutig-sulzige Durchtränkung des Unterhautbindegewebes und der benachbarten Rückenmuskulatur. Die Gesamtentwicklung vom Ei bis zur erwachsenen Fliege dauert ca. 1 Jahr.

Geringer Befall wird in der Regel erscheinungslos vertragen, während es bei stärkerem Befall zu einer deutlichen Beeinträchtigung des Wohlbefindens kommt, vor allem bei Jungtieren.

C. Einsendung von Untersuchungsmaterial

Die Untersuchung von Fallwild oder erlegten kranken Stücken ist im Interesse der Jagd und des Revierinhabers aus verschiedenen Gründen (Einzelerkrankung, Seuchengefahr, Gefährdung des Wildbestandes oder des Hegeerfolges u. a.) notwendig und daher unbedingt zu empfehlen. Damit das mit der Untersuchung betraute Institut möglichst genaue Ergebnisse liefern kann, ist es notwendig, bei der Einsendung eine Reihe von Punkten zu beachten:

1. Grundsätzlich soll nur frisches Fallwild oder krank erlegtes Wild eingesandt werden. Dies ist besonders in der warmen Jahreszeit zu beachten. Von bereits anbrüchigem oder in Fäulnis befindlichem Fallwild sind kaum brauchbare Untersuchungsergebnisse zu erwarten.
2. Es sollte immer das ganze Stück uneröffnet (unaufgebrochen) zur Untersuchung gelangen, weil durch das Eröffnen a) für den Untersucher wichtige Hinweise verlorengehen, b) dadurch z. B. bei Vorliegen von Milzbrand für den Menschen erhöhte Infektionsgefahr besteht und c) durch die Einsendung einzelner Organe oder gar nur von Organteilen die Feststellung einer vorliegenden Erkrankung oft nicht erfolgen kann. In der warmen Jahreszeit sollte Schalenwild gelüftet (kleiner Schnitt in Bauchdecke) werden. Ist der Transport oder Versand des ganzen Stückes nicht möglich, so müssen zumindest die gesamten Eingeweide (Aufbruch) zur Untersuchung gelangen. In einem solchen Fall ist es angezeigt, einen Tierarzt beizuziehen.
3. Werden mehrere Stücke Fallwild gefunden, so sind auch mehrere Stücke einzusenden. Von der Untersuchung eines einzelnen Stückes kann nur selten auf die Ursache des Eingehens der anderen Stücke geschlossen werden.
4. Der Versand muß möglichst rasch erfolgen (Expreß per Bahn oder Post). Je frischer das Untersuchungsgut ist und je schneller es an die Untersuchungsstelle gelangt, desto bessere Ergebnisse sind zu erwarten.
5. Die Pakete müssen so verschlossen sein, daß vom Inhalt nichts nach außen gelangen kann und sie den üblichen Transportbeanspruchungen zuverlässig standhalten. Alle Versandstücke sollen die Aufschrift „Vorsicht, tierisches Untersuchungsmaterial" tragen. Zur Innenverpackung sind am besten Plastiksäcke und die Einbettung in Torfmull, Sägespäne oder ähnliche Materialien geeignet.
6. Besonders wichtig ist, daß jeder Einsendung ein ausführliches Begleitschreiben (wieviel Tiere bereits eingegangen, wo und unter welchen Umständen gefunden, Beobachtungen, Verdachtsmomente usw.) beigefügt wird. Bei Verdacht auf eine Vergiftung soll so genau wie möglich angegeben werden, welche Giftstoffe das Wild aufgenommen haben könnte (z. B. Spritzaktionen in dem betreffenden Gebiet).

Werden die unter den Punkten 1 bis 6 angeführten Anweisungen vom Einsender berücksichtigt, so hat er bestmögliche Voraussetzungen für die Aufklärung der Todesursache geschaffen.

Die besten Gamskrucken
aus den vier letzten internationalen Jagdausstellungen

Rang-Nr.	Jahr	Land	Gebiet	Erleger oder Besitzer	Wertziffer
Nach Düsseldorf 1954					
1	1941	Sz	Safien	W. Hänny	134,7
2	1922	Ö	Kozjak	K. Weinländer	126,3
3	1948	Ö	Göriach	P. Unterlaß	123,0
4	1944	Ö	Radnig	J. Ronacher	122,9
5	1950	Ju	Uršlja Gora	G. Krivec	121,5
6	1938	Sz	Nufenen	S. Sprecher	121,0
7	1937	Sz	Safien	J. Buchli	120,7
8	1944	Sz	Pontresina	A. Rauch	120,7
9	1952	Ö	Würmlach	O. Pichler	120,6
10	1936	Ju	Kam. Bistriza	D. Turkovič	119,9
11	1948	Ö	Karawanken	H. Gregori	119,9
12	1931	Ö	Hermagor	H. Achatz	119,8
13	1952	Ö	Exenbach	J. Eder	119,8
14	1930	Ju	Prenj. Pl.	M. Knezević	119,6
15	1937	Ju	Prenj. Pl.	B. Safner	119,1
16	1950	Sz	Melchtal	H. Schäli	118,7
17	1942	Ö	Clannock	H. Kavallar	118,3
18	1937	Ju	Planica	J. Kraut	118,0
19	1947	Ju	Kam. Bistriza	M. Kardelj	117,9
20	1920	Ju	Peca	J. Primožić	117,8
21	1935	Ju	Kam. Bistriza	M. Kelih	117,8
22	1931	Ju	Vran. Pl.	M. Knezević	117,8
23	1938	Sz	Lauenen	H. Ohrli	117,8
24	1924	Ö	Silbergraben	J. Rohr	117,6
25	1941	Ru	Breaza	S. Sautermeister	117,5
26	1942	Ö	Hoch-Obir	Dr. A. Schnerich	117,5
27	1940	Sz	Scharnachtal	A. Jüsi	117,5
28	1937	Ju	Kokra	J. Bośkin	117,4
29	1946	Ju	Pohorje	J. Civil	117,3
30	1951	Ju	Trenta	T. Kravanja	117,3
31	1942	Ru	Brasow	W. Günther	117,3
32	1926	Ju	Kośuta	J. Stelcer	116,7
33	1951	Sz	Zernez	N. Depeder	116,7
34	1922	Sz	Engadin	P. Lori	116,7
35	1938	Ju	Kranjska Gora	M. Markelj	116,2
36	1936	D	Gunzesried	Dr. C. Schwenk	116,1
37	1942	Ö	Jenig	P. Bachlechner	116,0
38	1953	Sz	St. Martin	Th. Schnider	115,8
39	1940	Sz	Scharnachtal	A. Jüsi	115,6
40	1952	Ju	Kranjska Gora	M. Košir	115,2
Nach Berlin 1937					
1	1934	Ru	Girdomen-Fogaras	A. Hessheimer	141,1
2	1934	Ru	Bucegi Brasov	Fr. Bömches	135,6
3	1903	D	Karwendel	A. Terne	130,4
4	1908	Ju	Sv. Katarina	Ing. F. Sonnbichler	127,5
5	1922	Ö	Kozjak	K. Weinländer	127,2
6	1932	Ru	Gales Retezatul	Conte de Viar	126,0
7	1914	Ru	Piatra Graiului	Dr. V. Negrila	126,0
8	1904	Ru	Retezatul	Graf L. Kinsky	125,6

Rang-Nr.	Jahr	Land	Gebiet	Erleger oder Besitzer	Wertziffer
9	1913	Ru	Retezatul	Graf G. Kendeffy	125,5
10	1921	Ru	Muntii Fagarasului	L. Mieß	124,7
11	1891	Ru	Retezatul	Graf G. Kendeffy	124,8
12	1900	Ru	Retezatul	Graf L. Kinsky	123,8
13	1931	Ö	Starhand	H. Achatz	123,7
14	1897	Ru	Piatra Rea Maram.	Dr. P. v. Waltzel	122,4
15	1921	Ru	Muntii Fagarasului	H. Schmutzler	121,6
16	1923	Ru	Muntii Fagarasului	Jagdgen. Insp. Comsia	121,5
17	1919	Ö	Gartnerkofl	J. Ronacher	121,1
18	1934	Ru	Muntii Fagarasului	Major Vataman	121,0
19	1897	Ru	Muntii Fagarasului	Oberst A. v. Spieß	121,0
20	1895	D	Oberstdorf	Oberjäger M. Speiser	120,5
21	1925	Ru	Muntii Fagarasului	Oberst A. v. Spieß	120,4
22	1932	Ö	Plöcken	O. Pichler	120,3
23	1933	Ru	Gales Retezatul	Comte de Viar	120,1
24	1936	Ru	Muntii Fagarasului	E. Schmutzler	119,9
25	1931	Ru	Retezatul	Fr. Toroczkay	119,7
26	1911	D	Bayrischzell	Graf L. v. Arco-Zinneberg	119,7
27	1926	Ju	Konjic	M. Knezević	119,6
28	1934	Ru	Muntii Fagarasului	Dr. I. Stoichitia	119,5
29	1910	Ö	Kartisch	P. Tassenbacher	119,4
30	1935	Ö	Goldeck	F. Brunner	119,3
31	1911	D	Mittenwald	Krupp v. Bohlen u. Halbach	119,2
32	1920	Ö	Untertilliach	Dr. E. Murath	119,0
33	1909	D	Oberstdorf	Oberjäger M. Speiser	118,7
34	1934	Ru	Muntii Fagarasului	E. Schmutzler	118,6
35	1885	D	Karlstein	För. Scheyer	118,3
36	1935	Ru	Retezatul	F. v. Eller-Eberstein	118,2
37	1926	Ju	Kauska Gora	D. Baron Turković	118,1
38	1931	Ru	Muntii Fagarasului	E. Schmutzler	117,9
39	1933	Ru	Muntii Fagarasului	E. Witting	117,9
40	1925	Ö	Hochstadl	H. Niedermüller	117,9
41	1911	Ö	Marul	D. Freifr. v. Gemmingen	117,6
42	1897	Ju	Kranjska Gora	M. Oitzl	117,5
43	1931	D	Alpe Einegrund	O. Farny	117,4
44	1931	Ru	Ghirdoman Brasov	A. Hessheimer	117,4
45	1932	Ru	Pietrele Retezatul	Comte de Viar	117,4
46	1928	Ru	Retezatul	Oberst A. v. Spieß	117,3
47	1934	Ru	Piatra	K. Kimm	117,0
48	1926	Ru	Ghirdoman Brasov	A. Hessheimer	117,0
49	1919	Ju	Zg. Krma	A. Burja	117,0
50	1934	Ö	Boberbach-Rattendorf	P. Bachlehner	117,0
51	1930	Ö	Goldeck	J. Durnig	116,8
52	1934	Ö	Plenge	Fr. Haßlacher	116,8
53	1918	Ru	Muntii Fagarasului	Jagdgen. Insp. Comsia	116,8
54	1910	Ru	Muntii Fagarasului	Oberst A. v. Spieß	116,6
55	1912	Ö	Hochfilzen	L. Schebesta	116,6
56	1926	Ju	Sv. Katarina	St. Breznina	116,5
57	1910	D	Jachenau	Georg Murböck	116,4
58	1886	D	St. Zeno	Frh. v. Karg-Bebenburg	116,2
59	1908	Ö	Holzgau	N. Graßmayr	116,2
60	1909	Ö	Gepatsch	A. Profanter	116,1

Nach Budapest 1971

1	1934	Ru	Girdomen-Fogaras	A. Hessheimer	141,10
2	1934	Ru	Bucegi	F. Bömches	135,60

Rang-Nr.	Jahr	Land	Gebiet	Erleger oder Besitzer	Wertziffer
3	1941	Sz	Safien	W. Hänny	134,60
4	1948	Ru	Vl. Vladului-Arges	J. Teposu	132,55
5	1968	Ru	Bucegi	J. Clinciu	127,70
6	1932	Ö	Schneeberg	B. Reiterer	126,73
7	1922	Ö	Koziak	K. Weinländer	126,70
8	1962	Sz	Pontresina	S. Rähmi	126,15
9	1931	Ru	Hateg	G. Kendefy	124,72
10	1969	Ru	Retezat	J. Kirr	123,83
11	1957	Sz	Somviz	Ch. Degonda	123,45
12	1948	Ö	Göriach	P. Unterlass	123,00
13	1927	Ö	Rading	H. Ronacher	122,90
14	1965	Ju	Prenj	P. Djuro	122,20
15	1960	Ru	Ciobotea-Brasov	A. Stavros	121,63
16	1950	Ju	Urslja-Gora	G. Krivec	121,50
17	1923	Ru	Fogaras	A. M. Komsia	121,50
18	1962	Ru	Piatra-Craiului	C. Orehovschi	121,45
19	1964	Ru	Bucegi	J. Clinciu	121,12
20	1957	Ju	Triglav	F. Licof	121,10
21	1936	Sz	Nufenen	S. Sprecher	121,00
22	1944	Sz	Pontresina	A. Rauch	120,70
23	1937	Sz	Safien	J. Buchli	120,70
24	1932	Ö	Würmlach	O. Pichler	120,66
25	1936	Ju	Kam. Bistrica	D. Turokovic	119,90
26	1963	Ö	Viehhofen	J. Eder	119,80
27	1931	Ö	Vorderberg	H. Achatz	119,80
28	1964	Ö	Dobratsch	O. Prinig	119,75
29	1961	Ju	Tara	D. Pudja	119,73
30	1947	Ju	Triglav	A. Burja	119,60
31	1930	Ju	Prenji	M. Knezevic	119,60
32	1970	Ru	Simbaata	A. Stavros	119,60
33	1962	Sz	Spätenwald	A. Gertsch	119,60
34	1946	Sz	Collombey	G. Gergneux	119,55
35	1934	Ru	Fogaras	J. Streichita	119,50
36	1957	Sz	Eisten	W. Summermatter	119,32
37	1936	Ö	Goldeck	F. Brunner	119,30
38	1962	Ju	Triglav	I. Fabijan	119,10
39	1964	Ju	Trenta	C. Bradaskija	119,10
40	1937	Ju	Prenj	B. Cafner	119,10
41	1958	Sz	Linthal	H. Hösli	118,87
42	1969	Ju	Triglav	F. Burja	118,83
43	1962	Sz	Klöntal	N. Ries	118,82
44	1950	Sz	Melchtal	H. Schäli	118,70
45	1960	Ö	Kuhwegalm	R. Poleiner	118,62
46	1967	Ru	Bucegi	B. Almasan	118,53
47	1931	Ru	Galbenu-Retezat	F. Toroczkay	118,43
48	1942	Ö	Zlannock	H. Kavallar	118,30
49	1956	Ju	Bled	M. Potocnik	118,30
50	1962	D	Schwarzwald	Fallwild	118,27
51	1936	Ru	Laita-Fogaras	G. Orehovschi	118,00
52	1969	Ju	Triglav	T. Svetina	117,98
53	1937	Ju	Kokra	M. Ojtzl	117,90
54	1947	Ju	Kam. Bistrica	E. Kardelj	117,90
55	1970	Ru	Retezat	C. Lupas	117,90
56	1936	Ju	Kam. Bistrica	D. Turkovitc	117,80
57	1935	Ju	Kam. Bistrica	M. Kelih	117,80
58	1931	Ju	Vran	M. Knezevic	117,80

Rang-Nr.	Jahr	Land	Gebiet	Erleger oder Besitzer	Wertziffer
59	1938	Sz	Saanen	H. Oehrli	117,80
60	1961	Ru	P-Tra-Craiului	A. Stavros	117,75
Nach Plovdiv 1981					
1	1934	Ru	Girdomen-Fogaras	A. Hessheimer	141,10
2	1934	Ru	Bucegi	F. Bömches	135,60
3	1941	Sz	Safien	W. Hänny	134,60
4	1976	Ru	Bucegi-Brasov	B. Almasan	134,00
5	1948	Ru	Vl. Vladului-Arges	J. Teposu	132,55
6	1974	Ru	Bucegi-Brasov	B. Almasan	130,40
7	1976	Ru	Bucegi-Brasov	I. Clinciu	130,17
8	1966	Ru	Bucegi-Brasov	GH. Cimpoaca	129,72
9	1968	Ru	Bucegi-Brasov	I. Clinciu	127,70
10	1976	Ru	Capatina	A. Petre	127,57
11	1932	Ö	Schneeberg	B. Reiterer	126,73
12	1922	Ö	Koziak	K. Weinländer	126,70
13	1962	Sz	Pontresina	S. Rähmi	126,15
14	1972	Ru	Bucegi-Brasov	B. Almasan	126,00
15	1923	Ru	Fogaras	A. M. Comsia	125,50
16	1931	Ru	Hateg	GH. Kendeffy	124,72
17	1969	Ru	Retezat	J. Kirr	123,80
18	1978	I	Renaio	U. Baldacci	123,55
19	1957	Sz	Somviz	Ch. Degonda	123,45
20	1948	Ö	Göriach	P. Unterlass	123,00
21	1927	Ö	Rading	H. Ronacher	122,90
22	1980	Ru	VL. C. Prahova	A. Burgus	122,53
23	1965	Ju	Prenj	P. Djuro	122,25
24	1960	Ru	Ciobotea-Brasov	A. Stavros	121,63
25	1950	Ju	Ursلja-Gora	G. Krivec	121,50
26	1923	Ru	Fogaras	A. M. Comsia	121,50
27	1962	Ru	Piatra-Craiului	C. Orehovschi	121,45
28	1964	Ru	Bucegi	J. Clinciu	121,12
29	1957	Ju	Triglav	F. Licof	121,10
30	1936	Sz	Nufenen	S. Sprecher	121,00
31	1944	Sz	Pontresina	A. Rauch	120,70
32	1937	Sz	Safien	J. Buchli	120,70
33	1932	Ö	Würmlach	O. Pichler	120,66
34	1921	I	Ulten	K. Gamper	120,30
35	1976	Ru	Capatina	A. Petre	120,17
36	1936	Ju	Kam. Bistrica	D. Turokovic	119,90
37	1963	Ö	Viehhofen	J. Eder	119,80
38	1931	Ö	Vorderberg	H. Achatz	119,80
39	1964	Ö	Dobratsch	O. Prinig	119,75
40	1961	Ju	Tara	D. Pudja	119,73
41	1947	Ju	Triglav	A. Burja	119,60
42	1930	Ju	Prenj	M. Knezevic	119,60
43	1970	Ru	Simbaata	A. Stavros	119,60
44	1962	Sz	Spätenwald	A. Gertsch	119,60
45	1946	Sz	Collombey	G. Gergneux	119,55
46	1934	Ru	Fogaras	J. Stoichita	119,50
47	1957	Sz	Eisten	W. Summermatter	119,32
48	1936	Ö	Goldeck	F. Brunner	119,30
49	1971	Ju	Triglav	V. Golc	119,15
50	1962	Ju	Triglav	I. Fabijan	119,10
51	1964	Ju	Trenta	C. Bradaskija	119,10
52	1937	Ju	Prenj	B. Cafner	119,10

Rang-Nr.	Jahr	Land	Gebiet	Erleger oder Besitzer	Wertziffer
53	1979	Ö	Ammerwald	S. Zangerl	119,00
54	1979	I	Untrobio Como	A. Bonacina	118,90
55	1958	Sz	Linthal	H. Hösli	118,87
56	1969	Ju	Triglav	F. Burja	118,83
57	1962	Sz	Klöntal	N. Ries	118,82
58	1950	Sz	Melchtal	H. Schäli	118,70
59	1979	Ö	Ammerwald	K. Friedrich	118,70
60	1960	Ö	Kühwegalm	R. Poleiner	118,62

Fachwörterverzeichnis

abiotische Faktoren in einem Ökosystem	nicht lebende Bestandteile und Bedingungen, wie z. B. geologisches Ausgangsmaterial, Klima
Anpassung	Anpassung einer Population an spezifische Umweltstrukturen z. B. durch Änderung bestimmter Genhäufigkeiten. Die genetische Anpassung ist eine Folge der natürlichen Auslese
Areal	Verbreitungsgebiet einer Art
autochthon	heimisch. Autochthone Tierart = am Ort entstandene, im Gegensatz zu eingebürgerter Art
biotische Komponenten eines Ökosystems	lebende Bestandteile, wie z. B. Tier- und Pflanzenpopulationen
Evolution	Entwicklungsgeschichte. Entstehungsprozeß. Stammesgeschichtliche Entwicklung der Lebewesen über sehr lange Zeiträume hinweg
Fluktuation	Schwankung (Schwankung der Populationsdichte)
Follikel	Blase im Eierstock, in der sich die Eizelle entwickelt
Gelbkörper	(lat. = *Corpus luteum*). Gelbliches Gewebe, welches nach dem Platzen eines Follikels den verbleibenden Hohlraum füllt. Gleichzeitig Hormondrüse
Gen	Erbanlage
genetische Basis	erbliche Grundlage z. B. eines Körpermerkmales oder einer Verhaltensweise
Genhäufigkeit	Häufigkeit bestimmter Erbanlagen (Gene) in einer Population
Genpool	Summe aller Gene in einer Population
Koevolution	Anpassung von Tier- und Pflanzenarten aufeinander als Folge einer gemeinsamen Entstehungsgeschichte
Kondition	körperliche Verfassung eines Tieres
Konkurrenz	Wettbewerb. Z. B. Wettbewerb zweier Populationen von Pflanzenfressern um dieselben Nahrungspflanzen
Mutation	Sprunghafte Veränderung in der Qualität einer bestimmten Erbanlage
negativer Energiehaushalt	Stoffwechsel zeigt eine negative Bilanz. Nahrung reicht nicht aus, um den Energiebedarf zu decken. Reserven werden abgebaut. Ein für viele Tiere in unseren Breiten normaler Vorgang in den Wintermonaten
Ökologie	Lehre von den Beziehungen der Lebewesen untereinander, wie auch von den Beziehungen der Lebewesen zu deren Umwelten
Ökosystem	Systemhafter Ausschnitt der Umwelt mit gewisser Selbständigkeit und Eigengesetzlichkeit, wie z. B. ein Wald, ein See oder ein Feld. Ein Ökosystem umfaßt neben dem geologischen Ausgangsmaterial die zugehörigen Tier- und Pflanzengesellschaften
ökologische Rasse	Eine Lokalrasse, die ihre auffälligsten Merkmale der selektiven Wirkung einer spezifischen Umwelt verdankt
Ovar	Eierstock. Weibliche Keimdrüse
Phänotypus	Das Erscheinungsbild eines Lebewesens, das durch Erbanlagen und Umwelt geprägt wird
Polymorphismus	Das gleichzeitige Auftreten sehr verschiedener (diskontinuierlicher) Phänotypen in einer Population
Population	Eine Ansammlung von Individuen ein und derselben Art in einem räumlich begrenzten Gebiet
Populationsökologie	Spezialgebiet der Ökologie, welches sich mit der Biologie (z. B. der Struktur, Dynamik und Anpassung) von Populationen befaßt
Regelung	(Populationsregelung). Vorgang, der die Populationsdichte in einem gewissen Bereich hält

Selektion	Natürliche Auslese
Territorium	Ein von einem Tier bewohntes Gebiet, welches gegen gleichartige Geschlechtsgenossen verteidigt wird
Wachstumsrate	(Wachstumsrate der Population) Prozentsatz, um den eine Population pro Jahr zu- oder abnimmt

Literatur

AIZLER, R., 1978: Schwankungen der Qualität der Bodenvegetation während der Vegetationszeit im Rothirsch-Untersuchungsgebiet Ammergauer Berge. Diplomarbeit Fachbereich Forstwissenschaft, Universität München.

BLAHOUT, E., 1969: Beitrag zur Biologie der Gemsen im Tatra Nationalpark. Zbornik Prac o Tatranskom Naroonom Parkv 11: 329–410.

BLAUPOT TEN CATE, S. J., 1969: Die Eidgenössischen Bannbezirke. Schweizerjäger 54 (12): 399–404.

— 1970: Die Bewirtschaftung des Gemswildes unter Berücksichtigung der Schweizerischen Patentjagd. Schweizerjäger 55 (9 + 10).

— 1972: Jagdwirtschaftliche und Jagdpolitische Aspekte der Schweizerischen Gemsjagd. Schweizerjäger 57 (9): 301–309.

— Über das Verhältnis von Alter zu Krickellänge beim Gemswild. Manuskript.

BODENMANN, A., und EIBERLE, K., 1967: Über die Auswirkungen des Verbisses der Gemse im Aletschwald. Schweiz. Z. f. Forstw. 118 (7): 461–470.

BRIEDERMANN, L., 1961: Untersuchungen über das Gamswild im Elbsandsteingebiet. Zeitschr. f. Jagdwiss. 7 (4): 139–166.

— 1965: Der gegenwärtige Stand der Rhythmusforschung bei jagdbaren Großsäugern – Grundlagen, Methoden, Bedeutung –. Beiträge zur Jagd- u. Wildforschung IV. Tagungsberichte 78: 71–81.

— 1967: Zum Ablauf der sommerlichen Aktivitätsperiode des Gamswildes (*Rupicapra rupicapra* L.) in freier Wildbahn. Zoologischer Garten 33 (6): 279–305.

DRESCHER-KADEN, U., 1980: Äsungswahl und Verdauungsvorgänge im Pansen des Gamswildes. In: NERL, W. Das große Gamsbuch. S. 20–34. Ludwig Walz Verlag, Pfaffenhofen.

— 1981: Vergleichende Untersuchungen zur Nahrungswahl von Gams- und Rotwild unter besonderer Berücksichtigung der mikrobiellen Besiedelung und der Verdauungsvorgänge im Pansen. Paul Parey, Hamburg und Berlin.

DRESCHER-KADEN, U., und HOPPE, P., 1972: Vergleichende hämatologische Untersuchungen an wildlebenden Wiederkäuern (Rehe, Rotwild, Gemsen, Rentiere). Zeitschr. f. Jagdwiss. 18 (3): 121–132.

CHAUGHLEY, G., 1970: Population Statistics of Chamois. Mammalia 34 (2): 194–199.

CHRISTIE, A. H. C., 1964: A note on the chamois in New Zealand. Proc. of the N.Z. Ecological Society 11: 32–36.

— 1965: Introduced ungulates in New Zealand (chamois). Tuatara 13: 105–111.

COUTURIER, M. A. J., 1938: Le Chamois. ed. B. Arthaud, Grenoble.

ELSNER V. D. MALSBURG, I., 1981: Überleben im Hochgebirge: Eine Studie zur Raumnutzung von Gams. Zeitschr. f. Jagdwiss. 28 (1): 18–30, 1982.

FLORSTEDT, A., 1928: In den Hochgebirgen Asiens und Siebenbürgens. Verlag Neumann-Neudamm.

FUSCHLBERGER, H., und NERL, W., 1969: Das Gamsbuch. C. F. Mayer Verlag, München.

GEIST, V., 1965: On the rutting behaviour of the mountain goat. J. Mammal. 45: 551–568.

— 1971: Mountain Sheep. The University of Chicago Press, Chicago and London.

— 1971: Tradition und Arterhaltung beim Wildschaf und Elch. Naturwissenschaft und Medizin 8 (37): 25–35.

GRUSCHWITZ, V., 1959: Gams in Not. Verlag Paul Parey, Hamburg.

— 1962: Analyse einer Dreijahrstrecke oberbayerischen Gamswildes. Zeitschr. f. Jagdwiss. 8 (4): 137–148.

HAUBER, G., 1924: Das Gamswild. Piloty & Loehle, München.

HEDIGER, H., 1951: Jagdzoologie – auch für Nichtjäger. Verlag Friedrich Reinhardt AG, Basel.

HIEKE, CHR., 1978: Jagdgeschichtliche Entwicklung, insbesondere der Schalenwildarten im Ammergebirge. Diplomarbeit Fachbereich Forstwissenschaft, Universität München.

HOFMANN, A., 1978: Unterschiedliche Entwicklungsleistungen von Appenzeller und Schwyzer

Gemsen (*Rupicapra rupicapra* L.) und ihre möglichen Ursachen. Diss. Philosophische Fakultät II, Universität Zürich.

Hofmann, A., und Nievergelt, B., 1972: Das jahreszeitliche Verteilungsmuster und der Äsungsdruck von Alpensteinbock, Gemse, Rothirsch und Reh in einem begrenzten Gebiet im Oberengadin. Zeitschr. f. Jagdwiss. 18 (4): 185–212.

Kioroglanidis, J., 1981: Nahrungswahl und Überlegungen zur Nahrungsnische bei Reh *(Capreolus capreolus)*, Rothirsch *(Cervus elaphus)* und Gemse *(Rupicapra rupicapra)* im Nationalpark Berchtesgaden. Diss. Forstwissenschaftliche Fakultät, Universität München.

Kofler, H., 1981: Ökologisch-vegetationskundliche Untersuchungen zur Nahrungswahl und Konkurrenz von Gams (*Rupicapra rupicapra* L.) und Steinbock (*Capra ibex ibex* L.) im Hochlantschstock/Steiermark. Diss. Naturwissenschaftliche Fakultät, Universität Graz.

Kotov, V. A., 1958: Ernährung des Luchses im Kaukasischen Naturschutzgebiet. Arb. d. Staatl. Kauk. Naturschutzgebiet, 4. Maikop.

Krämer, A., 1965: Beobachtungen an markierten Gemsen. VIIe Congres des Biologistes du Gibier Beograd-Ljubljana.

— 1966: Sichtmarkierung bei Gemsen und anderen einheimischen Huftieren. Rev. Suisse d. Zool. 73: 400–407.

— 1969: Lebensbezirke und Ortsveränderungen markierter Gemsen im Augstmatthorngebiet. Schweiz. Z. f. Säugetierk. 34 (5): 311–315.

— 1969: Soziale Organisation und Sozialverhalten einer Gemspopulation der Alpen. Z. f. Tierpsych. 26: 889–964.

— 1972: Wildbiologische Anmerkungen zum Problem der schweizerischen Gemsjagd. Schweizerjäger 57 (12).

Krott, P., 1971: Geburt eines Gamskitzes in freier Wildbahn. Z. f. Jagdwiss. 17 (3): 179–180.

Kurtén, B., 1968: Pleistocene Mammals of Europe. Weidenfels and Nicolson, London.

Kuster, A., 1962: Über die Gemsbestände in den eidgenössischen Jagdbanngebieten. Schweiz. Z. f. Forstw. 113: 20–24.

Kutzer, E., 1978: Auswirkungen der Sarcoptesräude auf Gams- und Steinwildpopulationen. Tagungsber. 3. Int. Gamswild-Symp. 89–97.

Lovari, S., und Perco, F., 1980: Il Camoscio d'Abruzzo. Documentazione sul Parco Nazionale d'Abruzzo.

Lovari, S., und Scala, C., 1980: Revision of Rupicapra Genus. I. A statistical re-evaluation of Couturier's data on the morphometry of six chamois subspecies. Boll. Zool., 47: 113–124.

Majer-Maschée, W., 1938: Achtung Gams. Verlag J. Neumann, Berlin.

Mayer, Z., und Steinhauser, A., 1967: Äsungsauswahl beim Gamswild. Allg. Forstzeitung 78 (2): 1–6.

Meile, P., 1973: Die Hege des Gamswildes im Randgebiet seines natürlichen Vorkommens. Mitteilungsblatt Jägerverein See und Gaster (2): 3–11.

— und Bubenik, A., 1973: Beiträge zum Sozialverhalten der Gemse (*Rupicapra rupicapra* L.). Manuskript.

Meran, F., 1959: Erzherzog Johann als Jäger. Anblick 14 (5): 141–144.

— 1963: Die Auswirkungen des Winters 1962/63 in meinen obersteirischen Jagdrevieren unter besonderer Berücksichtigung des Gamswildes. Öster. Arb.Kr. f. Wildtierforschung. Jahrb. 1962/63.

— Über Hege und Jagd in einem alten steirischen Gamsrevier. Manuskript 4 Seiten.

Nassimowitsch, A. A., 1949: Neue Angaben über die Biologie der Gemse im westlichen Kaukasus. Trud. Kawk. Sapowedn. III: 51–64.

Nehring, A., 1891: Diluviale Reste von Cuon, Ovis, Ibex und Rupicapra aus Mähren. Neues Jahrb. f. Mineralogie, Geologie u. Palaentologie, Bd. II. Schweizerhart'sch Verlagsbuchhandlung, Sgt., S. 107–155.

Niethammer, G., 1963: Die Einbürgerung von Säugetieren und Vögeln in Europa. Verlag Paul Parey, Hamburg und Berlin.

— 1967: Die Kohlgams der Alpen. Zeitschr. f. Jagdwiss. 13 (1): 1–23.

— 1971: Die Gemsen Neuseelands. Z. f. Säugetierkunde 36 (4): 228–238.

Nievergelt, B., 1966: Der Alpensteinbock (*Capra ibex* L.) in seinem Lebensraum. Verlag Paul Parey, Hamburg und Berlin.

Onderscheka, K., und Gossow, H., 1978: 3. Internationales Gamswild-Symposium. Tagungsbericht. Forschungsinstitut für Wildtierkunde. Veterinärmedizinische Universität Wien.

PEKELHARING, C. J., 1969: Note on determining age of Chamois (*Rupicapra rupicapra* L.) in New Zealand. Protection Forestry Branch Report No. 73.

POPKOWA, I. F., 1967: Das Gamswild in den Südabhängen des kaukas. Zentralgebirges (Ökologie, Morphologie, Jagdbetrieb). Arbeiten d. Teberdinsk Nat. Park. 7: 160–211.

PROSL, H., FEDLBACHER, P., und JAHN, J., 1978: Abhängigkeit zwischen Endoparasitenbefall und Räude der Gemse. Tagungsber. 3. Int. Gamswild-Symp., 98–107.

SCHRÖDER, W., 1970: Ein Embryo bei einer alten Gamsgais. Der Anblick 25 (8): 297.

— 1970: Geburt eines Gamskitzes in freier Wildbahn. Zeitschr. f. Jagdwiss. 16 (3): 123–125.

— 1970: Zum Gamsabschuß. Der Anblick 25 (9): 334–336.

— 1971: Untersuchungen zur Ökologie des Gamswildes (*Rupicapra rupicapra* L.) in einem Vorkommen der Alpen. I. Teil Zeitschr. f. Jagdwiss. 17 (3): 113–168; II. Teil Zeitschrift f. Jagdwiss. 17 (4): 197–235.

— 1974: Warum rotten Raubtiere ihre Beute nicht aus? Tiroler Jägerzeitung 26 (8): 380–385.

— 1974: Über die Ökologie aggressiver Verhaltensweisen bei Gamswild. Tiroler Jägerzeitung 26 (10): 53–56.

— 1974: Über die Abgänge des Gamswildes und einige daraus abgeleitete Schlußfolgerungen. Tagungsbericht XI. Intern. Congress of Game Biologists, S. 147–153.

— 1975 (Herausgeber): Tagungsbericht der 1. Internationalen Gamswild-Tagung. Inst. f. Wildforschung und Jagdkunde, Oberammergau.

SCHRÖDER, W., und ELSNER V. D. MALSBURG, I., 1982: Gams *(Rupicapra rupicapra)* und Gebirgswald: Vorschläge zur Jagd auf Gams in den Ammergauer Bergen. Forstwiss. Centralblatt, 101: 80–92.

SCHUMACHER, S. v., 1932: Der Deutsche Jäger 31/1932 aus NERL, W./FUSCHLBERGER, H., Das Gamsbuch, Seite 31.

STEMMLER, C., 1955: Der Steinadler in den Schweizer Alpen. Selbstverlag Carl Stemmler, Schaffhausen, Schweiz.

STERN, K., 1973: Darwins Fitness und die Hege des Rotwildes. Wild und Hund 76 (11): 239–243.

VALENTINCIC, ST., 1976: Tagungsbericht 2. Internationales Gamswild-Treffen. Inst. f. Zoohygiene und Pathologie. Biotechnische Fakultät, Ljubljana.

WALTHER, F., 1961: Einige Verhaltensbeobachtungen am Bergwild des Georg-von-Opel-Freigeheges. Jahrbuch G.-v.-Opel-Freigehege 1960/61, 53–89.

— 1966: Mit Horn und Huf. Verlag Paul Parey, Berlin und Hamburg.

WOOD, A. J., NORDMAN, H. C., and MCT. COWAN: Periodicity of growth in ungulates as shown by deer of the genus Odocoileus. Canad. J. Zool. 40: 593–603.

ZOLLER, H., 1941: In welcher Altersstufe ist das Gamswild erwachsen? Z. f. Jagdk. 41 (3): 22–29.

Sachregister

Aalstreif 22
Abortus 62
Abschuß 102
Abschußplan 108, 115
Aktivität 70, 72
Albino 23
Alarmlaut 40
Altersaufbau 108, 112
Altersbestimmung 26, 27, 35
Angriff 44
Angepaßte Rassen 104
Anpassung 76, 83, 100, 120, 122
Ansprechen 151, 161
Arealgrenze 85
Artverderber 121
Aufartung 121
Aufbrechen 176
Auge 24
Auerwild 125
Auseinandersetzung 44
Ausleseabschuß 121
Auslesefaktor 98
Ausrottung 81, 105
Aussetzen 92, 96
Äsungszyklus 30

Banngebiet 111
Barthaar 24
Bartrupfen 175
Bayern 64
Belag 27, 36
Bergsteiger 126, 130
Bergwald 124
Beschädigungskampf 48
Beschlag 49, 61
Bestandesdynamik 81, 82, 106, 116
Bestandesermittlung 56
Bestandesregulierung 83
Bewegungsspiele 54
Bezeichnung 11
Bezoarstein 30
Bighornschaf 38
Bighornwidder 122
Biotopschutz 124
Blättermagen 29
Blut 30
Bockgruppe 54, 55, 85
Bovidae 12, 30
Brackieren 102, 103, 108
Breitseits-Imponieren 43
Brunft 34, 45, 48, 60, 105
Brunftfeigen 41

Deformation 36
Demutsverhalten 44
Dichte 46, 55, 56, 58, 83, 106, 120
Dichteschwankungen 77
Drohen 42
Drohsprung 43, 52
Drohverhalten 42
Duftmarke 42

Eierstock 59
Einbürgerung 92, 96
Eiszeit 13, 122
Eizelle 59
Ejakulation 50
Embryo 63
Energiebilanz 72
Energiereserven 65
Energieverlust 51, 72
Entwicklung 86
Erbanlage 98
Evolutionsbiologie 121

Fallwild 64, 66, 67, 116
Fallwildzahlen 67, 82
Fluglärm 127
Follikel 59
Fortpflanzung 60, 61
Fortpflanzungsleistung 63
Fortpflanzungsreife 59
Fötus 59
Fruchtbarkeit 63
Fuchs 132
Futteraufnahme 30
Füttern 105, 123

Gabelhornantilope 30
Galle 30
Gamsbart 24
Gamsblindheit 88
Gamskitz 31, 77
Gamskugel 30
Gamsriegler 144
Gamsräude 88, 107
Gamsvorkommen 102
Gamswanderungen 91
Geäfter 28
Gebirgswälder 106
Gebißanomalie 98
Gehege 125
Geländeausformung 83
Gelbkörper 60
Generationsumsatz 121
Genpool 98
Geltgais 85
Geruchsmarken 38
Geschlechtsreife 59, 84
Geschlechterverhältnis 64
Geschlechtshormone 34
Gewicht 17, 18, 19, 20, 21
Gewichtsunterschied 19
Gewichtsverlust 68
Gewichtszunahme 20
Gestalt 16
Graffl 11
Gratgams 86
Gonaden 60
Goral 12
Greifvogel 76
Großraubwild 105
Gruppe 85

Haarwechsel 22
Harn 45
Haustier 106
Hauthorn 31, 32
Hege 102, 125
Heilung 198
Herzgewicht 30
Herzindex 30
Hetzjagd 46
Horn 12, 30, 31
Hornen 38, 42
Horntierarten 47
Hornwachstum 30, 32, 34, 122
Höhlen 13
Höhlenbär 132
Höhlenzeichnung 132
Hypophyse 61

Imponieren 42, 45
Imponier-Karussell 43
Infektionskrankheit 195

Jacobsonsche Organ 49
Jagd 105
Jagdliteratur 128
Jagdstrecken 108
Jahrling 11, 43, 62
Jugendhorn 32
Jugendverluste 77

Kampfverhalten 44, 47
Kapriolen 54
Kapazität des Lebensraumes 83
Kaukasus 77
Keesgams 86
Keulenfleck 47
Kiefer 25
Kitz 52, 53, 62
Kitzabschuß 119
Kitzzahl 85
Klima 84, 106
Koevolution 100
Kohlgams 23, 87
Kondition 60, 107
Konkurrenz 83, 84, 106, 107
Körpergröße 17, 62
Körperhöhe 17
Körperlänge 17
Körpermaße 17
Körperwachstum 86
Knochen 12
Krucke 30, 34, 37, 38
Kruckenverletzung 36, 37
Kruckenscheuern 42

Labmagen 29
Latschenbock 11
Laubbock 11, 29
Läufe 28
Liegeplätze 45
Lebensdauer 64
Lebensgemeinschaft 104
Lebenserwartung 123
Lederhaut 33
Luchs 77, 81

Mammut 132
Markieren 42, 45
Maximilian I. 133, 136
Miozän 12
Mutante 88
Murmeltier 111
Mystik 130, 131

Nachsuche 164
Nahrung 71, 74, 106
Nahrungsangebot 94
Nahrungsbasis 83
Nahrungspflanzen 75
Natürliche Auslese 121
Netzmagen 29
Neubesiedlung 84
Neuseeland 96

Oberhaut 33
Oestrus 49
Ökologie 56, 76
Ökologische Plastizität 82, 121
Optik 184
Os cornu 31
Ovar 59, 61
Ovulation 61

Paarungszeit 65
Pansen 29, 30
Papillomatose 197
Parasitenbefall 200
Patentjagd 111
Pechbelag 36
Pflanzenarten 75
Pflanzenfresser 77, 100
Platzbock 50, 52, 117
Pleistozän 12
Pliozän 12
Polymorphismus 85
Population 56
Populationsdichte 83, 116
Populationsdynamik 69
Populationswachstum 84, 98
Populationsumsatz 123
Pyrenäenhöhle 131

Rangordnung 44
Rangunterschied 43, 44
Rassen, geographische, 14
Raubwild 76, 77, 80, 100
Räude 102, 107
Regelung 116
Regeneration 31
Regulation der Populationsgröße 82
Rehwild 111, 124
Rentier 53
Revierjagd 111
Riegeljagd 108
Rivalenkampf 47, 48
Rothirsch 132
Rotwild 98, 104, 106, 111, 124, 132
Rudel 54, 55
Rupicaprini 12

Salz 125, 126
Saugen 52
Sehvermögen 25, 40
Serau 12
Setzzeit 52
Skelettknochen 33
Skifahrer 126, 127
Sommereinstand 55
Sozialklasse 46
Speer 133
Spektiv 185
Spitzengewicht 22
Spielen 53

Schalen 28, 29
Schalenauswachsen 29
Schläuche 36
Schnee 71
Schneeziege 12, 48
Schwarzwald 92
Schweiz 108
Schweizerischer Nationalpark 111
Schürfel 11

Stabilität 83
Standortwahl 55, 69
Steinadler 77, 79, 104
Steinbock 13, 74, 101, 132
Steinwild 81, 122
Stirnbein 31, 37
Stirnzapfen 31, 32, 33, 37, 122
Stirnzapfenbruch 37
Streckengliederung 113
Störung 127

Territorium 85
Todesursache 65
Touristik 126
Tagsack 63
Treibjagd 138, 139
Triglav 131
Trophaen 121
Trophäenschau 108
Turnierkampf 48

Umwelt 40, 64
Umwelteinfluß 86

Verbiß 94
Verbreitung 13, 14
Verdauungssystem 29
Verlust 83
Vermehrung 63, 84

Wachstum 17, 32
Wachstumsrate 82, 83
Waldgams 86
Waldökosystem 124
Wilderei 172
Wilderer 171, 172
Wildtiere 121, 123
Wintereinstand 58, 86, 124
Winterverlust 68, 72, 82

Wollnashorn 132
Wolf 77, 80, 81

Zahnanomalie 27
Zahnformel 25
Zählung 56, 57, 116
Zähne 25, 26, 27
Ziehen 55
Zielfernrohr 187
Zuwachs 62, 81
Züchtung 121
Zwillingskitz 85